JN041300

自由自在にアレンジできる

スクラッチプログラミングゲーム大全集

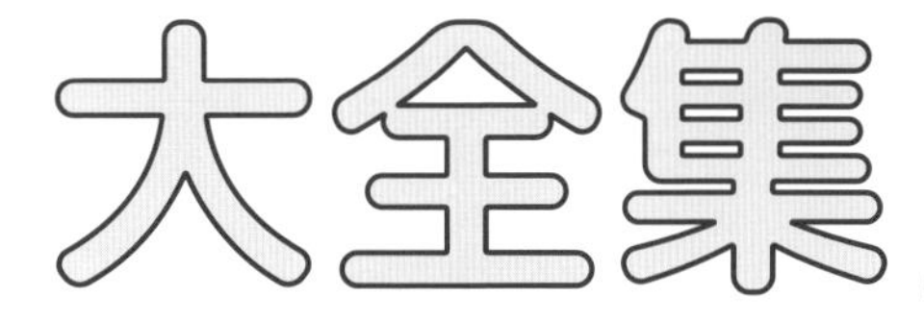

松下孝太郎 Kotaro Matsushita
山本 光 Ko Yamamoto

技術評論社

本書に記載した内容は、情報の提供のみを目的としています。したがって、本書を用いた運用は、必ずお客様自身の責任と判断によって行ってください。これらの情報の運用の結果について、技術評論社および著者はいかなる責任も負いません。

本書は2023年8月時点での最新情報をもとに執筆されています。その後、ソフトウェアのバージョン、ホームページの内容などが変更される可能性があります。あらかじめご了承ください。

はじめに

スクラッチ（Scratch）は、子どもから大人まで幅広い年齢層で楽しめるビジュアルプログラミング言語です。プログラミングの経験がない人でも、ブロックを並べるだけで手軽にプログラミングを楽しめます。スクラッチは小学校におけるプログラミング教育の必須化でも注目されています。今後、ますます利用範囲が広がることが予想されます。

スクラッチは、インターネットにより公式サイト（https://scratch.mit.edu/）にアクセスして自由に使用することができます。また、インターネットに接続しなくてもスクラッチを使用できるScratchアプリも用意されています。

本書は、まったく経験のない人、ある程度経験のある人を問わず、豊富なサンプルプログラムにより、楽しくスクラッチのゲームを作成できるように編集しています。本書の特徴として次の点を挙げることができます。

・初歩から実践的なものまで、多彩な30例のゲームサンプルが示されている
・各ゲームは自分でアレンジしやすい形式になっている
・各ゲームの作成過程でアルゴリズムやスクラッチの技術が学べる
・パソコンとタブレットのどちらでも遊べる
・すべてのプログラムと素材を、サポートサイトからダウンロードできる

第1章では、スクラッチの画面や操作について解説しています。スクラッチの基本操作について学ぶことができます。

第2章では、スクラッチの初歩的なゲームプログラミング例について解説しています。スクラッチで必須の初歩的な技術も学ぶことができます。

第3章では、スクラッチの基礎的なゲームプログラミング例について解説しています。スクラッチでよく使う基本的な技術も学ぶことができます。

第4章では、スクラッチの実践的なゲームプログラミング例について解説しています。スクラッチで使う技術を組み合わせることにより、アルゴリズムや技術の理解を深めることができます。

第5章では、スクラッチの応用的なゲームプログラミング例について解説しています。スクラッチで使う複数の技術や素材を組み合わせることにより、より高度なアルゴリズムと技術を総合的に学ぶことができます。

巻末付録では、インターネットの接続なしで使用できるScratchアプリのダウンロードとインストール、さらにスクラッチ公式サイトへの参加登録などについて解説しています。

なお、本書における操作手順や操作画面はスクラッチ3.0（Scratch3.0）により解説していますが、以前のバージョンであるスクラッチ2.0（Scratch2.0）においても、ほとんど同様の操作で行うことができます。

最後に、本書の編集・製作においてご尽力いただいた技術評論社の矢野俊博氏、松井竜馬氏、大橋涼氏、左雲裕介氏および関係各位に深く感謝の意を表します。

2023年8月
著者　松下孝太郎
山本　光

Contents

準備(じゅんび)と操作編(そうさへん)

Chapter 1 ～ スクラッチを始(はじ)めよう ～

初歩編(しょほへん)

Chapter 2 ～ 簡単(かんたん)なゲームを作(つく)ってみよう ～

基礎編(きそへん)

Chapter 3 ～ 少(すこ)し複雑(ふくざつ)なゲームを作(つく)ってみよう ～

実践編

Chapter 4 ～複雑なゲームや拡張機能を使ったゲームを作ってみよう～

応用編

Chapter 5 ～高度なゲームや素材を利用したゲームを作ってみよう～

付録 スクラッチへの参加登録とサインイン

本書の使い方

本書は1章から5章の中で、すぐに利用できる30例のゲームのサンプルプログラムを紹介しています。初歩的なゲームから実践的なゲームまで、幅広い内容です。本文では各サンプルのファイル名や実行例、使用する背景やスプライト、コードなどを載せています。また、学習に役立つ知識も随所に盛り込まれています。

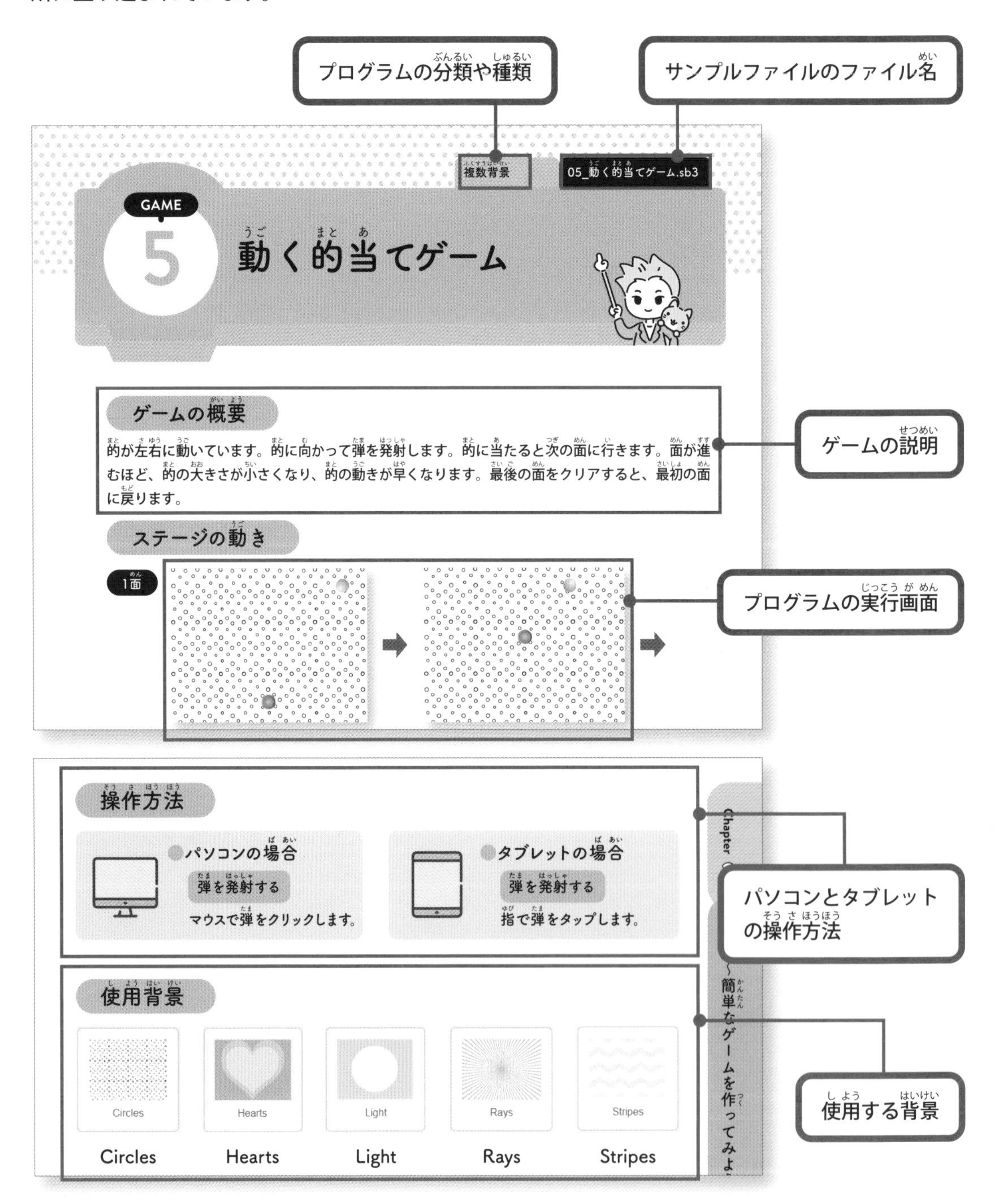

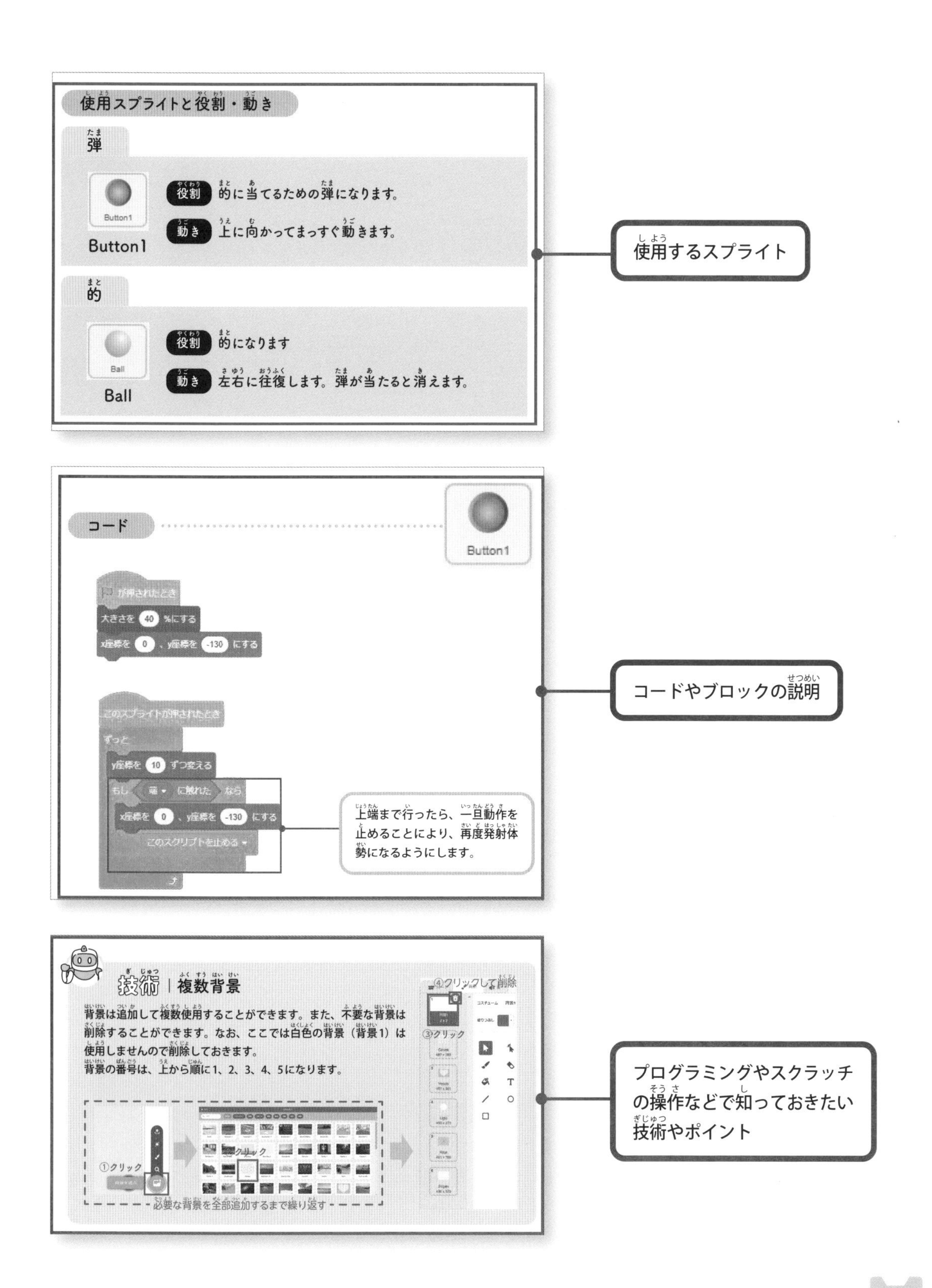
使用スプライトと役割・動き
弾
役割 的に当てるための弾になります。
動き 上に向かってまっすぐ動きます。
Button1
的
役割 的になります
動き 左右に往復します。弾が当たると消えます。
Ball
使用するスプライト
コード
Button1
大きさを 40 %にする
x座標を 0 、y座標を -130 にする
このスプライトが押されたとき
ずっと
y座標を 10 ずつ変える
もし 端 に触れた なら
x座標を 0 、y座標を -130 にする
このスクリプトを止める
上端まで行ったら、一旦動作を止めることにより、再度発射体勢になるようにします。
コードやブロックの説明
技術｜複数背景
背景は追加して複数使用することができます。また、不要な背景は削除することができます。なお、ここでは白色の背景（背景1）は使用しませんので削除しておきます。
背景の番号は、上から順に1、2、3、4、5になります。
①クリック
②クリック
③クリック
④クリックして削除
必要な背景を全部追加するまで繰り返す
プログラミングやスクラッチの操作などで知っておきたい技術やポイント

サンプルファイルのダウンロード

本書で紹介されているサンプルプログラムは次の手順でダウンロードして入手することができます。

1. Webブラウザーで「https://gihyo.jp/book/」のWebページを表示します。

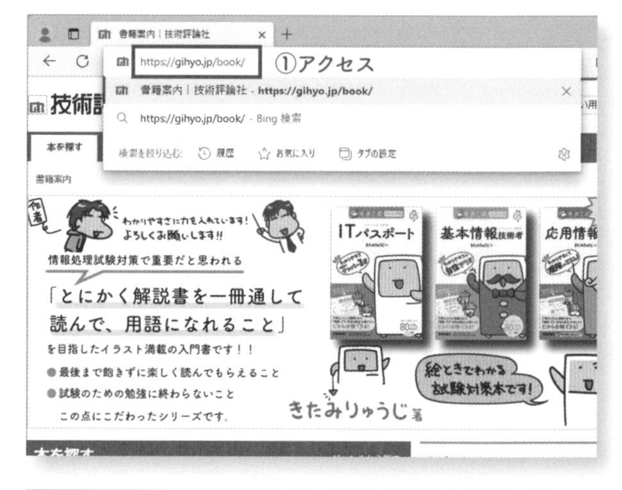

2. 「本を探す」のところに「スクラッチ プログラミング ゲーム大全集」を入力し、［検索］をクリックします。

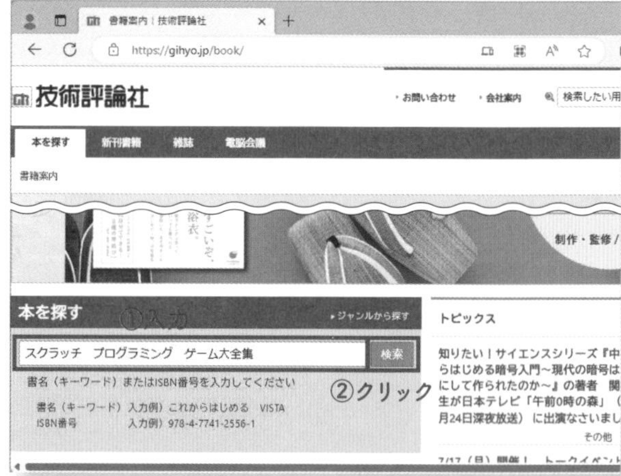

3. 検索結果から［スクラッチ プログラミング ゲーム大全集］のリンクをクリックします。検索結果の上のほうには広告が表示されることもあります。

④ ［本書のサポートページ］をクリックします。

⑤ サンプルファイルのダウンロードリンクをクリックすると、サンプルファイルがダウンロードされます。

⑥ 通常は、［ダウンロード］フォルダーにダウンロードされるので、ダウンロードしたファイルを右クリックして、［すべて展開］をクリックすると、ファイルが展開されます。本書の32ページから33ページを参考にして、プログラムを読み込むと、サンプルファイルが利用できます。

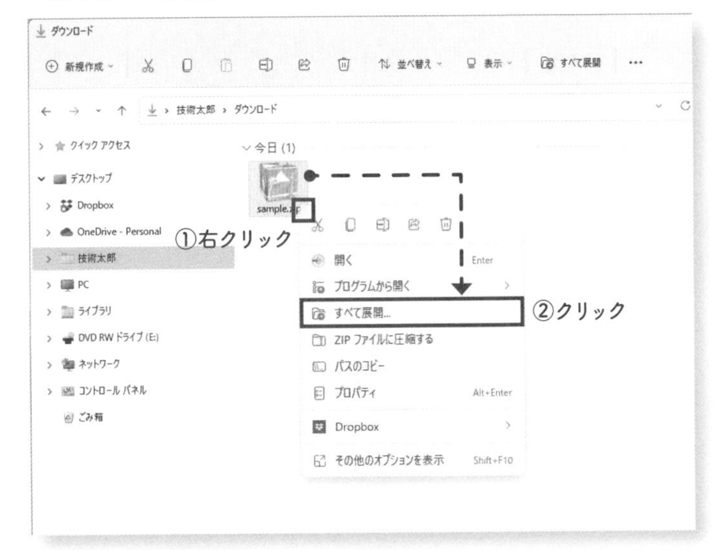

以下のWebページにアクセスすると、直接ダウンロードページが表示されます。

https://gihyo.jp/book/2023/978-4-297-13683-3/support

マウス操作とタッチ操作

本書で利用するマウス操作とタッチ操作は以下のとおりです。

マウス操作

クリック

マウスの左ボタンを押します。クリック（左クリック）の操作は、画面上にある要素やメニューの項目を選択したり、ボタンを押したりする際に使います。素早く2回連続で左ボタンを押すと、ダブルクリックになります。

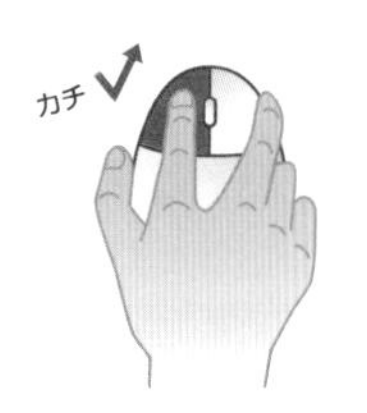

右クリック

マウスの右のボタンを押します。右クリックの操作は、操作対象に関する特別なメニューを表示する場合などに使います。

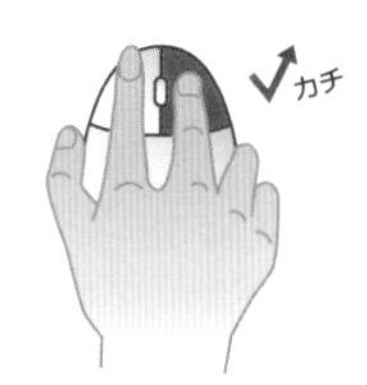

ドラッグ

マウスの左ボタンを押したまま、マウスを動かします。目的の操作が完了したら、左ボタンから指を離します。ドラッグの操作は、画面上の操作対象を別の場所に移動したり、操作対象のサイズを変更する際などに使います。

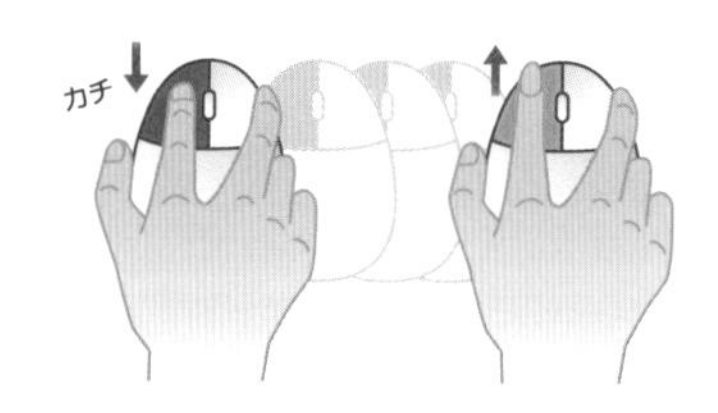

タッチ操作

タップ

画面に触れてすぐ離す操作です。ファイルなど何かを選択するときや、決定を行う場合に使用します。マウスでのクリックに当たります。

ロングタップ

画面に触れたまま長押しする操作です。詳細情報を表示するほか、状況に応じたメニューが開きます。マウスでの右クリックに当たります。「ホールド」ということもあります。

スワイプ

画面の上を指でなぞる操作です。ページのスクロールなどで使用します。

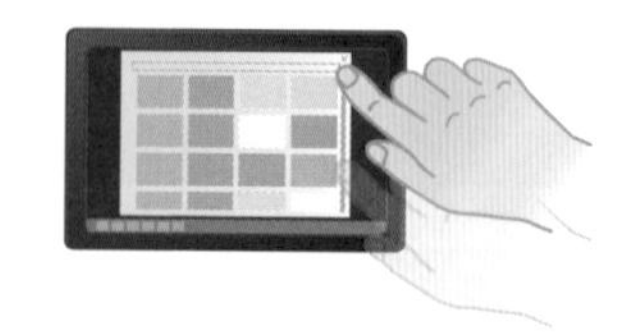

Chapter

1

準備(じゅんび)と操作編(そうさへん)
～スクラッチを始(はじ)めよう～

Section

1-1 スクラッチとは

スクラッチは、世界的に使われているビジュアルプログラミング言語です。プログラミングの経験のない人でも、ブロック（コードブロック）を並べるだけで手軽にプログラミングを楽しめます。スクラッチは、教育、学術、ゲームなどさまざまな用途に用いられています。

ステージのキャラクター

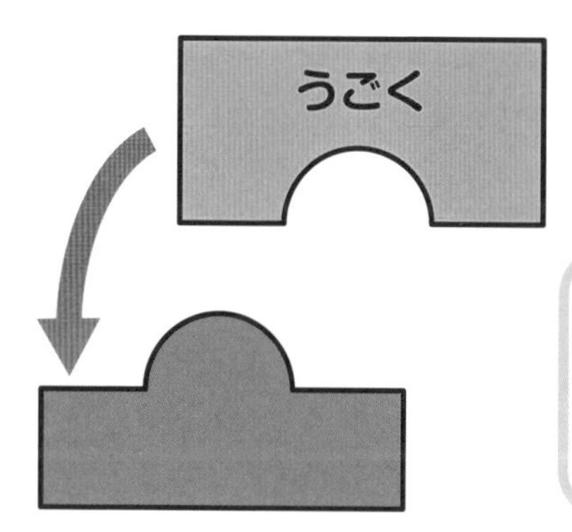

プログラム

マウスなどを使ってブロックを並べます。

ブロックを結合

ステージのキャラクター

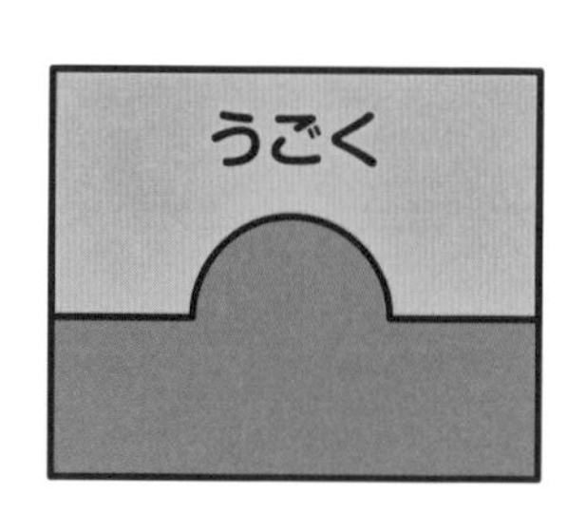

プログラム

ブロックにはそれぞれ命令が書いてあり、プログラムを実行すると、プログラムが動作します。

プログラムを実行

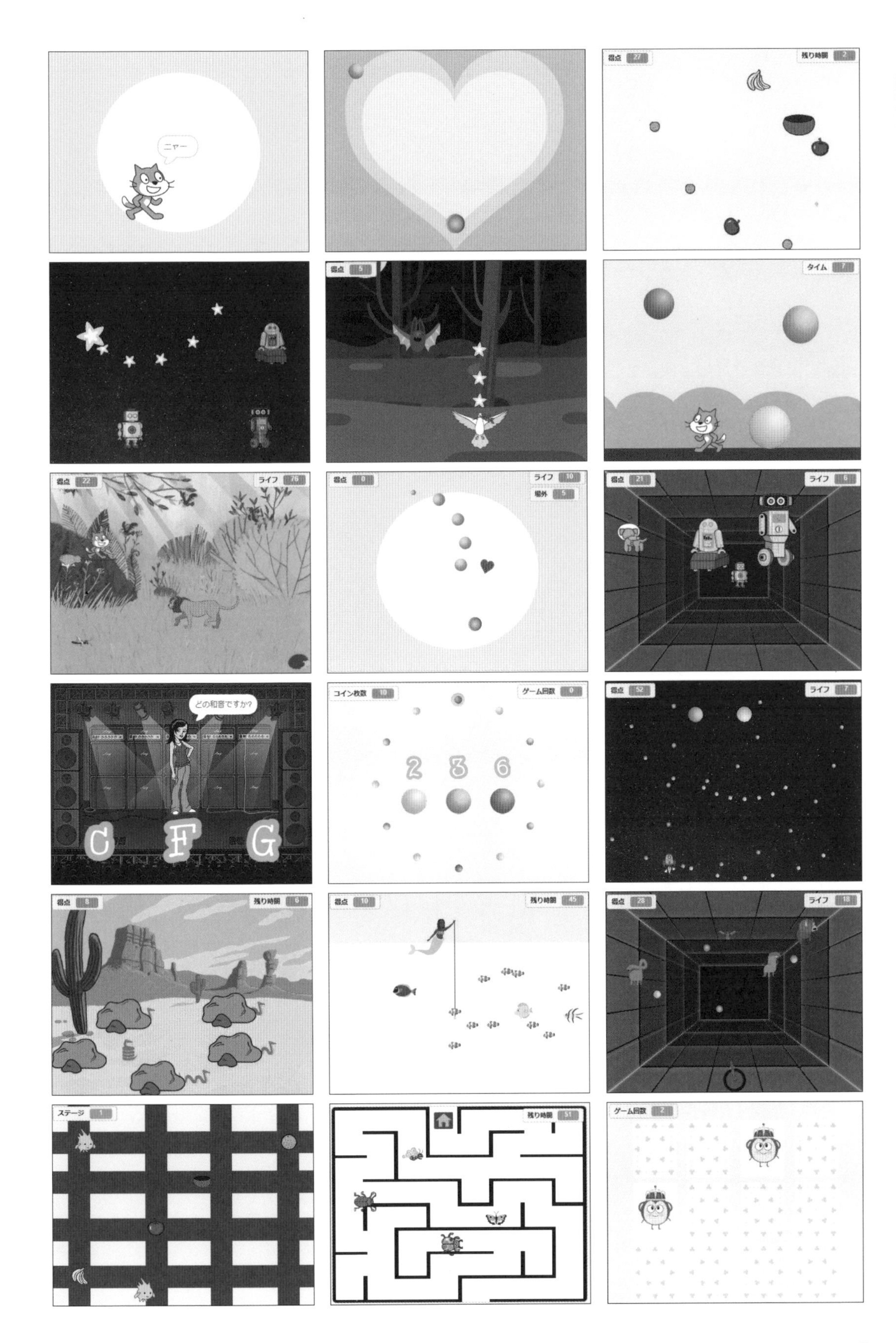
ニャー
得点
残り時間
タイム
ライフ
場外
どの和音ですか?
C
F
G
コイン枚数
ゲーム回数
2
3
6
ステージ

Section

1-2 スクラッチへのアクセス

スクラッチ（Scratch 3.0）はインターネットによりスクラッチの公式サイト（https://scratch.mit.edu/）にアクセスして使用します。アクセスしたらまず使用する言語の設定を行います。

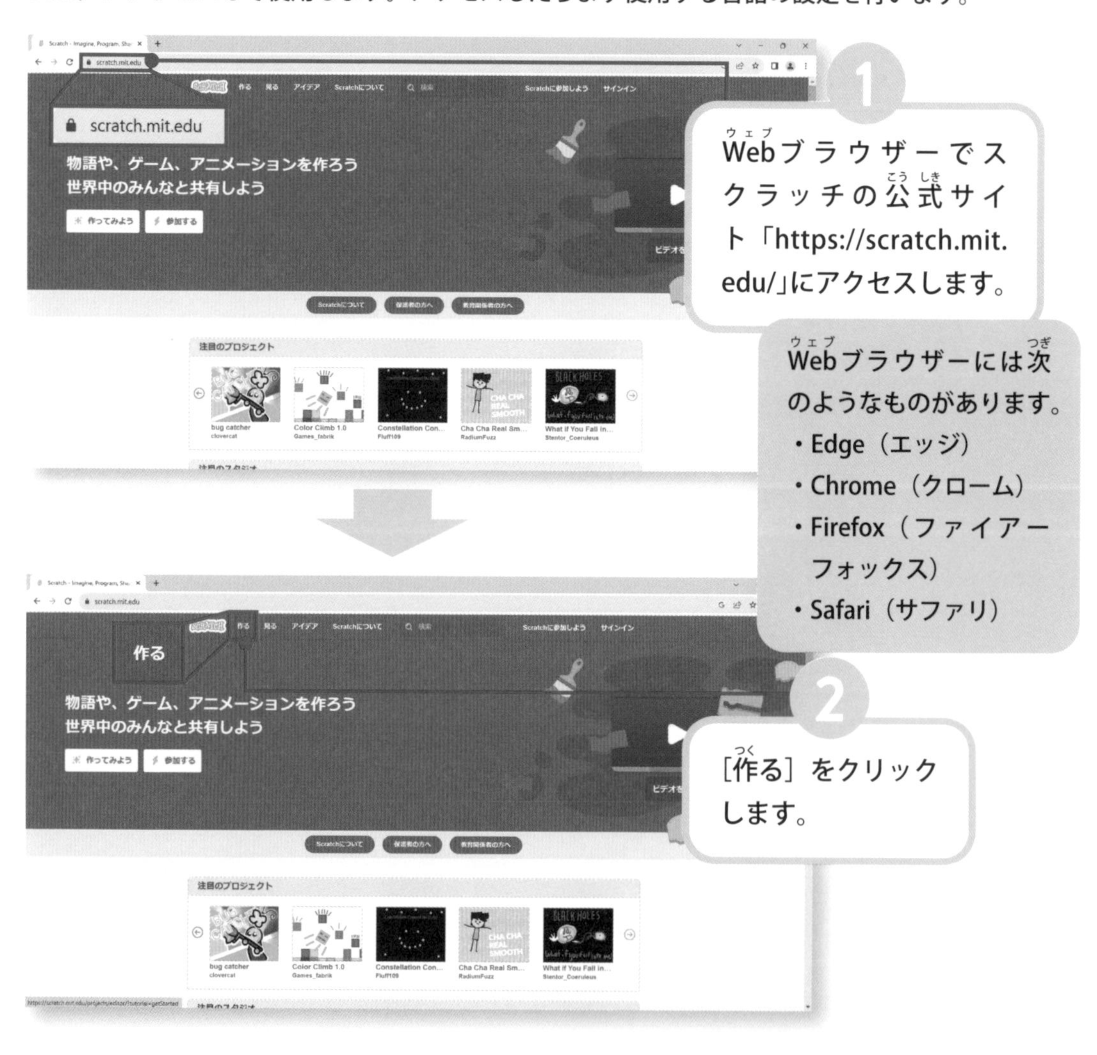

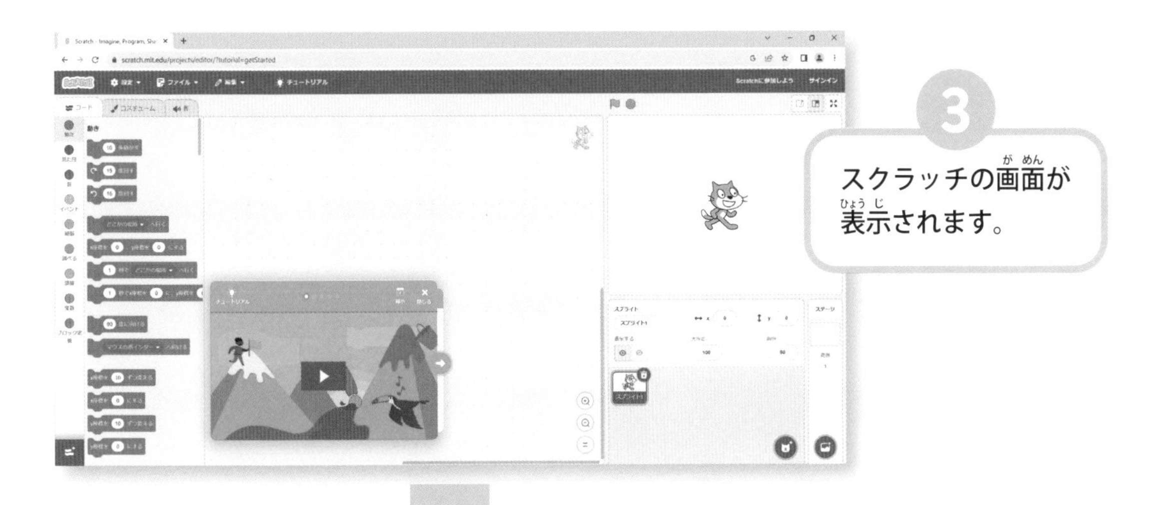

3
スクラッチの画面が表示されます。

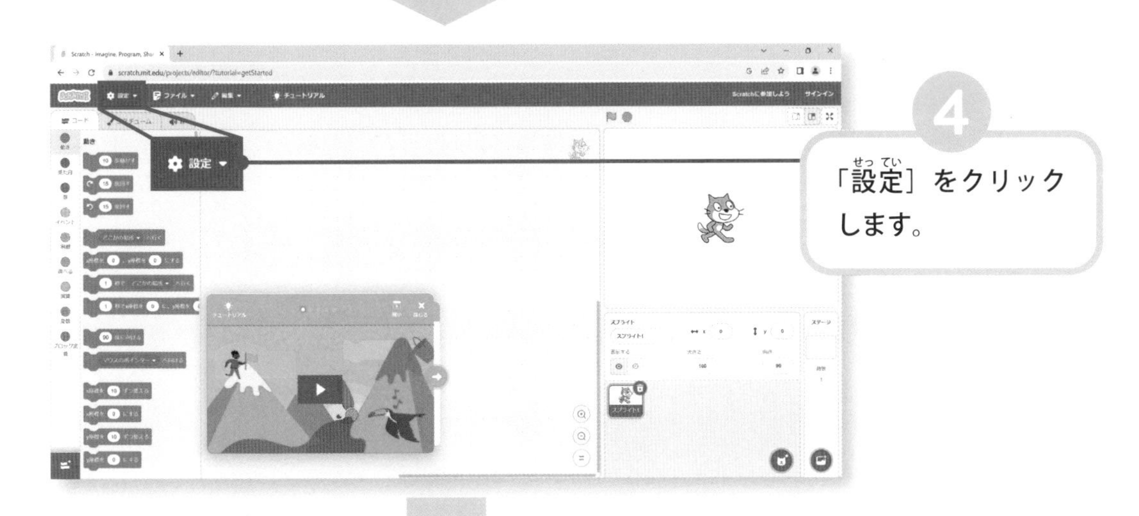

4
「設定」をクリックします。

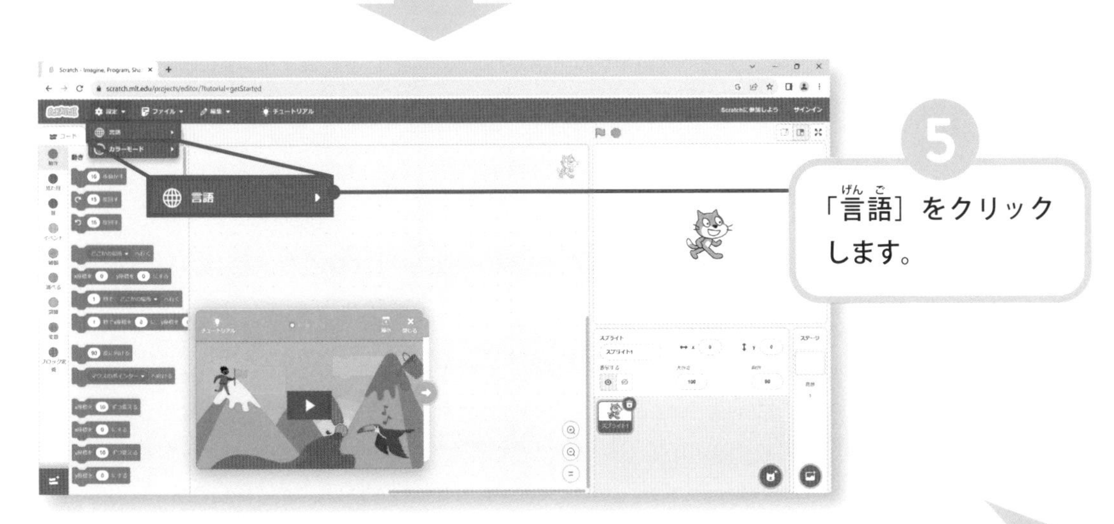

5
「言語」をクリックします。

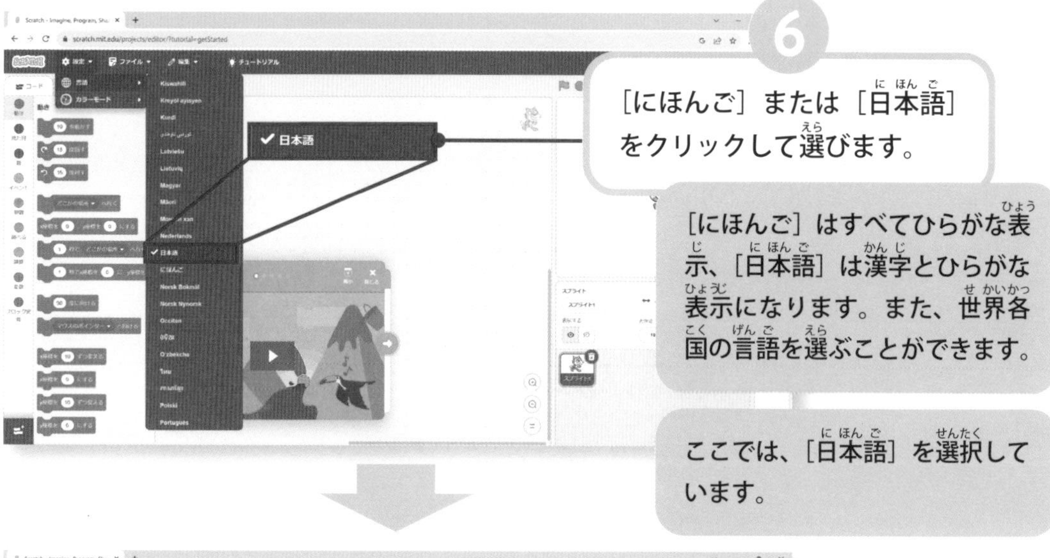

6

［にほんご］または［日本語］をクリックして選びます。

［にほんご］はすべてひらがな表示、［日本語］は漢字とひらがな表示になります。また、世界各国の言語を選ぶことができます。

ここでは、［日本語］を選択しています。

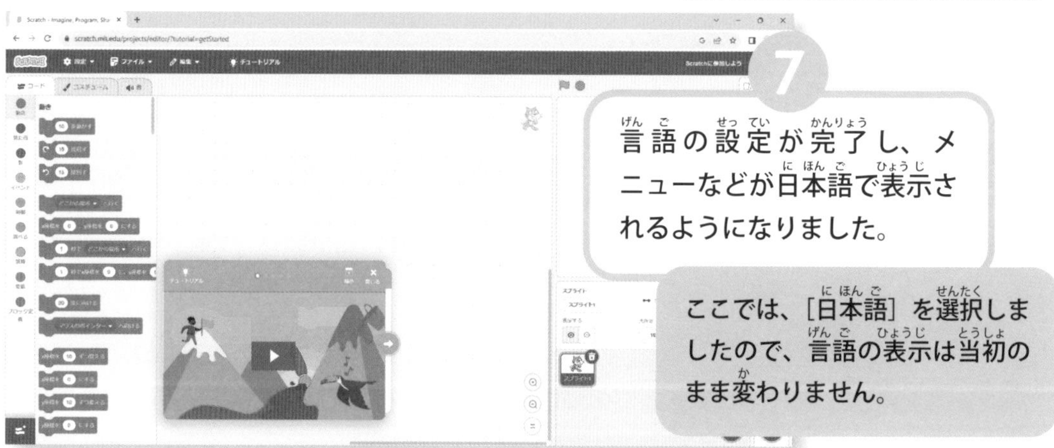

7

言語の設定が完了し、メニューなどが日本語で表示されるようになりました。

ここでは、［日本語］を選択しましたので、言語の表示は当初のまま変わりません。

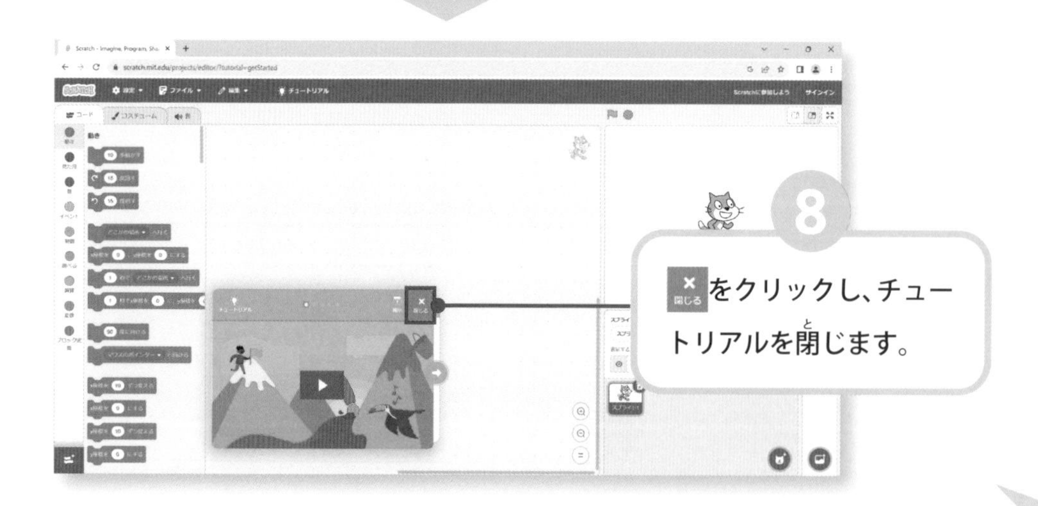

8

［× 閉じる］をクリックし、チュートリアルを閉じます。

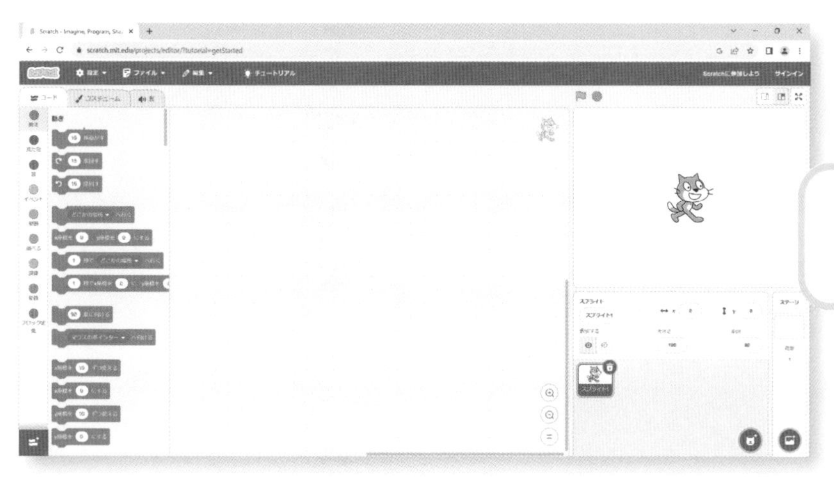

9

チュートリアルが閉じました。

Point | チュートリアル

スクラッチには、操作方法やプログラム作成方法を動画で解説するチュートリアルがあります。 チュートリアル をクリックすると一覧から見たいチュートリアルを選ぶことができます。

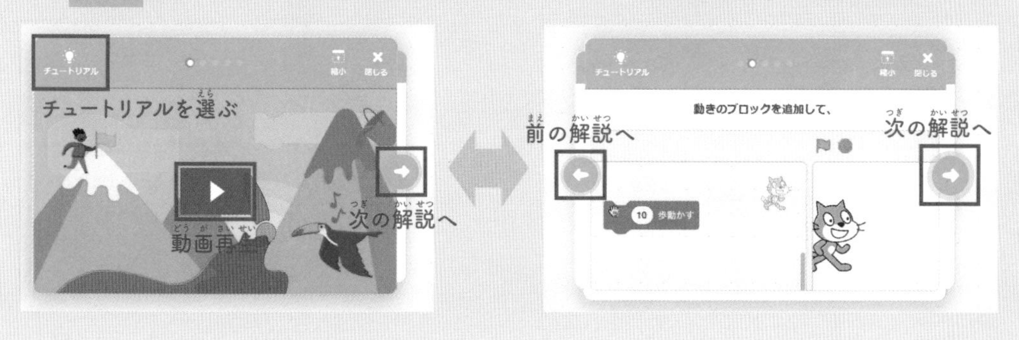

Point | スクラッチをダウンロードして使うなら「Scratchアプリ」

スクラッチには、Web版とダウンロード版の2種類があります。Web版はWebブラウザーから公式サイトにアクセスすれば、すぐに始められますが、インターネットに繋がっている必要があります。一方、ダウンロード版はScratchアプリをダウンロードしてパソコンにインストールするので、常にインターネットに繋がっていなくても使うことができます。
詳細は巻末の付録（262～263ページ）を参照してください。

Section

1-3 スクラッチの画面

スクラッチ（Scratch 3.0）の画面は、ステージ、スプライトリスト、ブロックパレット、コードエリアなどから構成されています。

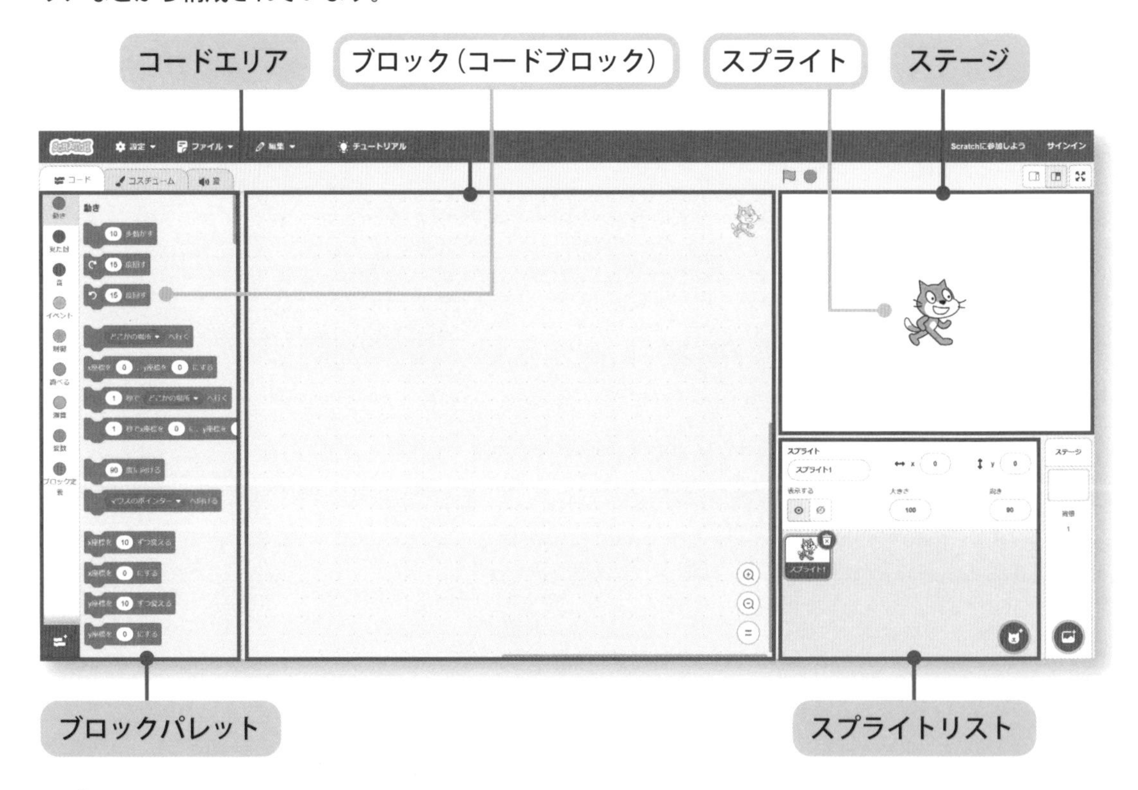

Point｜タブ

ブロックパレットの上にはタブがあります。必要に応じてタブをクリックして、スクラッチの画面の表示を切り替えます。

コード	コードの作成。
コスチューム	コスチュームの追加、ペイントエディターによるコスチュームの作成や編集。
音	音の追加、音の作成や編集。

ステージ

ステージはスプライト（キャラクター）が動作する舞台です。いくつものスプライトを表示したり、動かしたりすることができます。また、ステージには背景を付けることもできます。

スプライトリスト

キャラクターのことをスプライトといいます。スプライトはネコ以外にもたくさん用意されており、自分で作成することもできます。スプライトリストにはステージで動作するスプライトが表示されます。複数のスプライトがある場合は、スプライトリストからスプライトをクリックして選択することで、左側の画面（コードエリア）が選択したスプライトのものに切り替わります。

ブロックパレット

ブロックパレットにはさまざまな種類のブロック（プログラムの部品）があります。ブロックパレットからブロックを選び、コードエリアに並べることでプログラムを作成していきます。また、ブロックパレットの一番上には「コード」「コスチューム」「音」のタブがあり、スプライトごとにコードやコスチューム、音を作ることができます。なお、ブロックは、「動き」や「見た目」などの用途ごとに分かれています。

コードエリア

スクラッチではコードは映画の台本のような役割をします。キャラクターを台本に従って動作させることができます。ブロックパレットから必要なブロックをコードエリアに並べることでコードを完成させていきます。

Point｜ステージの座標

スクラッチのステージには座標が設定されています。中心座標は（0, 0）です。x座標は-240から240、y座標は-180から180の範囲となっています。また、スプライトの現在の位置がステージの下に表示されます。

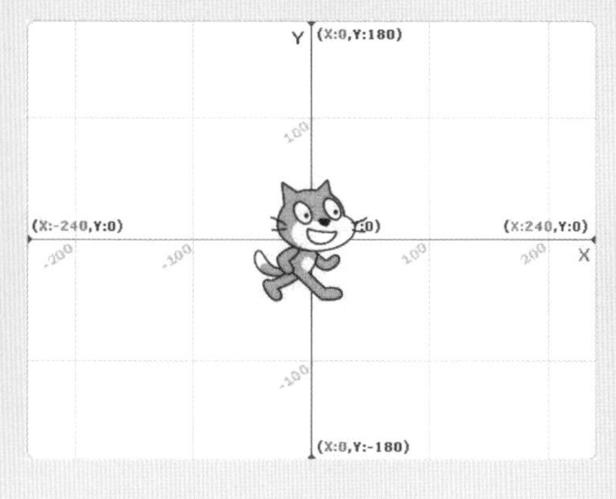

Section

1-4 プログラムの作成

ブロックの配置

ブロックは次のようにして配置します。

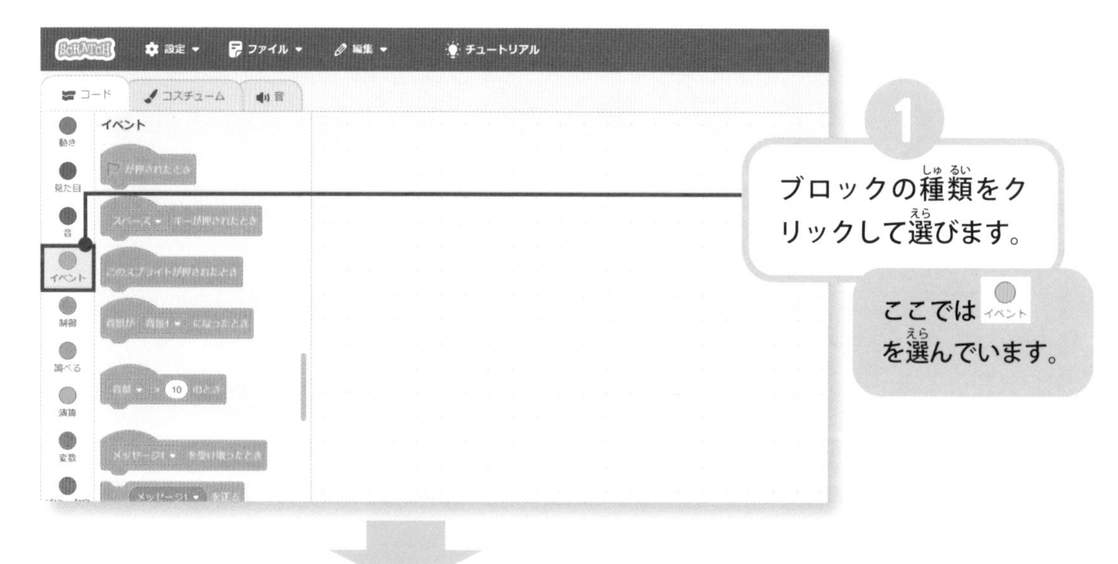

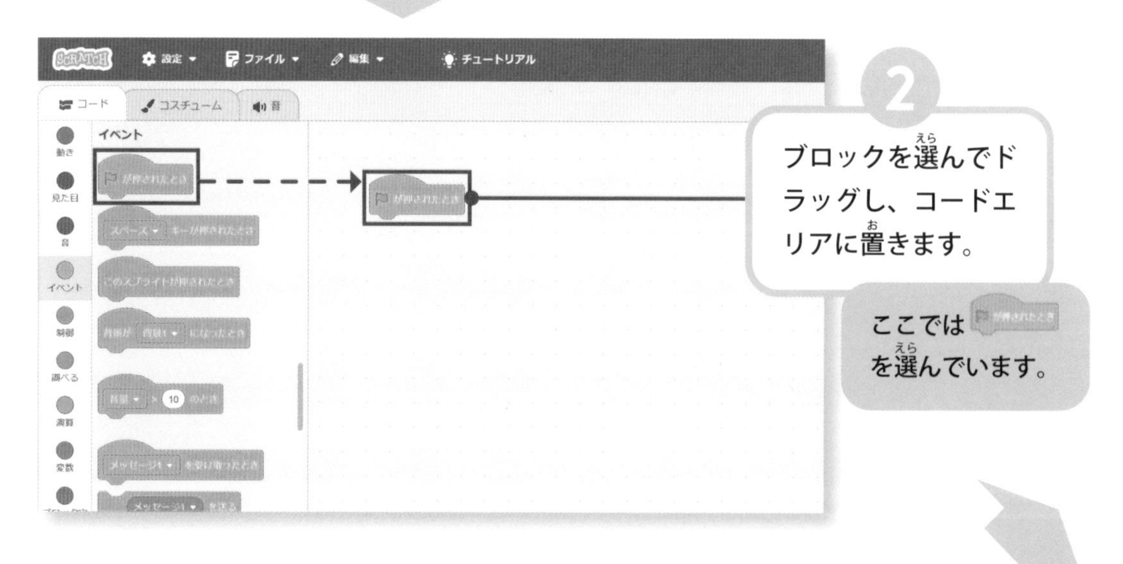

3
2つ目のブロックの種類をクリックして選びます。
ここでは 動き を選んでいます。

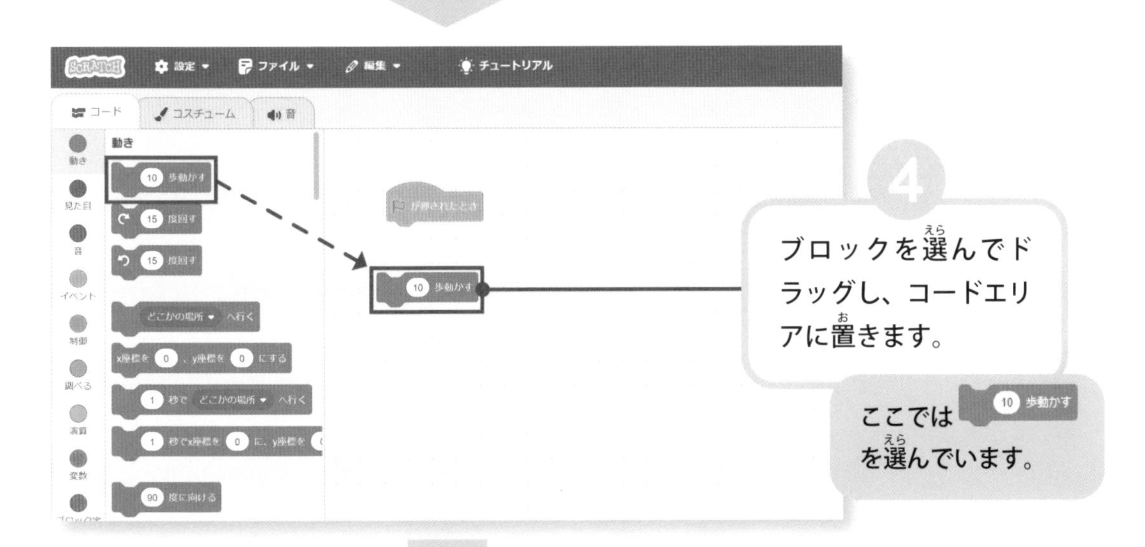
4
ブロックを選んでドラッグし、コードエリアに置きます。
ここでは 10 歩動かす を選んでいます。

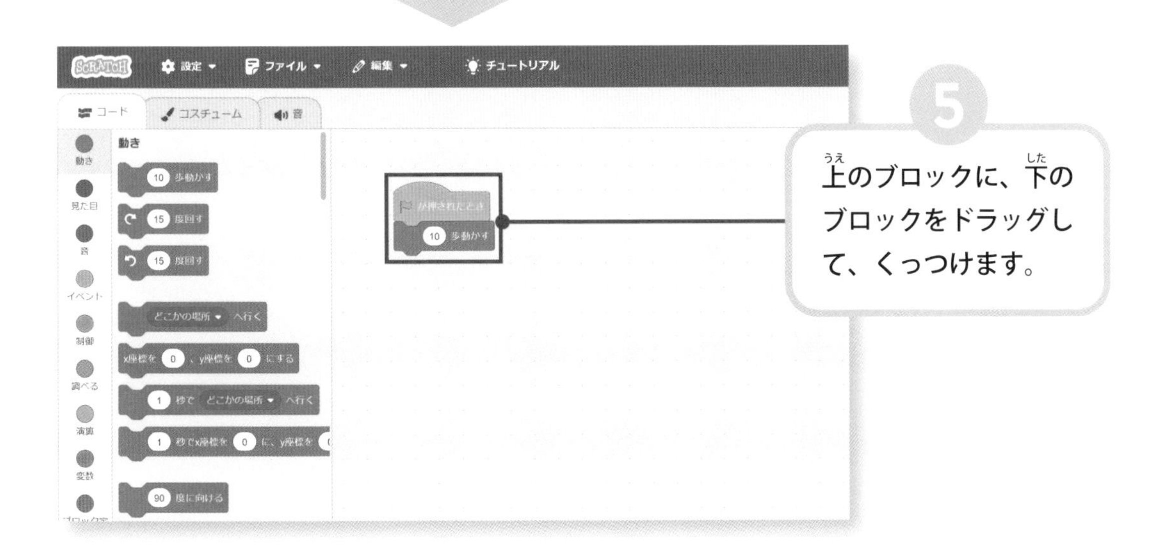
5
上のブロックに、下のブロックをドラッグして、くっつけます。

ブロックの分離

ブロックは次のようにして分離します。

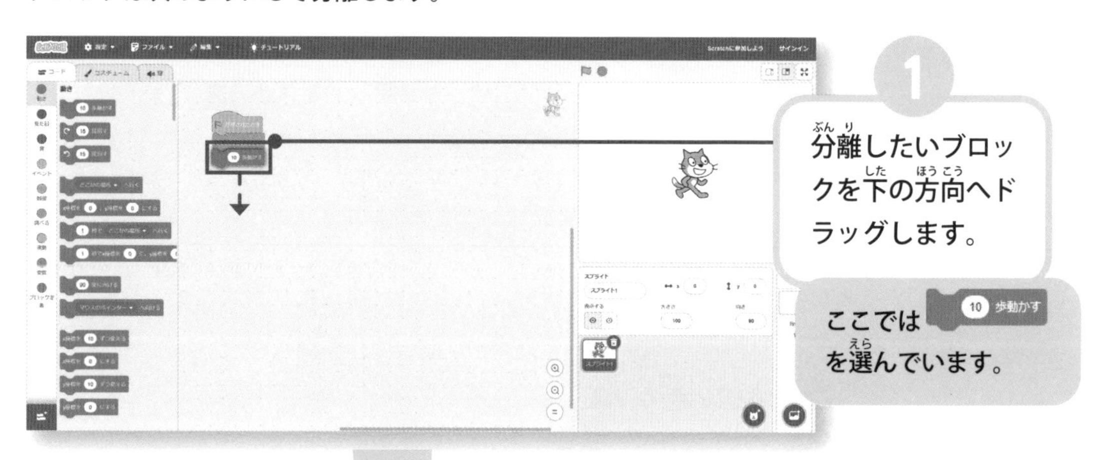

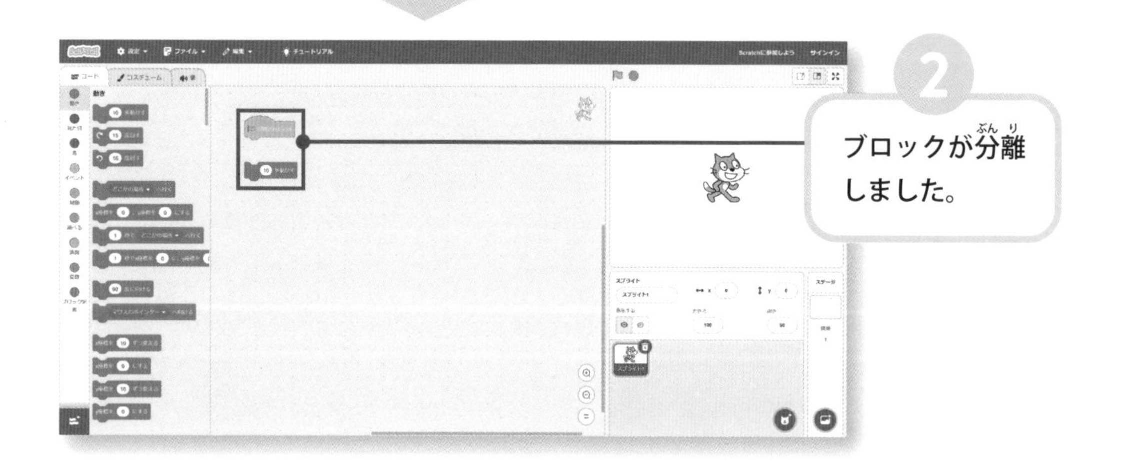

Point | ブロックをまとめて分離する

複数のブロックをまとめて分離する場合は、分離したいブロック群の一番上のブロックを下方向へドラッグします。

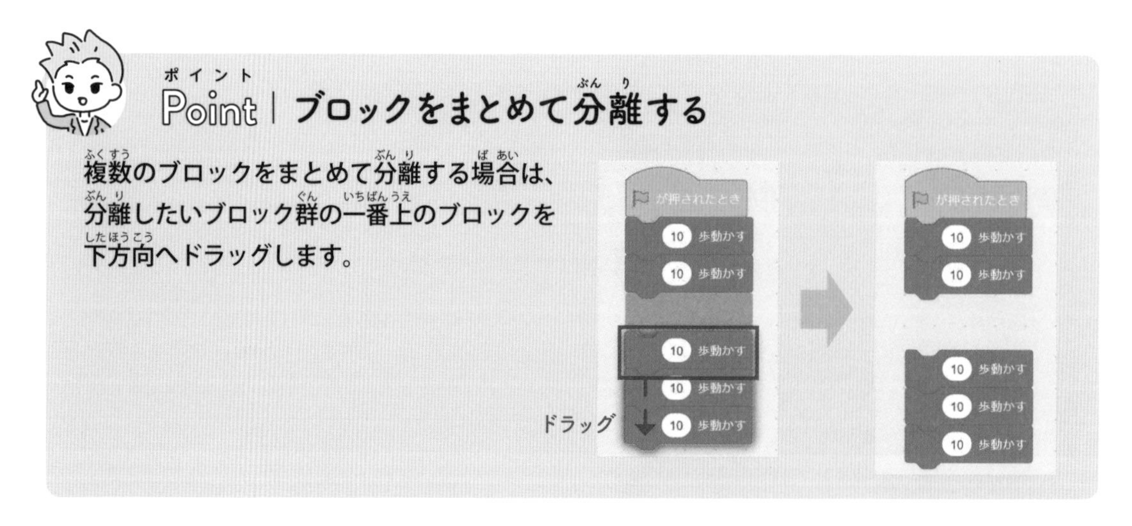

ブロックの削除

ブロックは次のようにして削除します。

ブロックパレットにドラッグして削除する場合

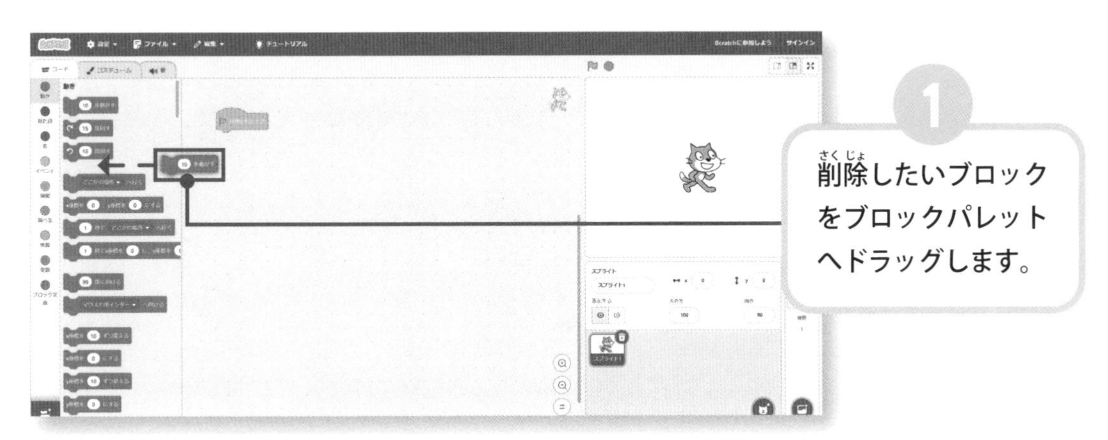

右クリックで削除する場合

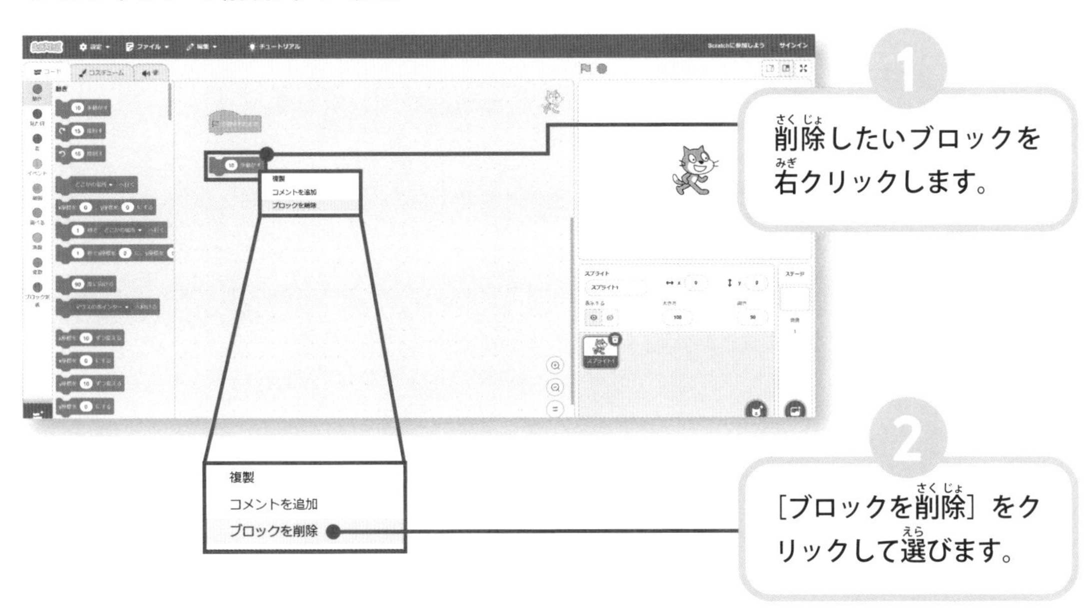

背景の追加

背景は次のようにして追加します。

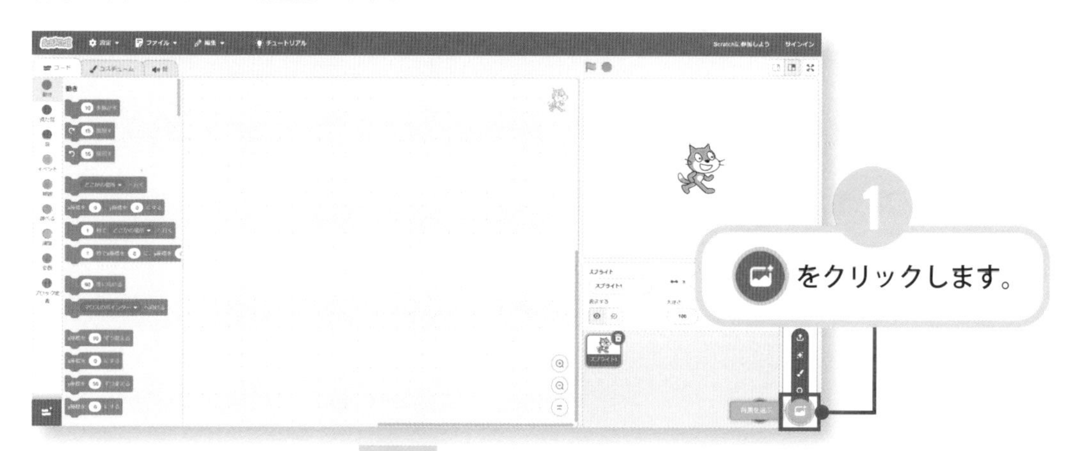

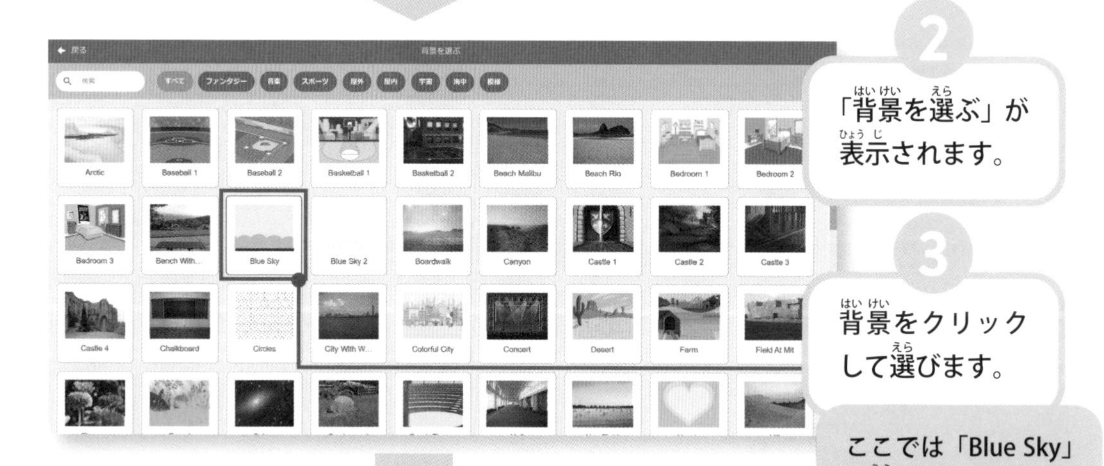

スプライトの追加

スプライトは次のようにして追加します。

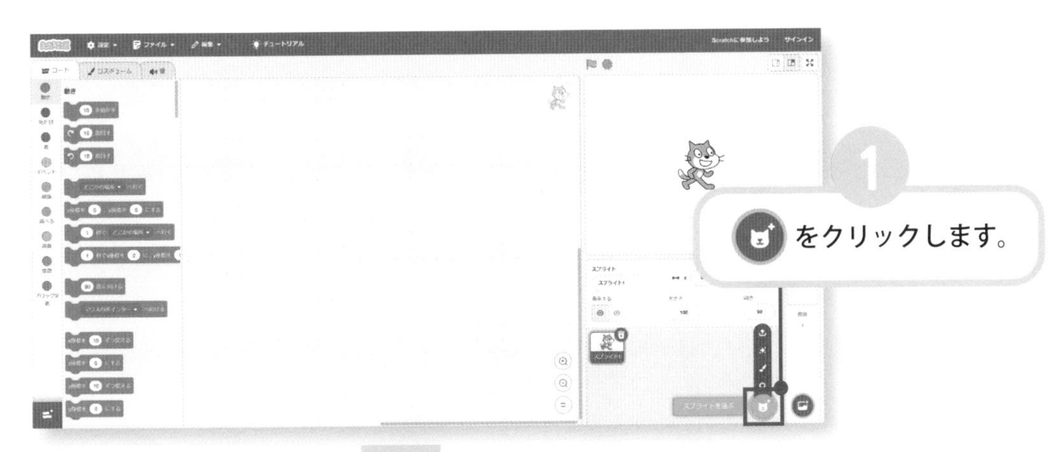

1 をクリックします。

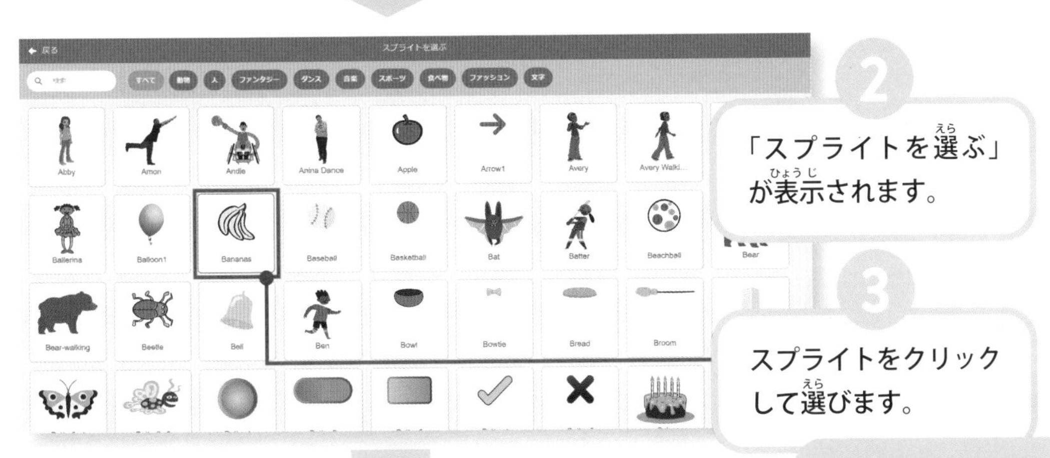

2 「スプライトを選ぶ」が表示されます。

3 スプライトをクリックして選びます。

ここでは「Bananas」を選んでいます。

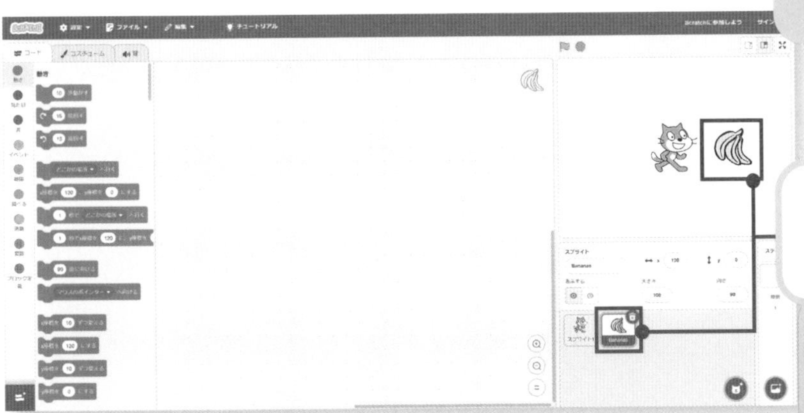

4 スプライトが追加されました。

追加されたスプライトは、スプライトリストとステージに表示されます。

コスチュームの追加

コスチュームは次のようにして追加します。

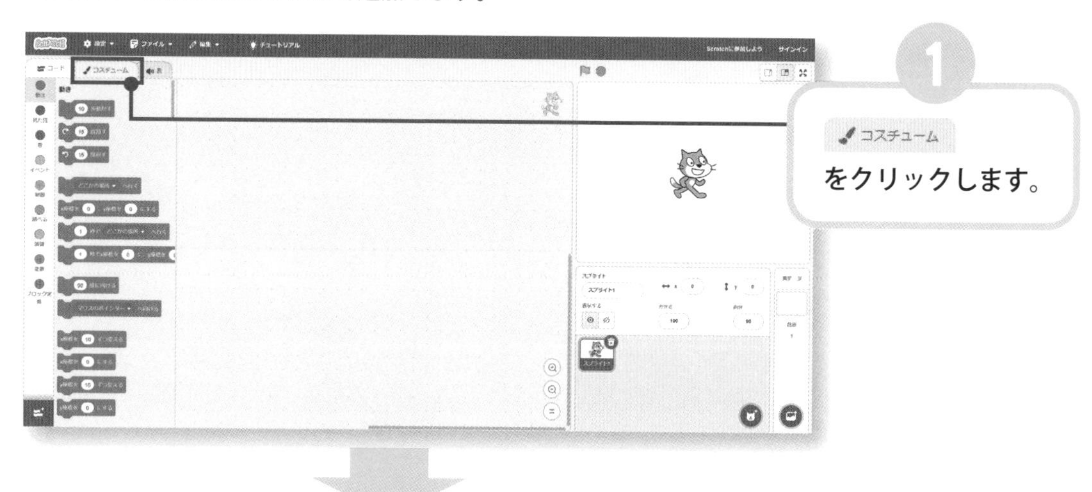

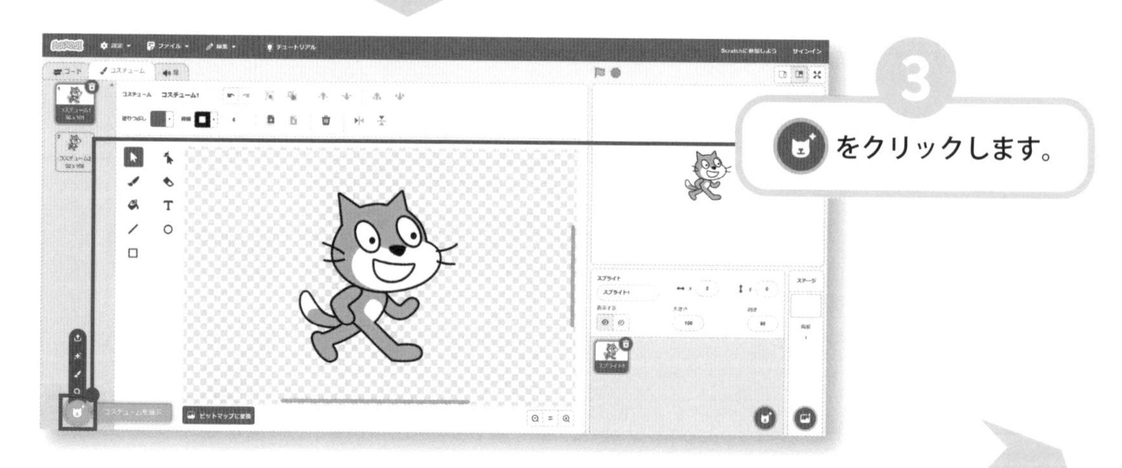

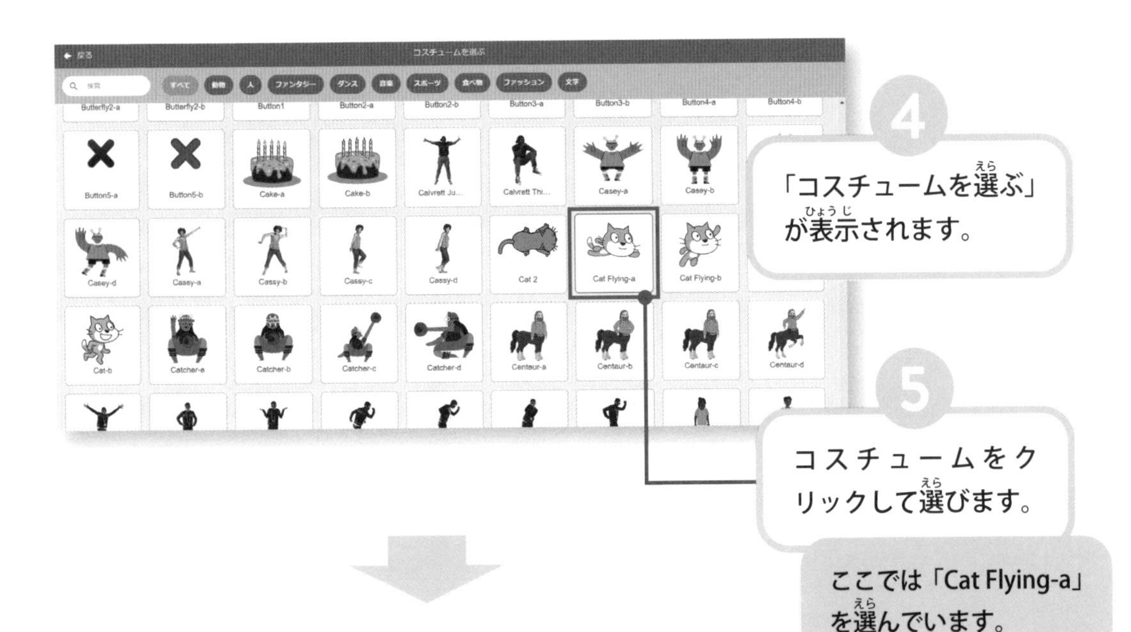

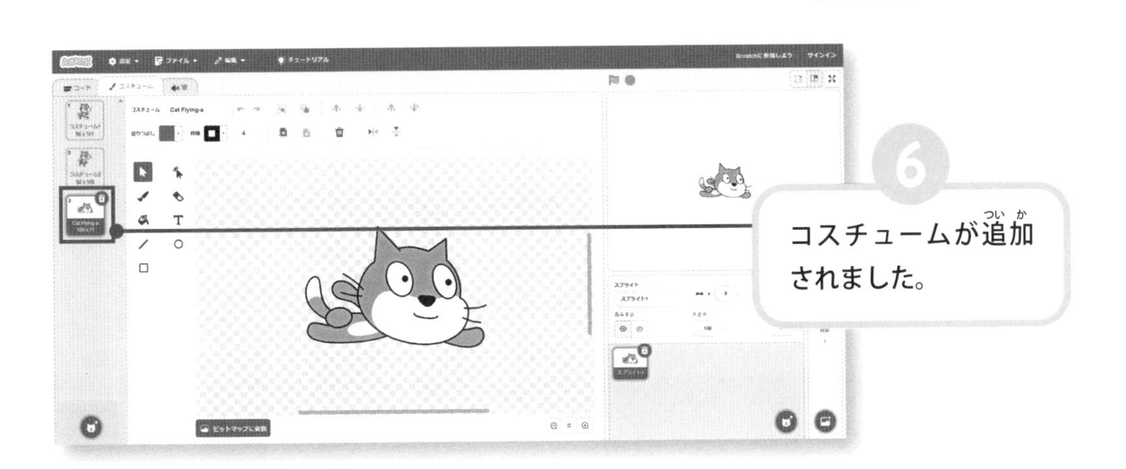

Point | 目的のコスチュームを探す

「コスチュームを選ぶ」には、たくさんのコスチュームがあります。スクロールバーなどを使い、「コスチュームを選ぶ」の画面をスクロールさせて、目的のコスチュームを探します。

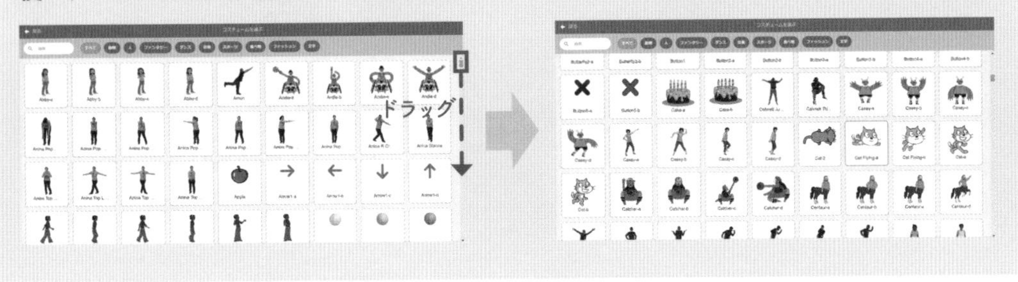

Section

1-5 プログラムの実行と停止

プログラムの実行

プログラムは次のようにして実行します。

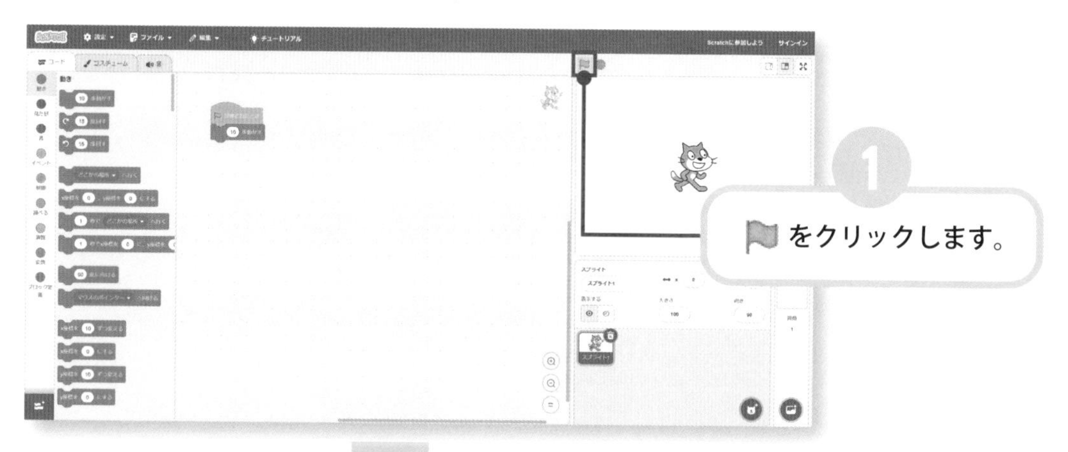

1 をクリックします。

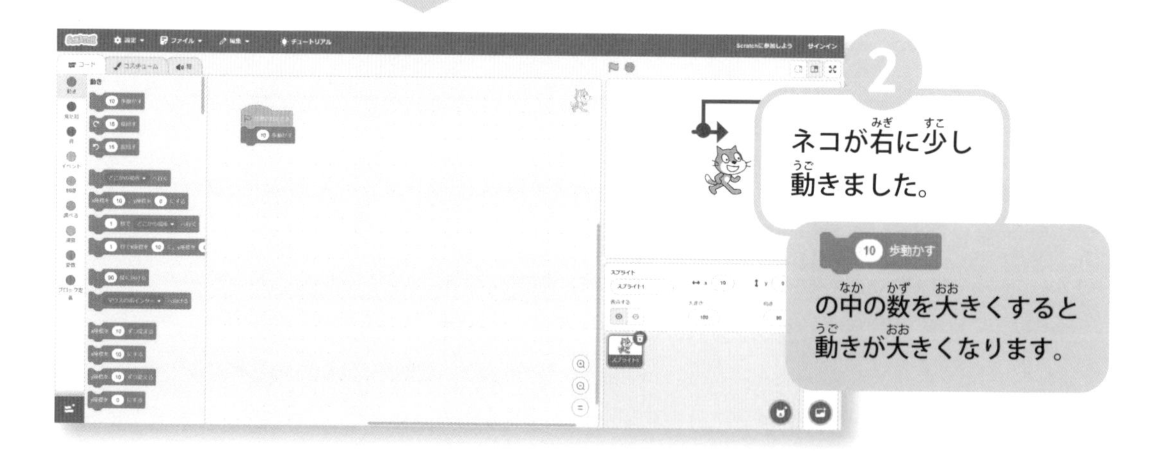

2 ネコが右に少し動きました。

10 歩動かす の中の数を大きくすると動きが大きくなります。

をクリックするたびに、ネコは右の方に進んで行きます。

プログラムの停止

プログラムは次のようにして停止します。ずっと繰り返されている処理などがある場合は、プログラムを停止させる必要があります。

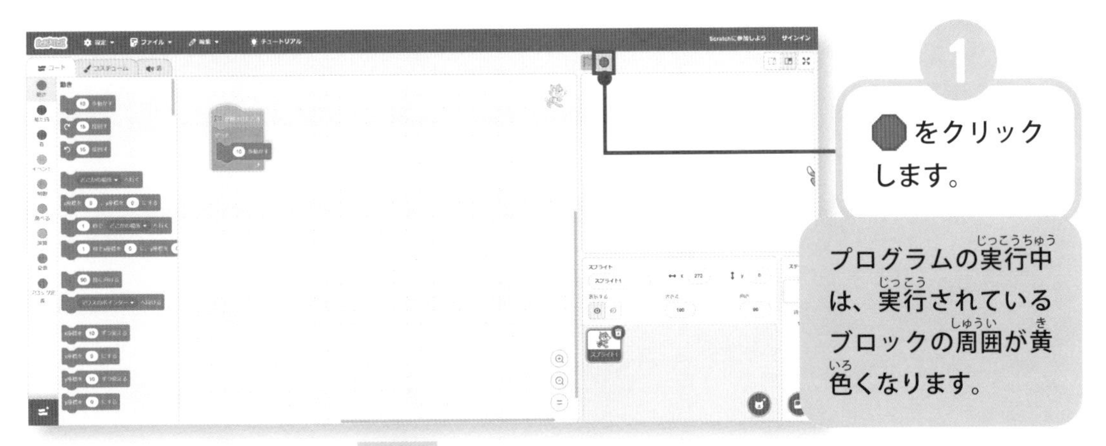

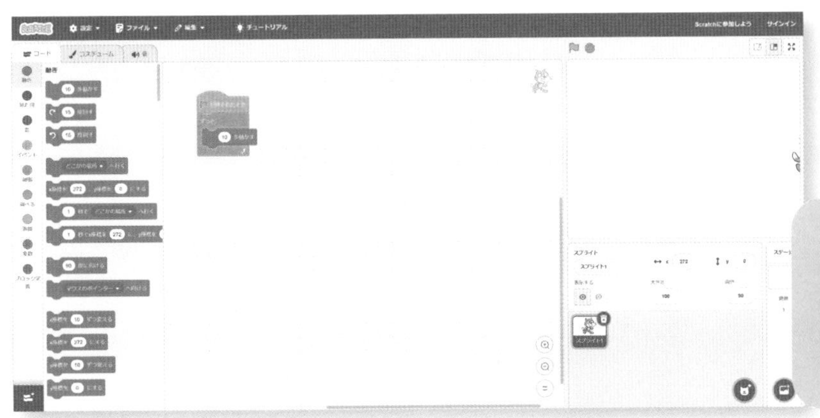

2

プログラムが停止しました。

プログラムが停止すると、実行されていたブロックの周囲の黄色が消えます。

Point | ステージのスプライトの移動

ステージのスプライトをドラッグすると、ステージの任意の位置へ動かせます。スプライトがステージの端まで行って一部が隠れてしまった場合なども、スプライトをドラッグすれば移動できます。

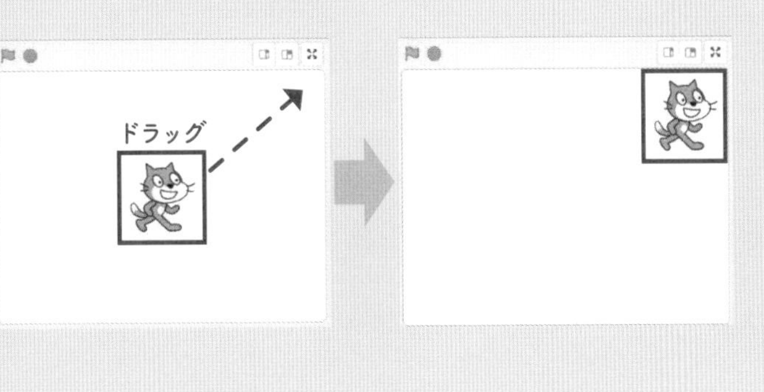

Section

1-6 プログラムの保存

プログラムは次のようにして保存します。

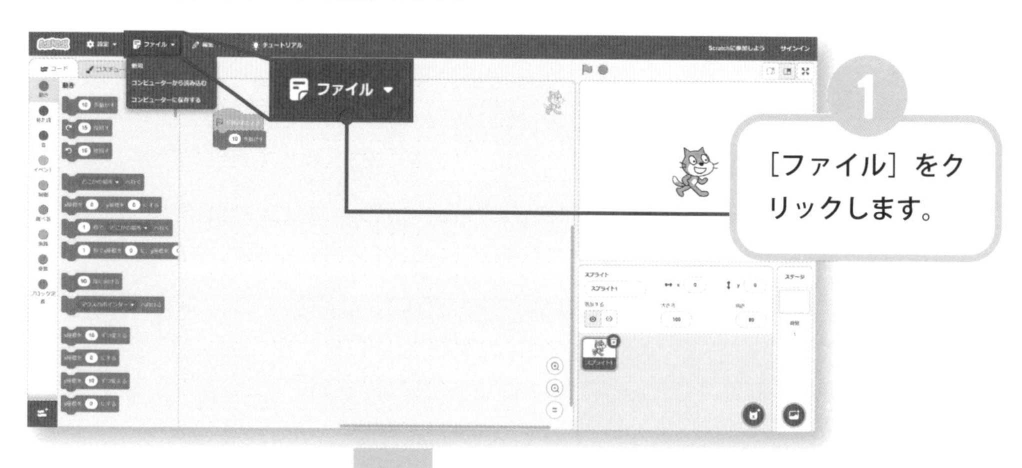

3 ファイルが保存されます。

「スクラッチのプロジェクト.sb3」という名前で「ダウンロード」フォルダーに保存されます。ダウンロードしたファイルは、必要な場合は、保存するフォルダーやファイル名の変更を行ってください。

Point | 保存するときは拡張子に注意

保存するときは、ピリオド「.」と拡張子「sb3」を付けて保存します（例：sample.sb3）。拡張子を付けないで保存したときは、パソコンの使用環境により、自動的にピリオドと拡張子「.sb3」がファイル名の後に付いて保存される場合と、ピリオドと拡張子が付かないで保存される場合があります。もし、保存したファイルが開けなかったときは、自分でピリオドと拡張子を付けます。

Point | プログラムとファイル

コンピューターで扱うデータをファイルといいます。スクラッチのプログラムもファイルの一種です。

Point | ファイル名と拡張子

Windowsに保存されているファイルは、拡張子と呼ばれるファイルの種類を区別する文字がファイル名の末尾に付きます。スクラッチVer3では「sb3」という文字が付いています。拡張子の前にはピリオド「.」が付きます。

　例：sample.sb3

拡張子はパソコンの設定により、表示される場合と、表示されない場合があります。

Section

1-7 プログラムの読み込み

プログラムは次のようにして読み込みます。読み込んだプログラムは再度編集することができます。

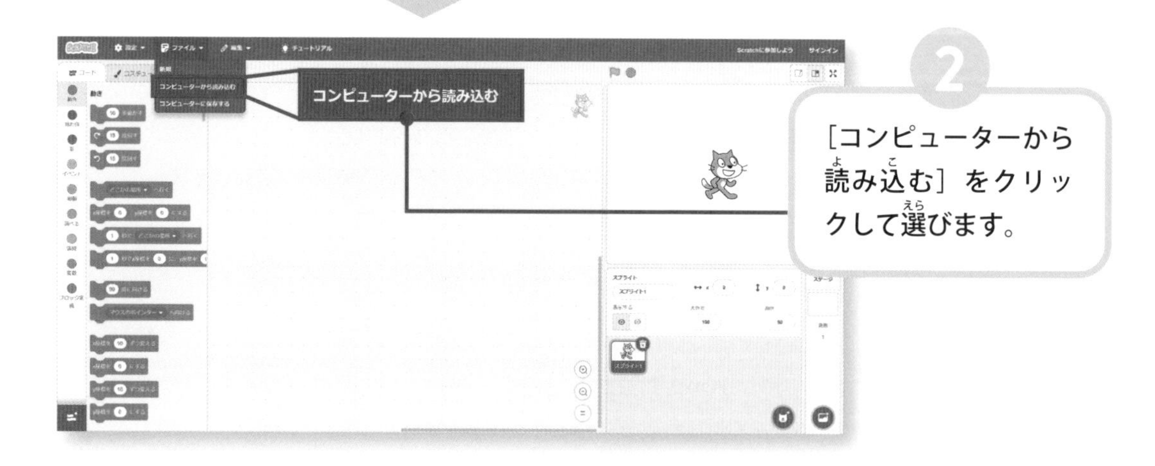

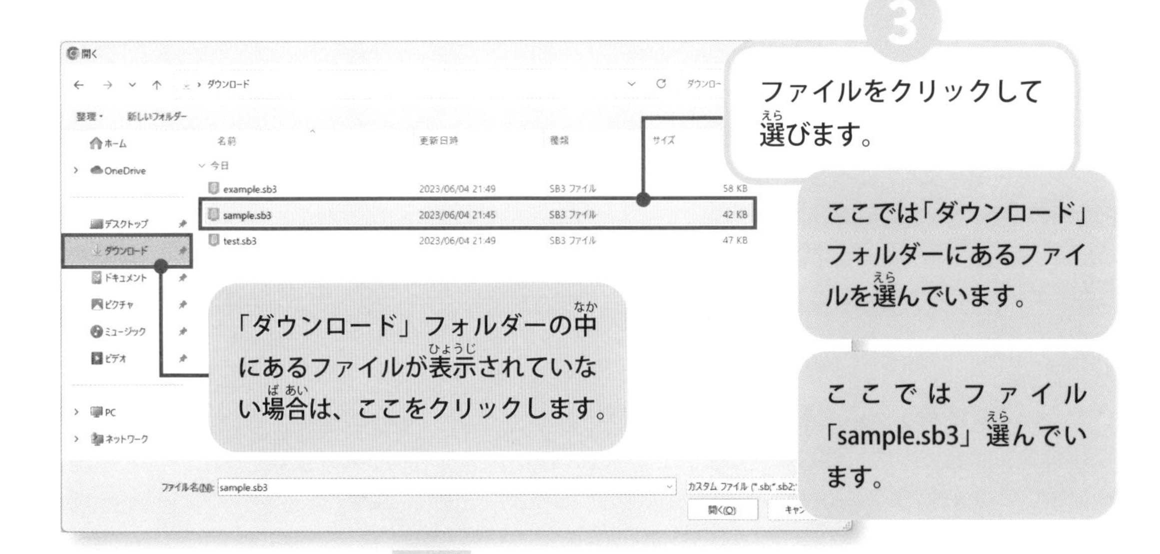
3
ファイルをクリックして選びます。
ここでは「ダウンロード」フォルダーにあるファイルを選んでいます。
ここではファイル「sample.sb3」選んでいます。
「ダウンロード」フォルダーの中にあるファイルが表示されていない場合は、ここをクリックします。
開く
ダウンロード
整理
新しいフォルダー
ホーム
OneDrive
デスクトップ
ダウンロード
ドキュメント
ピクチャ
ミュージック
ビデオ
PC
ネットワーク
名前
更新日時
種類
サイズ
今日
example.sb3
2023/06/04 21:49
SB3 ファイル
58 KB
sample.sb3
2023/06/04 21:45
SB3 ファイル
42 KB
test.sb3
2023/06/04 21:49
SB3 ファイル
47 KB
ファイル名(N):
sample.sb3
開く(O)

4
[開く] ボタンをクリックします。
開く
ダウンロード
ダウンロードの検索
整理
新しいフォルダー
ホーム
OneDrive
デスクトップ
ダウンロード
ドキュメント
ピクチャ
ミュージック
ビデオ
PC
ネットワーク
名前
更新日時
種類
サイズ
今日
example.sb3
2023/06/04 21:49
SB3 ファイル
58 KB
sample.sb3
2023/06/04 21:45
SB3 ファイル
42 KB
test.sb3
2023/06/04 21:49
SB3 ファイル
47 KB
ファイル名(N):
sample.sb3
カスタム ファイル (*.sb;*.sb2;*.sb3)
開く(O)
キャンセル

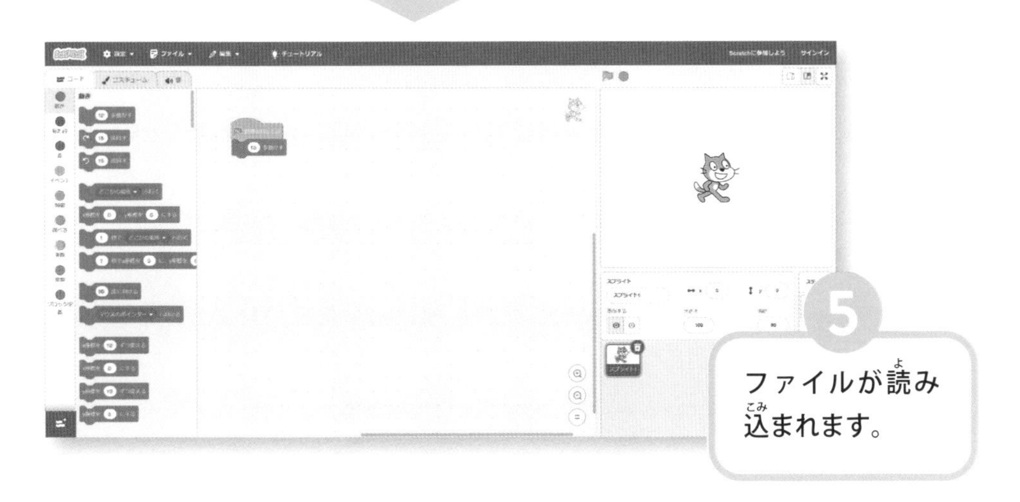
5
ファイルが読み込まれます。

Section

1-8 ステージの画面表示

ステージの画面表示には3つの種類があります。ステージの画面表示の切り替えは、ステージの右上の画面表示の切り替えボタンで切り替えます。

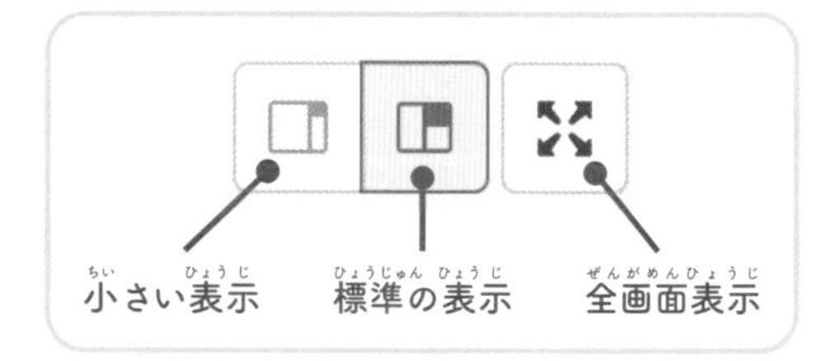

標準の画面表示

ステージとその下の部分が標準の大きさで表示されます。

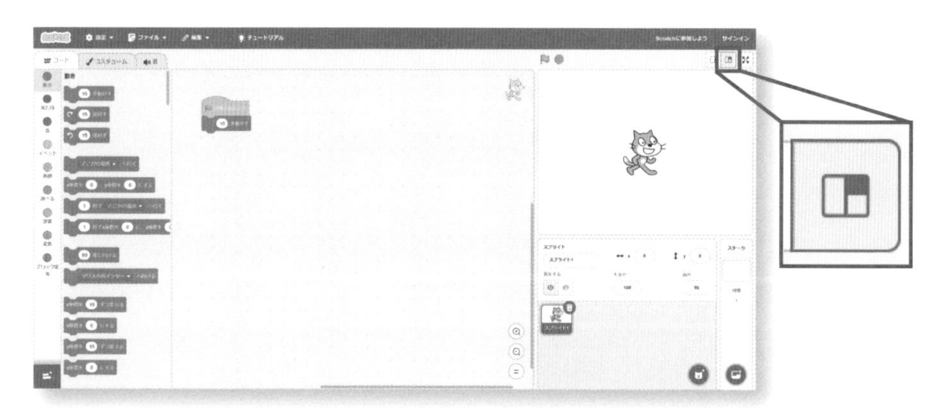

小さい画面表示

ステージとその下の部分が小さく表示されます。

全画面表示と全画面表示の解除

ステージのみの表示になります。

Point ブロックの縮小と拡大

ブロックは縮小したり、拡大したりすることができます。

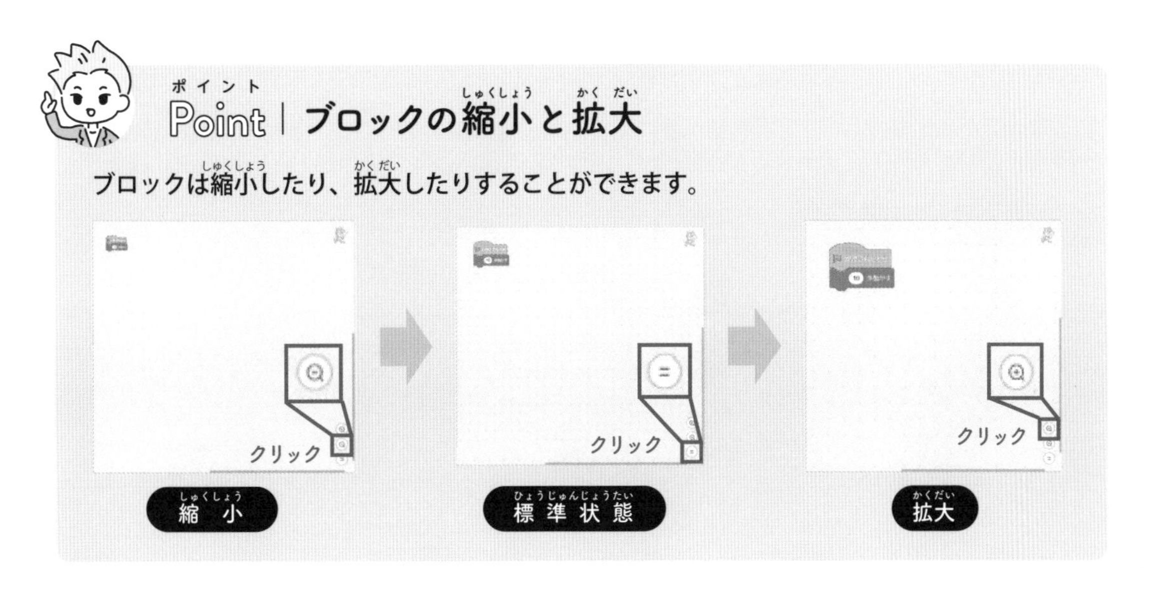

ブロック一覧（いちらん）

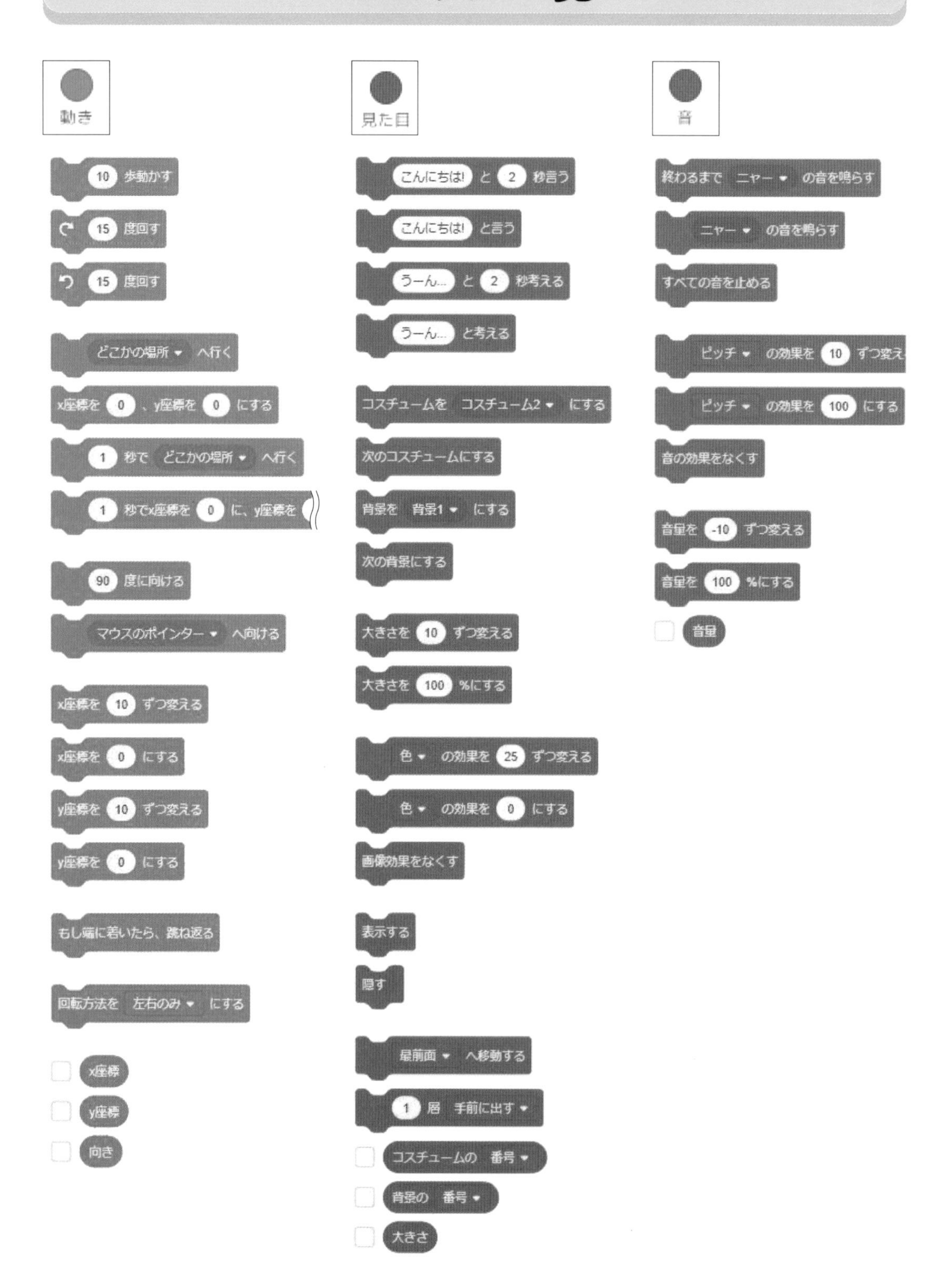

動き
10 歩動かす
15 度回す
15 度回す
どこかの場所 へ行く
x座標を 0 、y座標を 0 にする
1 秒で どこかの場所 へ行く
1 秒でx座標を 0 に、y座標を
90 度に向ける
マウスのポインター へ向ける
x座標を 10 ずつ変える
x座標を 0 にする
y座標を 10 ずつ変える
y座標を 0 にする
もし端に着いたら、跳ね返る
回転方法を 左右のみ にする
x座標
y座標
向き
見た目
こんにちは! と 2 秒言う
こんにちは! と言う
うーん... と 2 秒考える
うーん... と考える
コスチュームを コスチューム2 にする
次のコスチュームにする
背景を 背景1 にする
次の背景にする
大きさを 10 ずつ変える
大きさを 100 %にする
色 の効果を 25 ずつ変える
色 の効果を 0 にする
画像効果をなくす
表示する
隠す
最前面 へ移動する
1 層 手前に出す
コスチュームの 番号
背景の 番号
大きさ
音
終わるまで ニャー の音を鳴らす
ニャー の音を鳴らす
すべての音を止める
ピッチ の効果を 10 ずつ変え
ピッチ の効果を 100 にする
音の効果をなくす
音量を -10 ずつ変える
音量を 100 %にする
音量

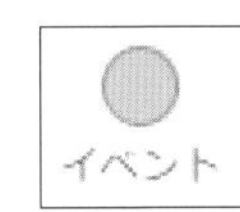

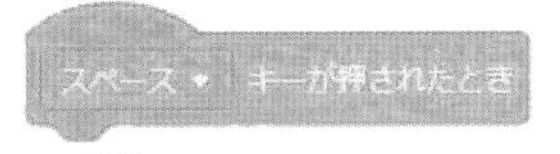

このスプライトが押されたとき

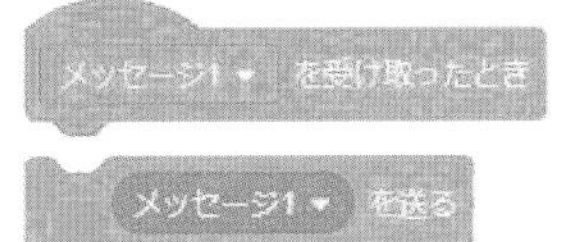

メッセージ1 を送って待つ

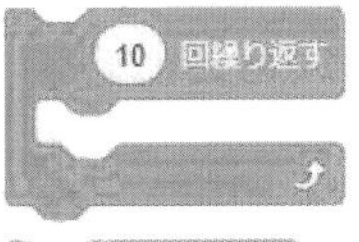

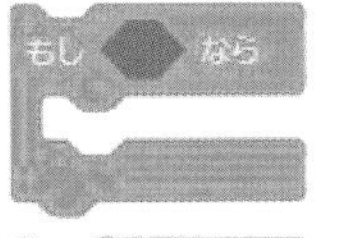

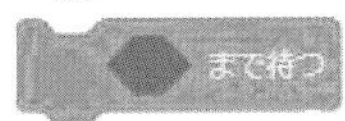

自分自身 のクローンを作る

このクローンを削除する

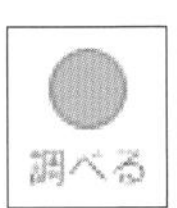

マウスのポインター に触れた

色に触れた

色が 色に触れた

マウスのポインター までの距離

あなたの名前は何ですか? と聞いて待

答え

スペース キーが押された

マウスが押された

マウスのx座標

マウスのy座標

ドラッグ できる ようにする

音量

タイマー

タイマーをリセット

ステージ の 背景#

現在の 年

2000年からの日数

ユーザー名

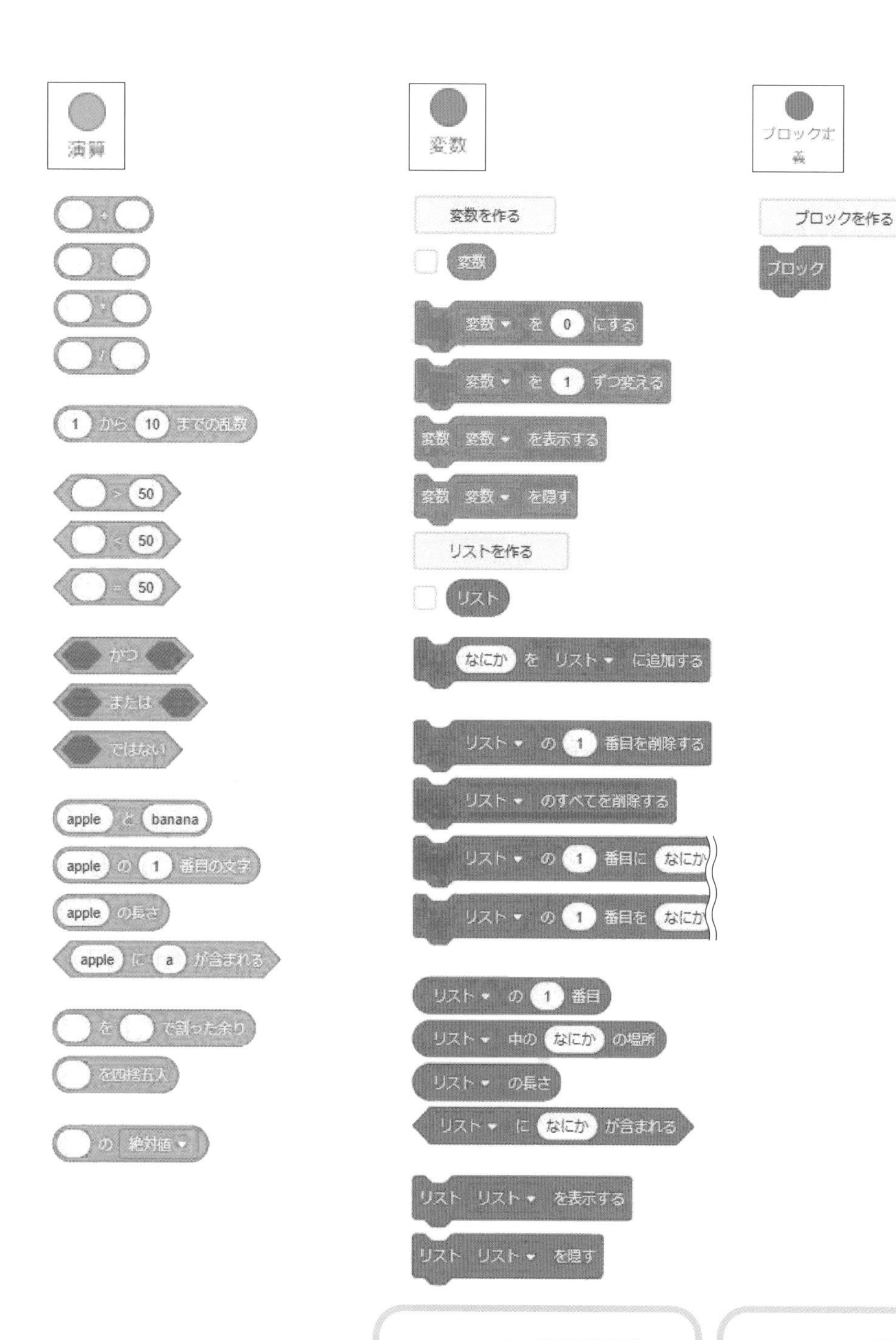

ここでは、リストを作る をクリックして、「リスト」という名前でリストを作っています。

ここでは、ブロックを作る をクリックして、「ブロック」という名前でブロックを作っています。

Chapter

2

初歩編
～簡単なゲームを作ってみよう～

ネコにタッチゲーム

ゲームの概要

ネコが動き回っています。ネコにタッチするとネコが鳴きます。

ステージの動き

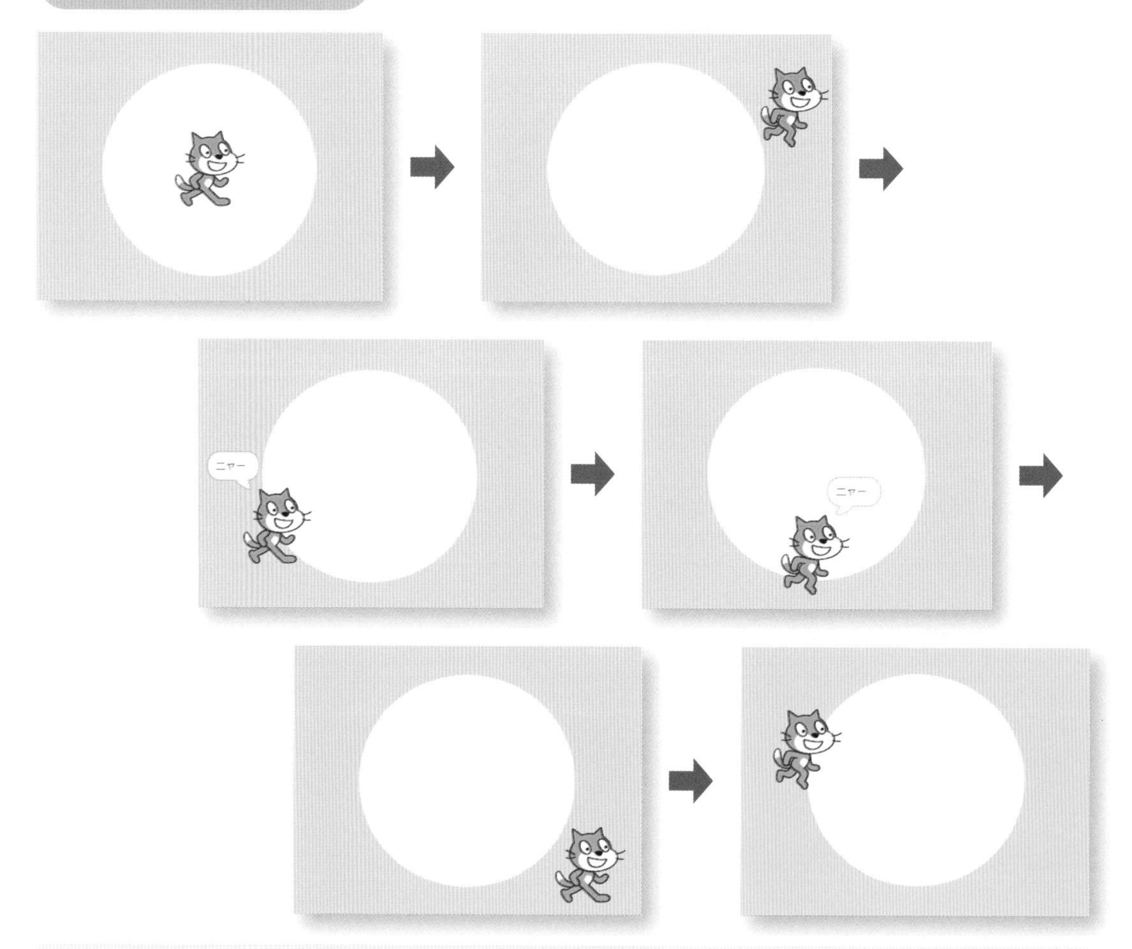

※ゲームの実行は全画面表示で行ってください（35ページ参照）。

※ゲームは ボタンをクリックまたはタップして開始してください（28ページ参照）。

操作方法

●パソコンの場合

ネコにタッチする

マウスでネコをクリックします。

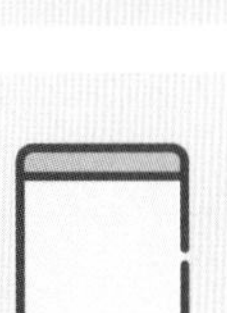

●タブレットの場合

ネコにタッチする

指でネコをタップします。

使用背景

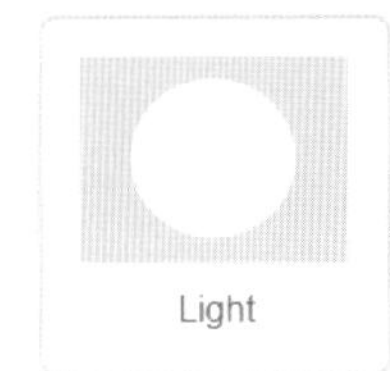

Light

使用スプライトと役割・動き

ネコ

スプライト1
（Cat）

役割 つかまらないように逃げ回ります。

動き ランダムに移動します。タッチされると「ニャー」と鳴きます。

Point | 背景の追加

ステージには背景を設定することができます。背景は次のように追加します（詳細は24ページ参照）。

コード

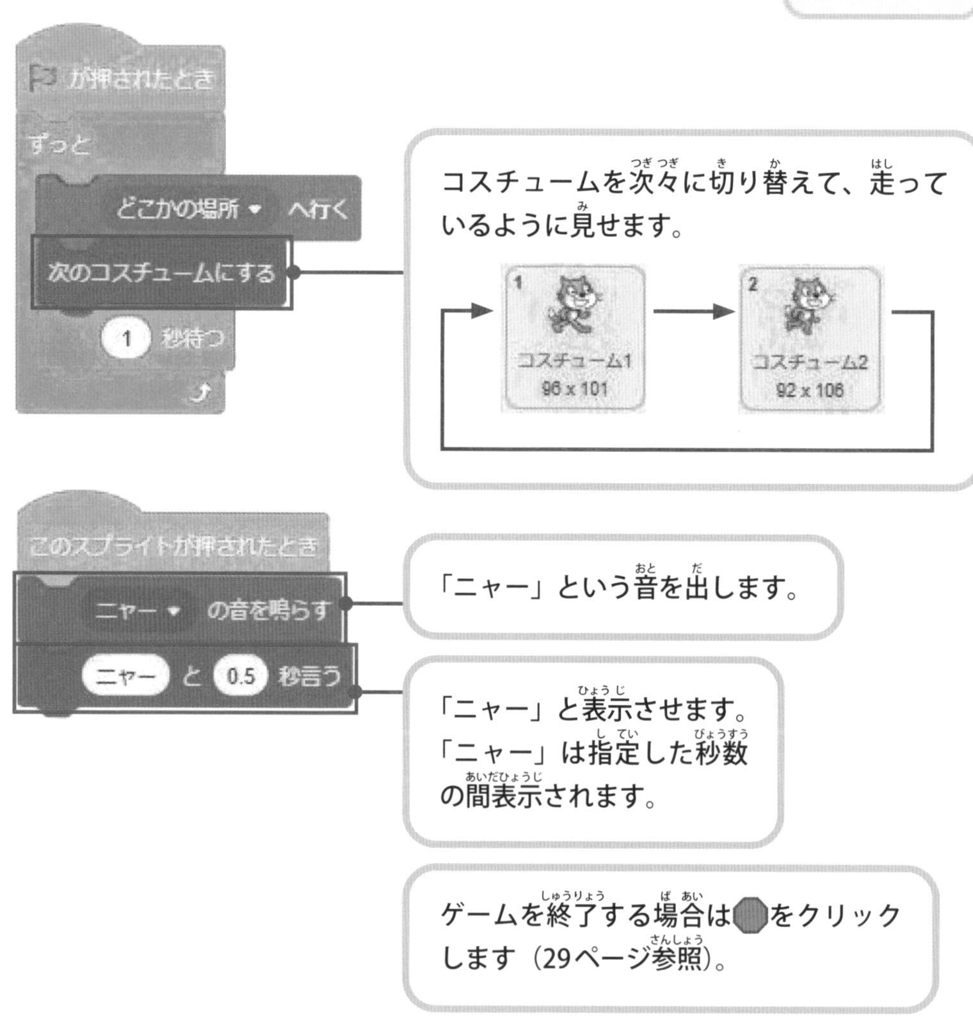

Point｜ブロック内の文字や数値の変更

ブロック内の文字や数値は変更することができます。ブロックの文字や数値の部分をクリックまたはタップし、文字や数値を入力して変更します。

技術｜繰り返し

同じ処理を繰り返すときは、繰り返しのブロックを使います。繰り返しのブロックの中の処理が繰り返し行われます。繰り返しを行う主なブロックは3種類あります。

決まった回数だけ繰り返す場合

「〜回繰り返す」ブロック

（例）5回続けて10歩動かす

ずっと繰り返す場合

「ずっと」ブロック

（例）ずっと10歩動かす

条件が成立するまで繰り返す場合

「〜まで繰り返す」ブロック

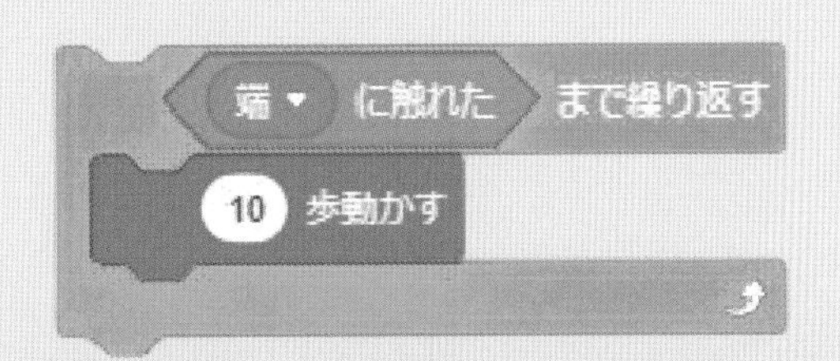

（例）端に触れるまで10歩動かす

GAME 2

ネコ追いかけゲーム

ゲームの概要

ネコが動き回っています。ネコにタッチするとネコの色が変わります。

ステージの動き

※ゲームの実行は全画面表示で行ってください（35ページ参照）。

※ゲームは 🏁 ボタンをクリックまたはタップして開始してください（28ページ参照）。

操作方法

パソコンの場合

ネコにタッチする

マウスをネコに重ねます。

タブレットの場合

ネコにタッチする

指でネコをタップします。

使用背景

Stripes

使用スプライトと役割・動き

ネコ

スプライト1
（Cat）

役割 つかまらないように逃げ回ります。

動き 右に向かって動きます。ある程度走るとランダムな位置に移動し、また右に向かって動きます。タッチされると色が変わります。

Point｜「止める」ボタン

プログラムによっては、一定時間や一定条件で終了せず、動作し続けている場合があります。
● を押すとプログラムを停止させることができます（詳細は29ページ参照）。

コード

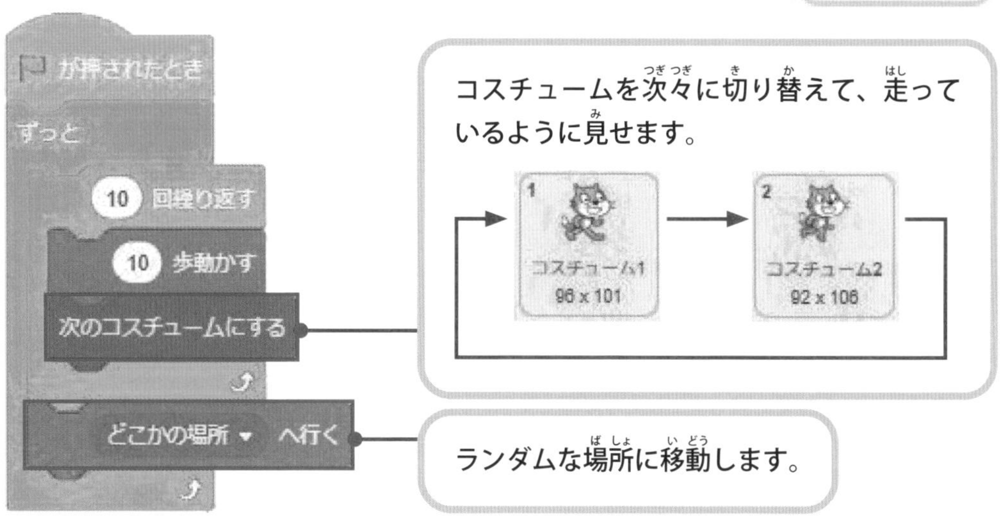

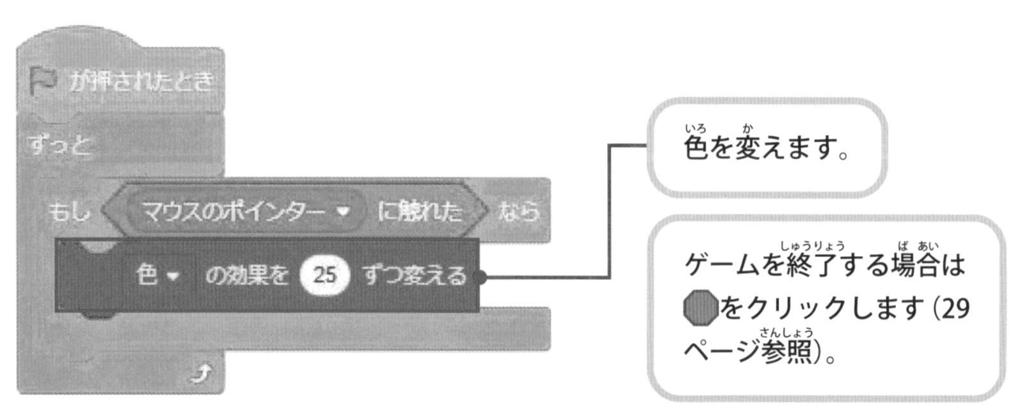

Point｜逐次処理と並列処理

一つずつ順番に処理する方法を逐次処理、同時に処理する方法を並列処理と言います。右の例では、逐次処理の場合は処理1が終わらないと処理2が実行できませんが、並列処理では処理1と処理2を同時に実行することができます。並列処理は、繰り返しの処理を含むプログラムなどでよく使用されます。

技術 | 条件分岐

条件により処理をわける場合は、分岐のブロックを使います。条件分岐を行う主なブロックは2種類あります。繰り返し処理のブロックと組み合わせて、マウスやキーボードからの入力監視を行うことができます。

もし〜なら

「もし〜なら」ブロック

（例）マウスが押されたら10歩動かす

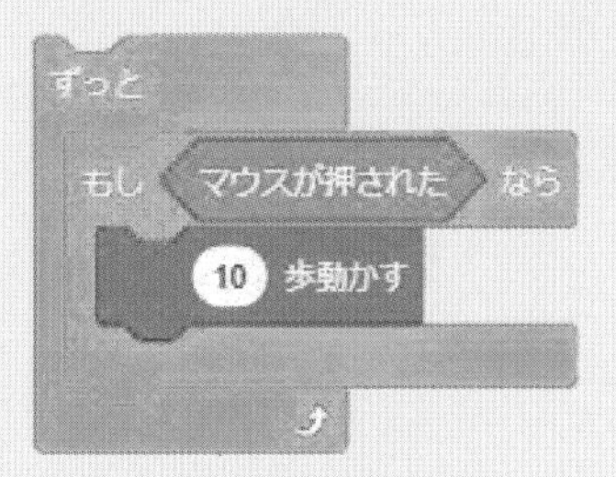

（例）入力監視

もし〜なら、でなければ

「もし〜なら、でなければ」ブロック

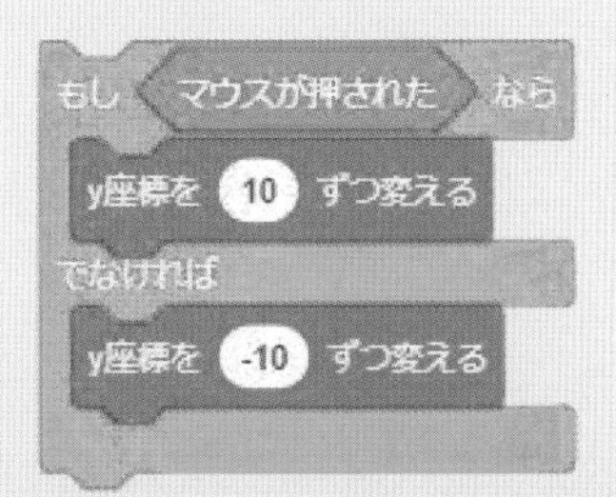

（例）マウスが押されたらY軸方向に10動かし、マウスが押されてないときはY軸方向に−10動かす

（例）入力監視

鳥にタッチゲーム

ゲームの概要

鳥が空を飛び回っています。鳥にタッチすると鳥が鳴き、鳥の大きさがランダムに変わります。

ステージの動き

※ゲームの実行は全画面表示で行ってください（35ページ参照）。

※ゲームは ボタンをクリックまたはタップして開始してください（28ページ参照）。

操作方法

●パソコンの場合

鳥にタッチする

マウスを鳥に重ねます。

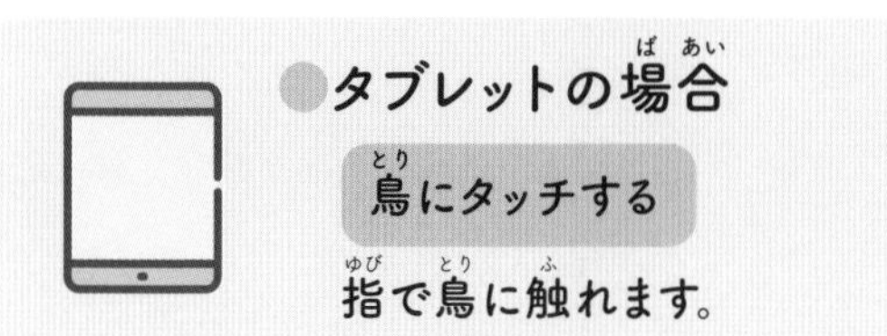

●タブレットの場合

鳥にタッチする

指で鳥に触れます。

使用背景

Blue Sky 2

使用スプライトと役割・動き

鳥

Parrot

役割 つかまらないように逃げ回ります。

動き ランダムに移動します。タッチされると鳴き、大きさが変わります。

Point | スプライトの追加

スプライトは追加することができます。スプライトを追加すると、スプライトリストとステージに追加したスプライトが表示されます（詳細は25ページ参照）。

スプライトが追加されました

コード

Parrot

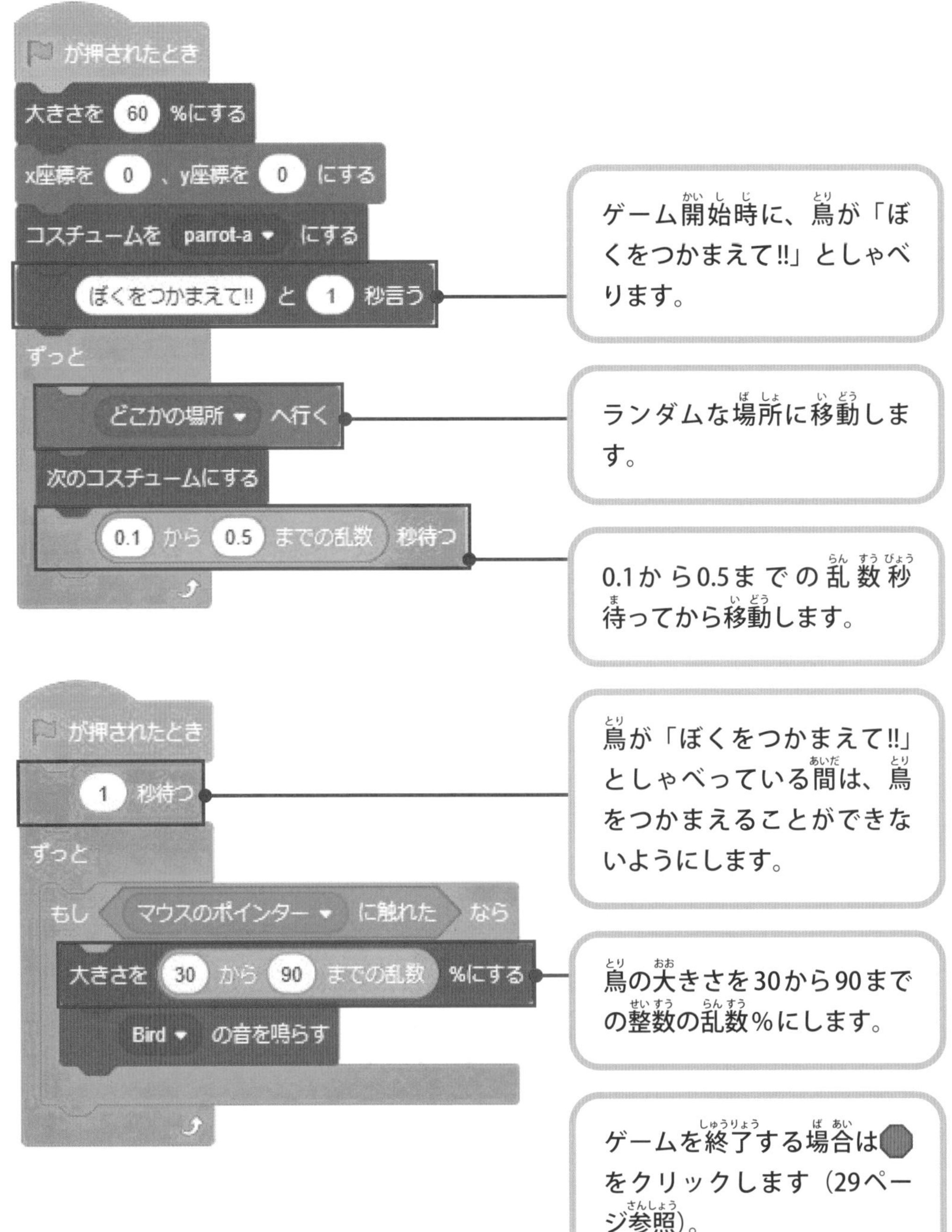
が押されたとき
大きさを 60 %にする
x座標を 0 、y座標を 0 にする
コスチュームを parrot-a にする
ぼくをつかまえて!! と 1 秒言う
ずっと
どこかの場所 へ行く
次のコスチュームにする
0.1 から 0.5 までの乱数 秒待つ
ゲーム開始時に、鳥が「ぼくをつかまえて!!」としゃべります。
ランダムな場所に移動します。
0.1から0.5までの乱数秒待ってから移動します。
が押されたとき
1 秒待つ
ずっと
もし マウスのポインター に触れた なら
大きさを 30 から 90 までの乱数 %にする
Bird の音を鳴らす
鳥が「ぼくをつかまえて!!」としゃべっている間は、鳥をつかまえることができないようにします。
鳥の大きさを30から90までの整数の乱数%にします。
ゲームを終了する場合はをクリックします（29ページ参照）。

Point | スプライトの削除

スプライトは削除することができます。スプライトを削除すると、スプライトリストとステージからスプライトが消えます。スプライトの削除は、次のように行います。

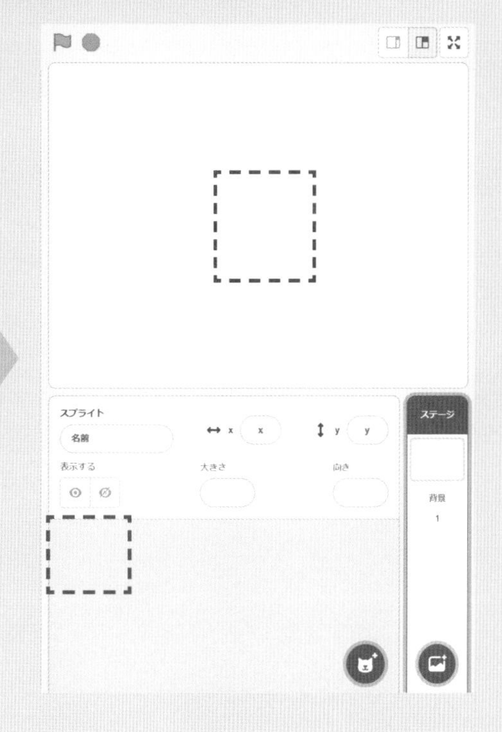

技術 | 乱数

乱数とは規則性のない適当な数です。例えば、サイコロを投げることにより1から6のランダムの数を得ることができます。サイコロの場合の乱数は（1 から 6 までの乱数）で得ることができます。

1から10までの整数の乱数

1.0から10.0までの小数の乱数

-10から10までの整数の乱数

みかんキャッチゲーム

ゲームの概要

みかんが上から落ちてきます。かごでみかんをキャッチします。みかんが地面に落ちるとゲームオーバーです。

ステージの動き

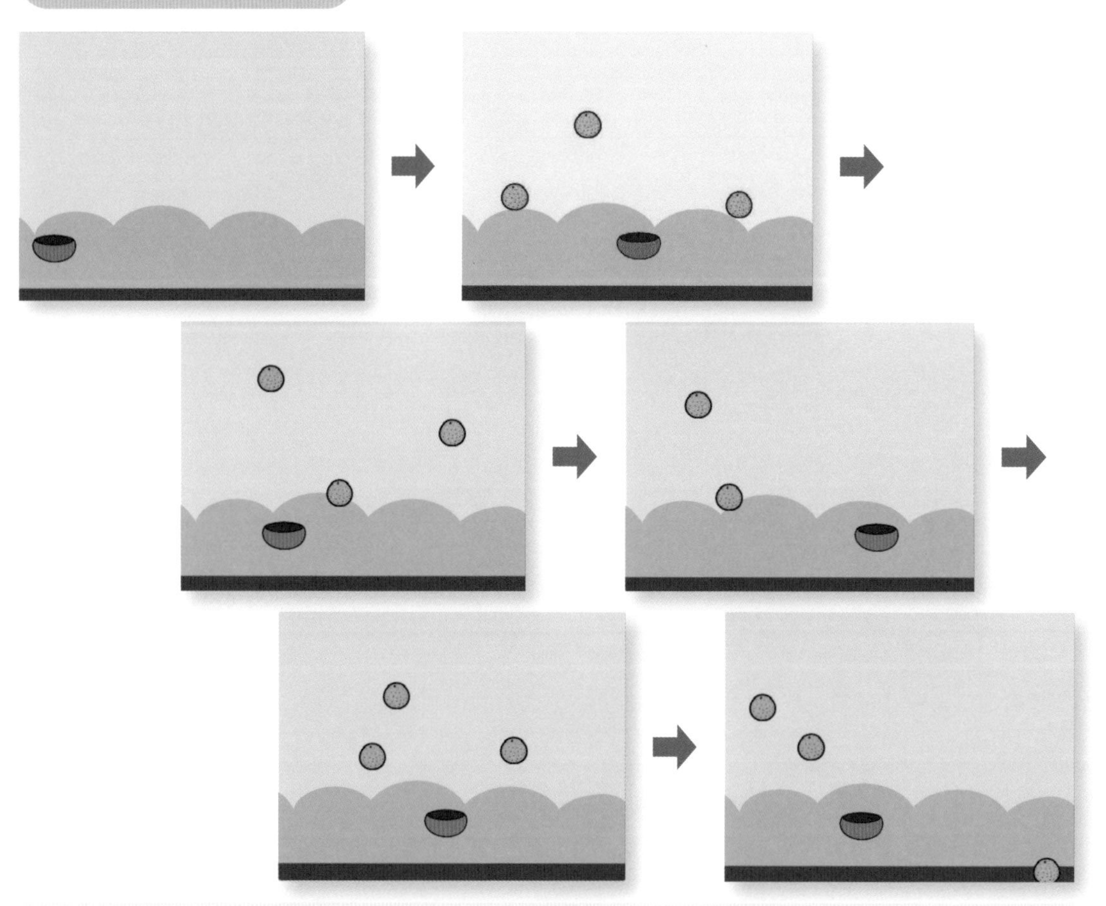

※ゲームの実行は全画面表示で行ってください（35ページ参照）。

※ゲームは ボタンをクリックまたはタップして開始してください（28ページ参照）。

操作方法

●パソコンの場合

かごを動かす

マウスを左右に動かします。

●タブレットの場合

かごを動かす

指を左右に動かします。

使用背景

Blue Sky

使用スプライトと役割・動き

かご

Bowl

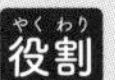
役割 みかんをキャッチします。

動き 左右に動きます。

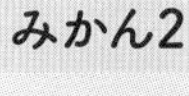
みかん2

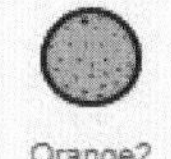

Orange2

役割 かごでキャッチしてもらいます。地面に落ちるとゲームオーバーにします。

動き 上端から現れて下に向かって動きます。かごにキャッチされると、また上端から現れて下に向かって動きます。

みかん1

Orange

役割 かごでキャッチしてもらいます。地面に落ちるとゲームオーバーにします。

動き 上端から現れて下に向かって動きます。かごにキャッチされると、また上端から現れて下に向かって動きます。

みかん3

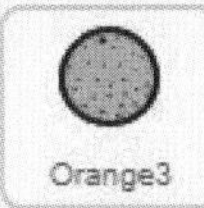

Orange3

役割 かごでキャッチしてもらいます。地面に落ちるとゲームオーバーにします。

動き 上端から現れて下に向かって動きます。かごにキャッチされると、また上端から現れて下に向かって動きます。

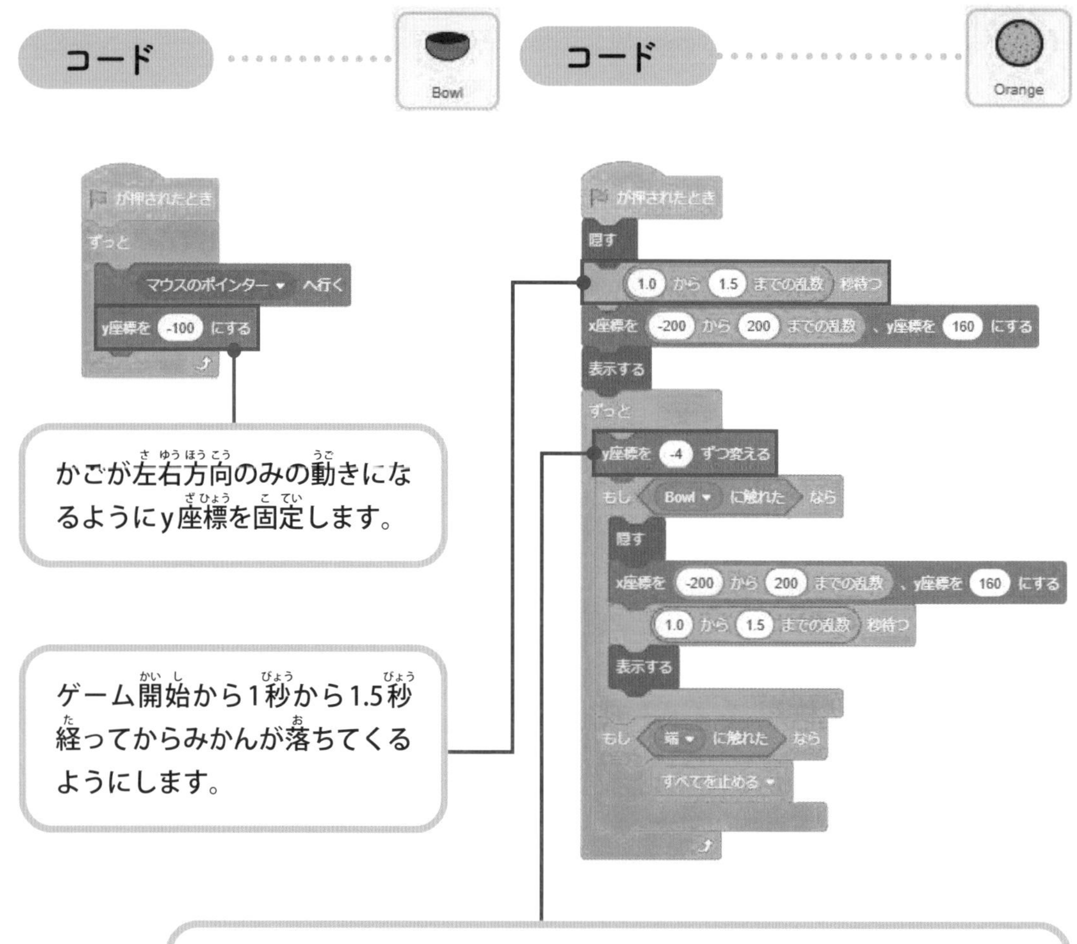

Point｜スプライトのコピー

スプライトはコピーすることができます。その際、コードなども一緒にコピーされます。スプライトのコピーは次のように行います。

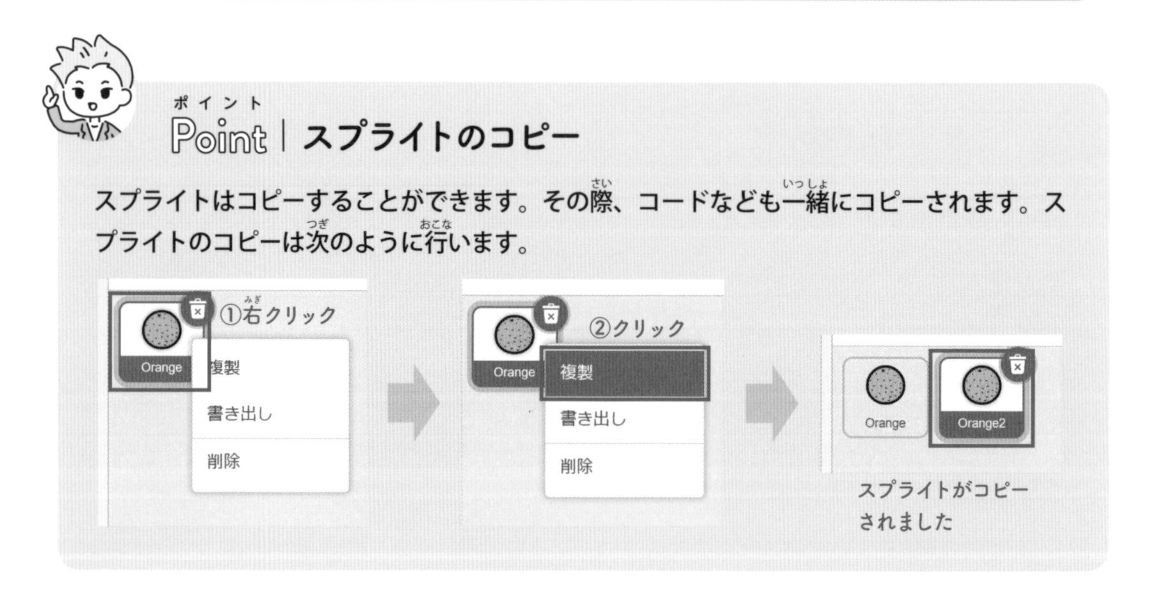

Orange2

コード

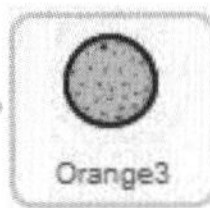


```
が押されたとき
隠す
(1.0)から(1.5)までの乱数 秒待つ
x座標を(-200)から(200)までの乱数、y座標を(160)にする
表示する
ずっと
  y座標を(-8)ずつ変える
  もし<Bowl▼に触れた>なら
    隠す
    x座標を(-200)から(200)までの乱数、y座標を(160)にする
    (1.0)から(1.5)までの乱数 秒待つ
    表示する
  もし<端▼に触れた>なら
    すべてを止める▼
```

みかん2が落ちる速さを-8に設定します。

```
が押されたとき
隠す
(1.0)から(1.5)までの乱数 秒待つ
x座標を(-200)から(200)までの乱数、y座標を(160)にする
表示する
ずっと
  y座標を(-12)ずつ変える
  もし<Bowl▼に触れた>なら
    隠す
    x座標を(-200)から(200)までの乱数、y座標を(160)にする
    (1.0)から(1.5)までの乱数 秒待つ
    表示する
  もし<端▼に触れた>なら
    すべてを止める▼
```

みかん3が落ちる速さを-12に設定します。

技術 | 複数スプライト

スプライトは追加して複数使用することができます。スプライトごとのコードに［が押されたとき］を結合しておくと、［旗］のボタンを押したときにスプライトが同時に動き出します。

動く的当てゲーム

ゲームの概要

的が左右に動いています。的に向かって弾を発射します。的に当たると次の面に行きます。面が進むほど、的の大きさが小さくなり、的の動きが速くなります。最後の面をクリアすると、最初の面に戻ります。

ステージの動き

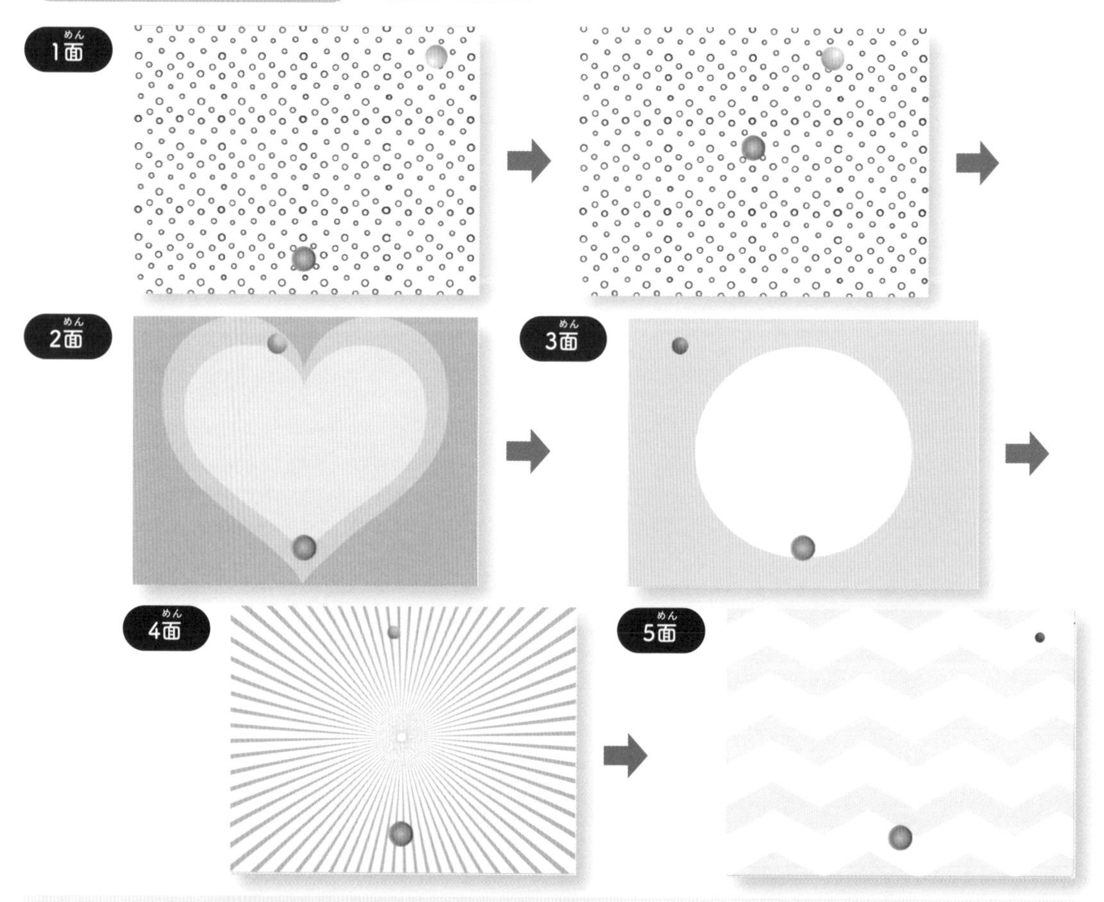

※ゲームの実行は全画面表示で行ってください（35ページ参照）。

※ゲームは ボタンをクリックまたはタップして開始してください（28ページ参照）。

操作方法

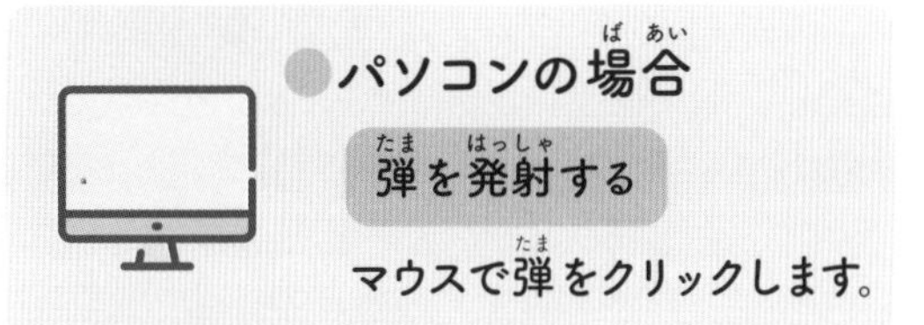

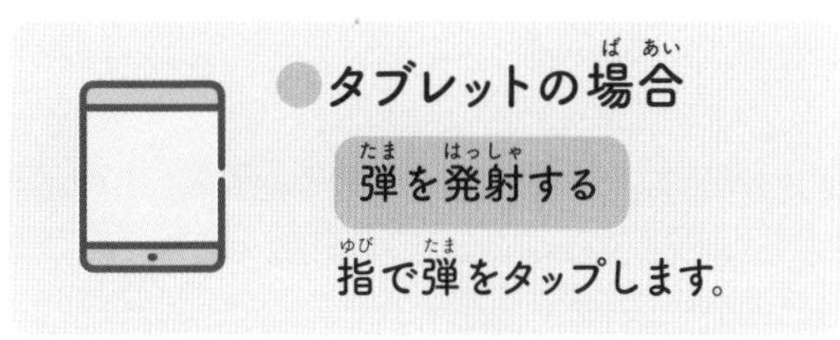

使用背景

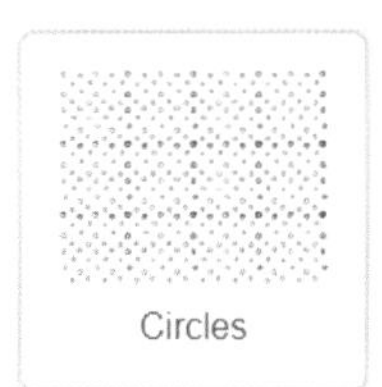

Circles

Hearts

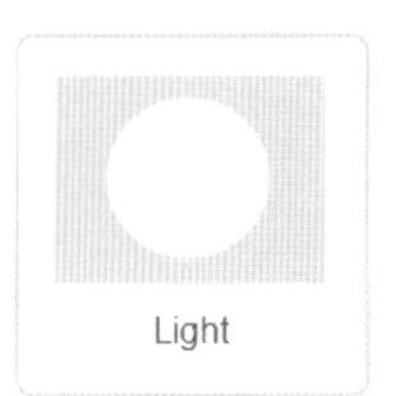

Light

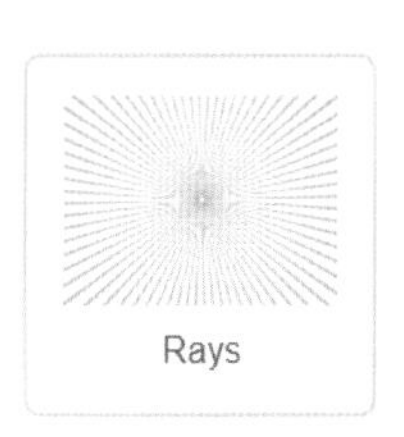

Rays

Stripes

※白色の背景（背景1）は消去します（58ページ参照）。

使用スプライトと役割・動き

弾

的に当てるための弾になります。

上に向かってまっすぐ動きます。

的

Ball

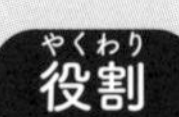

的になります。

動き　左右に往復します。弾が当たると消えます。

コード

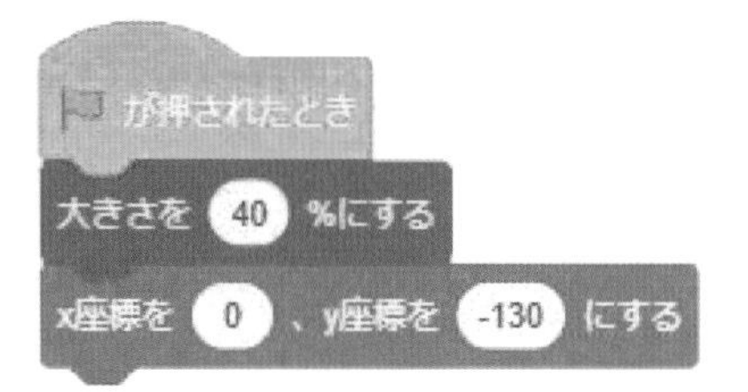

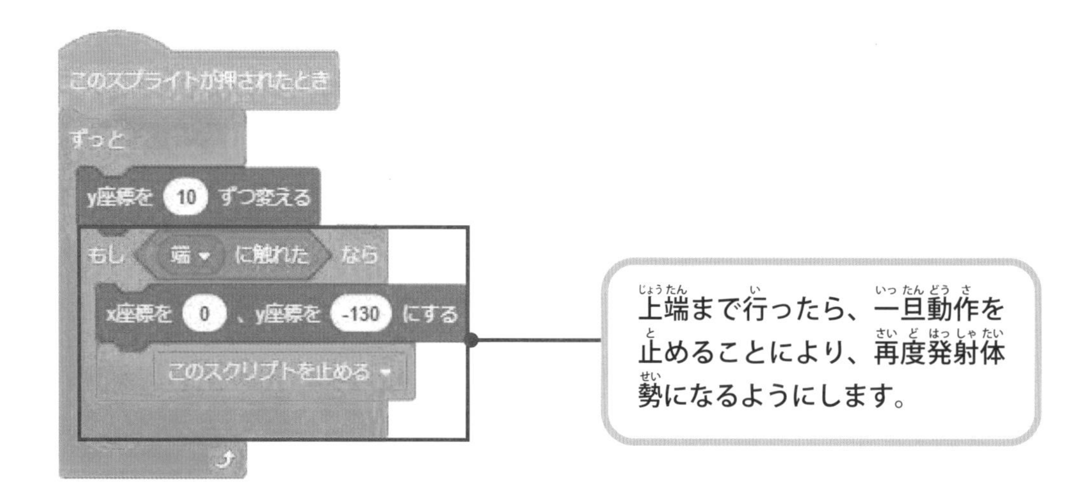

技術 | 複数背景

背景は追加して複数使用することができます。また、不要な背景は削除することができます。なお、ここでは白色の背景（背景1）は使用しませんので削除しておきます。
背景の番号は、上から順に1、2、3、4、5になります。

コード

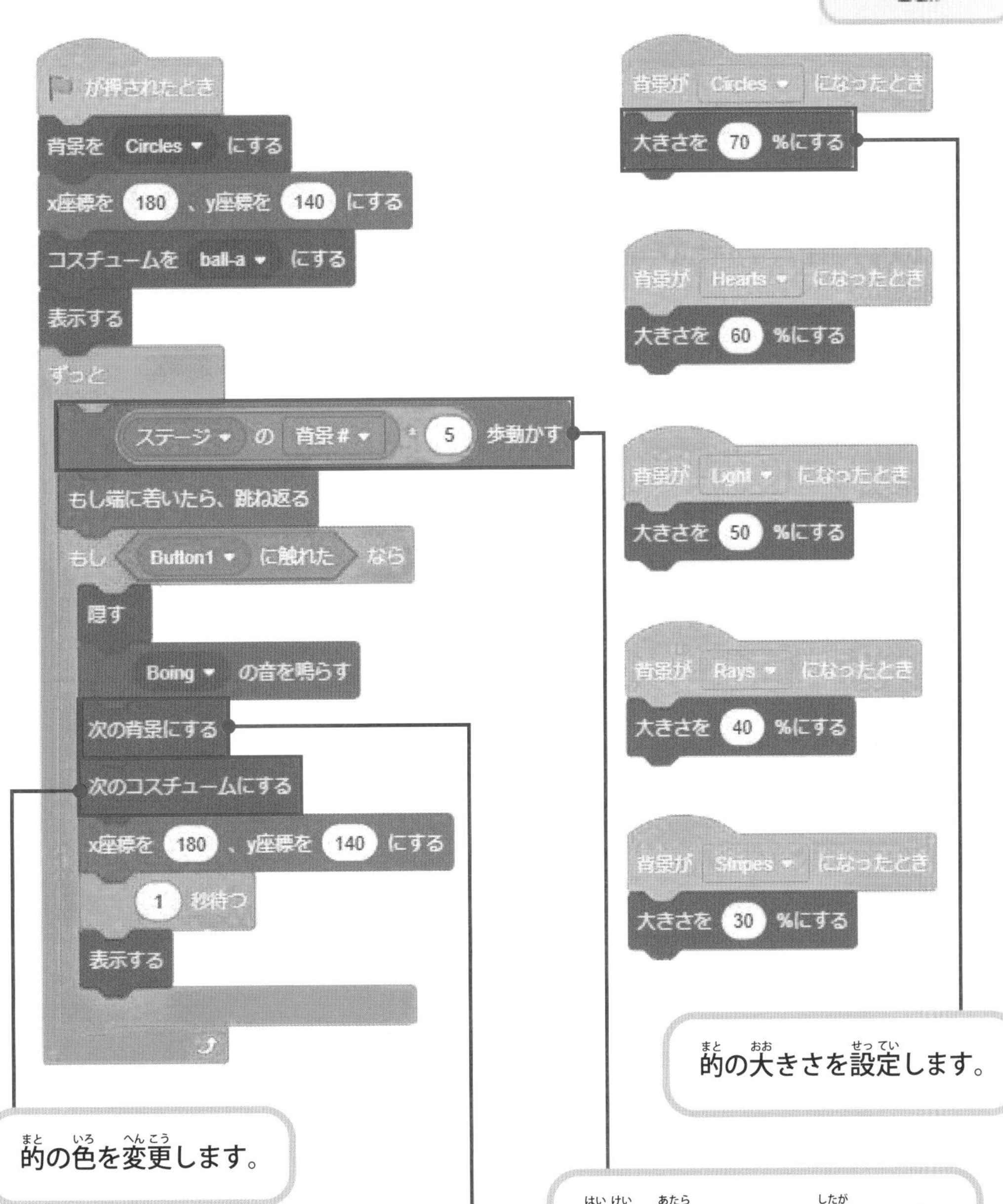

的の大きさを設定します。

的の色を変更します。

背景が新しくなるに従い、ボールの動きを速くします。最初の背景の番号は1なので1×5=5（歩）、次の背景の番号は2なので2×5=10（歩）となります。

背景を次の面の背景へ変更します。

背景一覧

「背景を選ぶ」には沢山の背景（画像）が用意されています。

Chapter

3

基礎編(きそへん)
～少(すこ)し複雑(ふくざつ)なゲームを作(つく)ってみよう～

ボールよけゲーム

ゲームの概要

空間内をボールが動き回っています。ネコを左右に動かしてボールに当たらないようにします。ネコがボールに当たるとネコの色が変わり、ネコが鳴きます。

ステージの動き

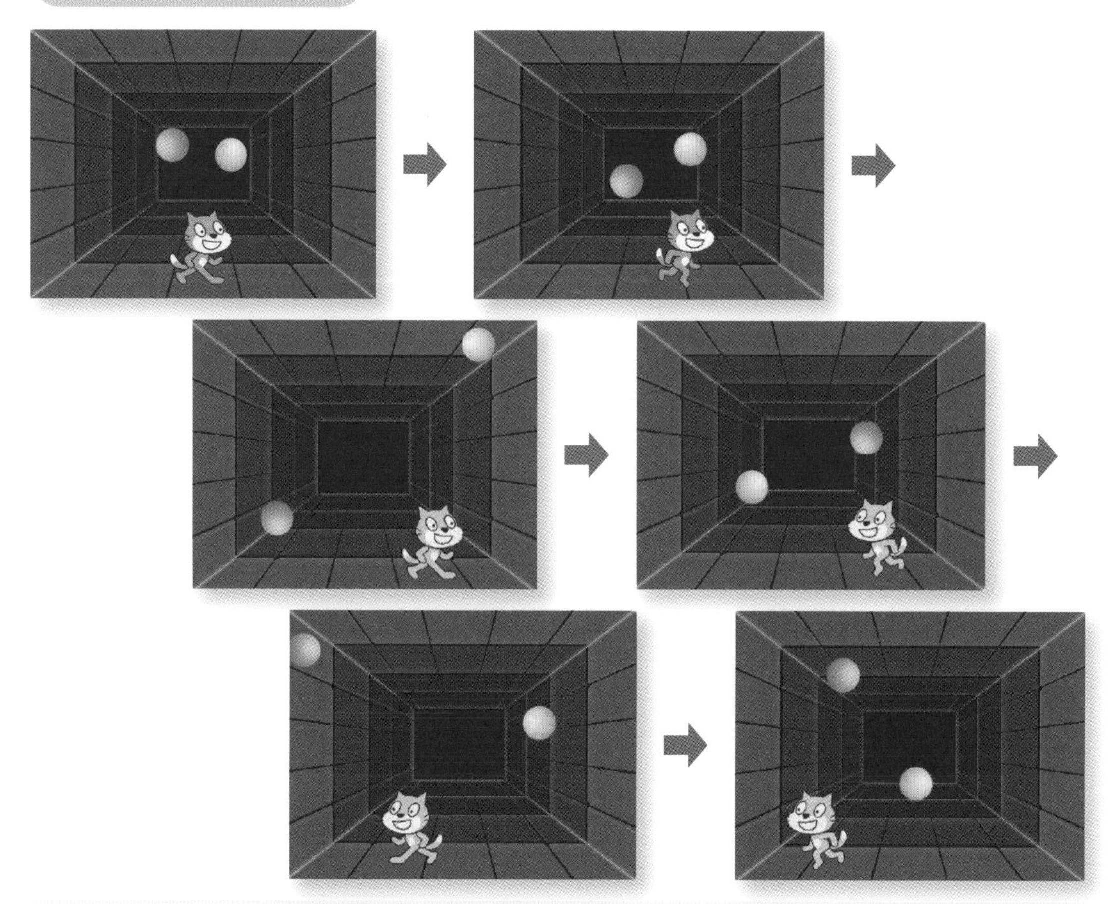

※ゲームの実行は全画面表示で行ってください（35ページ参照）。

※ゲームは ボタンをクリックまたはタップして開始してください（28ページ参照）。

操作方法

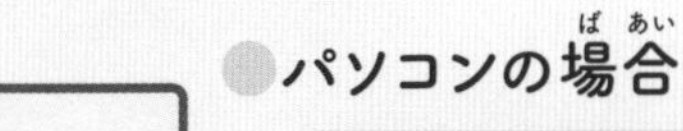

●パソコンの場合

ネコを左へ動かす	ネコを右に動かす
←キーを押します。	→キーを押します。

●タブレットの場合

ネコを左へ動かす	ネコを右に動かす
←キーを押します。	→キーを押します。

使用背景

Neon Tunnel

使用スプライトと役割・動き

ネコ

スプライト1（Cat）

役割 ボールに当たらないように左右に逃げ回ります。

動き 左右に動きます。ボールに当たると、ネコの色が変わり、ネコが鳴きます。

ボール（黄色）

Ball

役割 ネコに当たると、ネコの色を変えて、ネコを鳴かせます。

動き 自由な方向にまっすぐ動きます。端に当たると跳ね返ります。

ボール（青色）

Ball2

役割 ネコに当たると、ネコの色を変えて、ネコを鳴かせます。

動き 自由な方向にまっすぐ動きます。端に当たると跳ね返ります。

コード

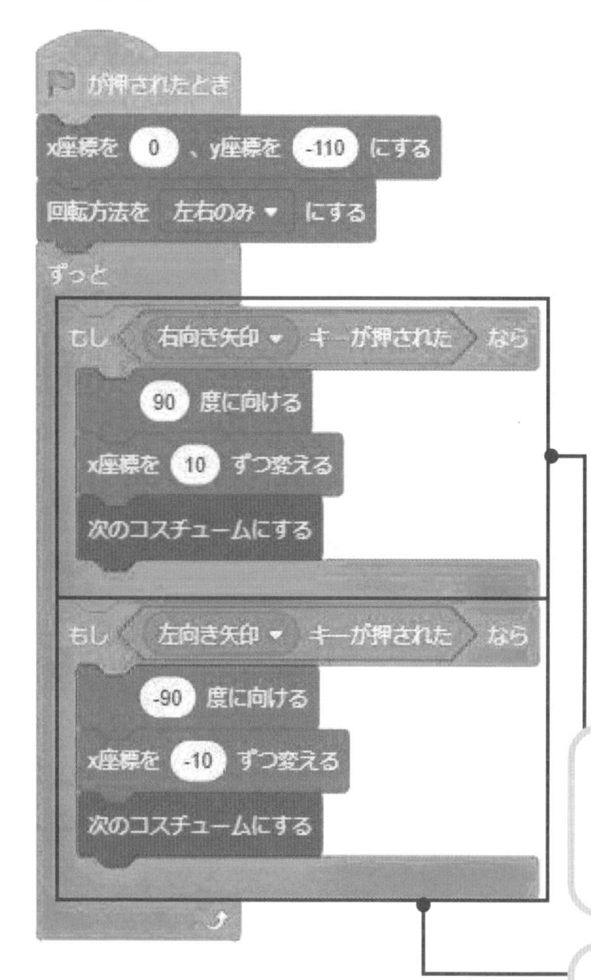

右矢印キーを押したときは、ネコが右に動きます。

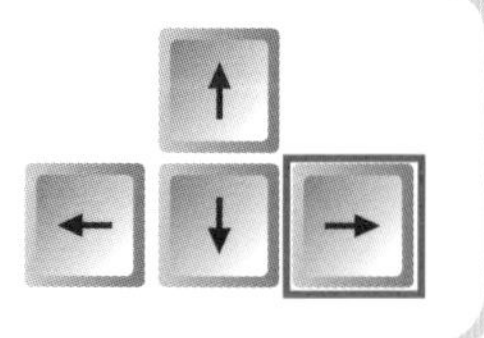

左矢印キーを押したときは、ネコが左に動きます。

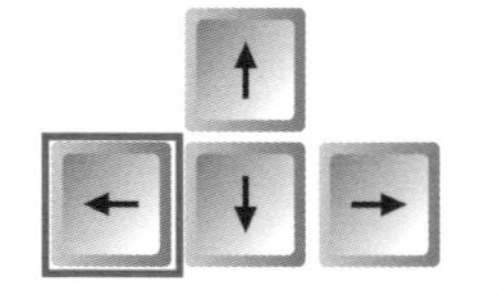

ゲームを終了する場合は●をクリックします（29ページ参照）。

Point｜スプライトの方向

スプライトの方向は次のようになっています。ブロックの数値部分をクリックし、数値入力あるいはダイヤルで方向を設定します。

左方向

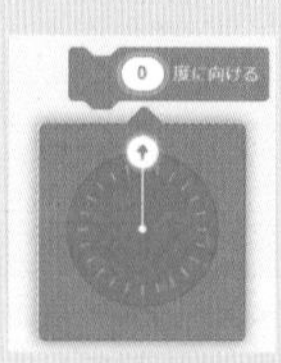

上方向

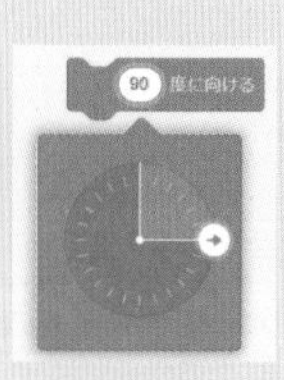

右方向

下方向

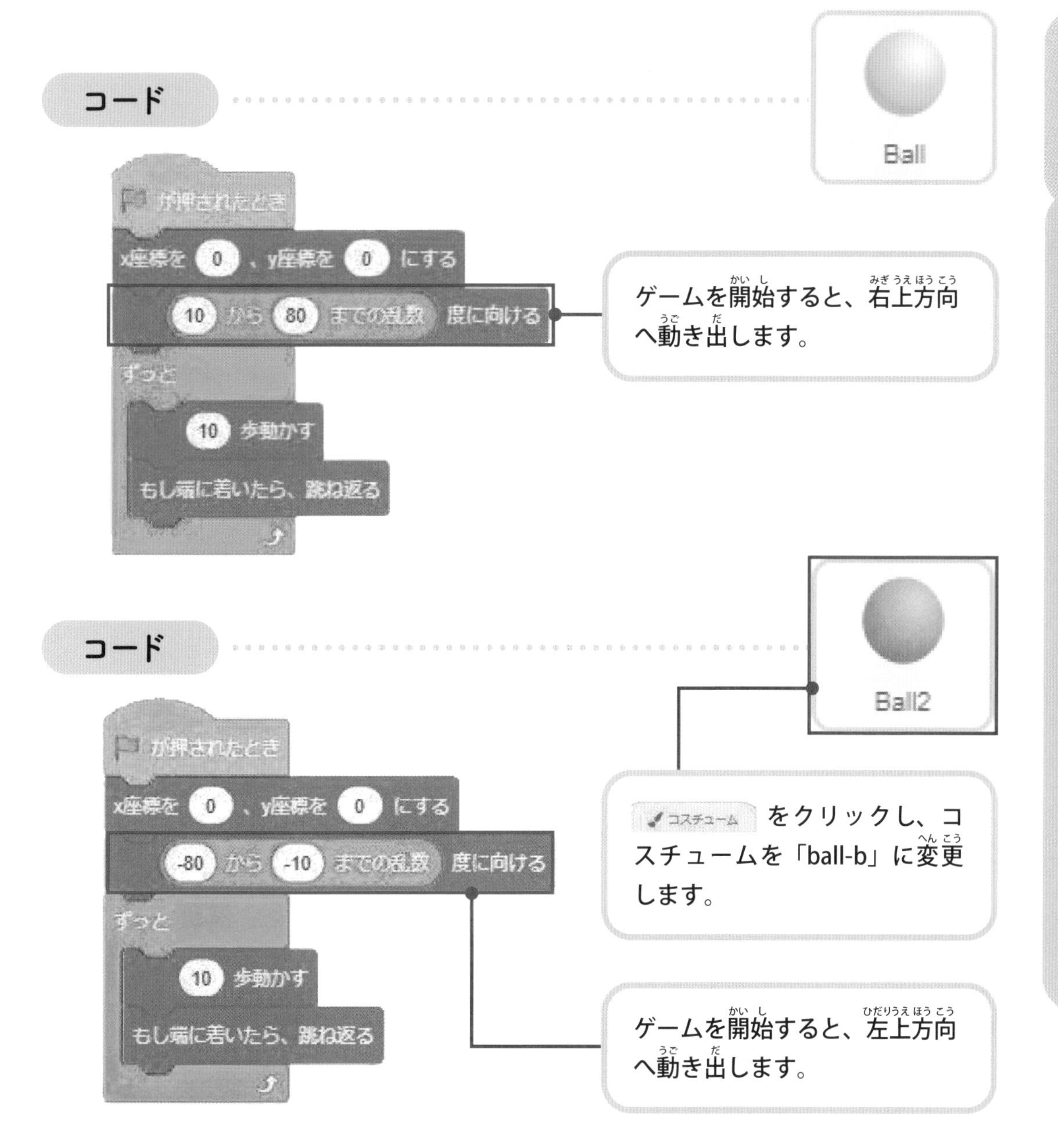

Point | コスチュームの変更

スプライトのコスチュームの変更は、次のように行います。

Point｜マウス利用の場合

マウスを利用する場合は、64ページのネコのコードの左側部分を次のように変更します。
マウスを利用する場合は、ネコはマウスポインターのある方向へ動きます。

キーボード利用の場合

マウス利用の場合

マウスポインターがネコより左にある場合、ネコは左方向に動きます。

マウスポインターがネコより右にある場合、ネコは右方向に動きます。

技術(ぎじゅつ) | キーボード利用(りよう)の場合(ばあい)

キーボードのキー操作(そうさ)により、スプライトを動(うご)かすことができます。

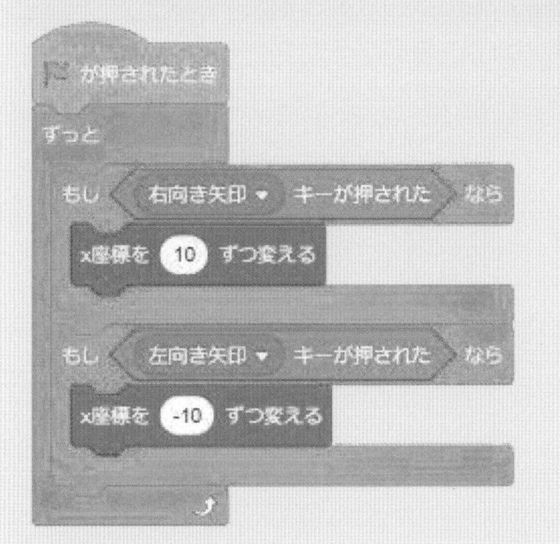

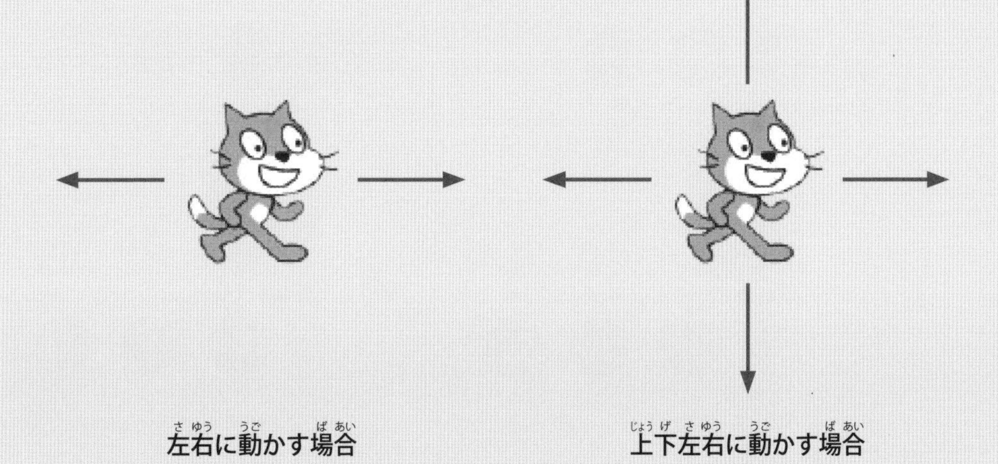

左右(さゆう)に動(うご)かす場合(ばあい)

上下左右(じょうげさゆう)に動(うご)かす場合(ばあい)

メッセージ　07_スロットマシンゲーム.sb3

GAME 7

スロットマシンゲーム

ゲームの概要

アルファベットが書かれた3個のドラムから成るスロットマシンがあります。ドラムが一斉に回転しますので、それぞれのドラムの下のボタンを押してドラムの回転を止めます。

ステージの動き

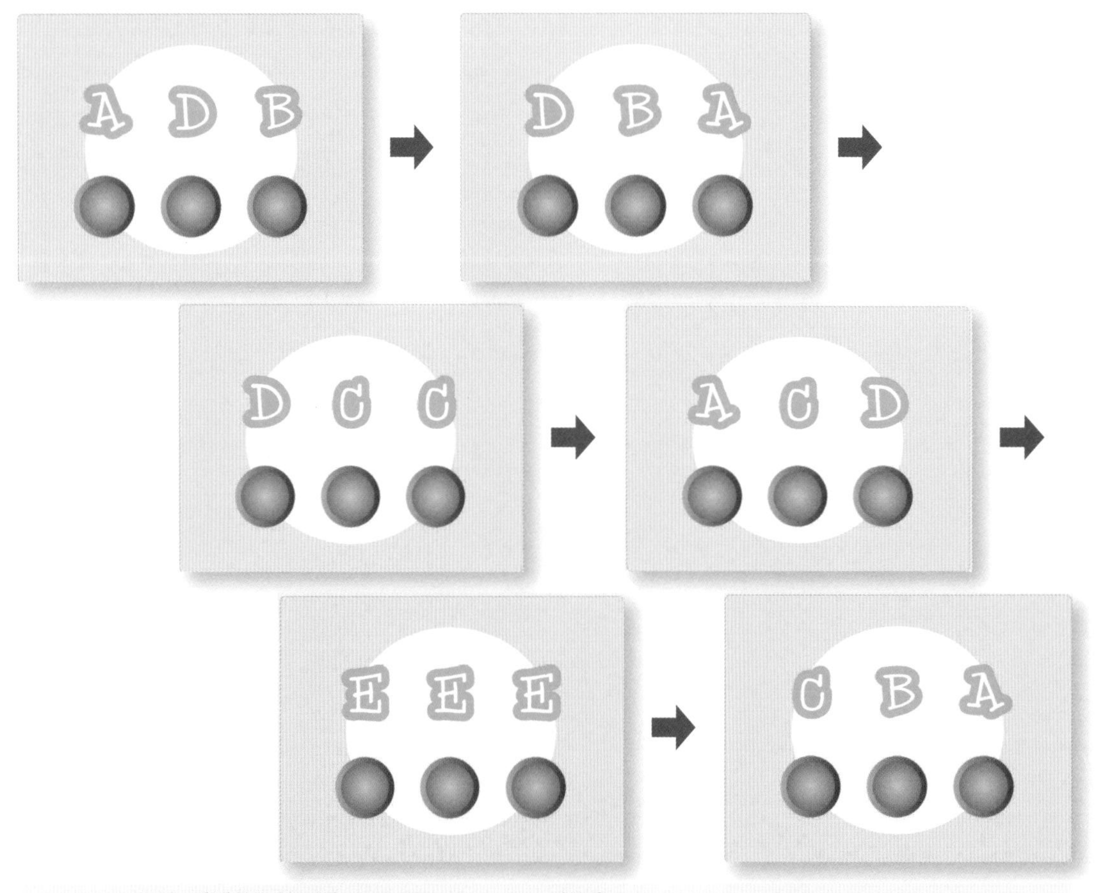

※ゲームの実行は全画面表示で行ってください（35ページ参照）。

※ゲームは ボタンをクリックまたはタップして開始してください（28ページ参照）。

操作方法

パソコンの場合

ドラムの回転を止める

マウスでドラムの下のボタンをクリックします。

タブレットの場合

ドラムの回転を止める

指でドラムの下のボタンをタップします。

使用背景

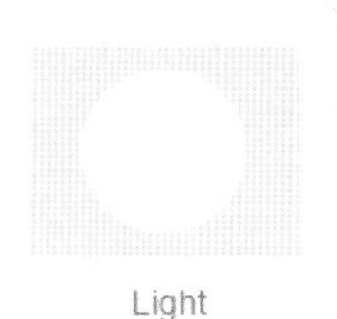

Light

使用スプライトと役割・動き

ドラム(左)

Grow-A

役割 スロットマシンの左のドラムになります。

動き ABCDEの順にアルファベットが変わります。Eの次はAに戻ります。

ボタン(左)

Button1

役割 スロットマシンの左のドラムの回転を止めます。

動き 押されると左のドラムの回転を止めます。

ドラム(中央)

Grow-A2

役割 スロットマシンの中央のドラムになります。

動き ABCDEの順にアルファベットが変わります。Eの次はAに戻ります。

ボタン(中央)

Button2

役割 スロットマシンの中央のドラムの回転を止めます。

動き 押されると中央のドラムの回転を止めます。

ドラム(右)

Grow-A3

役割 スロットマシンの右のドラムになります。

動き ABCDEの順にアルファベットが変わります。Eの次はAに戻ります。

ボタン(右)

Button3

役割 スロットマシンの右のドラムの回転を止めます。

動き 押されると右のドラムの回転を止めます。

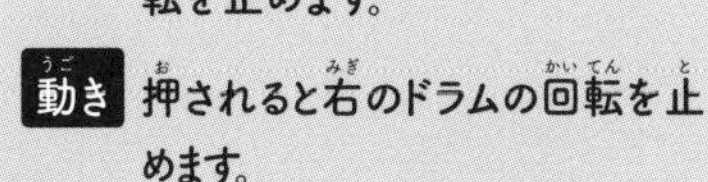

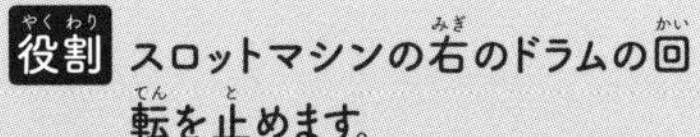

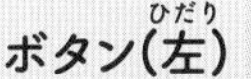

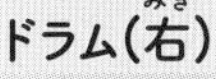
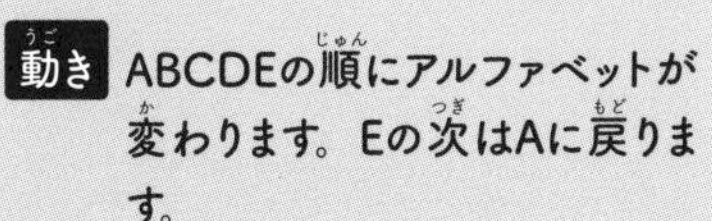

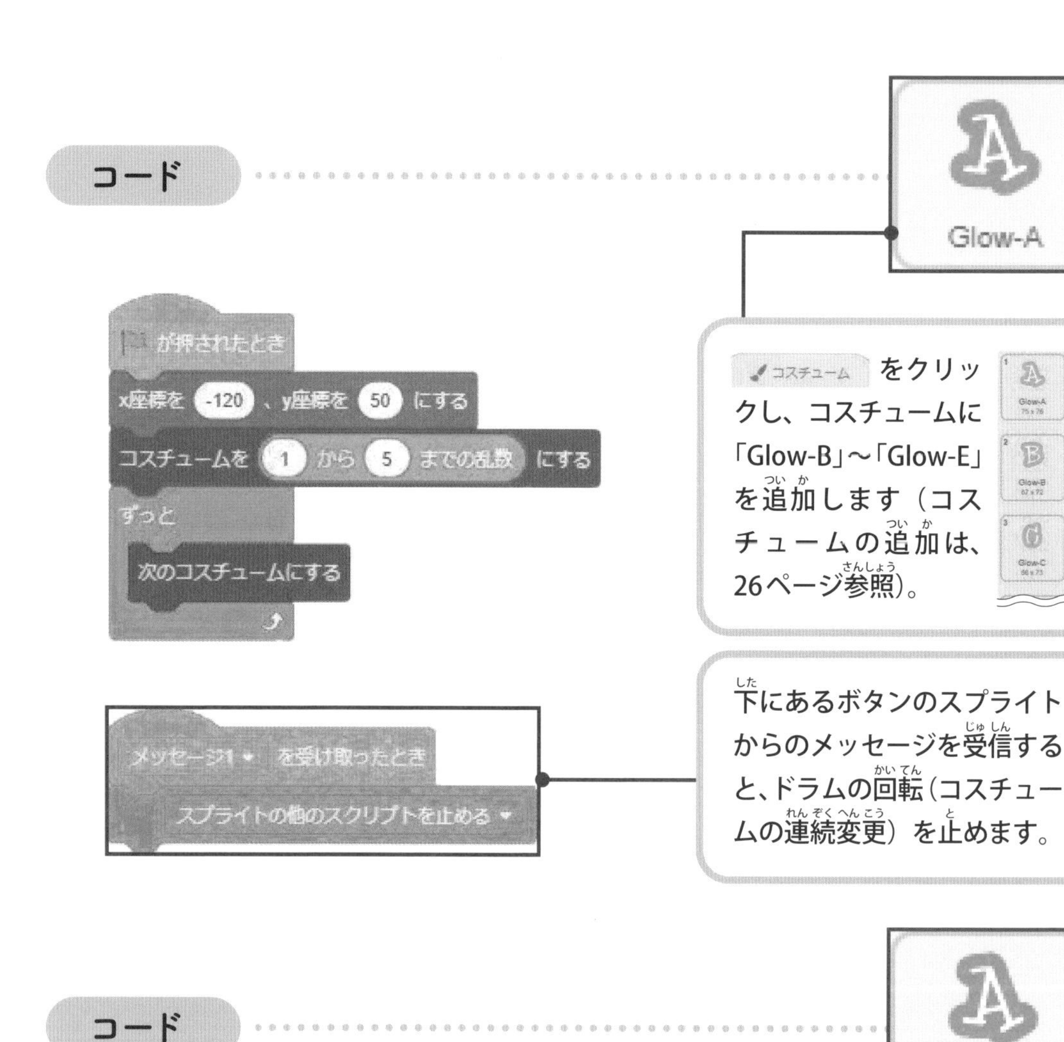
コード
Glow-A
が押されたとき
x座標を -120 、y座標を 50 にする
コスチュームを 1 から 5 までの乱数 にする
ずっと
次のコスチュームにする
メッセージ1 を受け取ったとき
スプライトの他のスクリプトを止める
コスチューム をクリックし、コスチュームに「Glow-B」～「Glow-E」を追加します（コスチュームの追加は、26ページ参照）。
Glow-A
Glow-B
Glow-C
下にあるボタンのスプライトからのメッセージを受信すると、ドラムの回転（コスチュームの連続変更）を止めます。

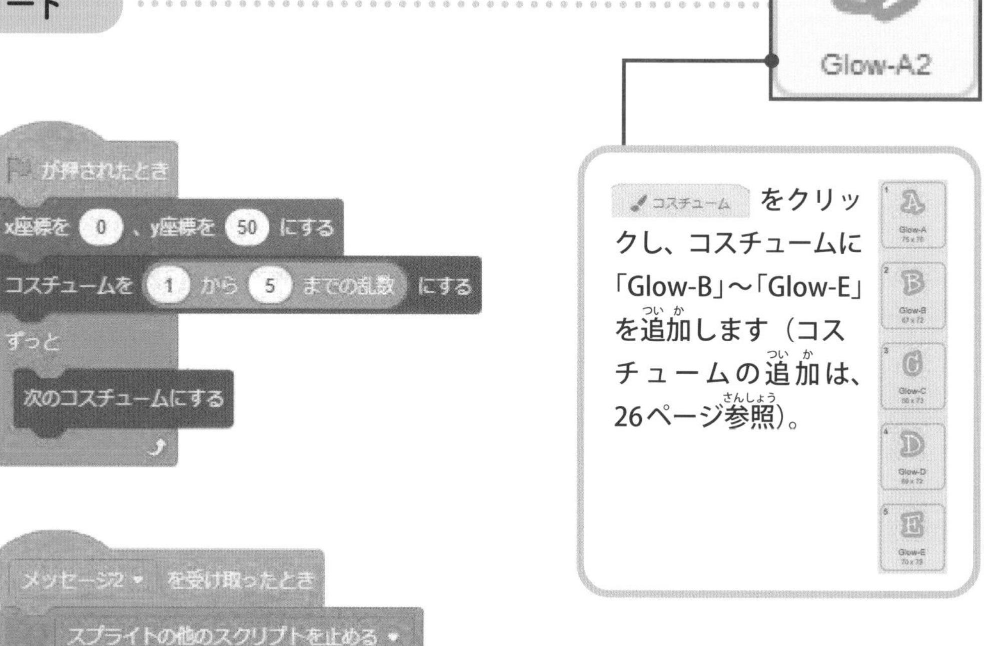
コード
Glow-A2
が押されたとき
x座標を 0 、y座標を 50 にする
コスチュームを 1 から 5 までの乱数 にする
ずっと
次のコスチュームにする
メッセージ2 を受け取ったとき
スプライトの他のスクリプトを止める
コスチューム をクリックし、コスチュームに「Glow-B」～「Glow-E」を追加します（コスチュームの追加は、26ページ参照）。
Glow-A
Glow-B
Glow-C
Glow-D
Glow-E

コード

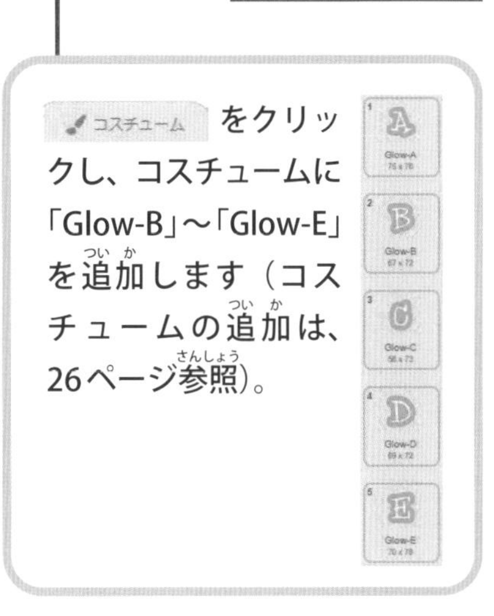

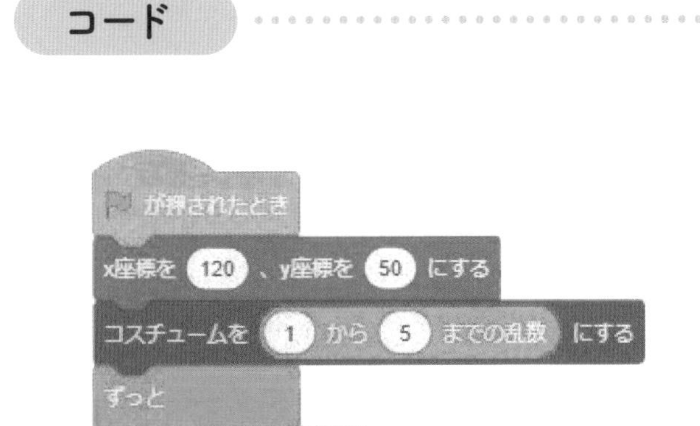

Glow-A3

 をクリックし、コスチュームに「Glow-B」～「Glow-E」を追加します（コスチュームの追加は、26ページ参照)。

コード

Button1

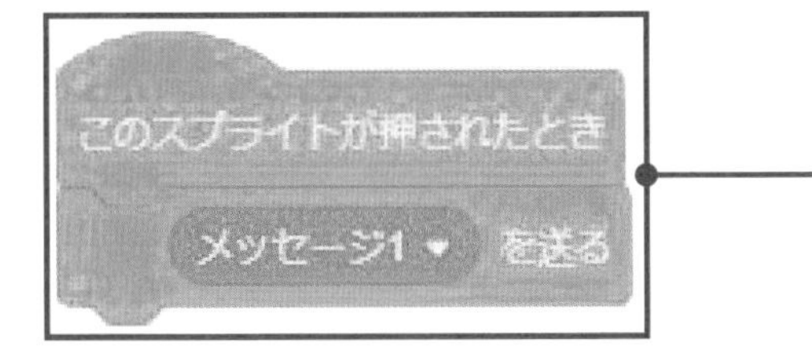

ボタンが押されると、上にあるドラムのスプライトにドラムの回転を止めるためのメッセージを送信します。

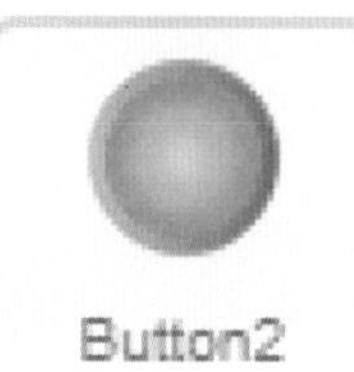

コード

Point｜新しいメッセージの作成

「メッセージ1」以外のメッセージ（新しいメッセージ）は、次のようにして作成します。

技術（ぎじゅつ）｜メッセージ

メッセージを使（つか）うと、スプライトどうしの動作（どうさ）を連携（れんけい）させることができます。

メッセージ送信（そうしん）　メッセージ受信（じゅしん）

ここでは、ボタンを押（お）すとドラムの回転（かいてん）（アルファベットのコスチュームの変更（へんこう））が止（と）まります。

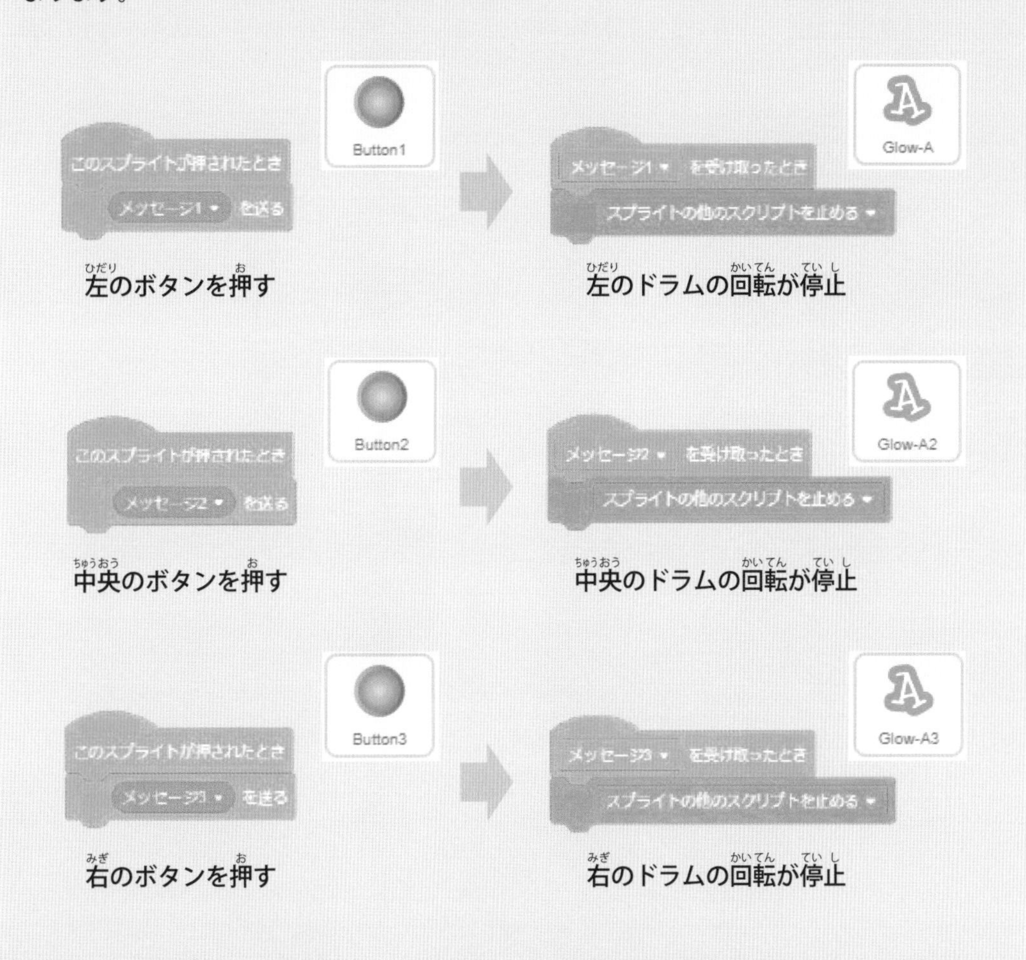

ロボット星当てゲーム

ゲームの概要

宇宙空間を3つのロボットが動き回ります。ロボットに当たらないように星を動かし、星から発射される小さい星をロボットに当てます。小さい星がロボットに当たるとロボットの色が変わります。星がロボットに当たるとゲームオーバーです。

ステージの動き

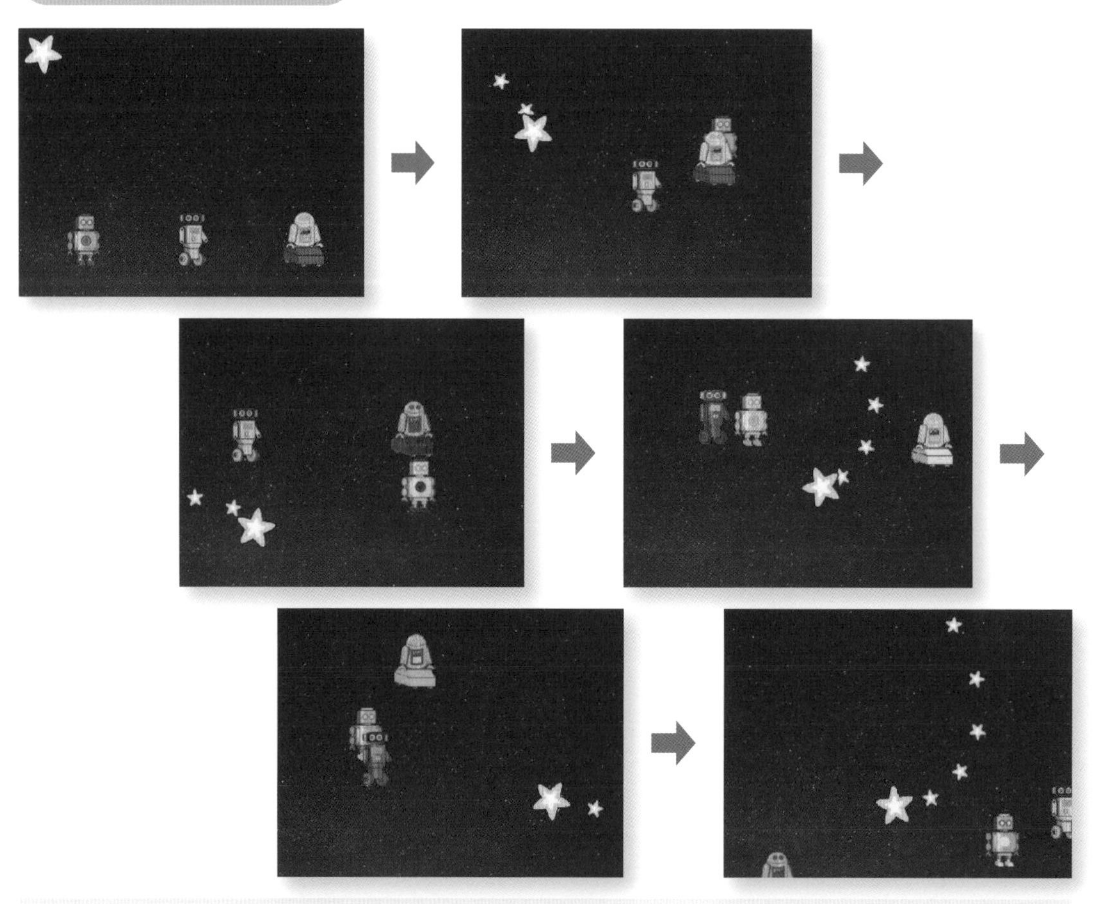

※ゲームの実行は全画面表示で行ってください（35ページ参照）。

※ゲームは ボタンをクリックまたはタップして開始してください（28ページ参照）。

操作方法

パソコンの場合

星を動かす

動かしたい方向に
マウスを動かします。

タブレットの場合

星を動かす

動かしたい方向に
指を動かします。

使用背景

Stars

使用スプライトと役割・動き

星

Star

役割 小さい星を発射します。小さい星がロボットに当たるとロボットの色を変えます。

動き 自由な方向に動きます。自動的に小さい星を発射し続けます。

ロボット2

Retro Robot2

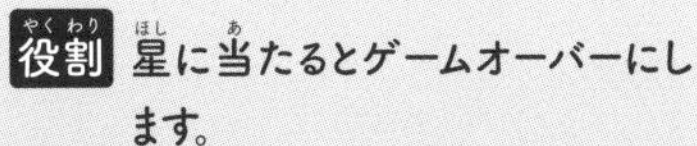

役割 星に当たるとゲームオーバーにします。

動き ランダムな方向に向かって動き回ります。

ロボット1

Retro Robot

役割 星に当たるとゲームオーバーにします。

動き ランダムな方向に向かって動き回ります。

ロボット3

Retro Robot3

役割 星に当たるとゲームオーバーにします。

動き ランダムな方向に向かって動き回ります。

コード

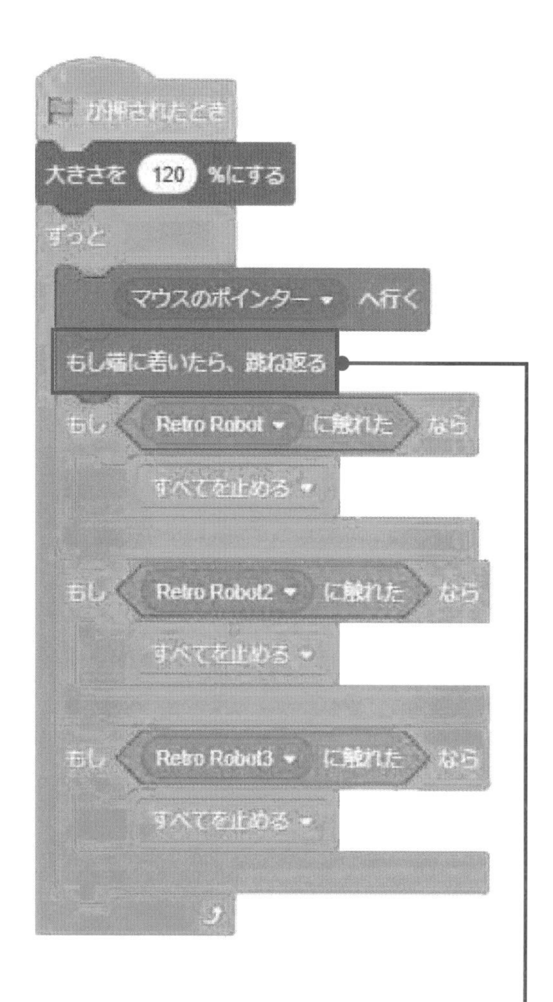


```
が押されたとき
1 秒待つ
ずっと
  15 度回す
  自分自身 のクローンを作る
  0.1 秒待つ
```

```
クローンされたとき
大きさを 50 %にする
ずっと
  10 歩動かす
  もし 端 に触れた なら
    このクローンを削除する
```

星がステージからはみ出さないようにします。

クローン（小さな星）は0.1秒間隔で生成されます。

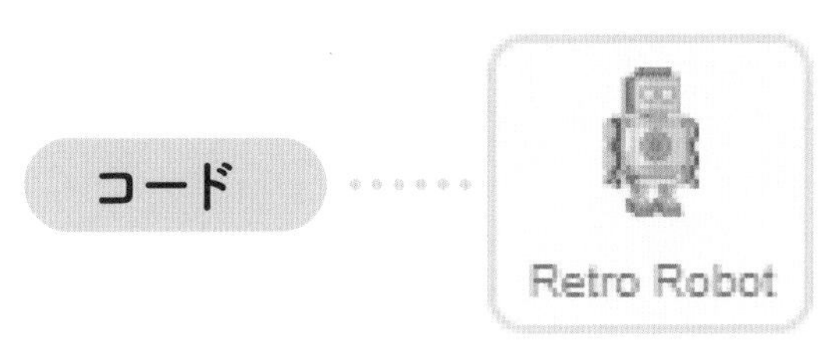

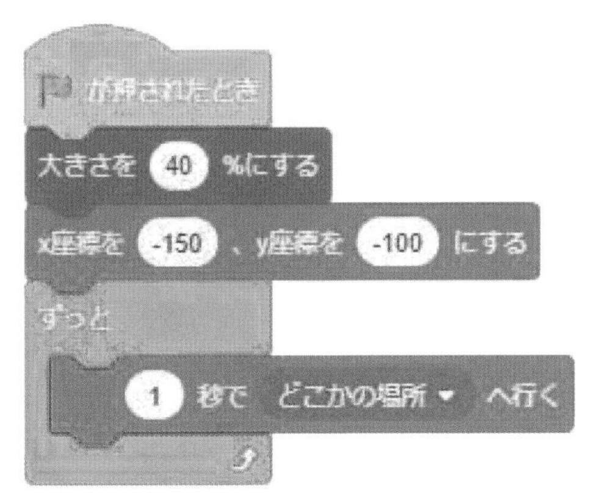

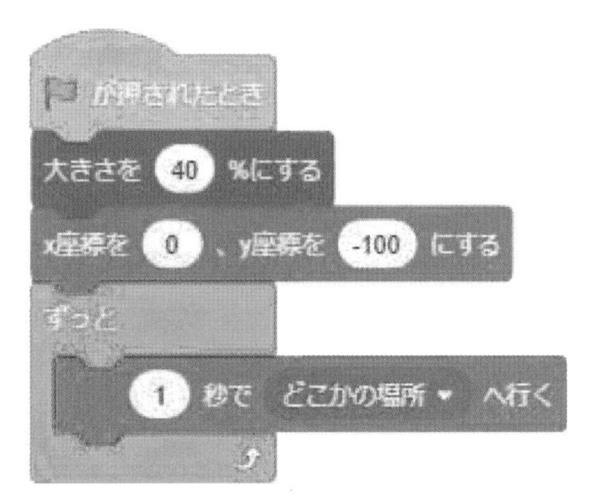

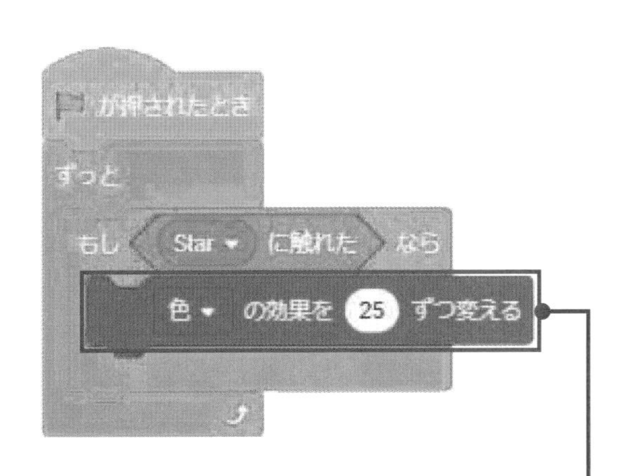

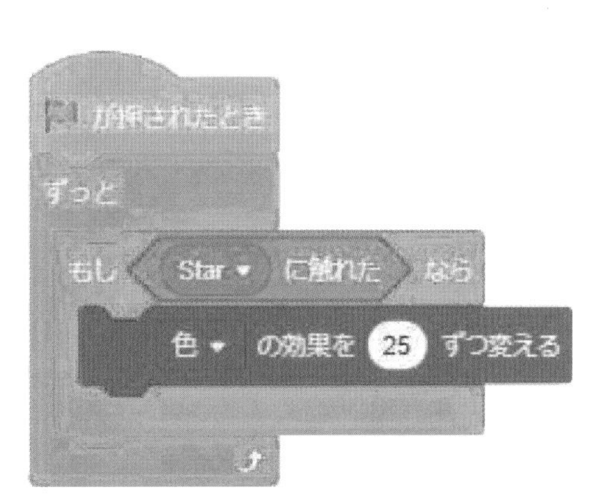

星(ほし)が当(あ)たるとロボットの色(いろ)が変(か)わります。ロボットの色(いろ)は一巡(いちじゅん)すると元(もと)の色(いろ)に戻(もど)ります。

コード

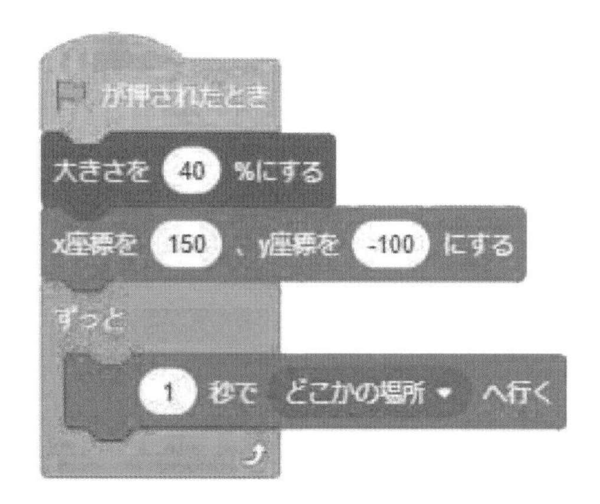

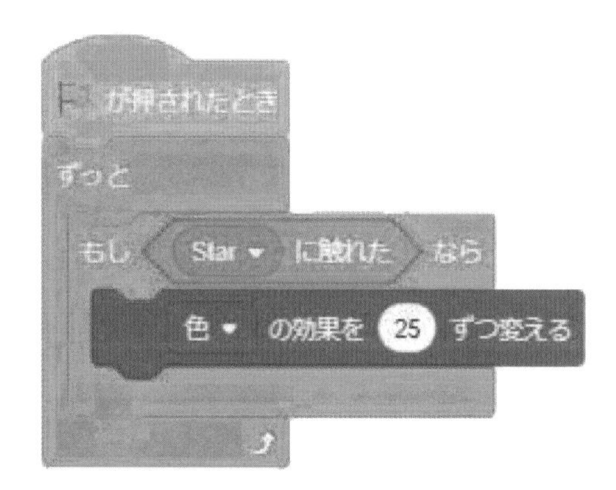

Point | コードのコピー

コードは他のスプライトへコピーできます。同じようなコードを使う場合は、コードをコピーし、必要箇所を修正して使用すると便利です。

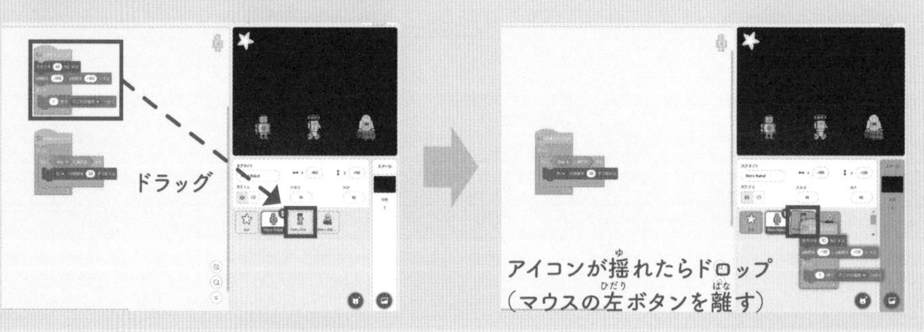

技術｜クローン

クローンを使うと、スプライトの複製を生成することができます。クローンによる一般的な処理の流れは、「クローンの作成」→「クローンの処理」→「クローンの削除」という順序になります。クローンは自分自身のクローンだけでなく、他のスプライトのクローンも生成することができます。

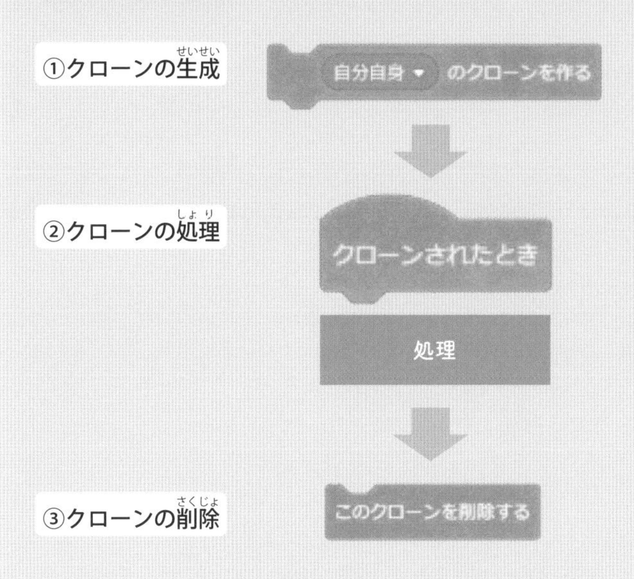

ここでは、0.1秒間隔で自分（星）のクローン（小さい星）を作成し、動かしています。

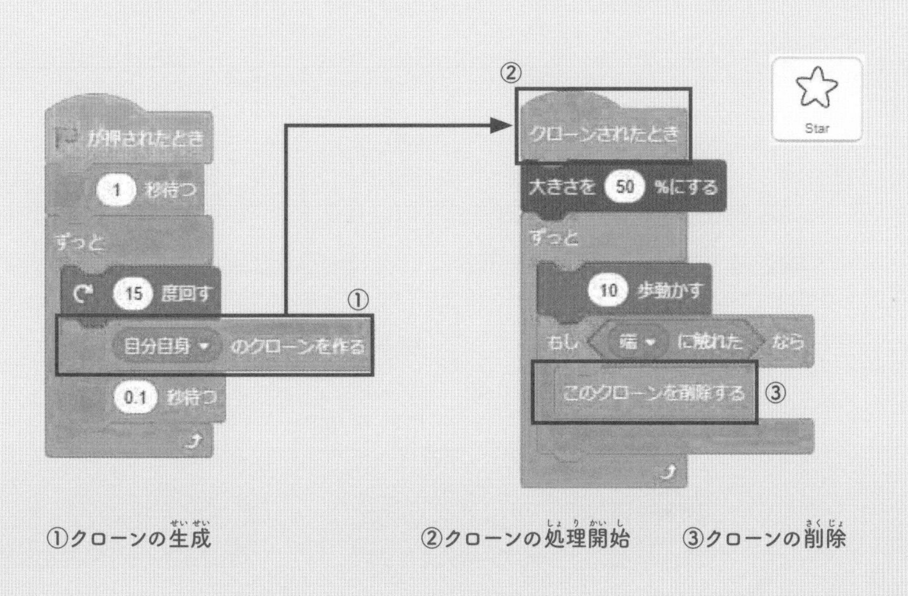

猿鳥合戦ゲーム

ゲームの概要

鳥が左右に往復して飛んでいます。鳥はランダムな間隔でミカンを落としてきます。サルを左右に動かし、ミカンをよけながら鳥に向かってリンゴを投げます。リンゴが鳥に当たると得点が増えます。サルがミカンに当たるとゲームオーバーです。

ステージの動き

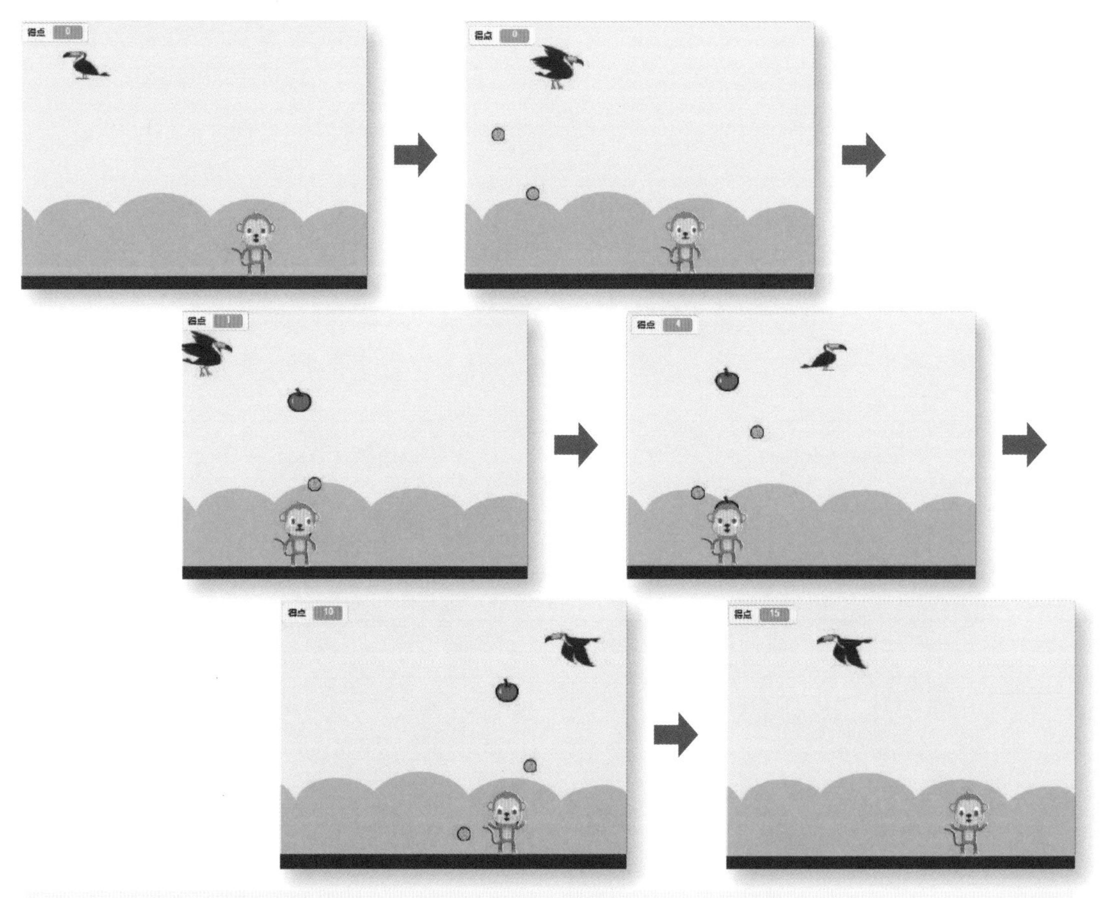

※ゲームの実行は全画面表示で行ってください（35ページ参照）。

※ゲームは ボタンをクリックまたはタップして開始してください（28ページ参照）。

操作方法

パソコンの場合

サルを左右に動かす

マウスを左右に動かします。

りんごを投げる

マウスでサルに触れます。

タブレットの場合

サルを左右に動かす

指を左右に動かします。

りんごを投げる

指でサルに触れます。

使用背景

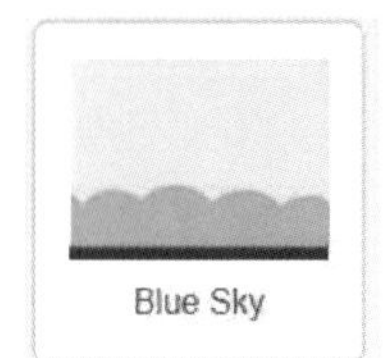

Blue Sky

使用スプライトと役割・動き

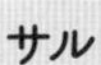

サル

Monkey

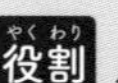

役割 鳥に向かってりんごを投げます。

動き 左右に動きます。

鳥

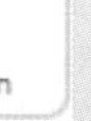

Toucan

役割 ミカンを落とします。

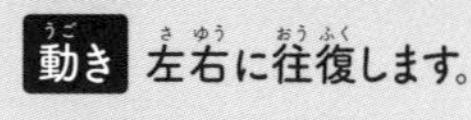

動き 左右に往復します。

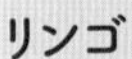

リンゴ

Apple

役割 サルが鳥に向かって投げる弾になります。鳥に当たると1点得点されます。

動き サルから上に向かってまっすぐ動きます。

ミカン

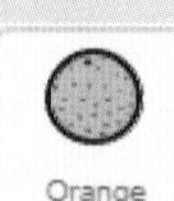

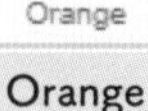

Orange

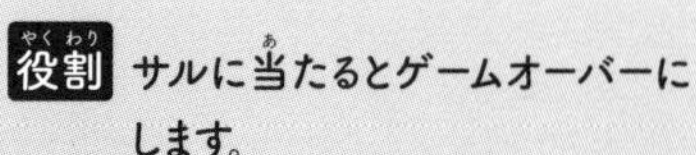

役割 サルに当たるとゲームオーバーにします。

動き 鳥からランダムな間隔で、下に向かってまっすぐ動きます。

コード

Monkey

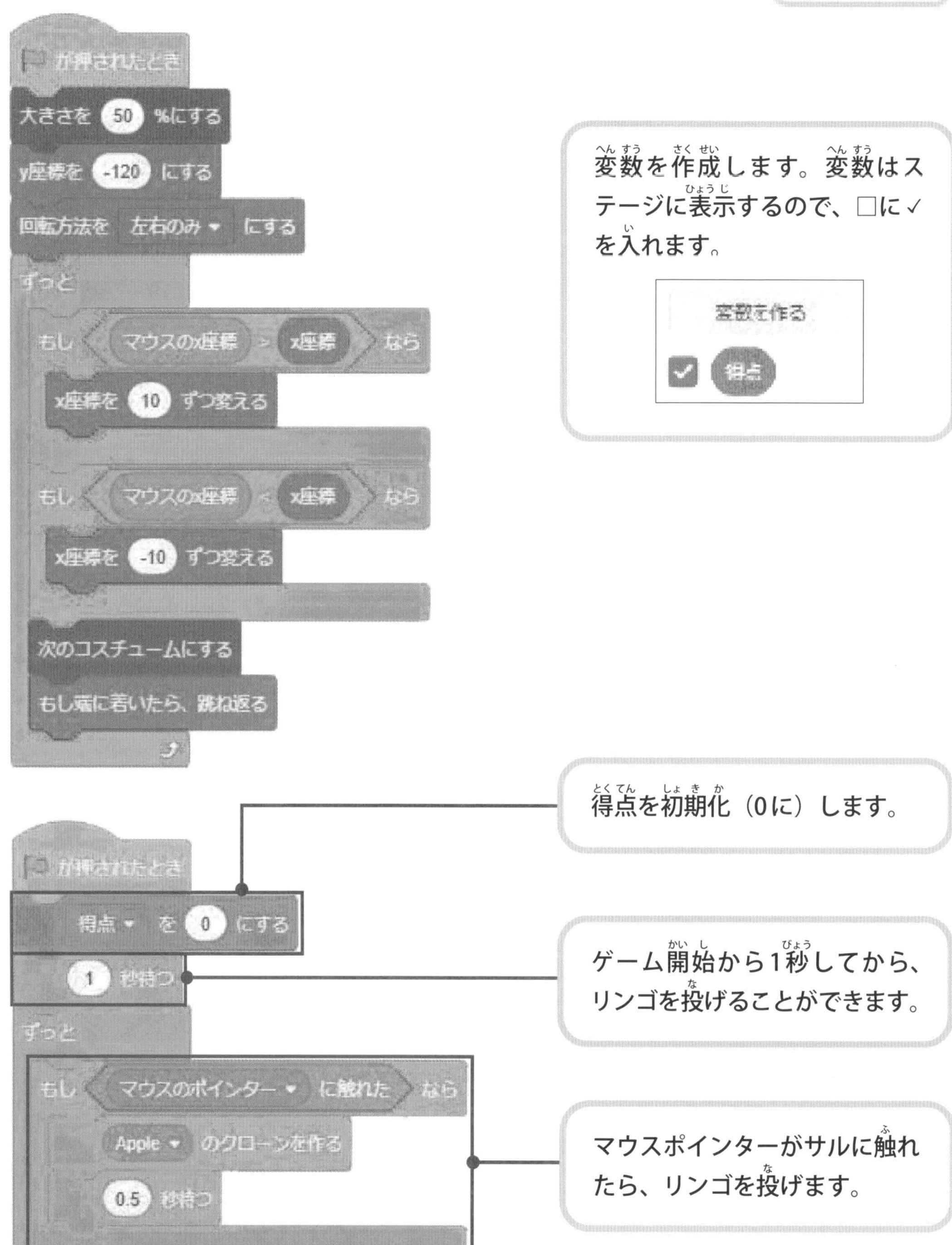
が押されたとき
大きさを 50 %にする
y座標を -120 にする
回転方法を 左右のみ にする
ずっと
もし マウスのx座標 > x座標 なら
x座標を 10 ずつ変える
もし マウスのx座標 < x座標 なら
x座標を -10 ずつ変える
次のコスチュームにする
もし端に着いたら、跳ね返る
変数を作成します。変数はステージに表示するので、□に✓を入れます。
変数を作る
得点
が押されたとき
得点 を 0 にする
1 秒待つ
ずっと
もし マウスのポインター に触れた なら
Apple のクローンを作る
0.5 秒待つ
得点を初期化（0に）します。
ゲーム開始から1秒してから、リンゴを投げることができます。
マウスポインターがサルに触れたら、リンゴを投げます。

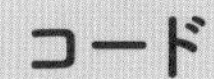
コード

Apple

が押されたとき
隠す
大きさを 50 %にする

クローンされたとき
Monkey へ行く
表示する
ずっと
y座標を 10 ずつ変える
もし Toucan に触れた なら
得点 を 1 ずつ変える
このクローンを削除する
もし 端 に触れた なら
このクローンを削除する
リンゴの速度を10に設定します。
リンゴが鳥に当たったら得点が1点増えます。

コード
Toucan
が押されたとき
大きさを 50 %にする
y座標を 120 にする
回転方法を 左右のみ にする
ずっと
10 歩動かす
次のコスチュームにする
もし端に着いたら、跳ね返る

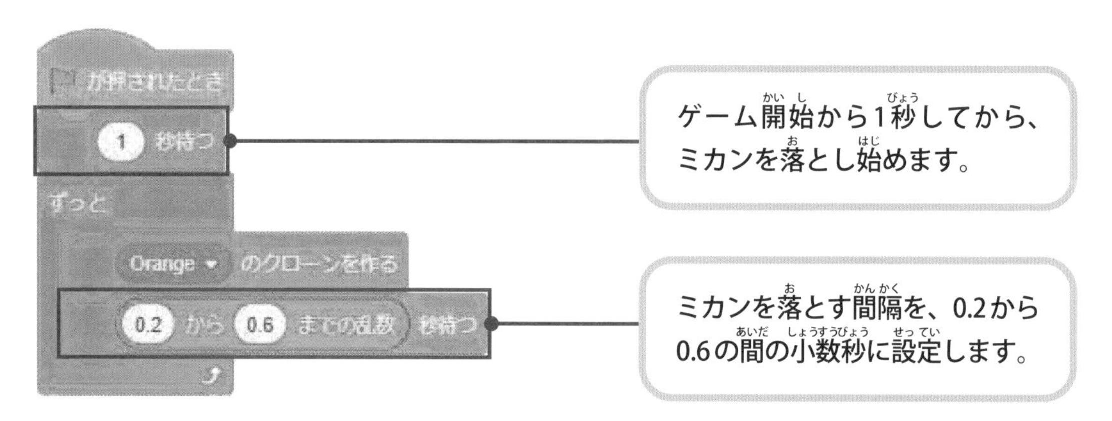

が押されたとき
1 秒待つ
ずっと
Orange のクローンを作る
0.2 から 0.6 までの乱数 秒待つ
ゲーム開始から1秒してから、ミカンを落とし始めます。
ミカンを落とす間隔を、0.2から0.6の間の小数秒に設定します。

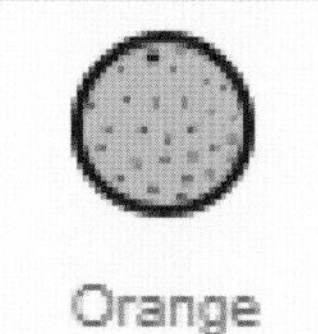

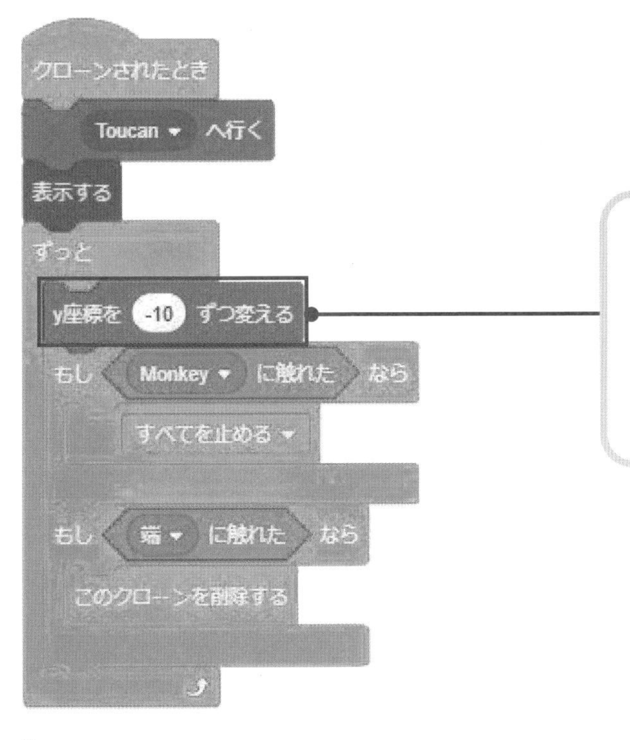

ミカンが落ちる速さを設定します。ミカンは下方向に動くので値はマイナスにします。ここでは、ミカンが落ちる速さを-10に設定しています。

技術 | 変数

変数は数字や文字を格納する入れ物です。変数は次のように作成します。

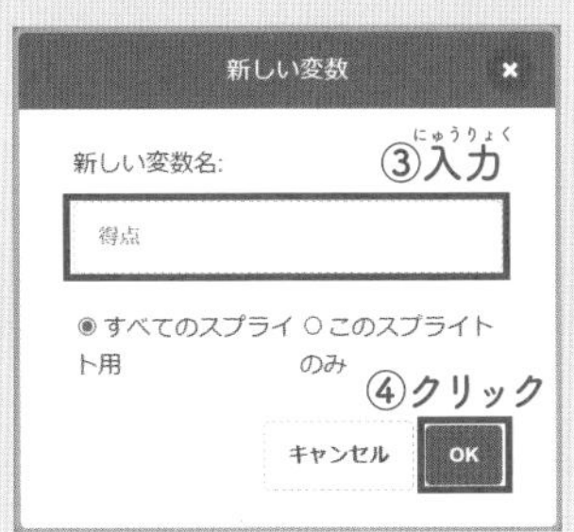

複数変数　10_フルーツ集めゲーム.sb3

フルーツ集めゲーム

ゲームの概要

いろいろなフルーツが飛び回っています。カゴを動かしてフルーツを集めます。フルーツをキャッチすると得点が増えます。残り時間が0になるとゲーム終了です。

ステージの動き

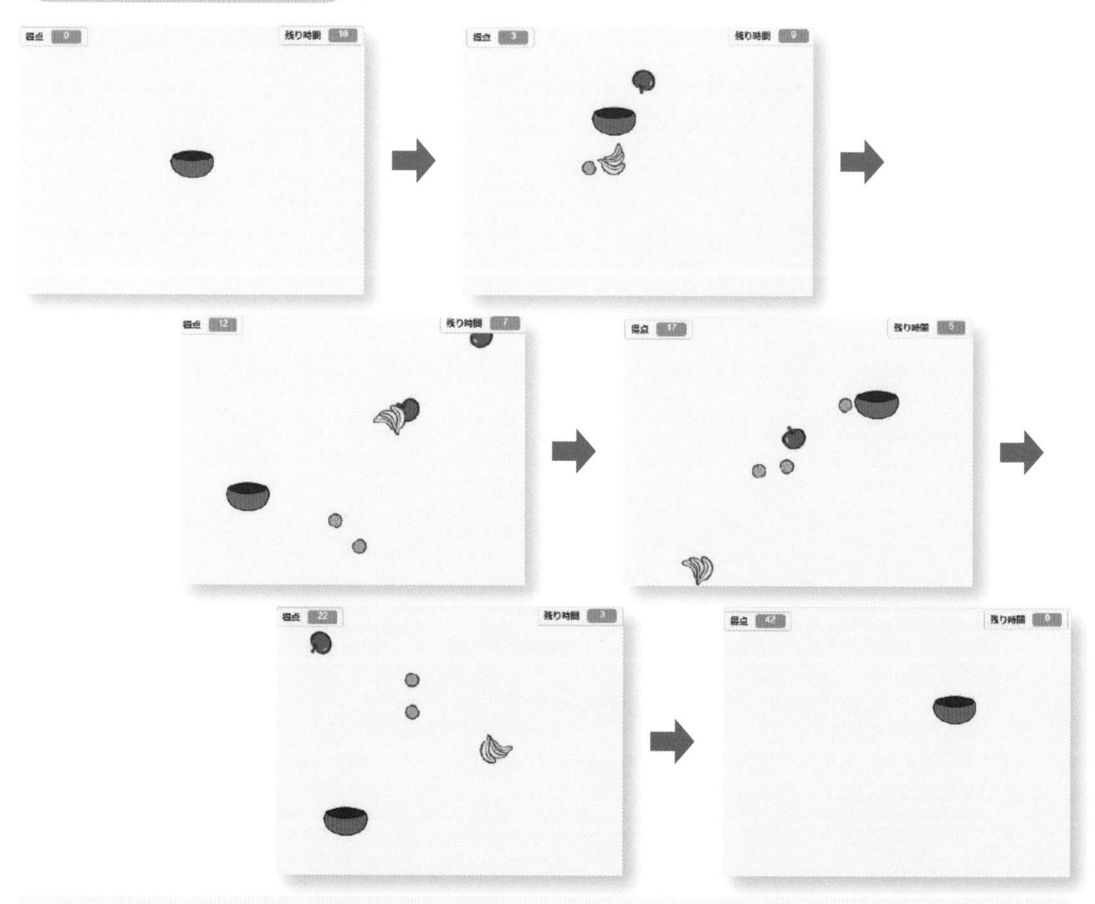

※ゲームの実行は全画面表示で行ってください（35ページ参照）。

※ゲームは ボタンをクリックまたはタップして開始してください（28ページ参照）。

操作方法

パソコンの場合

カゴを動かす

動かしたい方向にマウスを動かします。

タブレットの場合

カゴを動かす

動かしたい方向に指を動かします。

使用背景

Blue Sky 2

使用スプライトと役割・動き

カゴ

Bowl

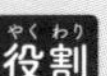

役割 フルーツをキャッチします。

動き 自由な方向へ動きます。

リンゴ

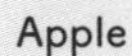

Apple

役割 カゴにキャッチしてもらいます。カゴにキャッチされると2点得点されます。

動き 自由な方向へまっすぐ動きます。

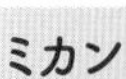

ミカン

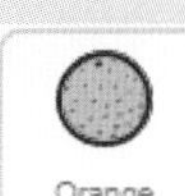

Orange

役割 カゴにキャッチしてもらいます。カゴにキャッチされると1点得点されます。

動き 自由な方向へまっすぐ動きます。

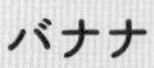

バナナ

Bananas

役割 カゴにキャッチしてもらいます。カゴにキャッチされると10点得点されます。

動き 自由な方向にまっすぐ動きます。

コード

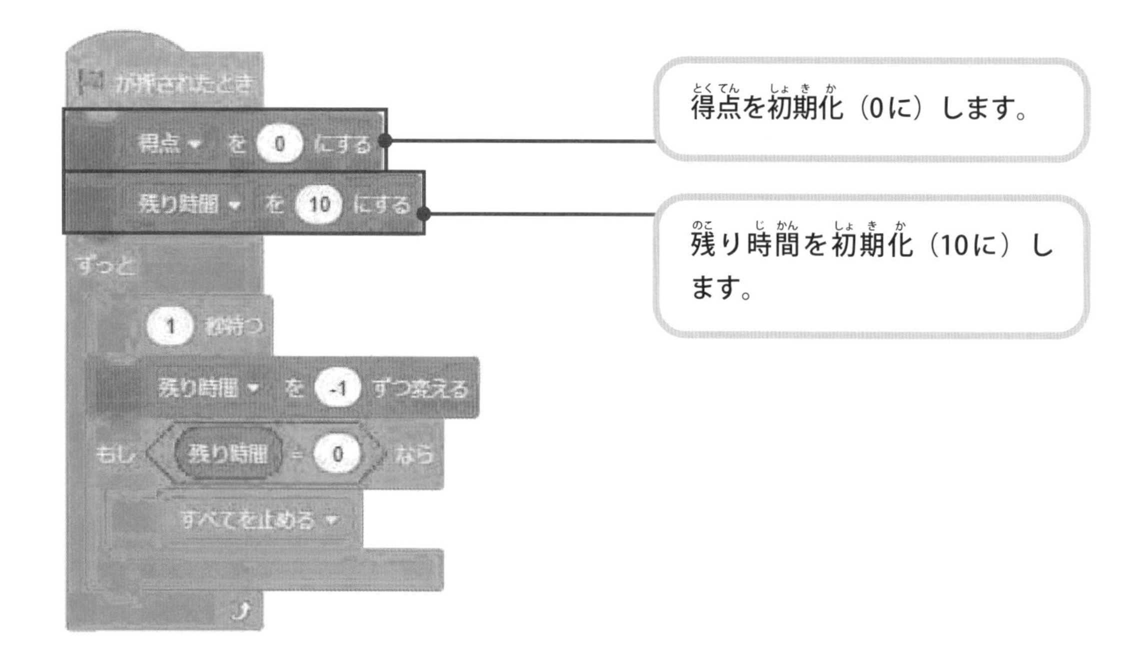

Point | 初期化

ゲームでは、ゲーム開始時に得点を0に設定したり、残り時間を任意の値に設定したりする場合があります。プログラムの開始時の設定を初期化といいます。得点や残り時間など変数を使用している場合は、初期化は変数のブロックを使用して行います。

得点の初期化　　残り時間の初期化

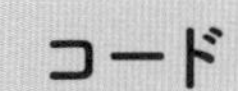
コード

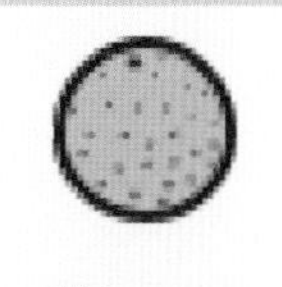
Orange

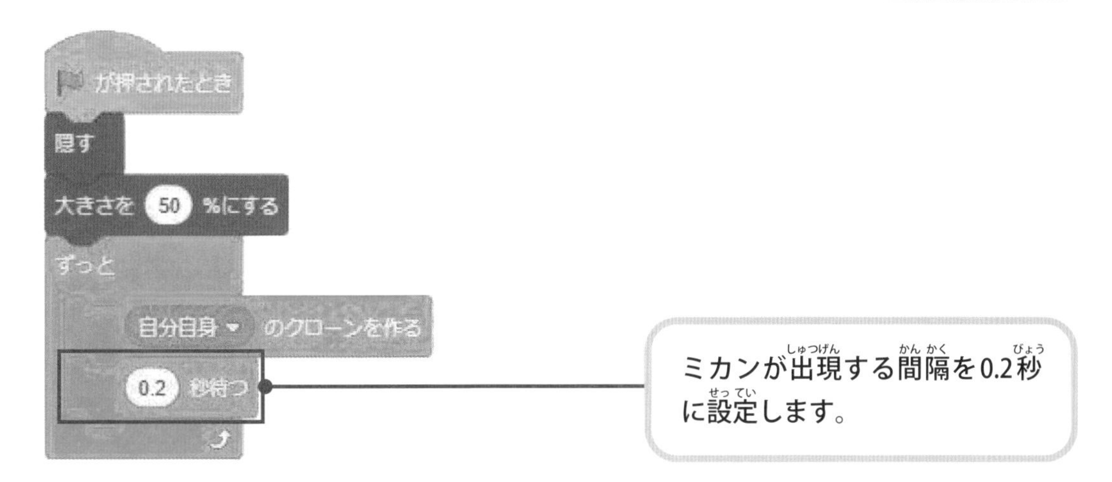
が押されたとき
隠す
大きさを 50 %にする
ずっと
自分自身 のクローンを作る
0.2 秒待つ
ミカンが出現する間隔を0.2秒に設定します。

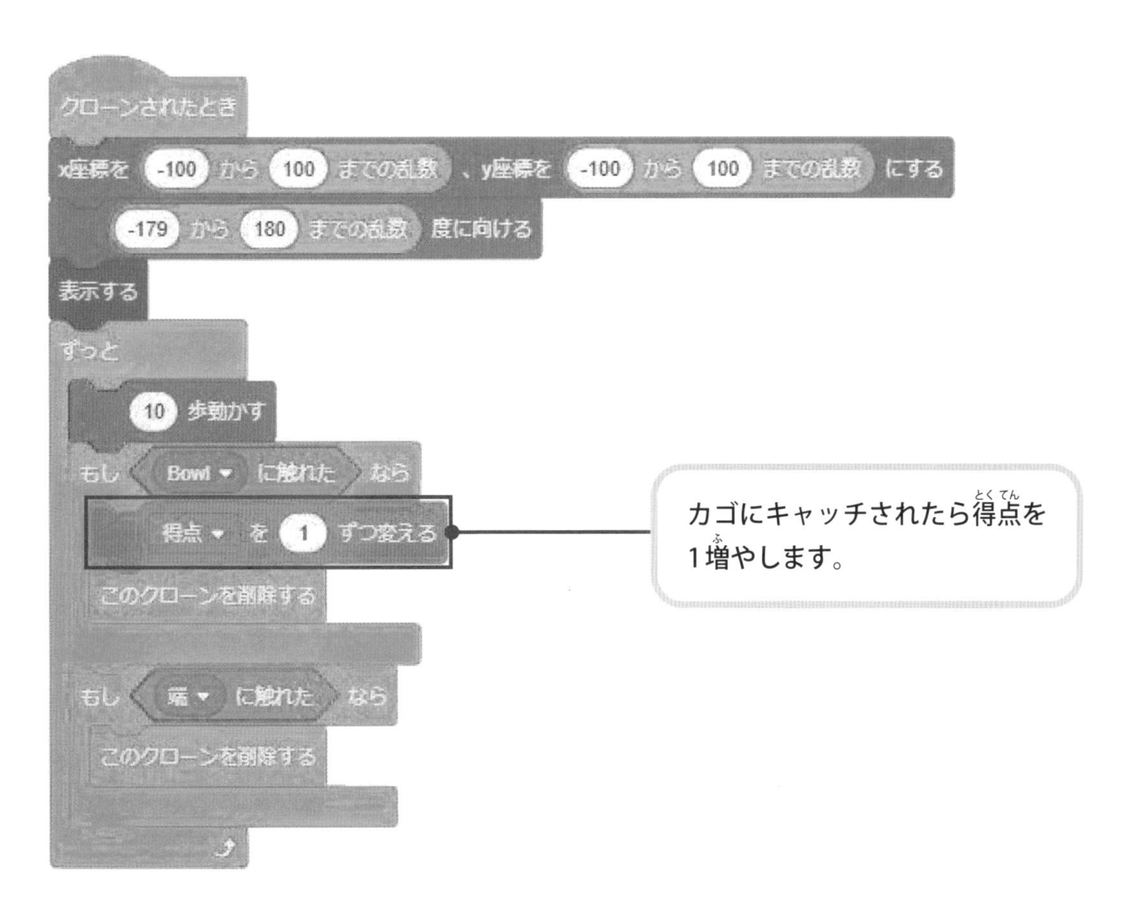
クローンされたとき
x座標を -100 から 100 までの乱数 、y座標を -100 から 100 までの乱数 にする
-179 から 180 までの乱数 度に向ける
表示する
ずっと
10 歩動かす
もし Bowl に触れた なら
得点 を 1 ずつ変える
このクローンを削除する
もし 端 に触れた なら
このクローンを削除する
カゴにキャッチされたら得点を1増やします。

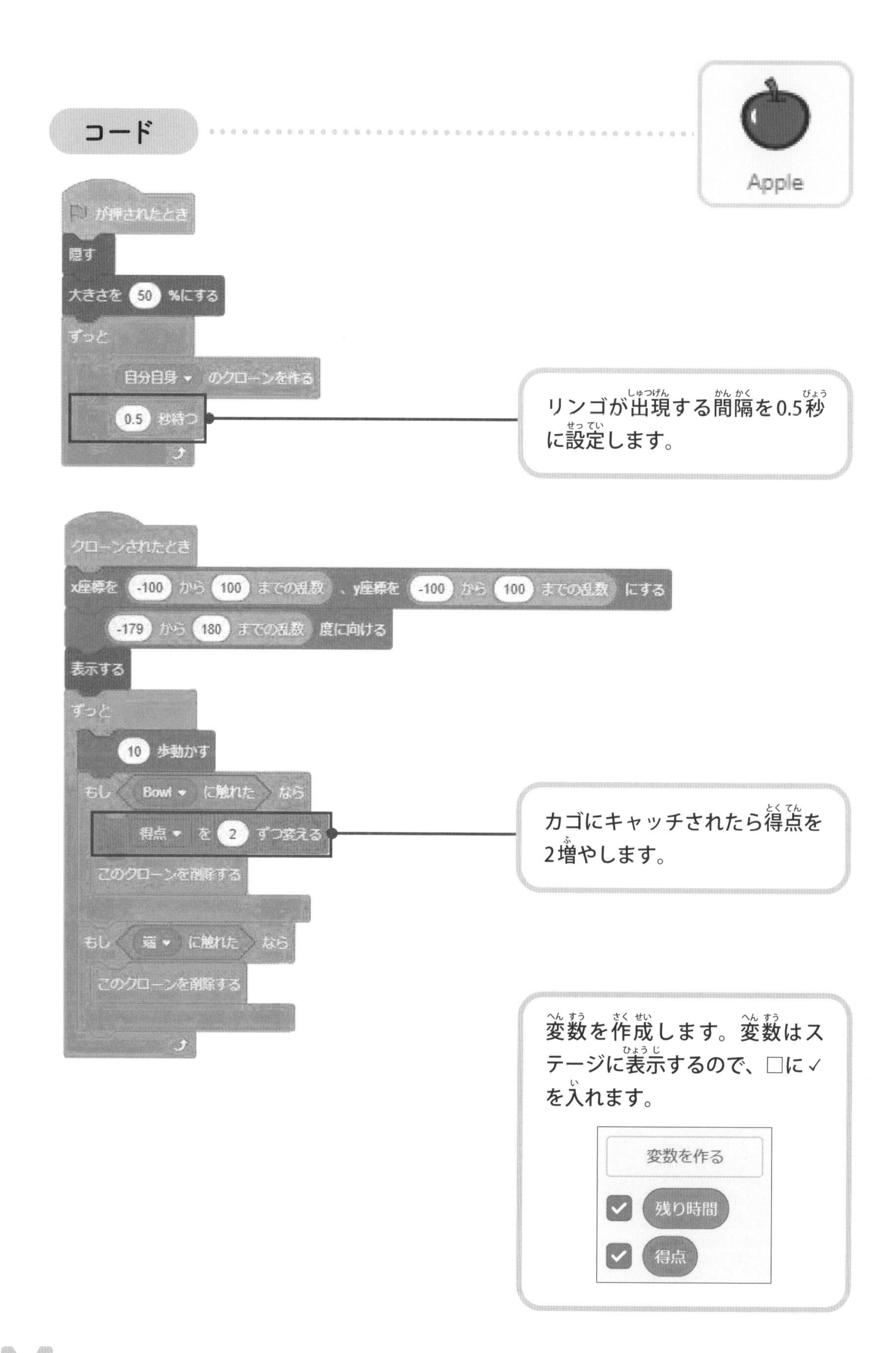
コード
Apple
が押されたとき
隠す
大きさを 50 %にする
ずっと
自分自身 のクローンを作る
0.5 秒待つ
リンゴが出現する間隔を0.5秒に設定します。
クローンされたとき
x座標を -100 から 100 までの乱数 、y座標を -100 から 100 までの乱数 にする
-179 から 180 までの乱数 度に向ける
表示する
ずっと
10 歩動かす
もし Bowl に触れた なら
得点 を 2 ずつ変える
このクローンを削除する
もし 端 に触れた なら
このクローンを削除する
カゴにキャッチされたら得点を2増やします。
変数を作成します。変数はステージに表示するので、□に✓を入れます。
変数を作る
残り時間
得点

コード

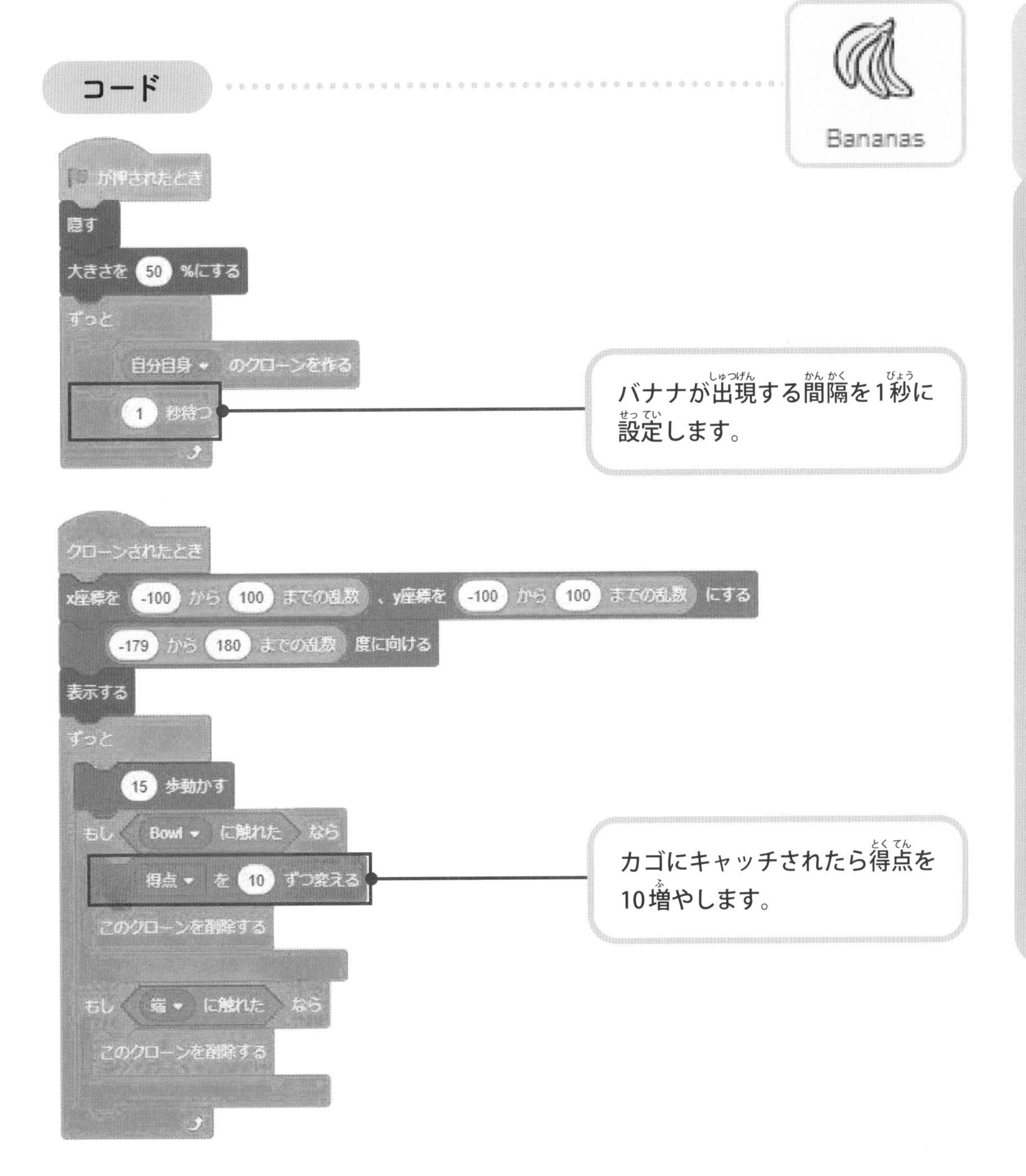

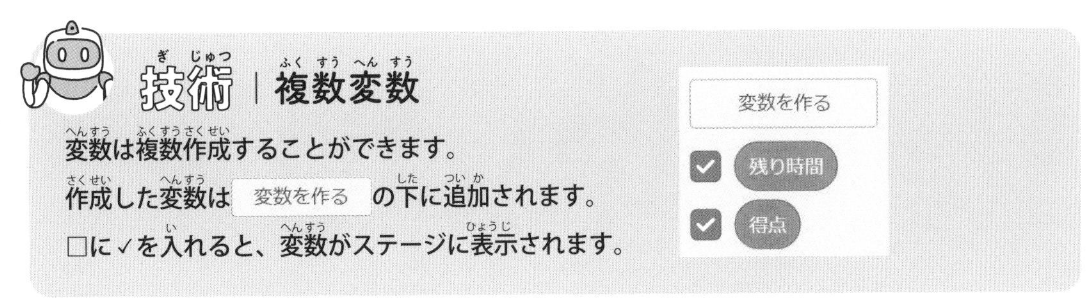

技術 | 複数変数

変数は複数作成することができます。

作成した変数は 変数を作る の下に追加されます。

□に✓を入れると、変数がステージに表示されます。

スプライト一覧

「スプライトを選ぶ」には沢山のスプライト（キャラクター）が用意されています。

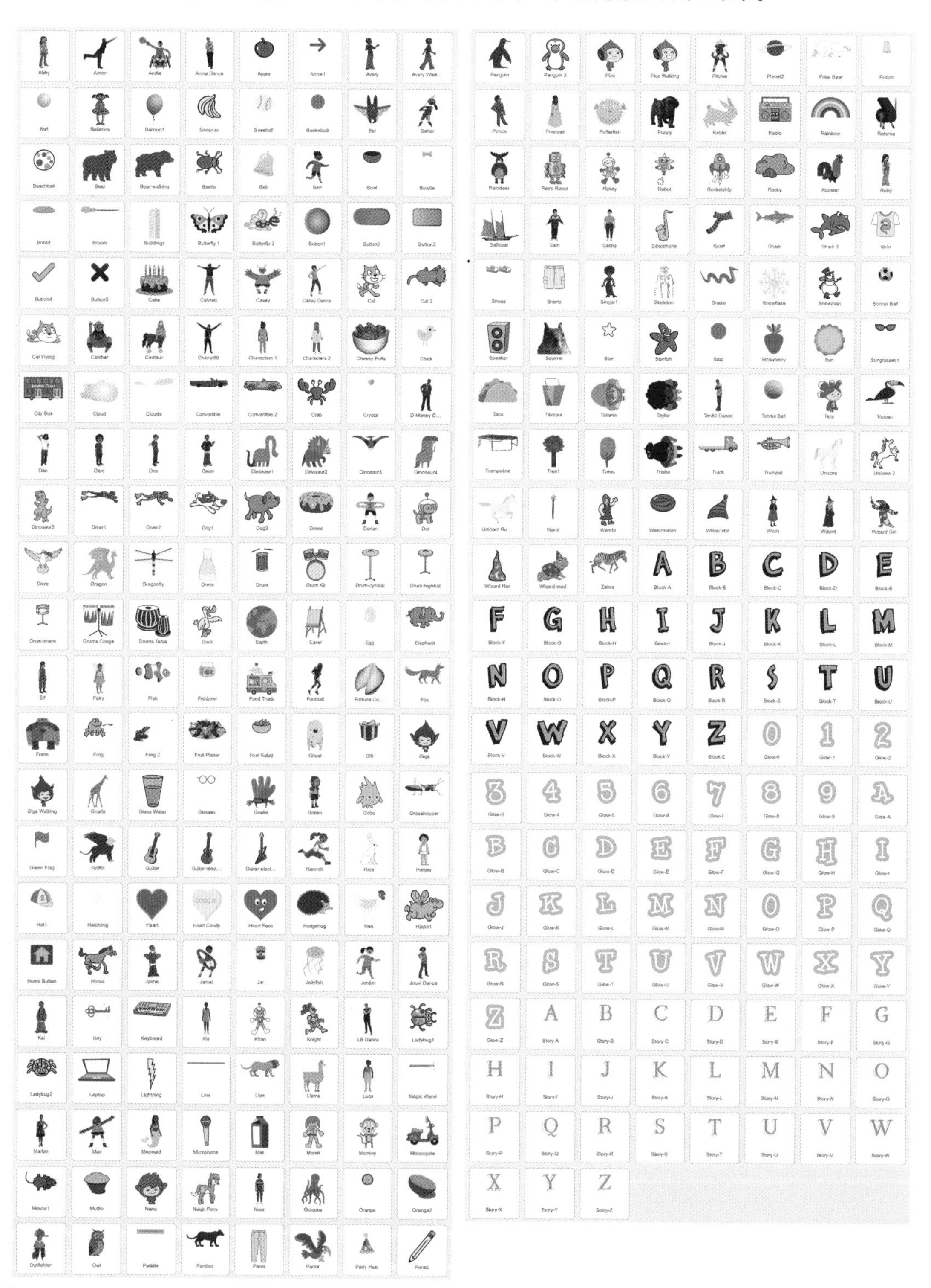

Chapter

実践編 ～複雑なゲームや拡張機能を使ったゲームを作ってみよう～

GAME 11

コウモリと対決ゲーム

ゲームの概要

森の中をコウモリが動き回っています。ハトを動かしてコウモリに星を当てます。星がコウモリに当たると1点得点されます。ハトがコウモリに当たるとゲームオーバーです。

ステージの動き

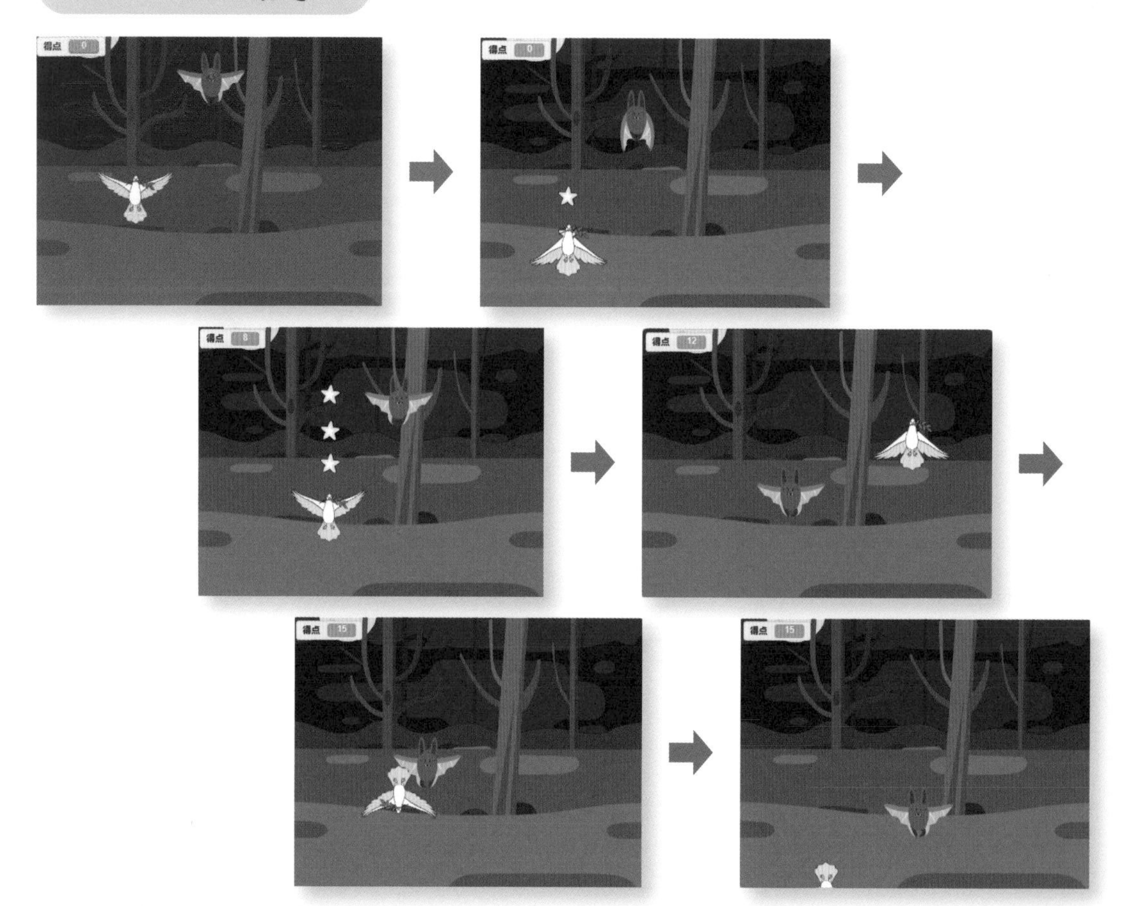

※ゲームの実行は全画面表示で行ってください（35ページ参照）。

※ゲームは 🏁 ボタンをクリックまたはタップして開始してください（28ページ参照）。

操作方法

パソコンの場合

ハトを動かす	星を発射する
動かしたい方向にマウスを動かします。	マウスでハトに触れます。

タブレットの場合

ハトを動かす	星を発射する
動かしたい方向に指を動かします。	指でハトに触れます。

使用背景

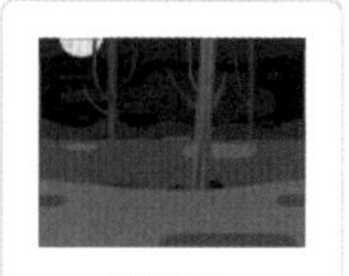

Woods

使用スプライトと役割・動き

ハト

Dove

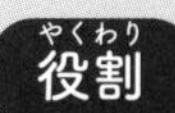
役割 コウモリに向かって星を発射します。

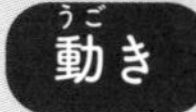
動き 自由な方向に動きます。

星

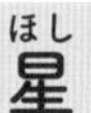

Star

役割 コウモリに当たると得点を1増やします。

動き ハトから上へ向かってまっすぐ動きます。

コウモリ

Bat

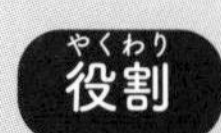
役割 ハトに当たるとゲームオーバーにします。

動き 自由な方向に動きます。

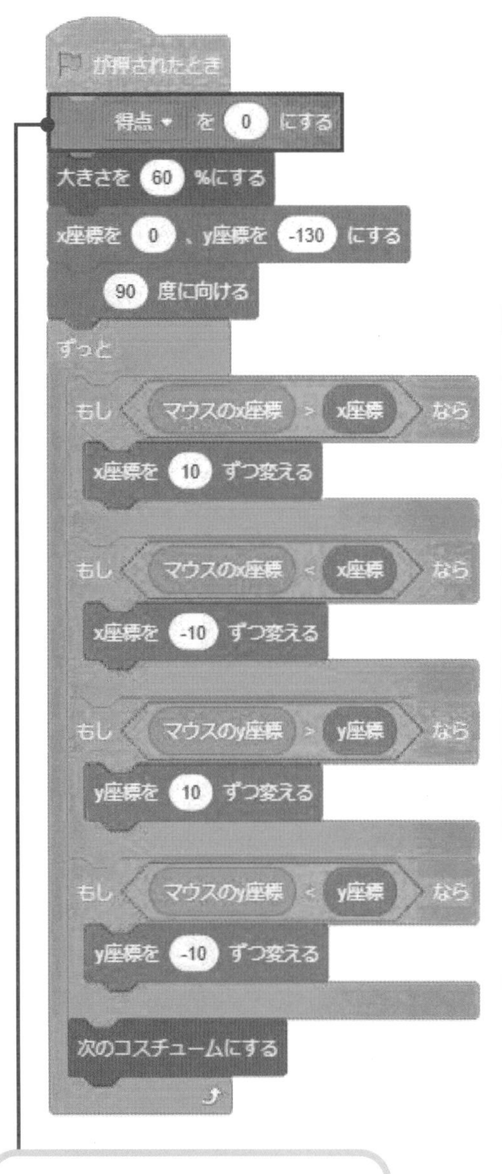

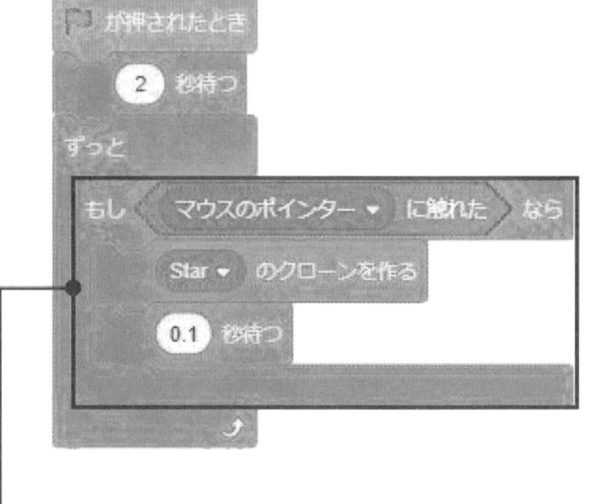

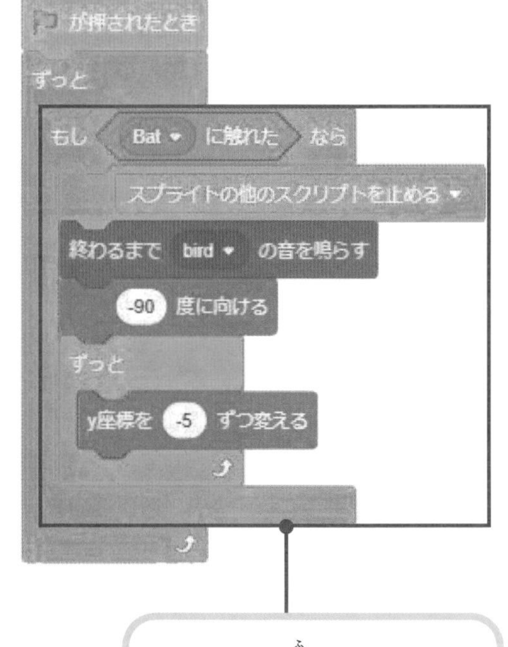

得点を初期化（0に）します。

コウモリに触れると、さかさまに落下していきます。

ハトにマウスポインターが触れると、星を発射するためのクローンを生成します。

コード

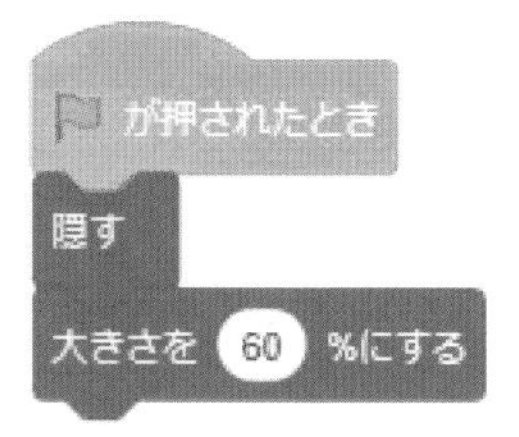

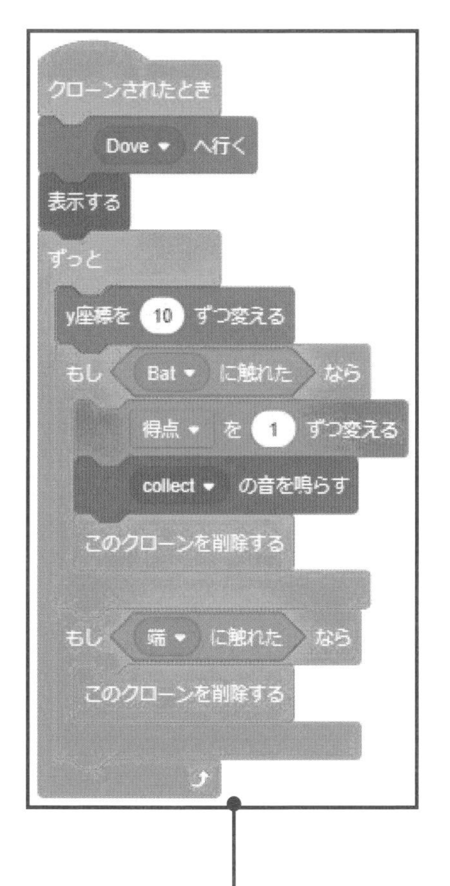

ハトにより星のクローンが生成されます。

変数を作成します。変数「得点」はステージに表示するので、□に✓を入れます。変数「タイム」はステージに表示しないので、□に✓を入れないようにします。

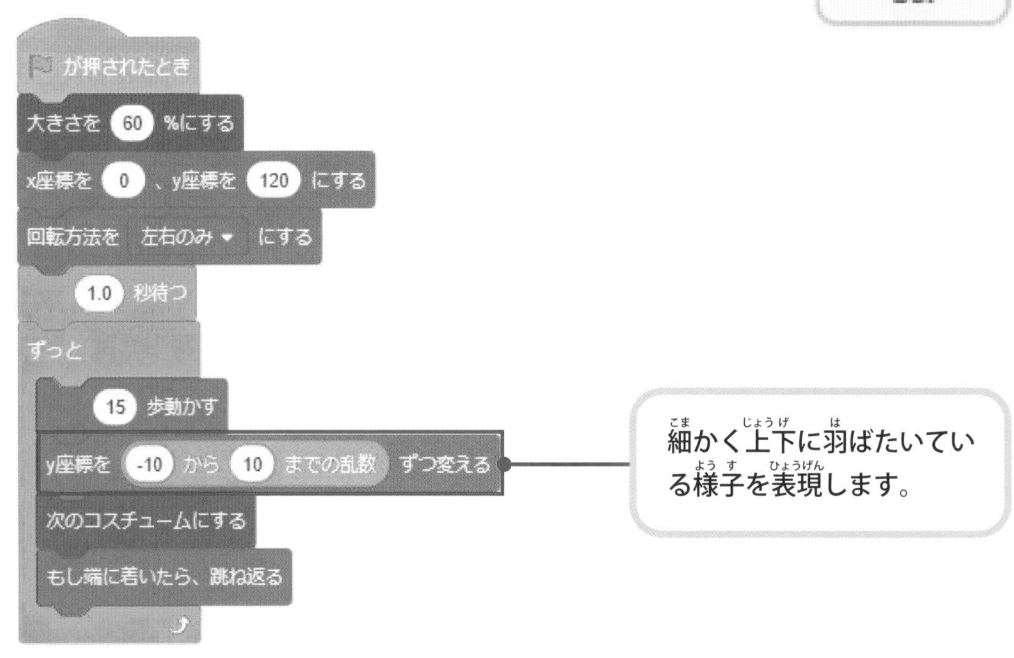

細かく上下に羽ばたいている様子を表現します。

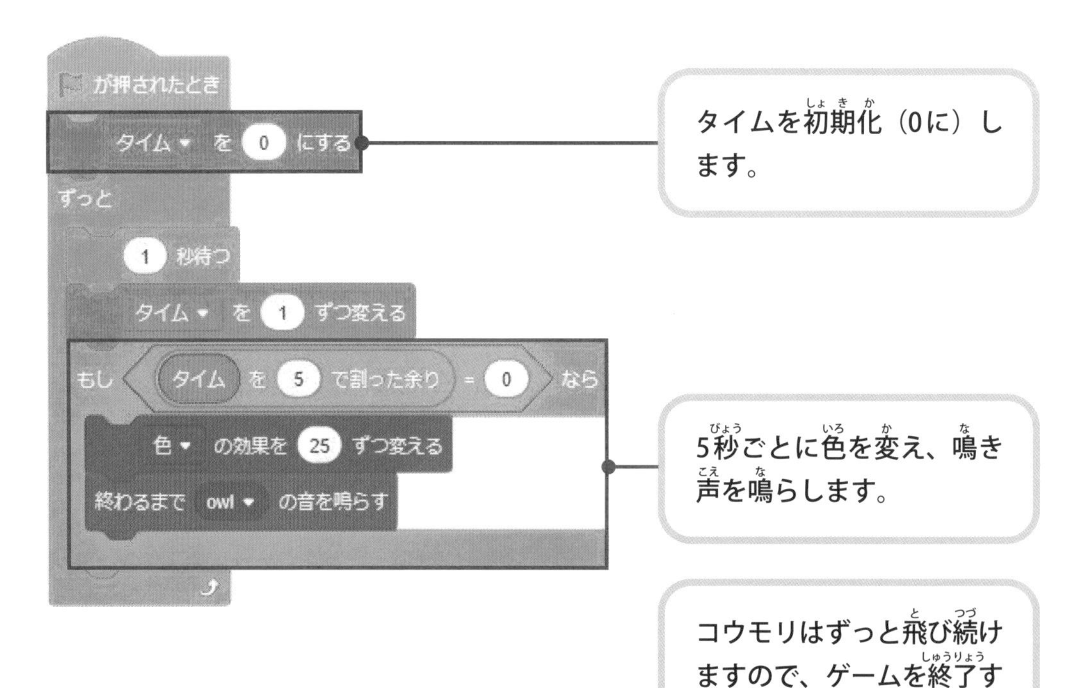

タイムを初期化（0に）します。

5秒ごとに色を変え、鳴き声を鳴らします。

コウモリはずっと飛び続けますので、ゲームを終了する場合は●をクリックします（29ページ参照）。

技術 | マウスポインターの座標による制御

マウスポインターの座標により、スプライトの動きを制御することができます。スプライトを滑らかに移動させる場合と、瞬時に移動させる場合でプログラムを使い分けます。

スプライトを滑らかに移動させる場合

マウスポインターのある座標方向へ動くため、スプライトが滑らかに移動します。横方向のみへ移動させる場合は、マウスポインターのx座標のみで判定します。

全方向へ移動

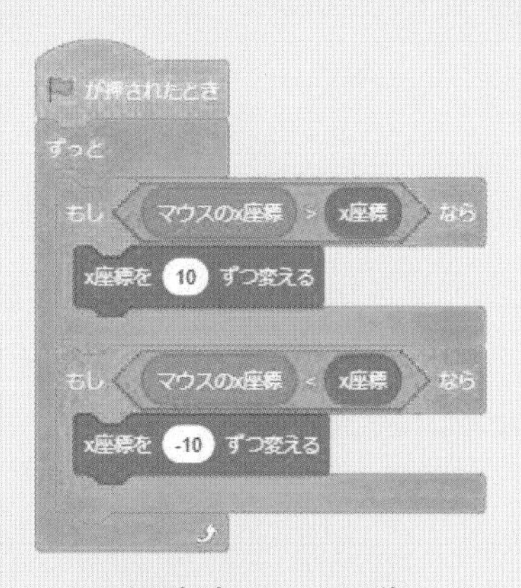

横方向のみへ移動

スプライトを瞬時に移動させる場合

マウスポインターがある位置へ瞬時に行くため、スプライトが高速移動します。従って、常にマウスポインターとスプライトがくっついて回るようになります。横方向のみへ移動させる場合は、y座標を指定するブロックを加えます。

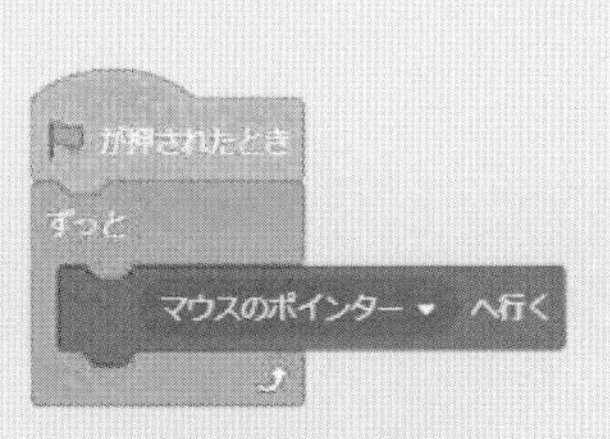

全方向へ移動

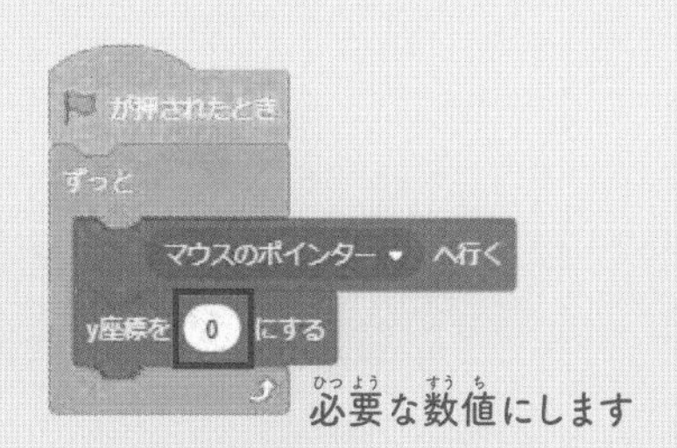

必要な数値にします

横方向のみへ移動

GAME 12

カラーボールよけゲーム

ゲームの概要

森の中にネコがいます。ボールが上から落ちてきます。ネコを動かしてボールに当たらないようにします。ボールをよけている間はタイムが1秒ずつ増えていきます。タイムが増えるとボールが落ちてくる速度が速くなります。ボールに当たるとゲームオーバーです。

ステージの動き

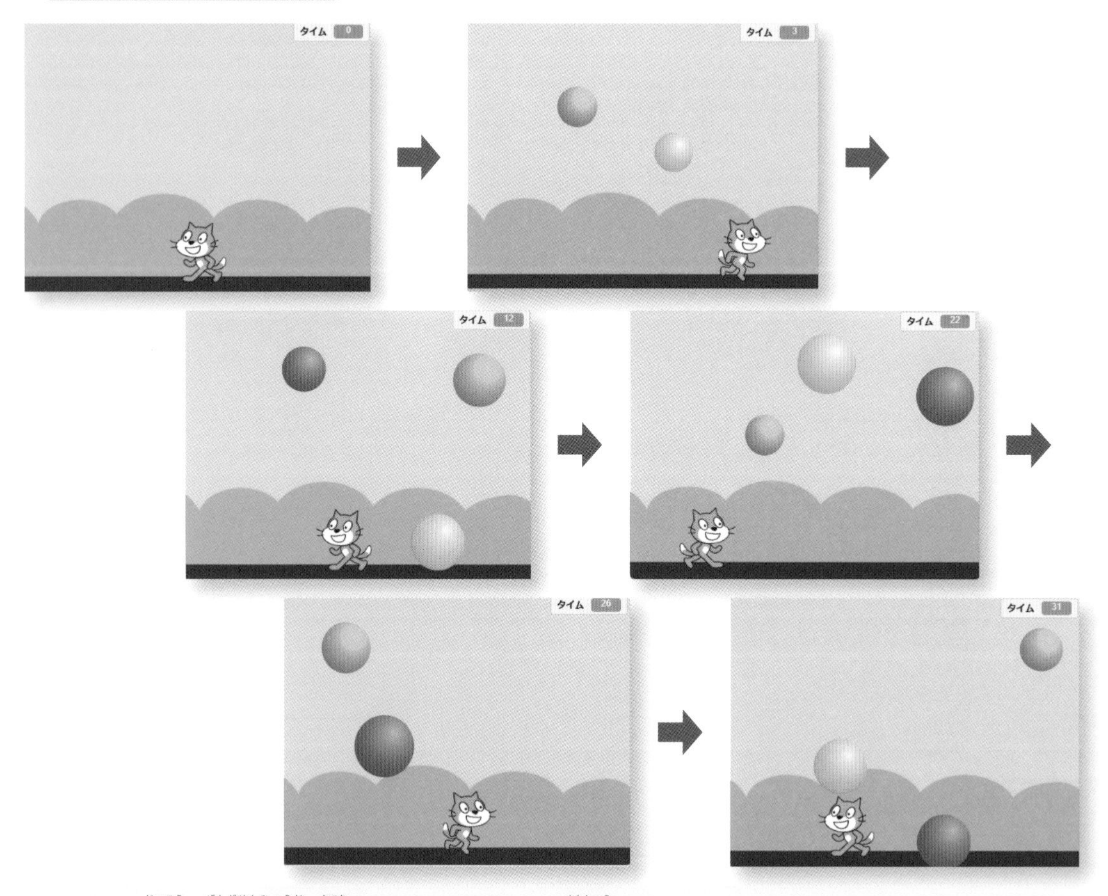

※ゲームの実行は全画面表示で行ってください（35ページ参照）。

※ゲームは ボタンをクリックまたはタップして開始してください（28ページ参照）。

操作方法

パソコンの場合

ネコを動かす

マウスを左右に動かします。

タブレットの場合

ネコを動かす

指を左右に動かします。

使用背景

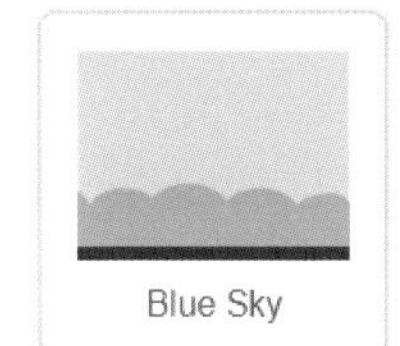

Blue Sky

使用スプライトと役割・動き

ネコ

スプライト1
（Cat）

役割 ボールをよけます。

動き 左右に動きます。

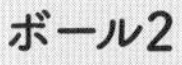

ボール2

Ball2

役割 ネコに当たるとゲームオーバーにします。

動き 上端から下に向かってまっすぐ動きます。

ボール1

Ball

役割 ネコに当たるとゲームオーバーにします。

動き 上端から下に向かってまっすぐ動きます。

ボール3

Ball3

役割 ネコに当たるとゲームオーバーにします。

動き 上端から下に向かってまっすぐ動きます。

コード

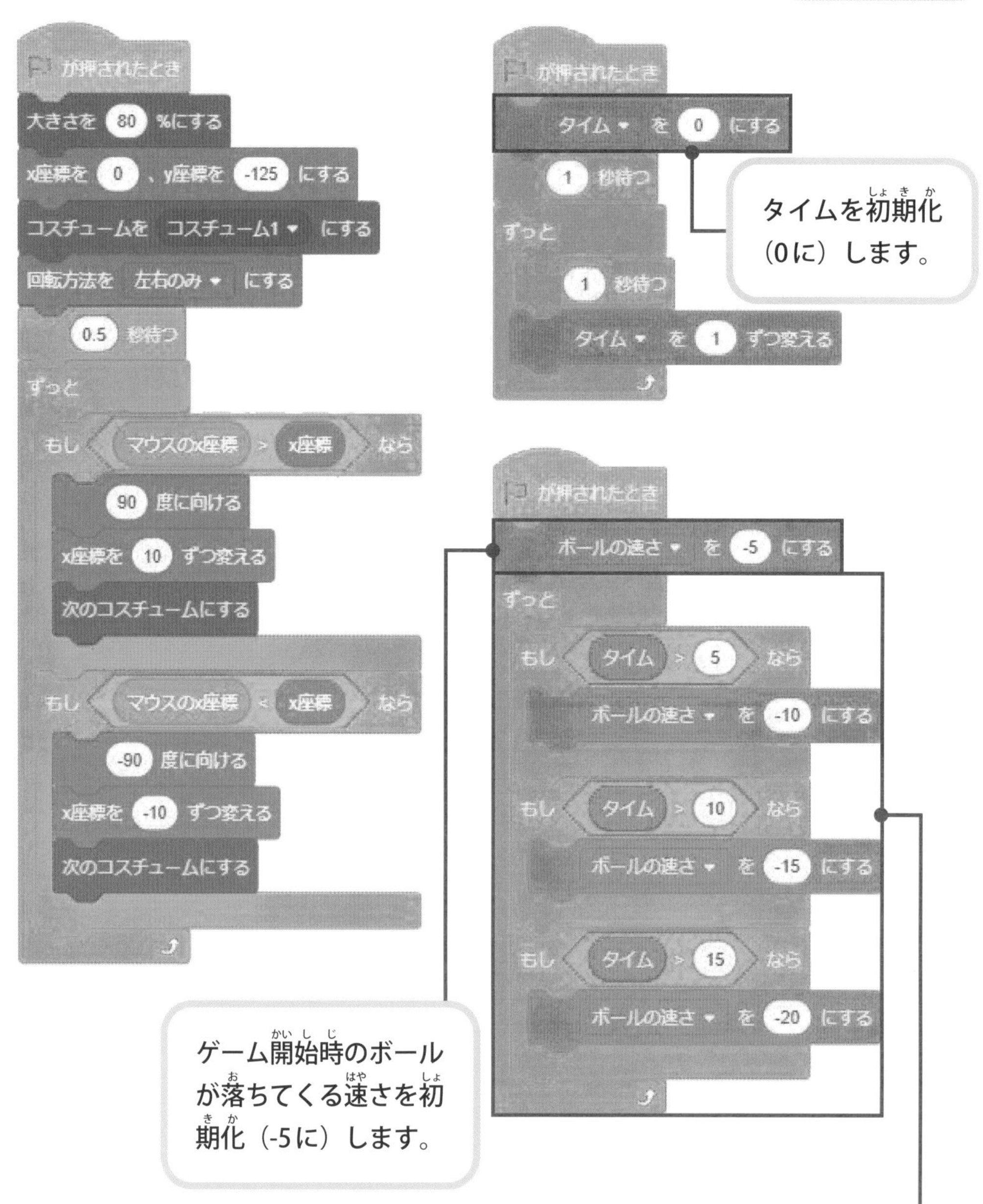

タイムが5秒経過すると球が落ちてくる速さが10になります。
タイムが10秒経過すると球が落ちてくる速さが15になります。
タイムが15秒経過すると球が落ちてくる速さが20になります。

コード

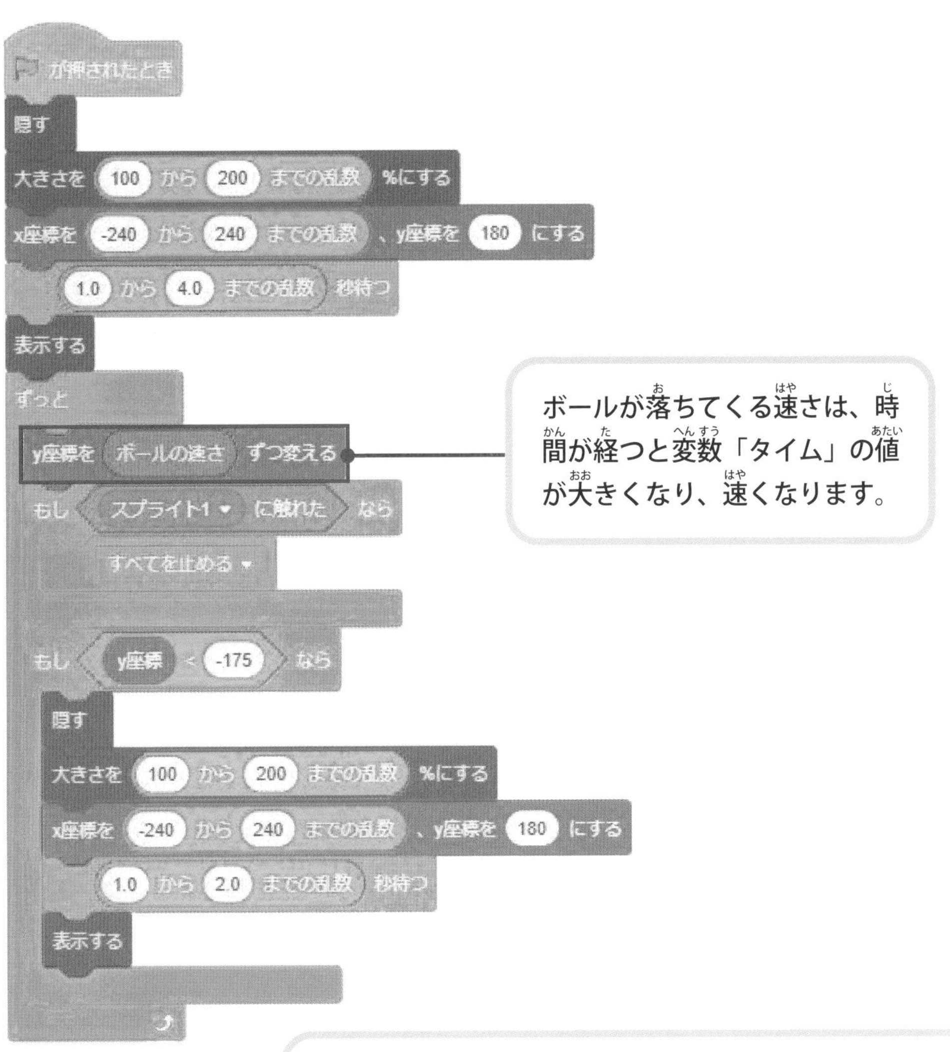

ボールが落ちてくる速さは、時間が経つと変数「タイム」の値が大きくなり、速くなります。

変数を作成します。変数「タイム」はステージに表示するので、□に✓を入れます。変数「ボールの速さ」はステージに表示しないので、□に✓を入れないようにします。

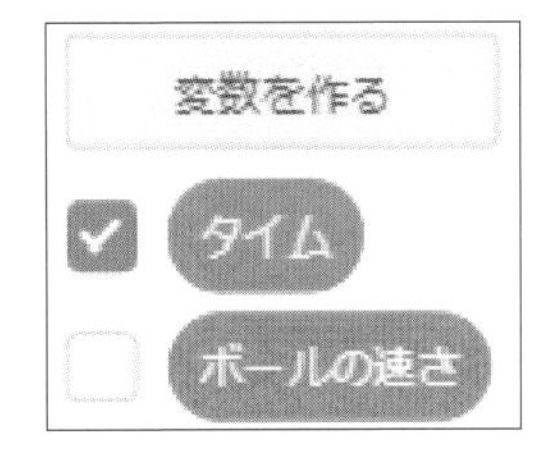

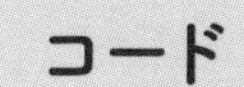

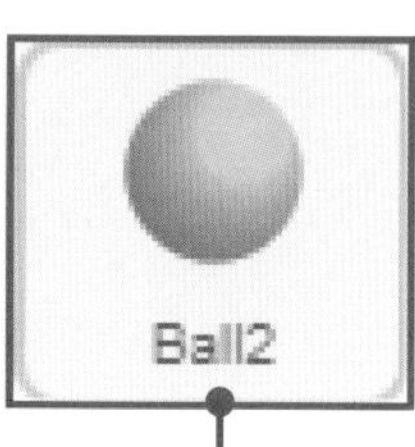

コスチューム をクリックし、コスチュームを青色のボールに変更します。

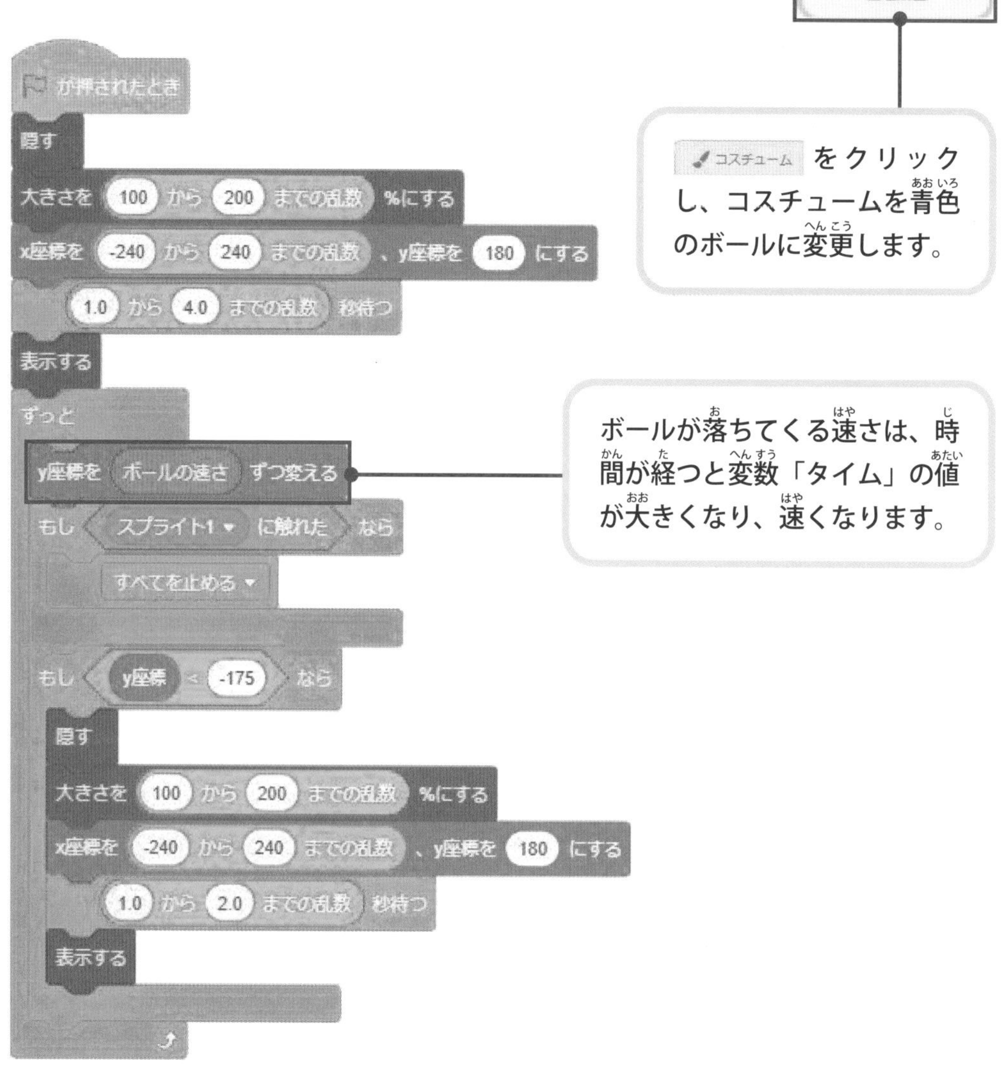

ボールが落ちてくる速さは、時間が経つと変数「タイム」の値が大きくなり、速くなります。

Point | スプライトのコピーとコスチュームの変更

スプライトはコピーできます。ここでは、ボールのコードは同じですので、スプライトをコピーし、その後コスチュームを変更すると効率的です（スプライトのコピーは54ページ参照、コスチュームの変更は65ページ参照）。

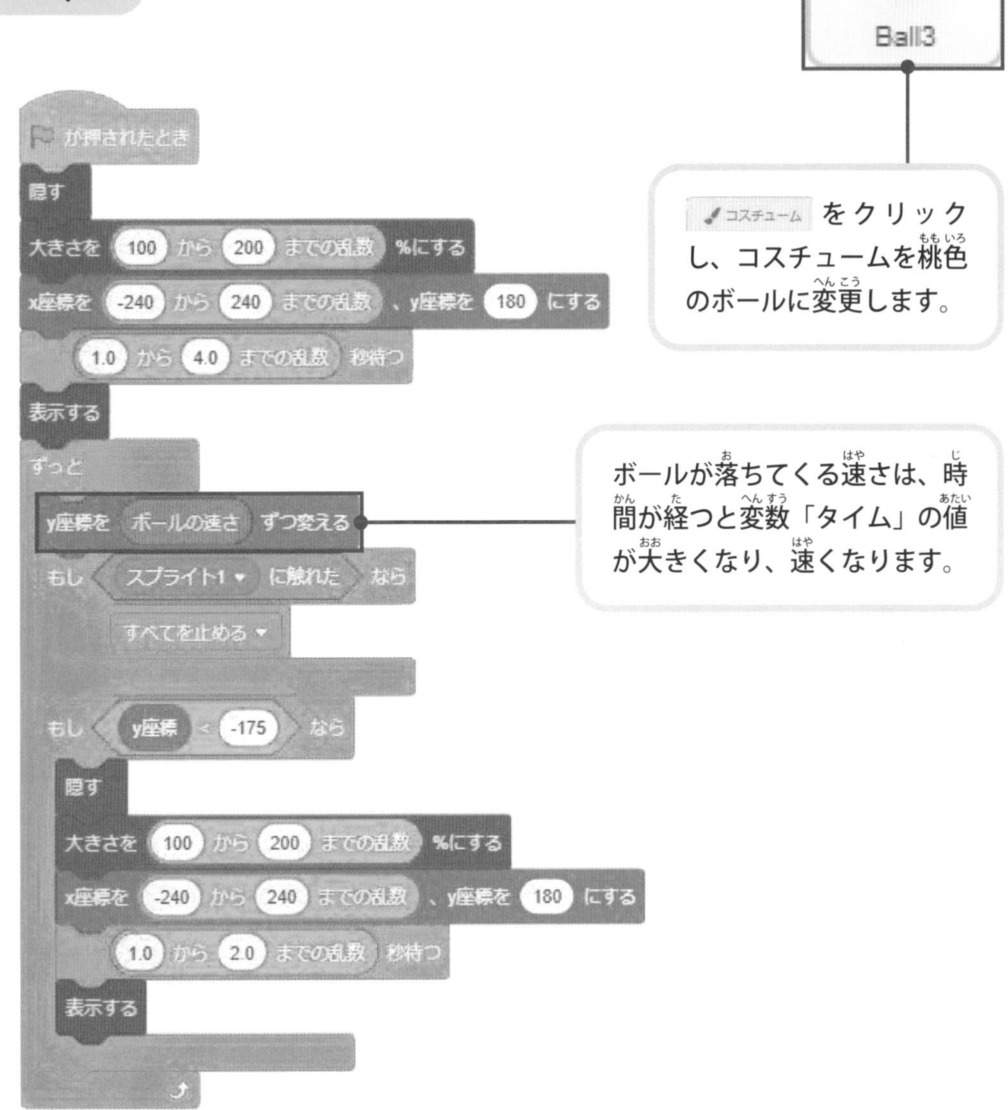

技術 | 難易度の変化

ゲームの得点や残り時間などによってゲームの難易度を変えると、ゲームが変化して面白くなります。ゲームの得点や残り時間などを変数に格納し、その変数を使用してキャラクターの速度や大きさなどを変化させます。ここでは、ゲームの経過時間を変数「タイム」に格納し、変数「タイム」の値により変数「ボールの速さ」を速くして、徐々にゲームが難しくなるようにしています。

音楽の挿入　13_ロボット反撃シューティングゲーム.sb3

GAME 13 ロボット反撃シューティングゲーム

ゲームの概要

ロボットが左右に動いています。宇宙船を動かして、ロボットに向けて弾を発射します。ロボットに弾が当たると1点得点されます。ロボットも弾を撃ち返してきます。得点が増えるとロボットからの撃ち返してくる弾が多くなります。ライフが0になるとゲームオーバーです。

ステージの動き

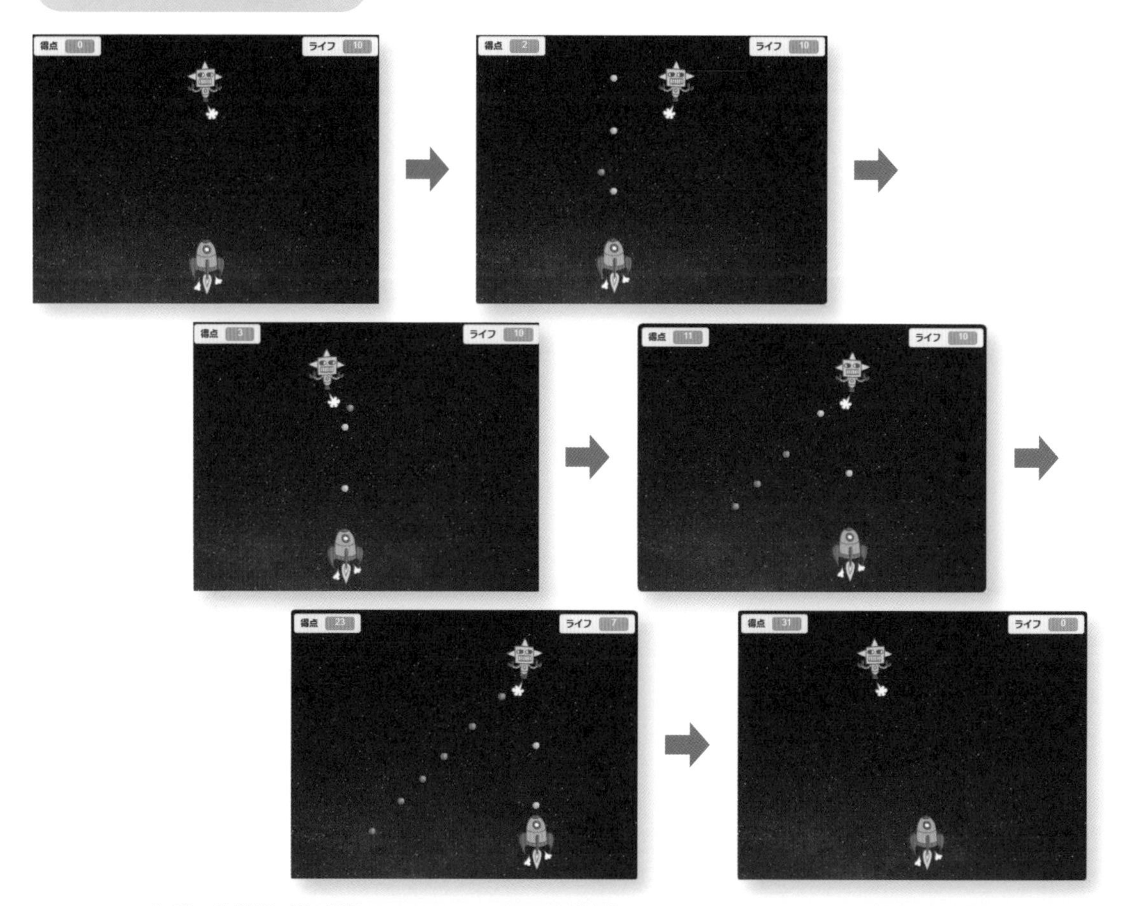

※ゲームの実行は全画面表示で行ってください（35ページ参照）。

※ゲームは 🏁 ボタンをクリックまたはタップして開始してください（28ページ参照）。

操作方法

● パソコンの場合

ロボットを動かす

マウスを左右に動かします。

弾発射

マウスで宇宙船に触れます。

● タブレットの場合

移動

指を左右に動かします。

弾発射

指で宇宙船に触れます。

使用背景

Stars

使用スプライトと役割

宇宙船

Rocketship

役割 ロボットに向けて弾を発射します。

動き 左右に往復します。

宇宙船の弾

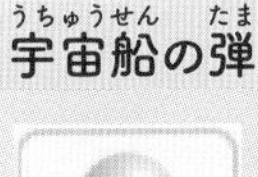

Ball

役割 ロボットに当たると1点得点します。

動き 宇宙船から上に向かってまっすぐ動きます。

ロボット

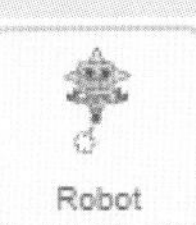

Robot

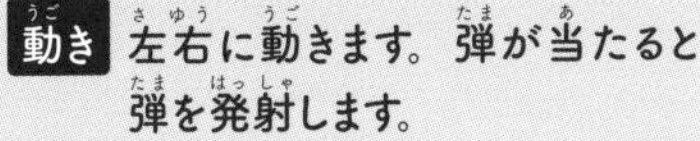

役割 宇宙船を弾で襲ってきます。

動き 左右に動きます。弾が当たると弾を発射します。

ロボットの弾

Ball2

役割 宇宙船に当たるとライフを1減らします。

動き ロボットから下に向かってまっすぐ動きます。

コード

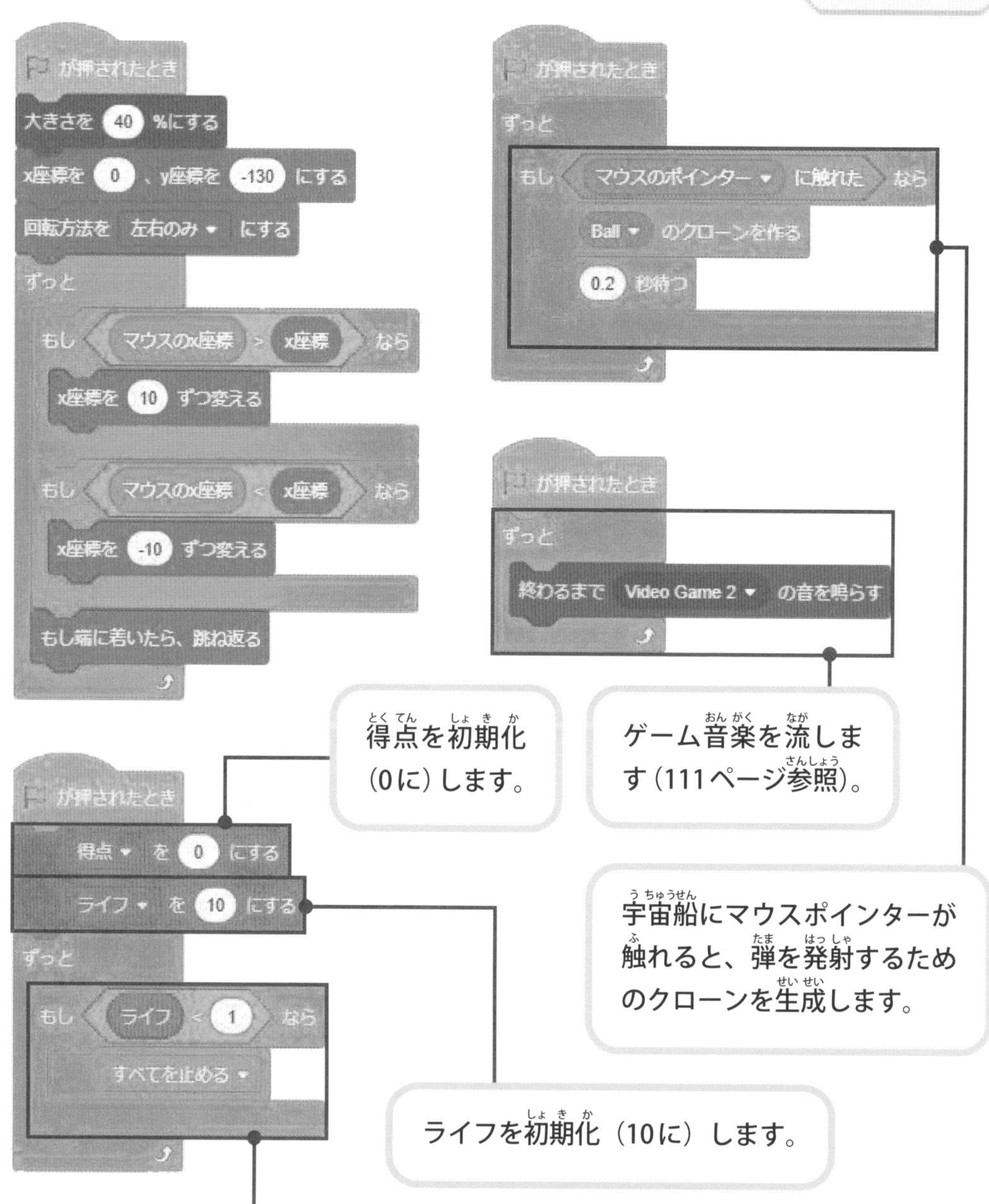

ライフが0以下（1未満）になったらゲーム終了にします。ロボットの弾が同時に複数当たった場合は、ライフが1度に2以上減るため、ライフはマイナスの値になる場合があります。そのため、ゲーム終了の条件を、ライフが0以下の場合にするため、「ライフ=0」とせず、「ライフ<1」とします。

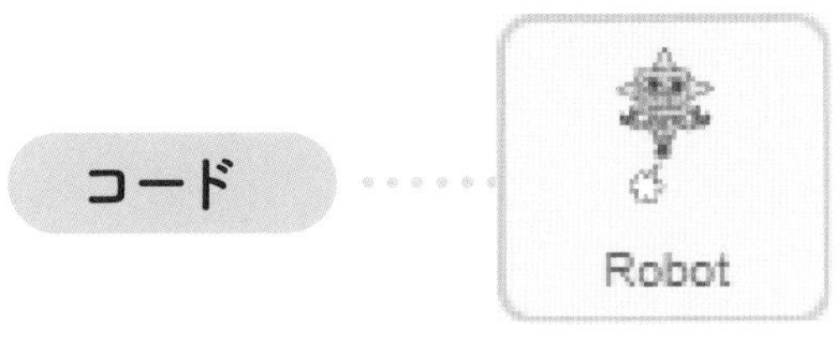

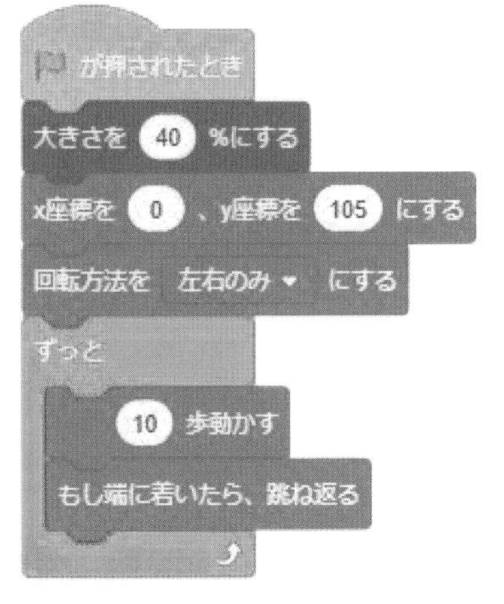

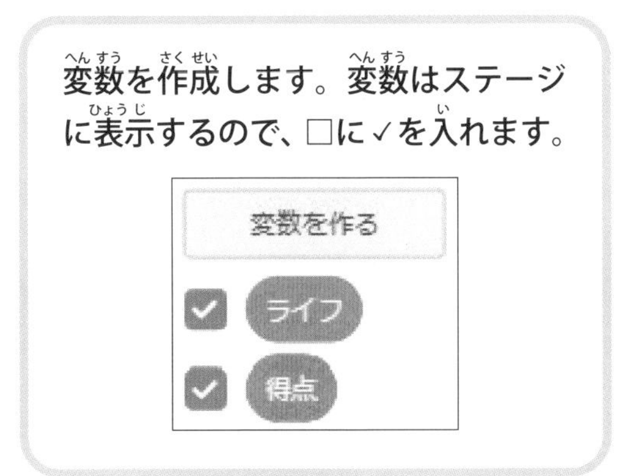
変数を作成します。変数はステージに表示するので、□に✓を入れます。

コード

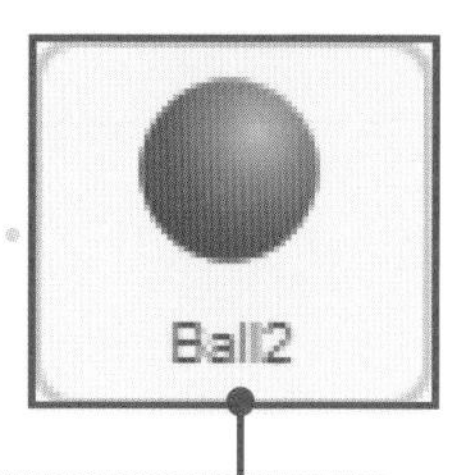

コスチューム をクリックし、コスチュームを桃色のボールに変更します。

```
旗が押されたとき
隠す
大きさを 20 %にする
ずっと
  0.1 から 1.0 までの乱数 秒待つ
  自分自身 ▼ のクローンを作る
  0.1 秒待つ
  もし 得点 > 10 なら
    自分自身 ▼ のクローンを作る
    0.1 秒待つ
  もし 得点 > 20 なら
    自分自身 ▼ のクローンを作る
    0.1 秒待つ
  もし 得点 > 30 なら
    自分自身 ▼ のクローンを作る
    0.1 秒待つ
  もし 得点 > 40 なら
    自分自身 ▼ のクローンを作る
    0.1 秒待つ
  もし 得点 > 50 なら
    自分自身 ▼ のクローンを作る
    0.1 秒待つ
```

```
クローンされたとき
Robot ▼ へ行く
表示する
ずっと
  y座標を -10 ずつ変える
  もし Rocketship ▼ に触れた なら
    ライフ ▼ を -1 ずつ変える
    このクローンを削除する
  もし 端 ▼ に触れた なら
    このクローンを削除する
```

生成されるクローン（ロボットの弾）の数は得点が増えると多くなります。

（例1）得点が5のとき

```
0.1 から 1.0 までの乱数 秒待つ
自分自身 ▼ のクローンを作る
0.1 秒待つ
```

が実行され、弾は1発発射されます。

（例2）得点が25のとき

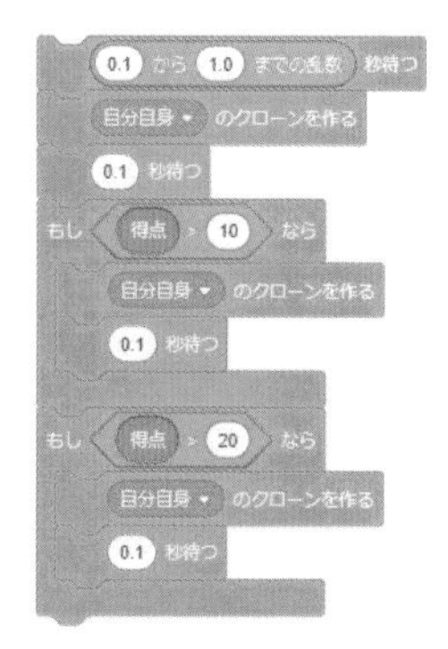

```
0.1 から 1.0 までの乱数 秒待つ
自分自身 ▼ のクローンを作る
0.1 秒待つ
もし 得点 > 10 なら
  自分自身 ▼ のクローンを作る
  0.1 秒待つ
もし 得点 > 20 なら
  自分自身 ▼ のクローンを作る
  0.1 秒待つ
```

が実行され、弾は3発発射されます。

技術｜ゲーム音楽の挿入

音を使用してゲーム音楽に利用すると、ゲームの臨場感が増します。音は次のように読み込んで追加します。ここでは、「Video Game 2」を読み込んで追加しています。

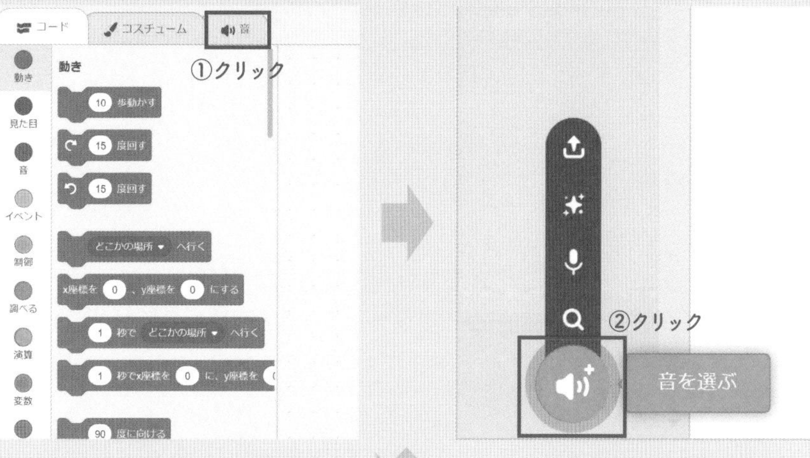

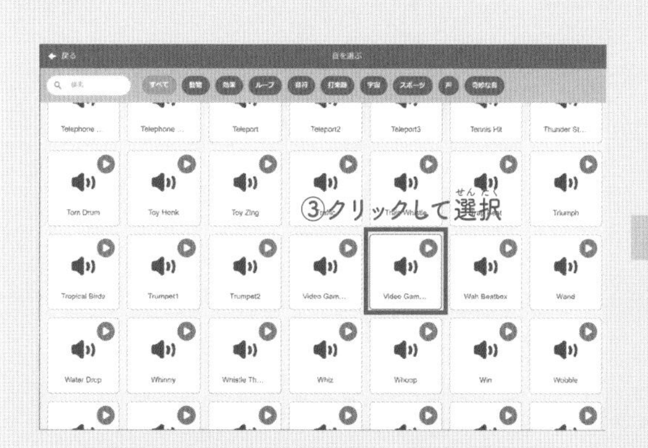

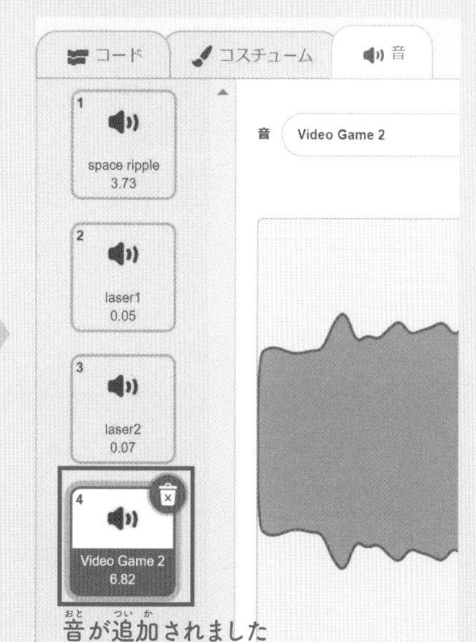

ゲーム中はずっと音を鳴らす場合は、「ずっと」のブロックと組み合わせて使用します。他の処理と同一ブロックにすると、他の処理が遅れる可能性がありますので、次のように独立させて使用します。

GAME 14 動物よけゲーム

ゲームの概要

森の中で動物たちが歩いたり走ったり飛んだりしています。ほうきに乗ったネコを動かして動物たちをよけます。1秒経過するごとに1点得点されます。動物に当たるとライフが減ります。動物に当たったらすぐに離れないと、ライフが減り続けます。ライフが0になるとゲームオーバーです。

ステージの動き

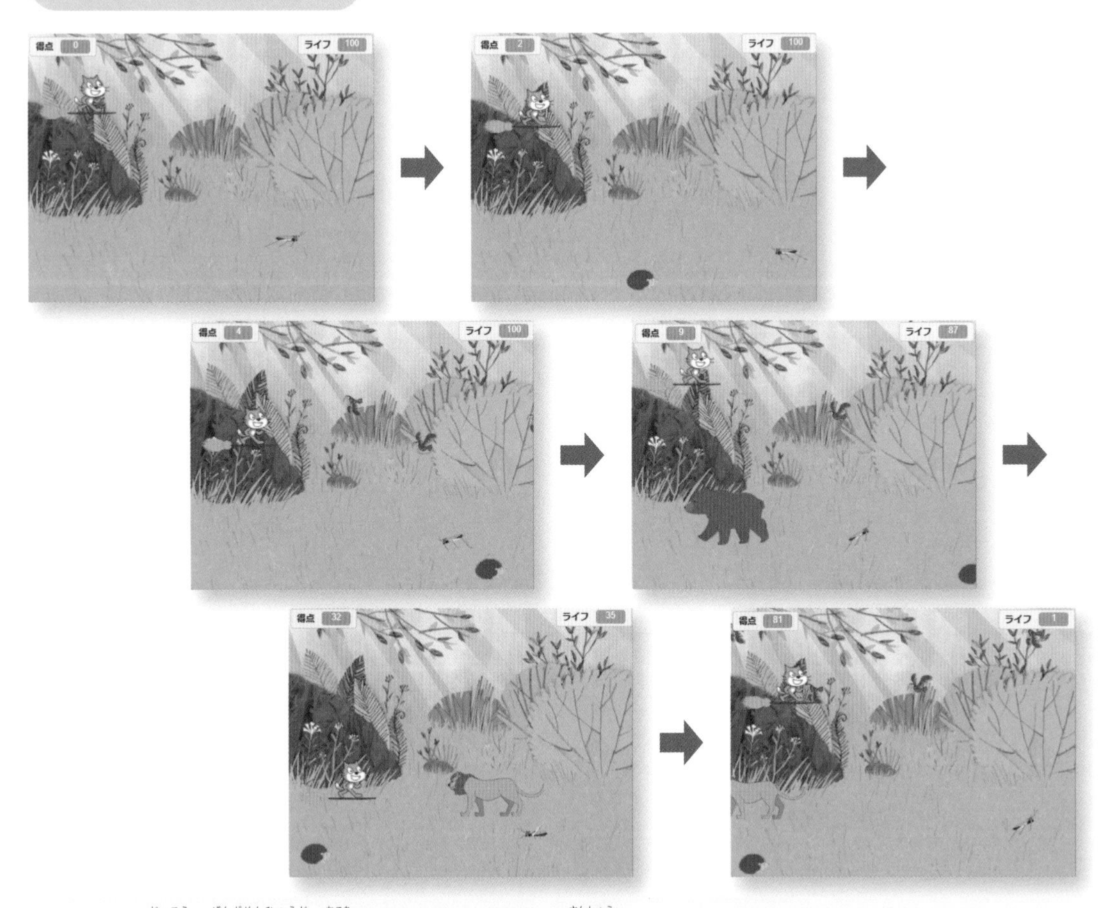

※ゲームの実行は全画面表示で行ってください（35ページ参照）。

※ゲームは ボタンをクリックまたはタップして開始してください（28ページ参照）。

操作方法

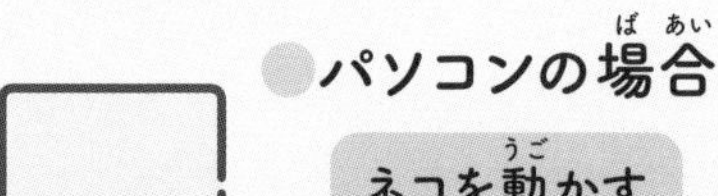

●パソコンの場合

ネコを動かす

マウスをクリック、または、スペースキーを押します。

●タブレットの場合

ネコを動かす

指でタップ、または、ロングタップします。

使用背景

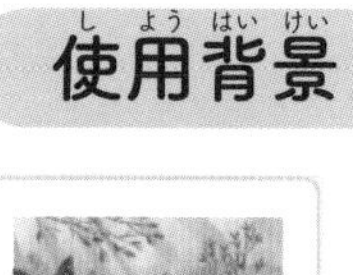

Forest

使用スプライトと役割・動き

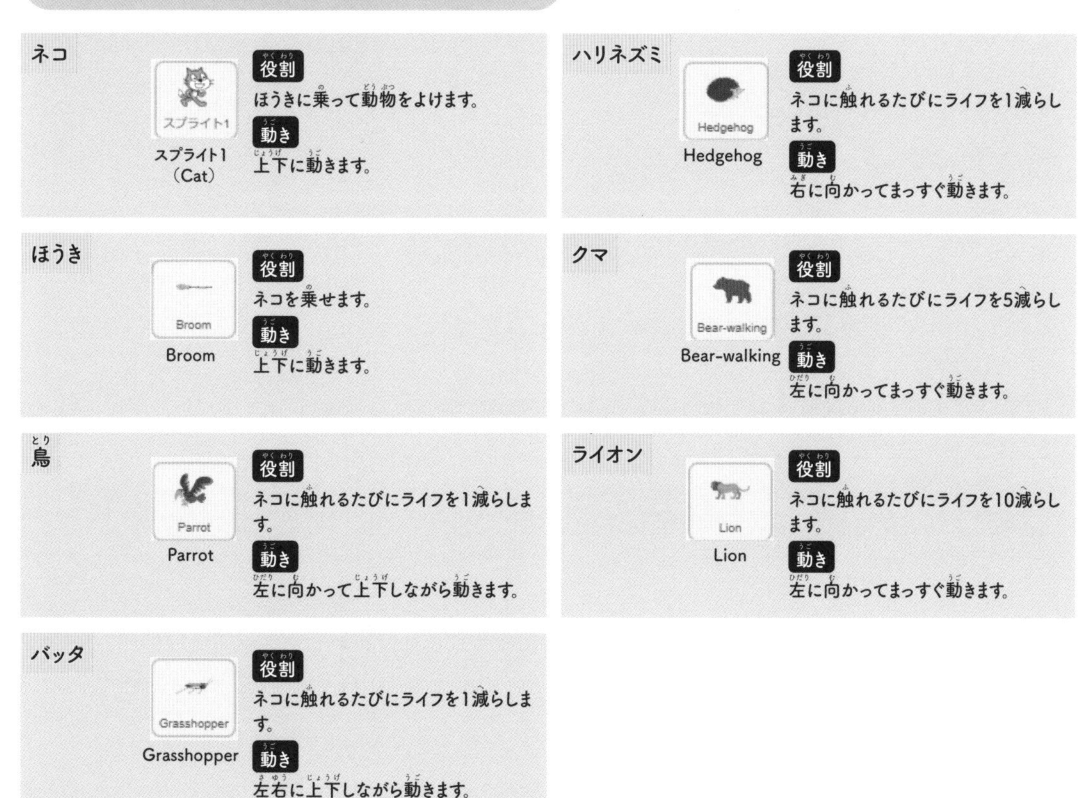

スプライト	名前	役割	動き
ネコ	スプライト1（Cat）	ほうきに乗って動物をよけます。	上下に動きます。
ハリネズミ	Hedgehog	ネコに触れるたびにライフを1減らします。	右に向かってまっすぐ動きます。
ほうき	Broom	ネコを乗せます。	上下に動きます。
クマ	Bear-walking	ネコに触れるたびにライフを5減らします。	左に向かってまっすぐ動きます。
鳥	Parrot	ネコに触れるたびにライフを1減らします。	左に向かって上下しながら動きます。
ライオン	Lion	ネコに触れるたびにライフを10減らします。	左に向かってまっすぐ動きます。
バッタ	Grasshopper	ネコに触れるたびにライフを1減らします。	左右に上下しながら動きます。

コード

スプライト1

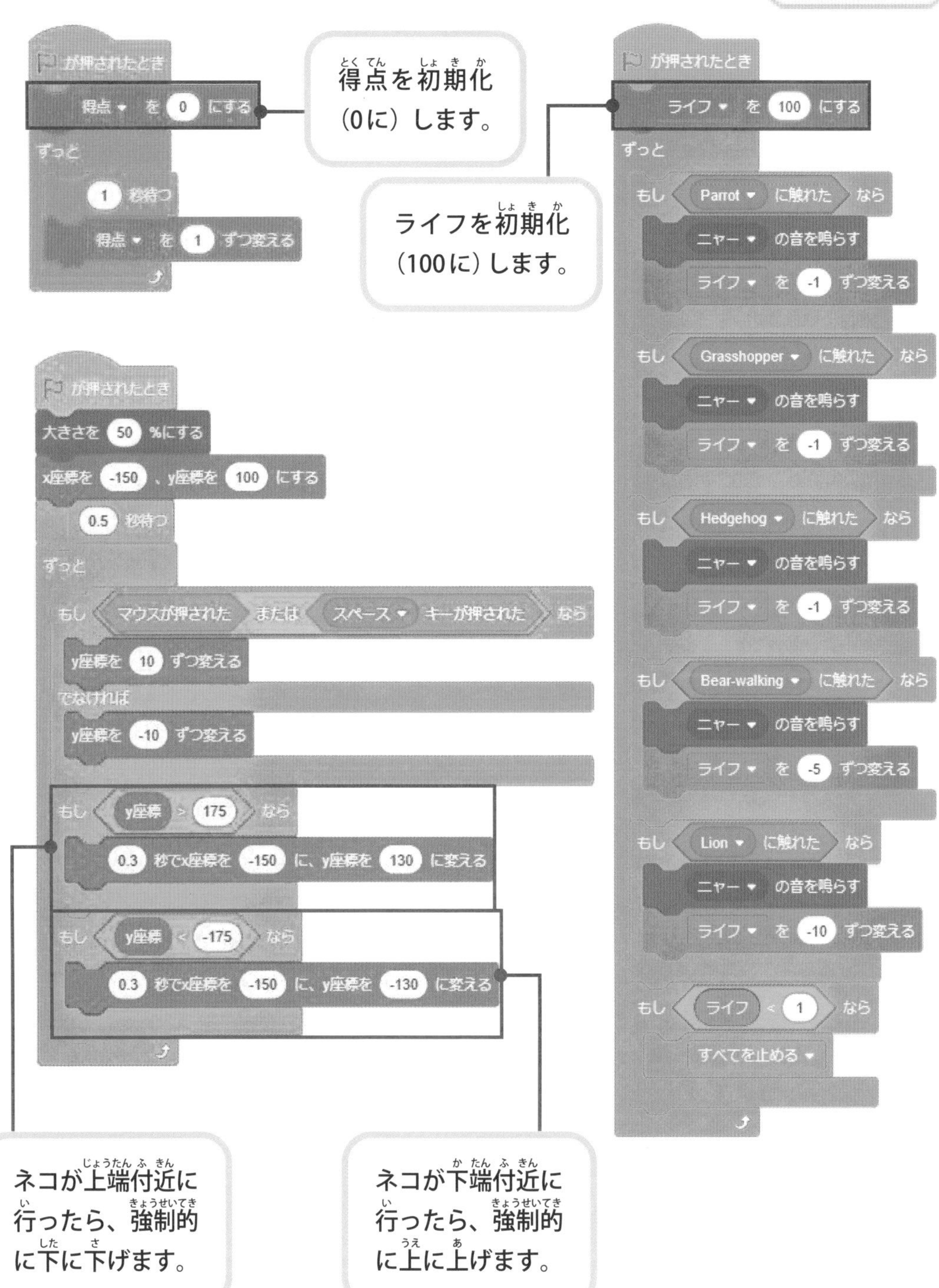
が押されたとき
得点 を 0 にする
ずっと
1 秒待つ
得点 を 1 ずつ変える
得点を初期化(0に)します。
が押されたとき
大きさを 50 %にする
x座標を -150 、y座標を 100 にする
0.5 秒待つ
ずっと
もし マウスが押された または スペース キーが押された なら
y座標を 10 ずつ変える
でなければ
y座標を -10 ずつ変える
もし y座標 > 175 なら
0.3 秒でx座標を -150 に、y座標を 130 に変える
もし y座標 < -175 なら
0.3 秒でx座標を -150 に、y座標を -130 に変える
ネコが上端付近に行ったら、強制的に下に下げます。
ネコが下端付近に行ったら、強制的に上に上げます。
が押されたとき
ライフ を 100 にする
ずっと
もし Parrot に触れた なら
ニャー の音を鳴らす
ライフ を -1 ずつ変える
もし Grasshopper に触れた なら
ニャー の音を鳴らす
ライフ を -1 ずつ変える
もし Hedgehog に触れた なら
ニャー の音を鳴らす
ライフ を -1 ずつ変える
もし Bear-walking に触れた なら
ニャー の音を鳴らす
ライフ を -5 ずつ変える
もし Lion に触れた なら
ニャー の音を鳴らす
ライフ を -10 ずつ変える
もし ライフ < 1 なら
すべてを止める
ライフを初期化(100に)します。

コード

ネコの下に行くようにします。x座標とy座標も微調整し、ネコの真下の適切な位置にくるようにします。

変数を作成します。変数はステージに表示するので、□に✓を入れます。

コード

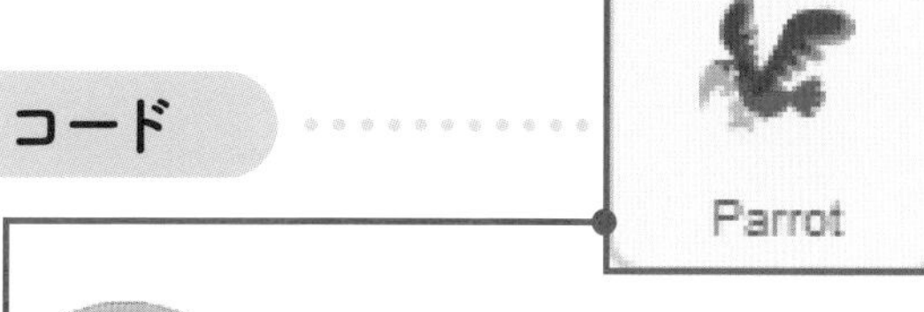


```
が押されたとき
隠す
大きさを 20 %にする
(3 から 5 までの乱数) 秒待つ
ずっと
  (3 から 5 までの乱数) 回繰り返す
    自分自身 のクローンを作る
    (0.5 から 0.8 までの乱数) 秒待つ
  (3 から 5 までの乱数) 秒待つ
```

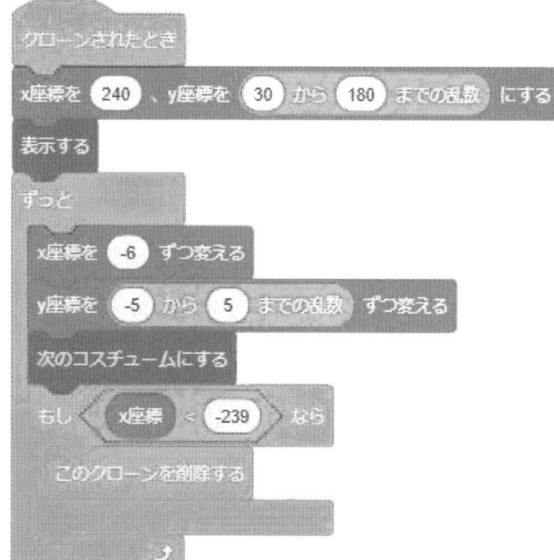

コスチューム をクリックし、ペイントエディターで向きを変えます（116ページ参照）。

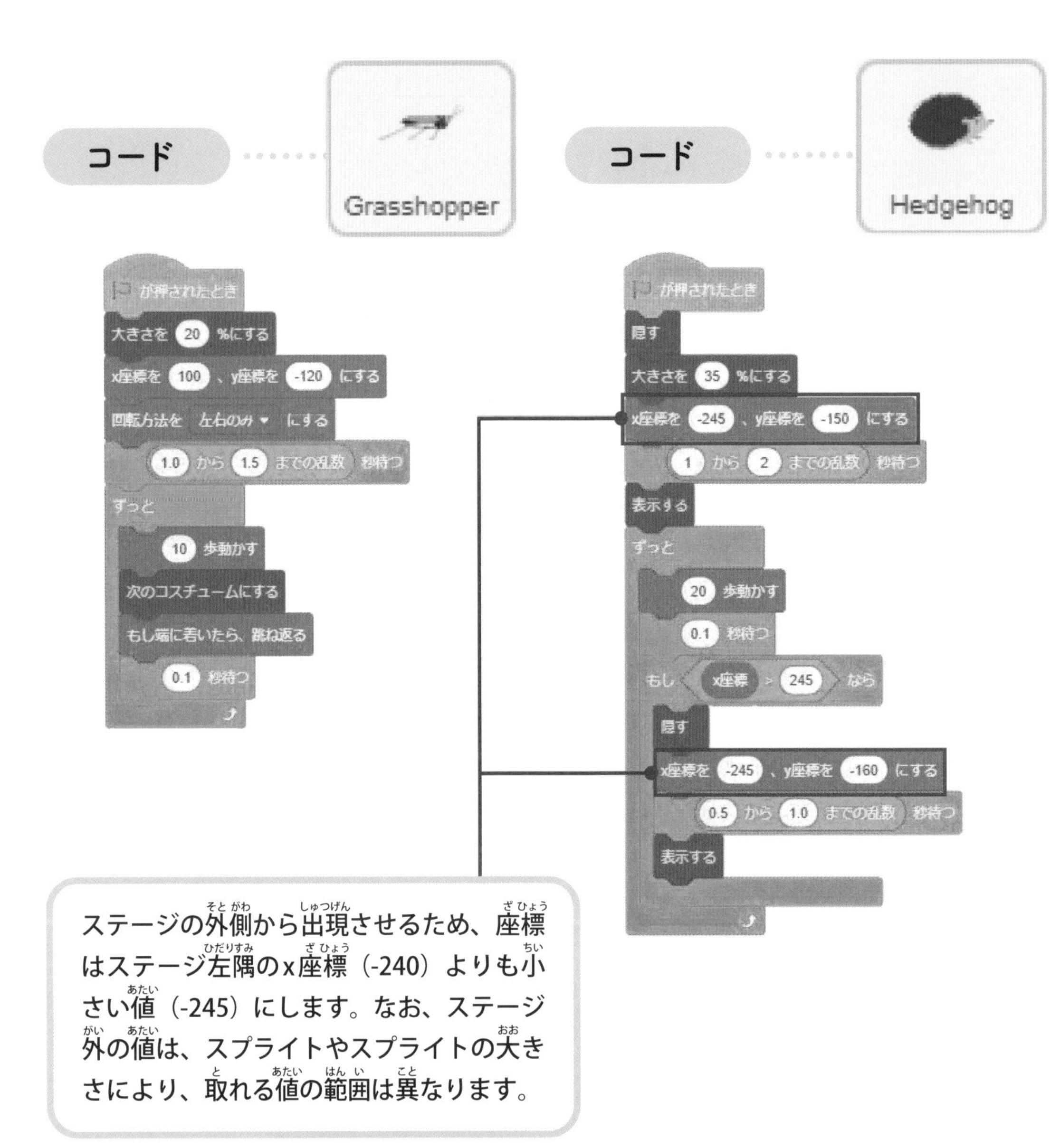

ステージの外側から出現させるため、座標はステージ左隅のx座標（-240）よりも小さい値（-245）にします。なお、ステージ外の値は、スプライトやスプライトの大きさにより、取れる値の範囲は異なります。

Point｜スプライトの向きの変更

スプライトの向きの変更は、次のように行います。

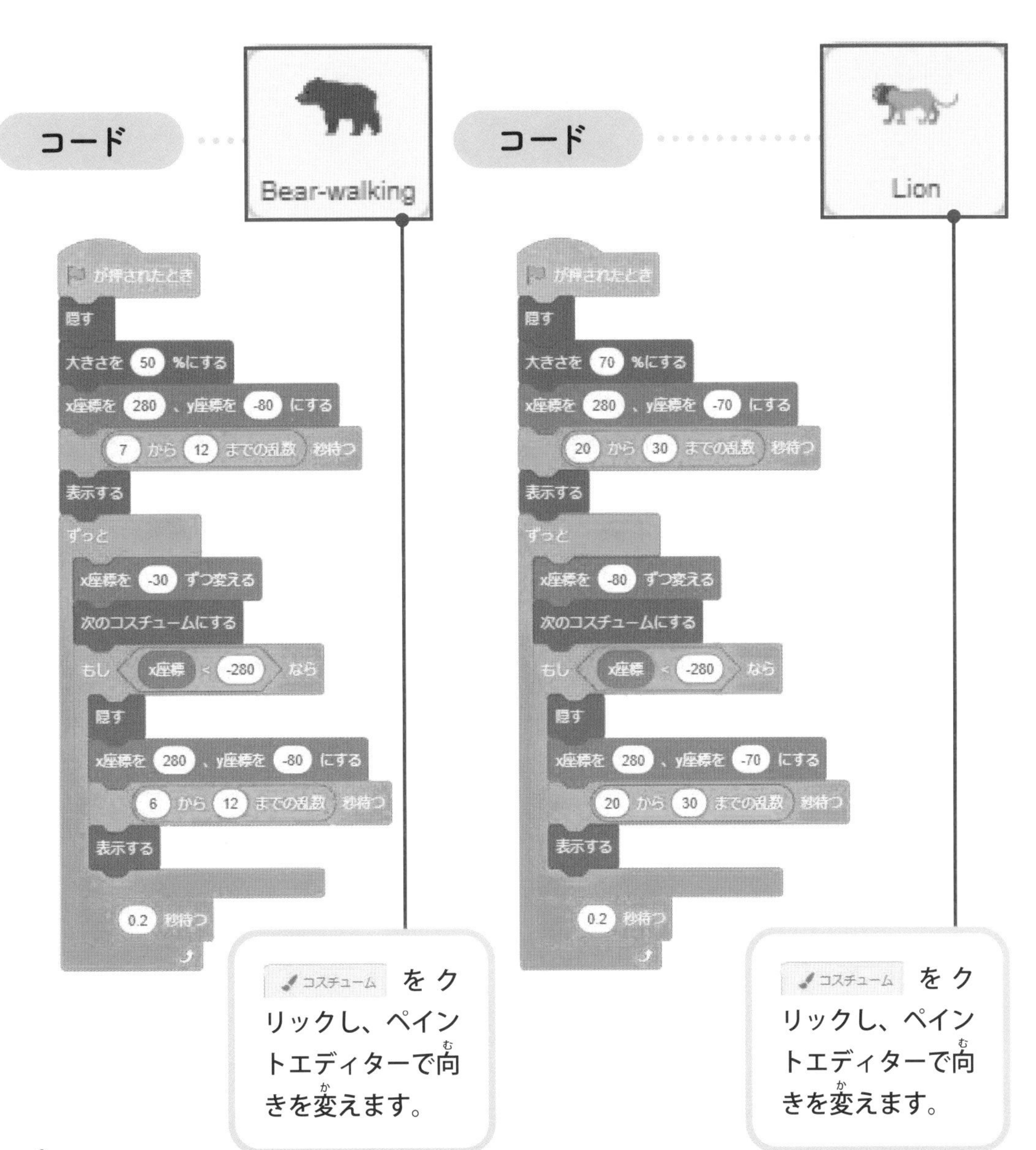

技術 | 複数条件による条件分岐

条件分岐は、複数の条件により判断する場合があります。両方の条件を満たす場合を「かつ」(AND)、どちらかの条件を満たせばよい場合を「または」(OR) といいます。ここでは、「または」により、マウスがクリックされたか、スペースキーが押された場合、ネコが上昇するようにしています。

かつ (AND)	マウスが押された かつ スペース ▼ キーが押された
または (OR)	マウスが押された または スペース ▼ キーが押された

GAME 15 ハートキャッチゲーム

ゲームの概要

ボールが中心から放射状に放出されています。一定のタイミングでハートも放出されます。ボールに当たらないようにボタンを動かしてハートをキャッチします。ハートをキャッチすると得点が1点得点されます。ボタンがボールに当たるとライフが1減ります。また、白円領域の外側に5秒居るとライフが1減ります。得点が増えると、飛んでくる球の種類が増えます。ライフが0になるとゲームオーバーです。

ステージの動き

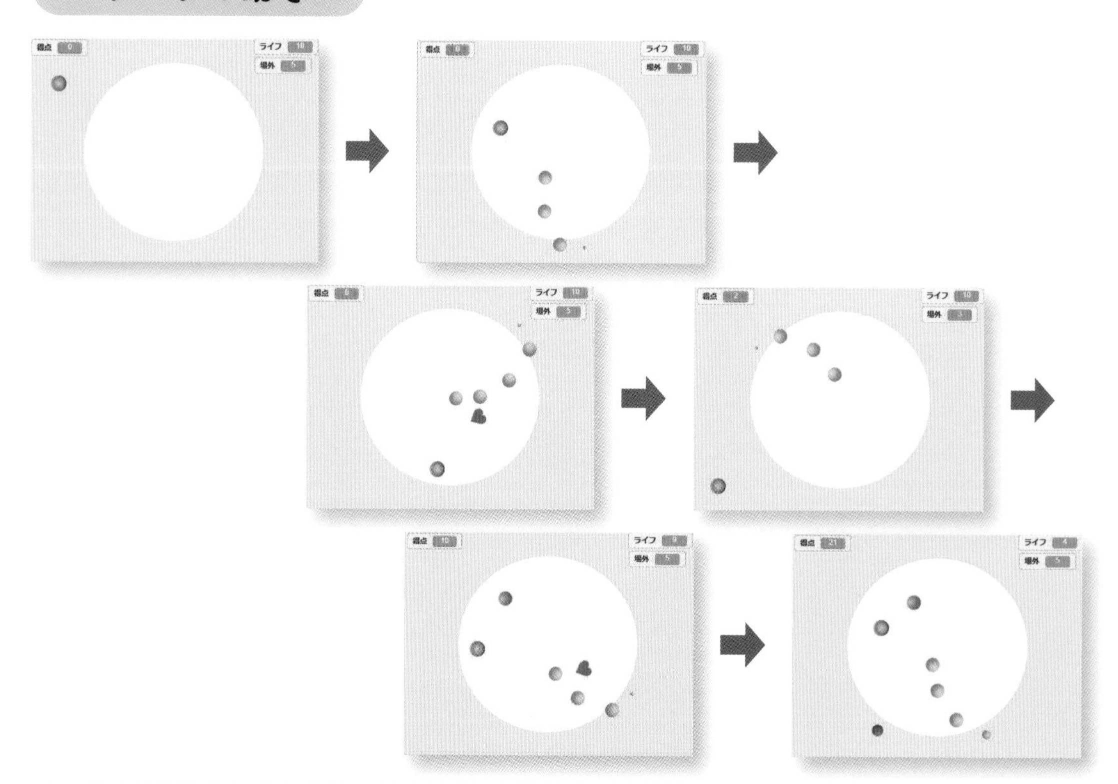

※ゲームの実行は全画面表示で行ってください（35ページ参照）。

※ゲームは🏁ボタンをクリックまたはタップして開始してください（28ページ参照）。

操作方法

●パソコンの場合

ボタンを動かす

動かしたい方向にマウスを動かします。

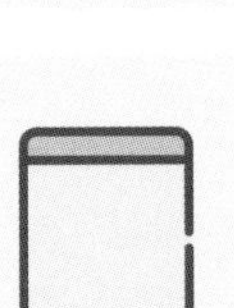

●タブレットの場合

ボタンを動かす

動かしたい方向に指を動かします。

使用背景

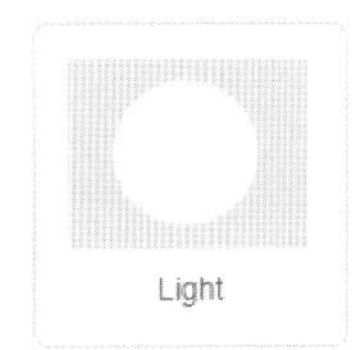

Light

使用スプライトと役割・動き

ボタン

Button1

役割 ハートをキャッチします。

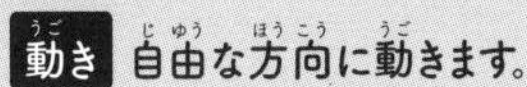

動き 自由な方向に動きます。

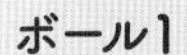

ボール1

Ball

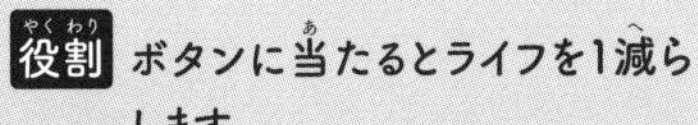

役割 ボタンに当たるとライフを1減らします。

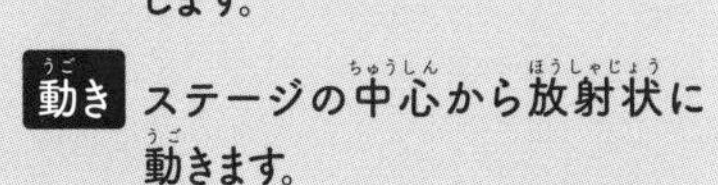

動き ステージの中心から放射状に動きます。

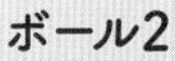

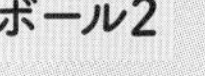

ボール2

Ball2

役割 ボタンに当たるとライフを1減らします。

動き ステージ中心から放射状に動きます。

ボール3

Ball3

役割 ボタンに当たるとライフを1減らします。

動き ステージの中心から放射状に動きます。

ハート

Heart

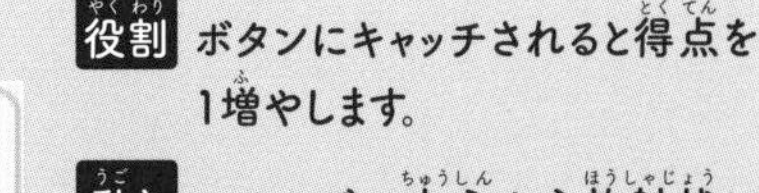

役割 ボタンにキャッチされると得点を1増やします。

動き ステージの中心から放射状に動きます。

コード

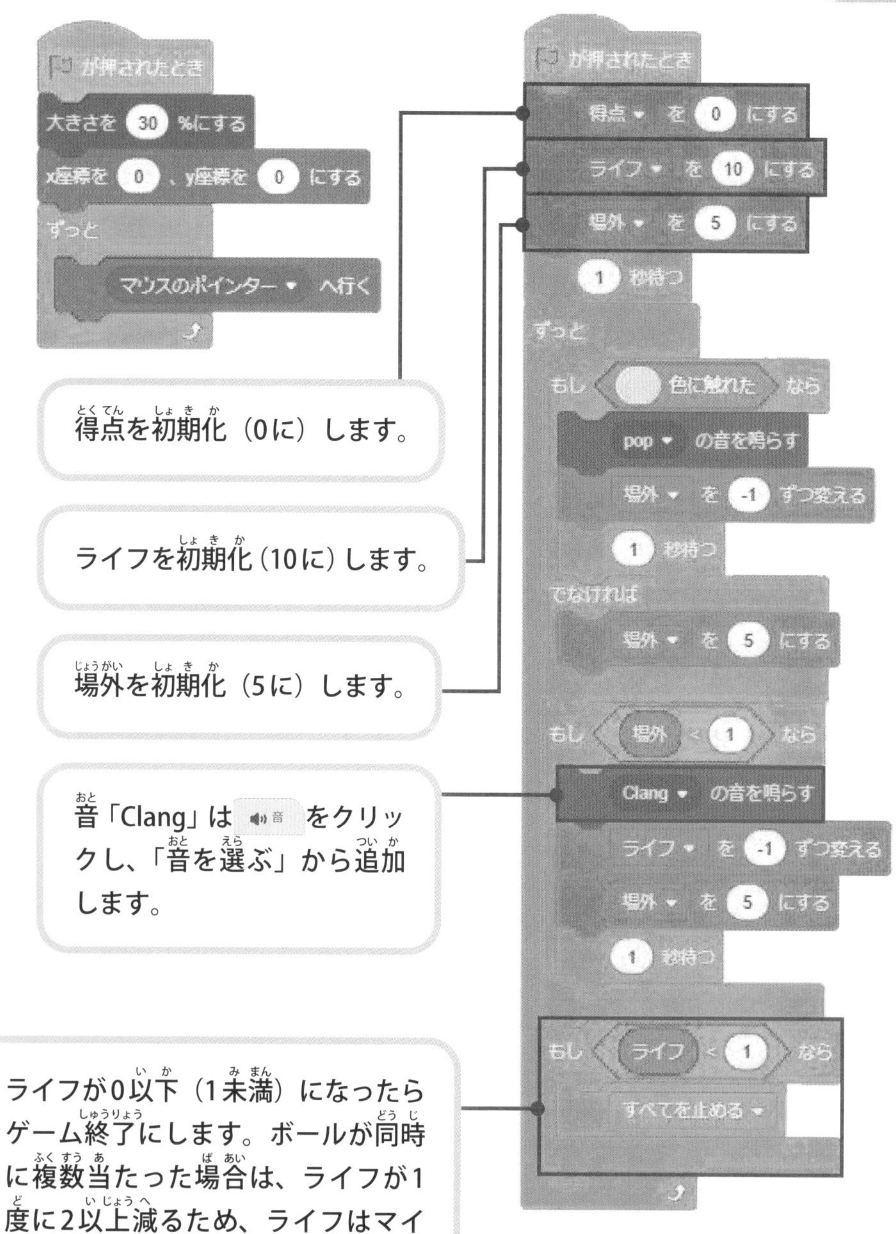

得点を初期化（0に）します。

ライフを初期化（10に）します。

場外を初期化（5に）します。

音「Clang」は 音 をクリックし、「音を選ぶ」から追加します。

ライフが0以下（1未満）になったらゲーム終了にします。ボールが同時に複数当たった場合は、ライフが1度に2以上減るため、ライフはマイナスの値になる場合があります。そのため、ゲーム終了の条件を、ライフが0以下の場合にするため、「ライフ=0」とせず、「ライフ<1」とします。

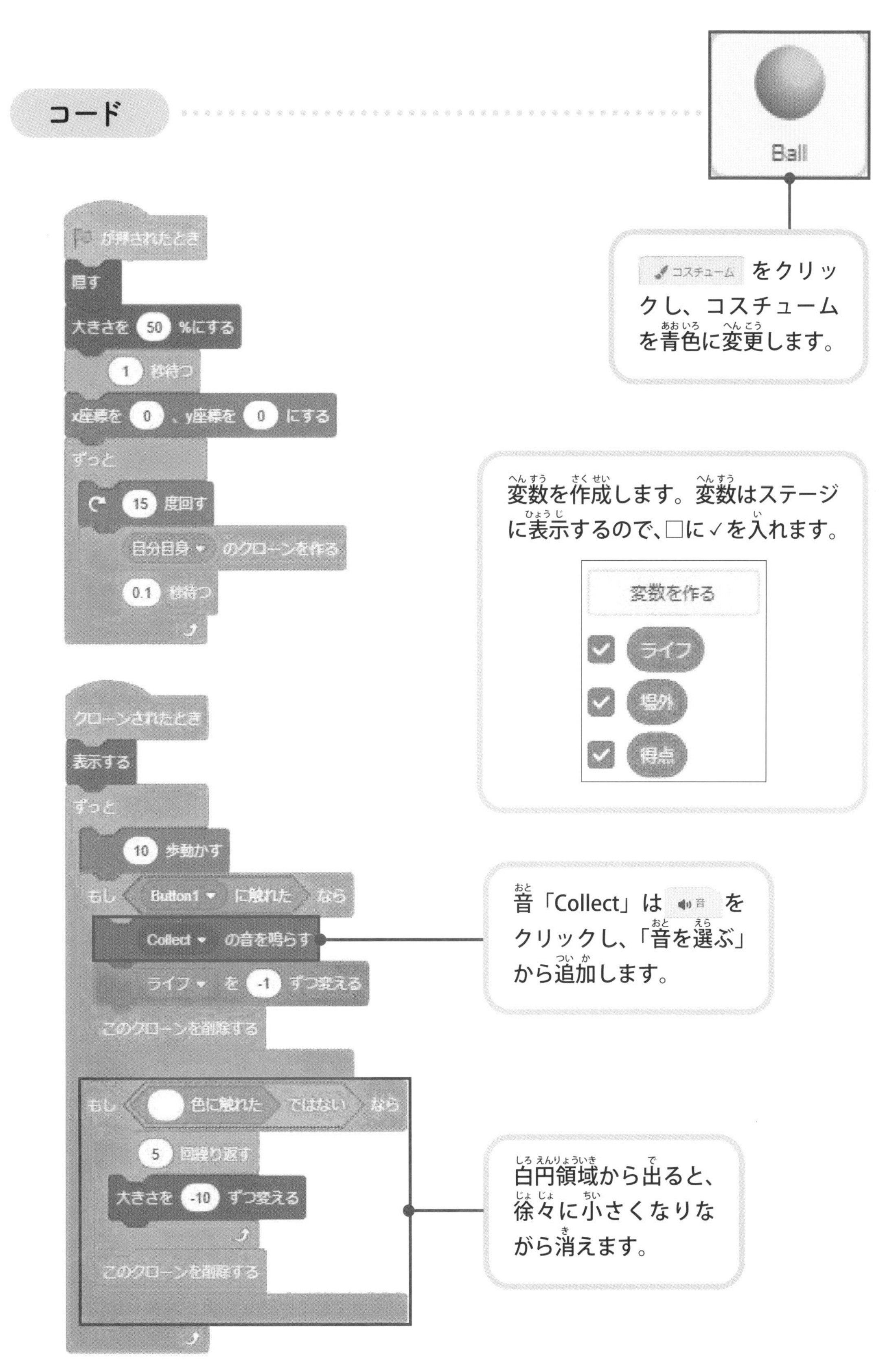
コード
Ball
コスチューム をクリックし、コスチュームを青色に変更します。
が押されたとき
隠す
大きさを 50 %にする
1 秒待つ
x座標を 0 、y座標を 0 にする
ずっと
15 度回す
自分自身 のクローンを作る
0.1 秒待つ
変数を作成します。変数はステージに表示するので、□に✓を入れます。
変数を作る
ライフ
場外
得点
クローンされたとき
表示する
ずっと
10 歩動かす
もし Button1 に触れた なら
Collect の音を鳴らす
ライフ を -1 ずつ変える
このクローンを削除する
音「Collect」は 音 をクリックし、「音を選ぶ」から追加します。
もし 色に触れた ではない なら
5 回繰り返す
大きさを -10 ずつ変える
このクローンを削除する
白円領域から出ると、徐々に小さくなりながら消えます。

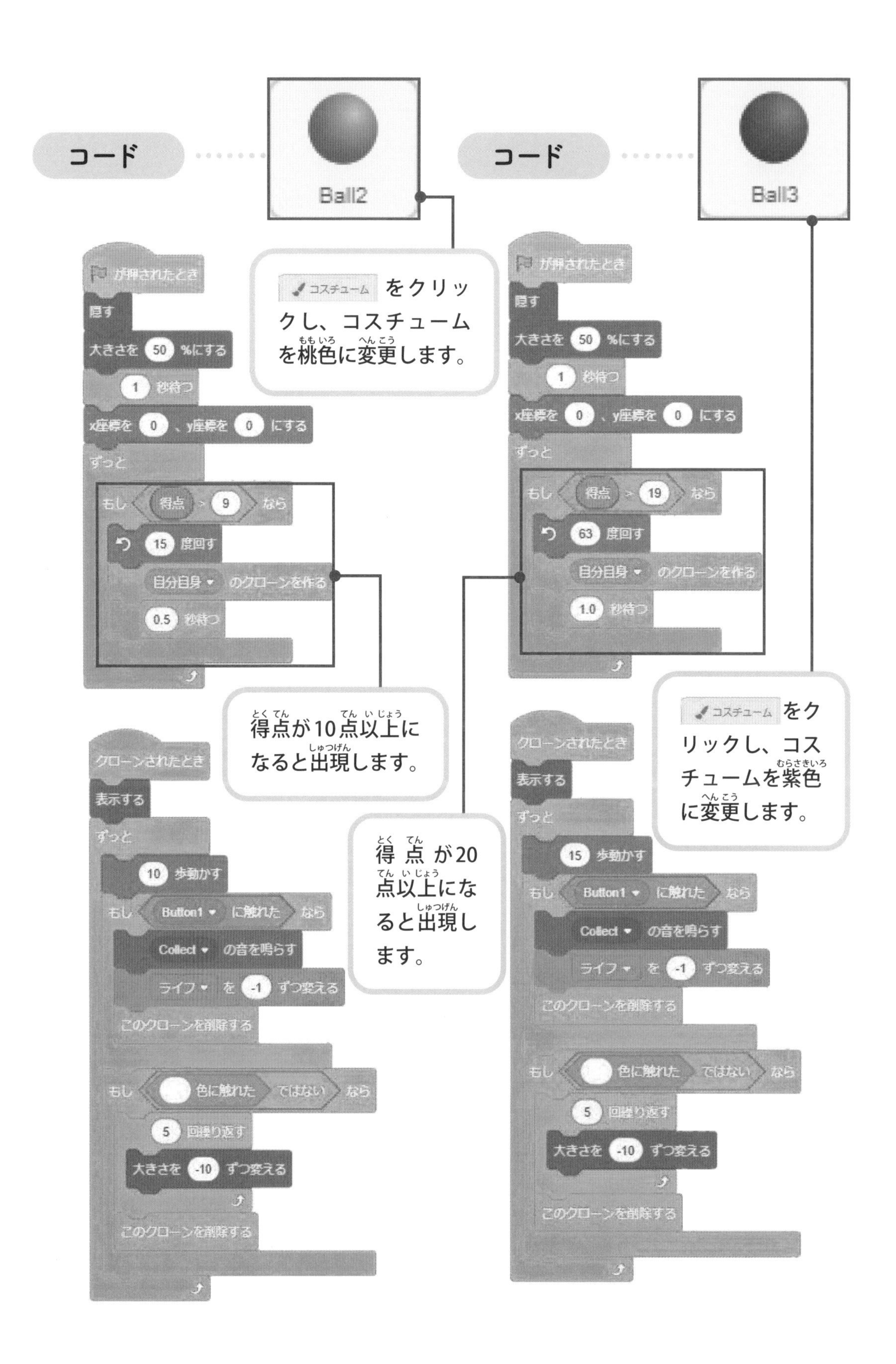

コード
Ball2
コスチューム をクリックし、コスチュームを桃色に変更します。
が押されたとき
隠す
大きさを 50 %にする
1 秒待つ
x座標を 0 、y座標を 0 にする
ずっと
もし 得点 > 9 なら
15 度回す
自分自身 のクローンを作る
0.5 秒待つ
得点が10点以上になると出現します。
クローンされたとき
表示する
ずっと
10 歩動かす
もし Button1 に触れた なら
Collect の音を鳴らす
ライフ を -1 ずつ変える
このクローンを削除する
もし 色に触れた ではない なら
5 回繰り返す
大きさを -10 ずつ変える
このクローンを削除する
コード
Ball3
が押されたとき
隠す
大きさを 50 %にする
1 秒待つ
x座標を 0 、y座標を 0 にする
ずっと
もし 得点 > 19 なら
63 度回す
自分自身 のクローンを作る
1.0 秒待つ
得点が20点以上になると出現します。
コスチューム をクリックし、コスチュームを紫色に変更します。
クローンされたとき
表示する
ずっと
15 歩動かす
もし Button1 に触れた なら
Collect の音を鳴らす
ライフ を -1 ずつ変える
このクローンを削除する
もし 色に触れた ではない なら
5 回繰り返す
大きさを -10 ずつ変える
このクローンを削除する

コード

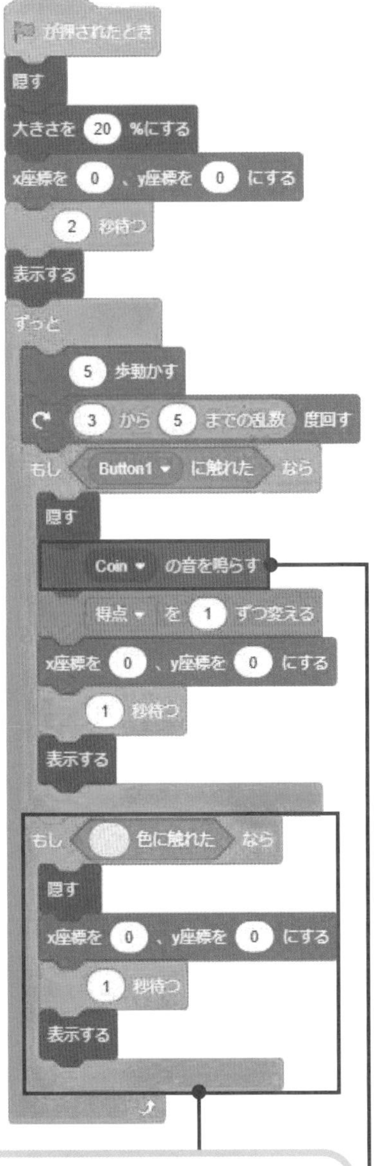

白円領域から出る（肌色領域に触れる）と消滅します。

音「Coin」は 🔈音 をクリックし、「音を選ぶ」から追加します。

技術 | 色による判定

条件分岐を色で行うことができます。ブロックへの色による判定の設定は、次のように行います。

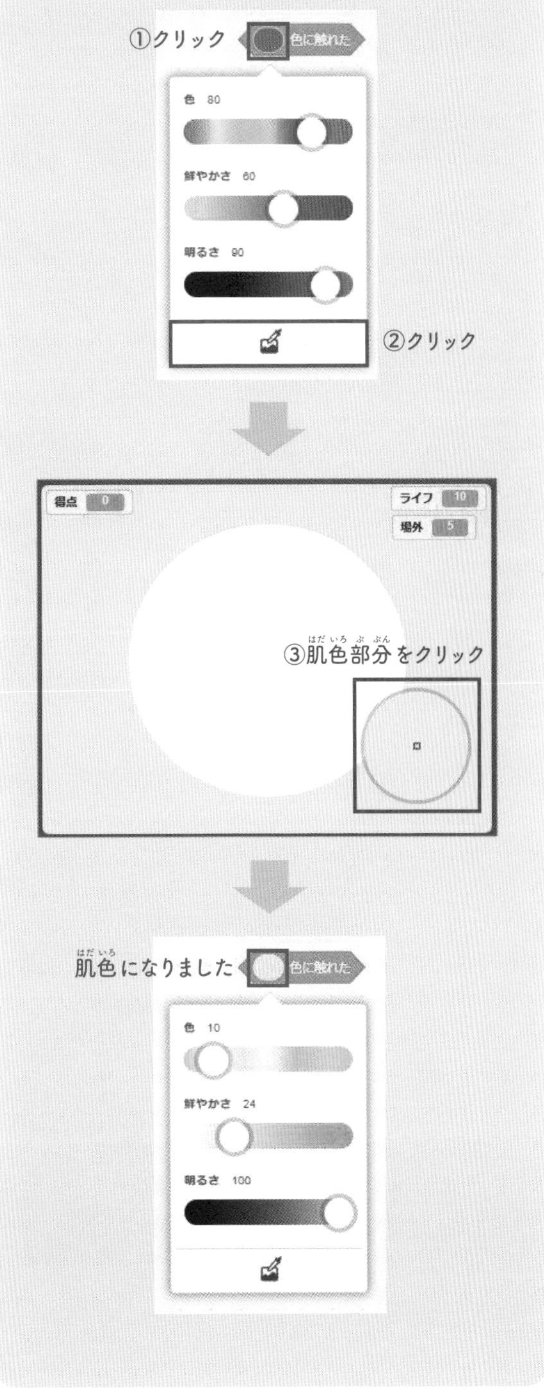

GAME 16

宇宙船着陸ゲーム

ゲームの概要

宇宙空間を地球と隕石が左右に動いています。地球に当たるように宇宙船を発射します。地球に当たると着陸成功です。隕石に当たったり、地球を通り過ぎてしまうと着陸失敗です。

ステージの動き

着陸成功の場合

着陸失敗の場合

※ゲームの実行は全画面表示で行ってください（35ページ参照）。

※ゲームは ボタンをクリックまたはタップして開始してください（28ページ参照）。

操作方法

パソコンの場合

宇宙船を発射する

マウスで宇宙船をクリックします。

タブレットの場合

宇宙船を発射する

指で宇宙船をタップします。

使用背景

Stars

使用スプライトと役割・動き

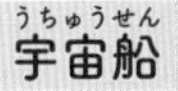

宇宙船

Rocketship

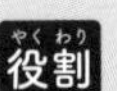

役割 地球に向かって飛びます。

動き 上に向かってまっすぐ動きます。

隕石1

Rocks

役割 宇宙船に当たると着陸失敗にします。

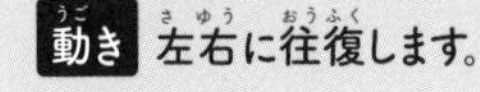

動き 左右に往復します。

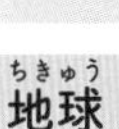

地球

Earth

役割 宇宙船が当たると着陸成功にします。

動き 左右に往復します。

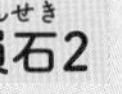

隕石2

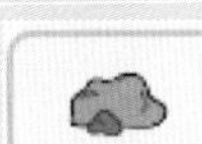

Rocks2

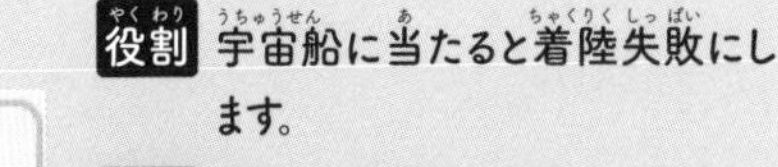

役割 宇宙船に当たると着陸失敗にします。

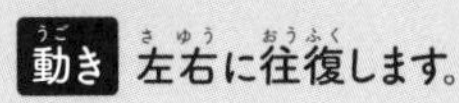

動き 左右に往復します。

コード

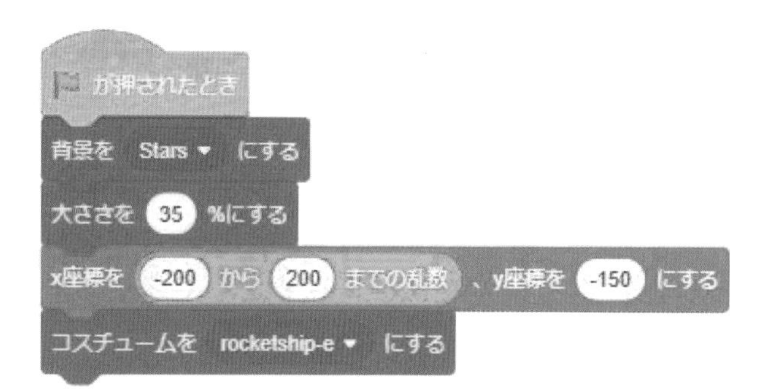

が押されたとき
背景を Stars にする
大きさを 35 %にする
x座標を -200 から 200 までの乱数 、y座標を -150 にする
コスチュームを rocketship-e にする

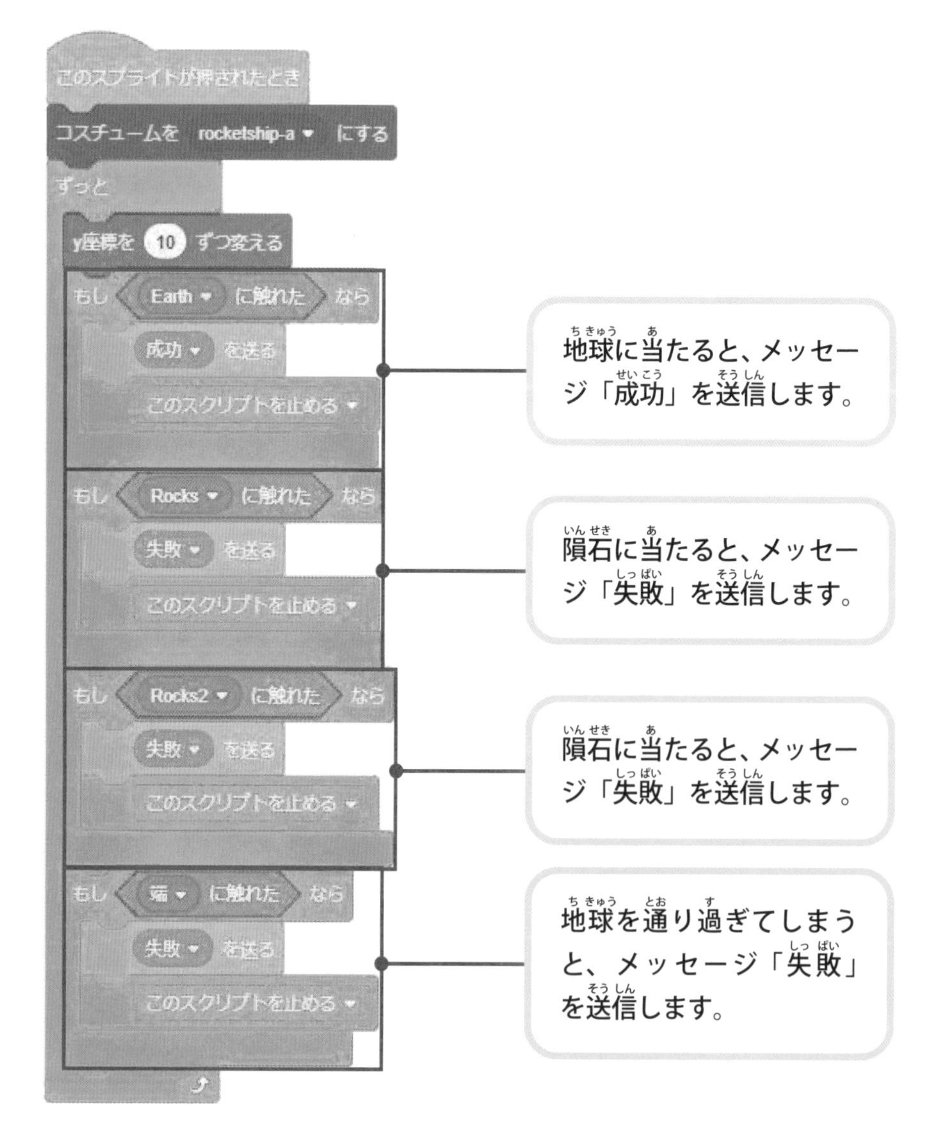

このスプライトが押されたとき
コスチュームを rocketship-a にする
ずっと
y座標を 10 ずつ変える
もし Earth に触れた なら
成功 を送る
このスクリプトを止める
もし Rocks に触れた なら
失敗 を送る
このスクリプトを止める
もし Rocks2 に触れた なら
失敗 を送る
このスクリプトを止める
もし 端 に触れた なら
失敗 を送る
このスクリプトを止める
地球に当たると、メッセージ「成功」を送信します。
隕石に当たると、メッセージ「失敗」を送信します。
隕石に当たると、メッセージ「失敗」を送信します。
地球を通り過ぎてしまうと、メッセージ「失敗」を送信します。

```
成功 ▼ を受け取ったとき
5 回繰り返す
  大きさを -5 ずつ変える
背景を Blue Sky ▼ にする
大きさを 100 %にする
x座標を 0 、y座標を 80 にする
20 回繰り返す
  y座標を -10 ずつ変える
  0.1 秒待つ
コスチュームを rocketship-e ▼ にする
着陸成功 と言う
```

成功の場合、宇宙船が地球へ着陸するシーンを表示します。

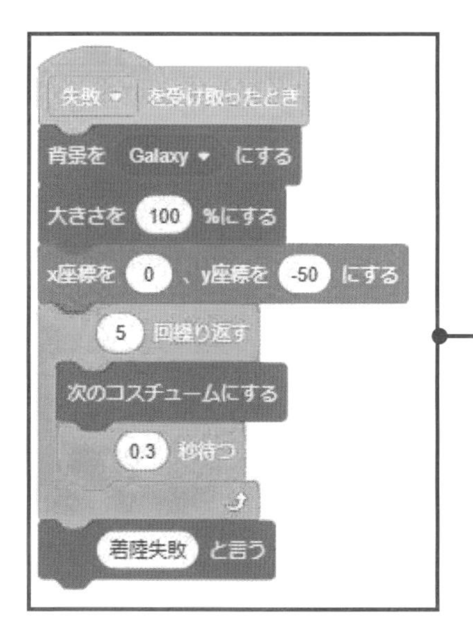

失敗の場合、宇宙船が宇宙をさまようシーンを表示します。

コード

Earth

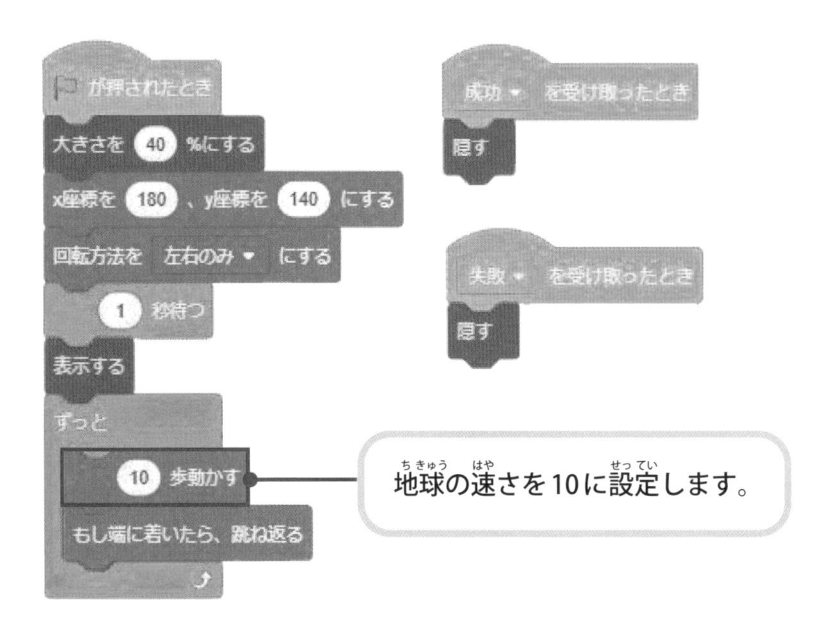
が押されたとき
大きさを 40 %にする
x座標を 180 、y座標を 140 にする
回転方法を 左右のみ にする
1 秒待つ
表示する
ずっと
10 歩動かす
もし端に着いたら、跳ね返る
成功 を受け取ったとき
隠す
失敗 を受け取ったとき
隠す
地球の速さを10に設定します。

コード

Rocks

が押されたとき
大きさを 40 %にする
x座標を -200 から 200 までの乱数 、y座標を 90 にする
回転方法を 左右のみ にする
1 秒待つ
表示する
ずっと
7 歩動かす
もし端に着いたら、跳ね返る
成功 を受け取ったとき
隠す
失敗 を受け取ったとき
隠す
隕石1の速さを7に設定します。

コード

技術 | メッセージのブロードキャスト

スプライトからメッセージを送信すると、そのメッセージを受信したすべてのスプライトを同時に動作させることができます。このように、メッセージはブロードキャスト（一斉送信）として使用することができます。

GAME 17 風船割りゲーム

ゲームの概要

風船が左右に動いています。カニを動かして風船に向かって球を投げます。大きい風船に当たると1点得点、中くらいの風船に当たると3点得点、小さい風船に当たると10点得点されます。すべての球を投げるとゲーム終了です。

ステージの動き

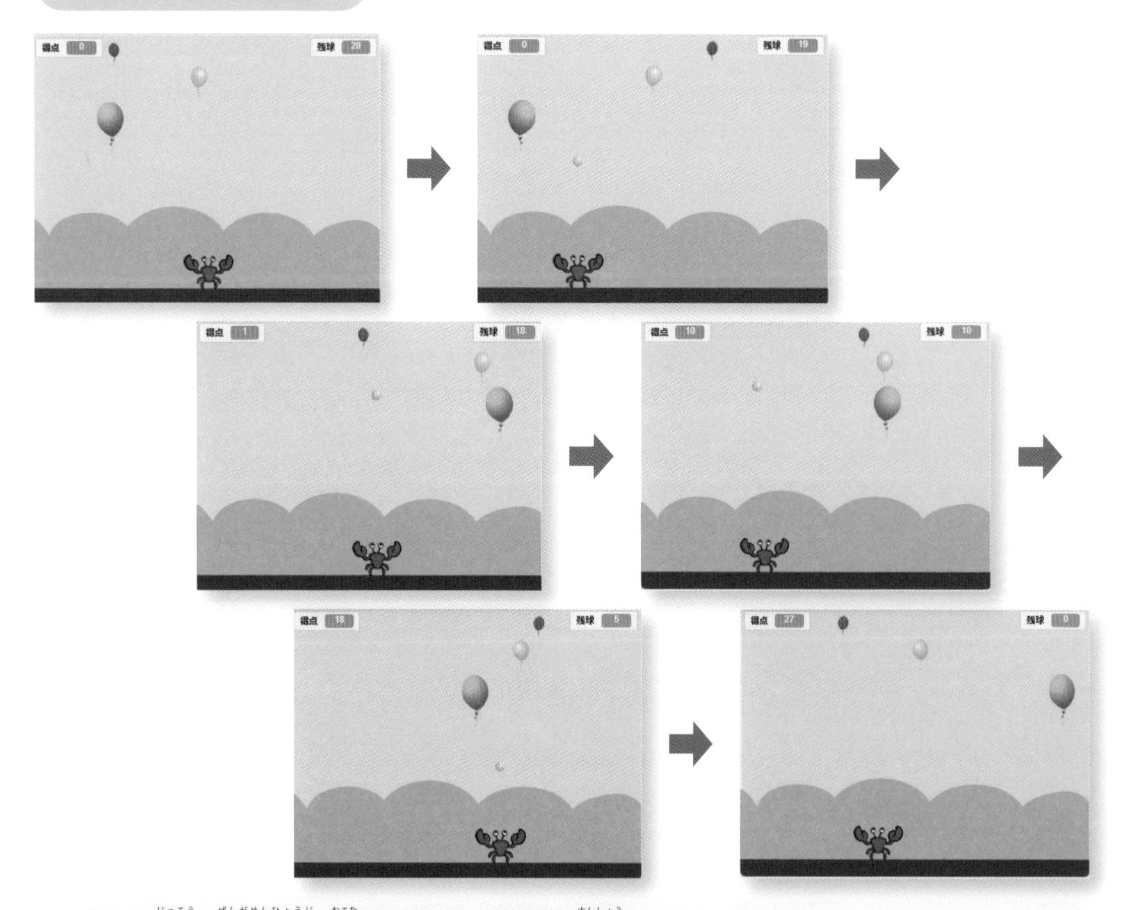

※ゲームの実行は全画面表示で行ってください（35ページ参照）。

※ゲームは ボタンをクリックまたはタップして開始してください（28ページ参照）。

操作方法

パソコンの場合

カニを移動する

マウスを左右に動かします。または、←→キーを押します。

球を発射する

マウスでカニに触れます。または、スペースキーを押します。

タブレットの場合

カニを移動する

指を左右に動かします。

球を発射する

指でカニに触れます。

使用背景

Blue Sky

使用スプライトと役割・動き

カニ

Crab

役割 風船に向かって球を投げます。

動き 左右に動きます。

風船2

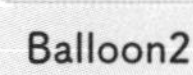

Balloon2

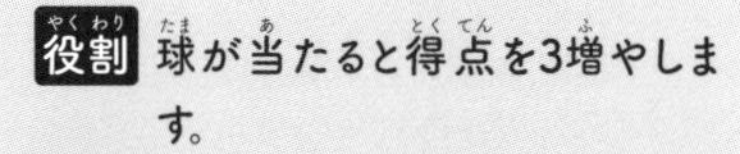

役割 球が当たると得点を3増やします。

動き 左右に往復します。

球

Ball

役割 カニから風船に向けて発射されます。

動き 上に向かってまっすぐ動きます。

風船3

Balloon3

役割 球が当たると得点を10増やします。

動き 左右に往復します。

風船1

Balloon1

役割 球が当たると得点を1増やします。

動き 左右に往復します。

コード

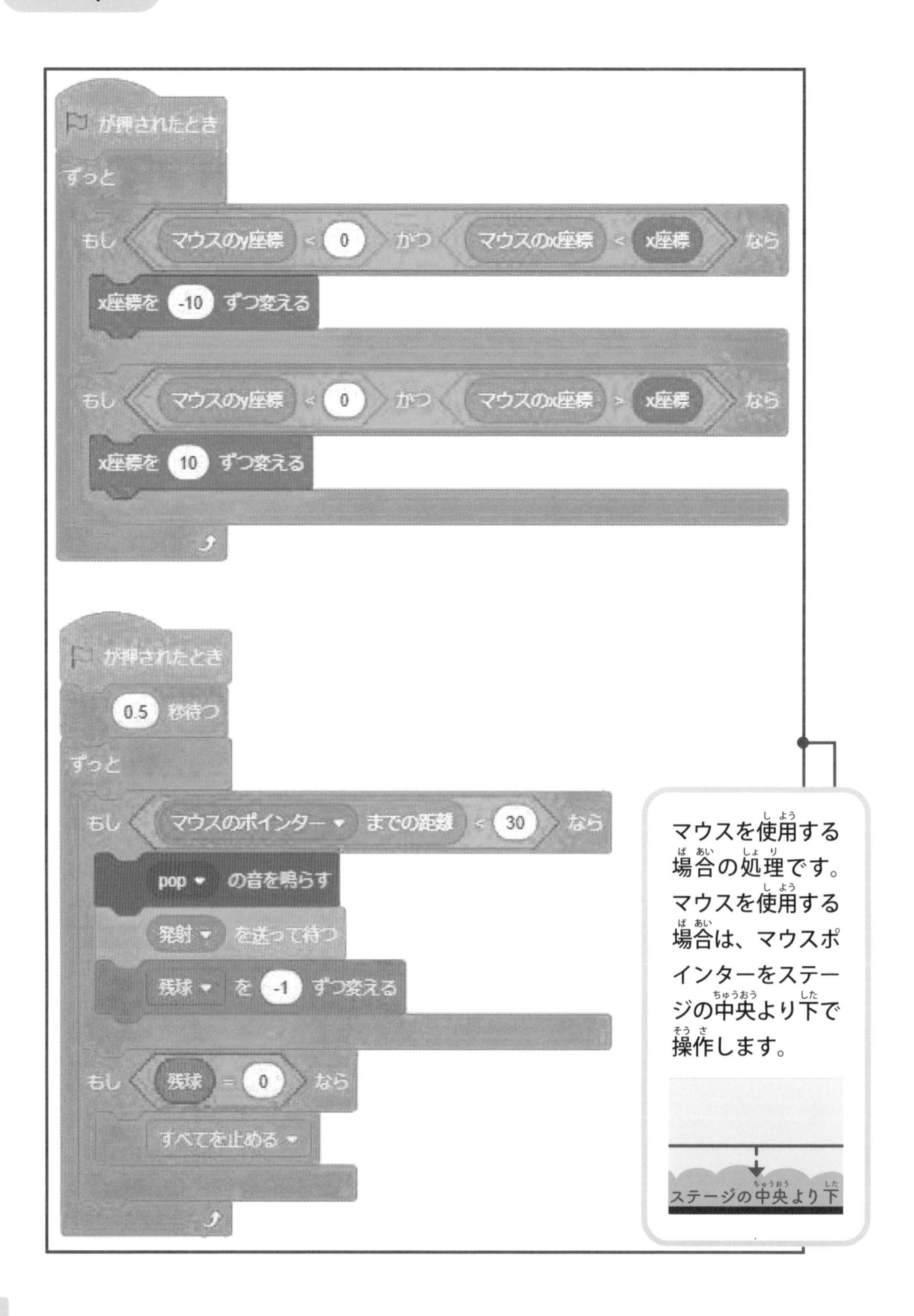

が押されたとき
ずっと
もし マウスのy座標 < 0 かつ マウスのx座標 < x座標 なら
x座標を -10 ずつ変える
もし マウスのy座標 < 0 かつ マウスのx座標 > x座標 なら
x座標を 10 ずつ変える
が押されたとき
0.5 秒待つ
ずっと
もし マウスのポインター までの距離 < 30 なら
pop の音を鳴らす
発射 を送って待つ
残球 を -1 ずつ変える
もし 残球 = 0 なら
すべてを止める
マウスを使用する場合の処理です。マウスを使用する場合は、マウスポインターをステージの中央より下で操作します。
ステージの中央より下

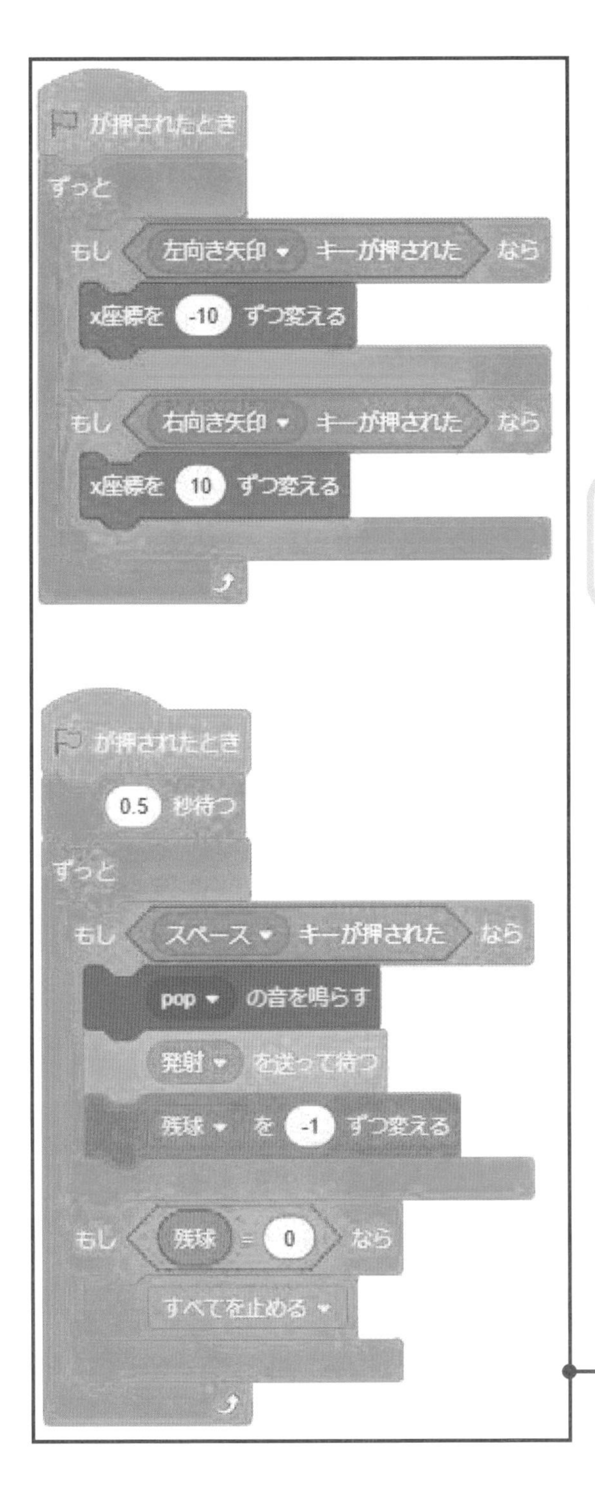

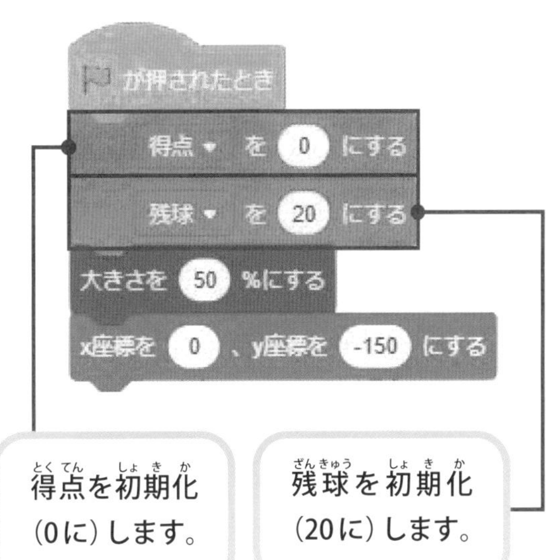

得点を初期化（0に）します。

残球を初期化（20に）します。

変数を作成します。変数はステージに表示するので、□に✓を入れます。

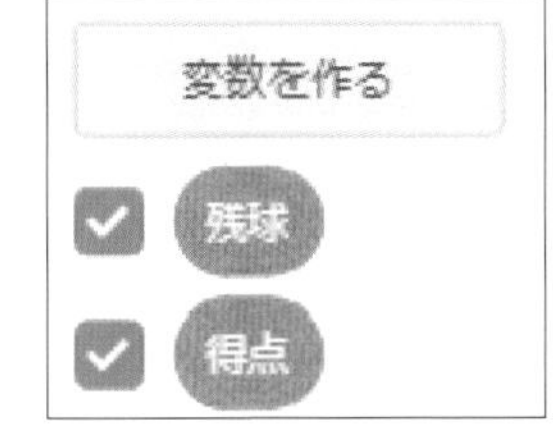

キーボードを使用する場合の処理です。キーボードを使用する場合は、マウスポインターをステージの中央より上にします。

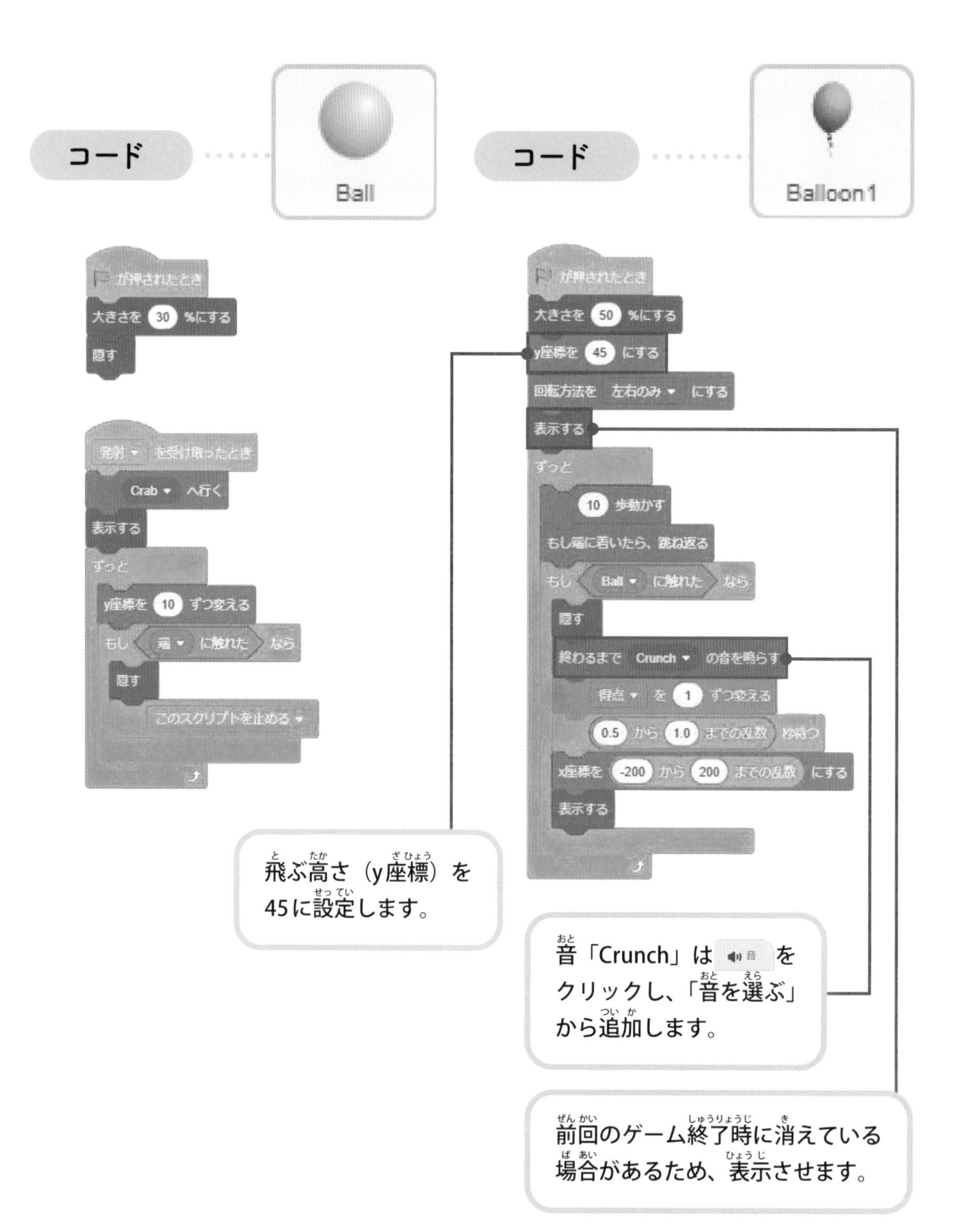
コード
Ball
が押されたとき
大きさを 30 %にする
隠す
発射 を受け取ったとき
Crab へ行く
表示する
ずっと
y座標を 10 ずつ変える
もし 端 に触れた なら
隠す
このスクリプトを止める
コード
Balloon1
が押されたとき
大きさを 50 %にする
y座標を 45 にする
回転方法を 左右のみ にする
表示する
ずっと
10 歩動かす
もし端に着いたら、跳ね返る
もし Ball に触れた なら
隠す
終わるまで Crunch の音を鳴らす
得点 を 1 ずつ変える
0.5 から 1.0 までの乱数 秒待つ
x座標を -200 から 200 までの乱数 にする
表示する
飛ぶ高さ（y座標）を45に設定します。
音「Crunch」は 音 をクリックし、「音を選ぶ」から追加します。
前回のゲーム終了時に消えている場合があるため、表示させます。

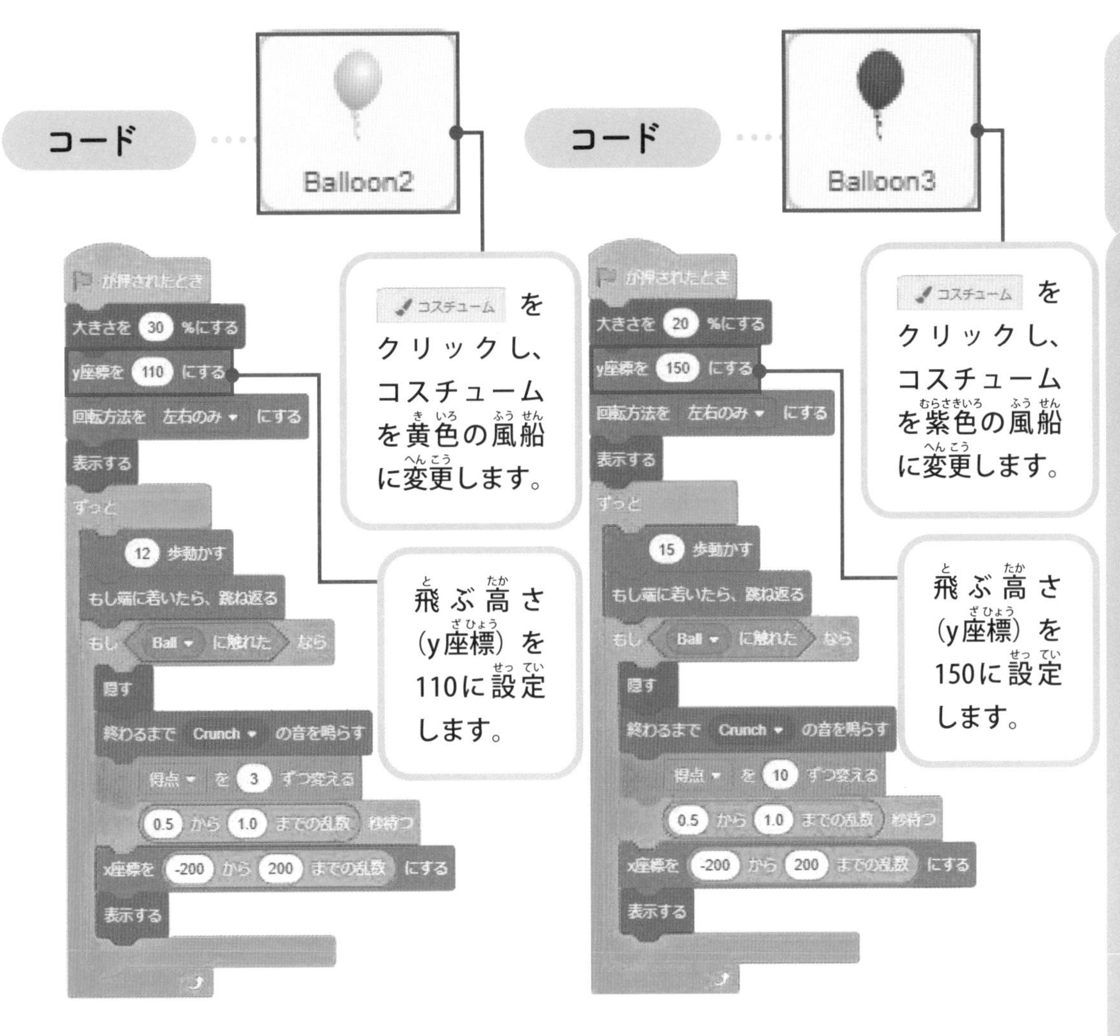

技術 | 操作方法の併用

ゲームによっては、マウスとキーボードのどちらの入力デバイスからでも操作できるようすることができます。その場合は、一方の入力デバイスの操作が、他方の入力デバイスの操作を邪魔しないようにする必要があります。ここでは、キーボードを使う場合は、マウスポインターをステージの中央より上（y座標は0以上）に置いておきます。

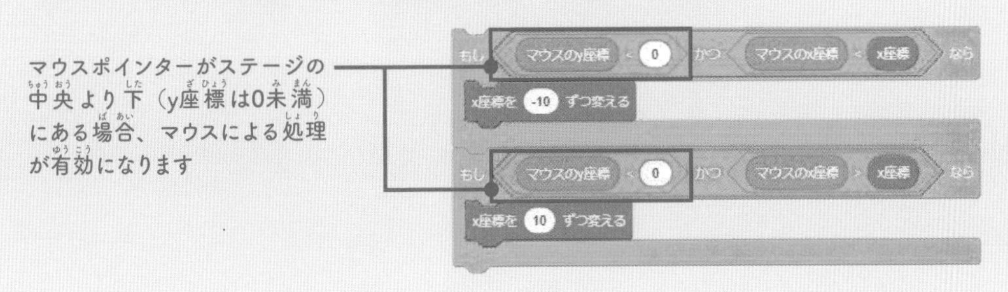

3次元ロボットよけゲーム

ゲームの概要

宇宙空間からロボットが飛び出してきます。宇宙犬を動かしてロボットをよけます。ロボットをよけるごとに1点得点されます。得点が増えるとロボットの動きが速くなります。ロボットに当たるとライフが1減ります。ハートをキャッチするとライフが5増えます。ライフが0になるとゲームオーバーです。

ステージの動き

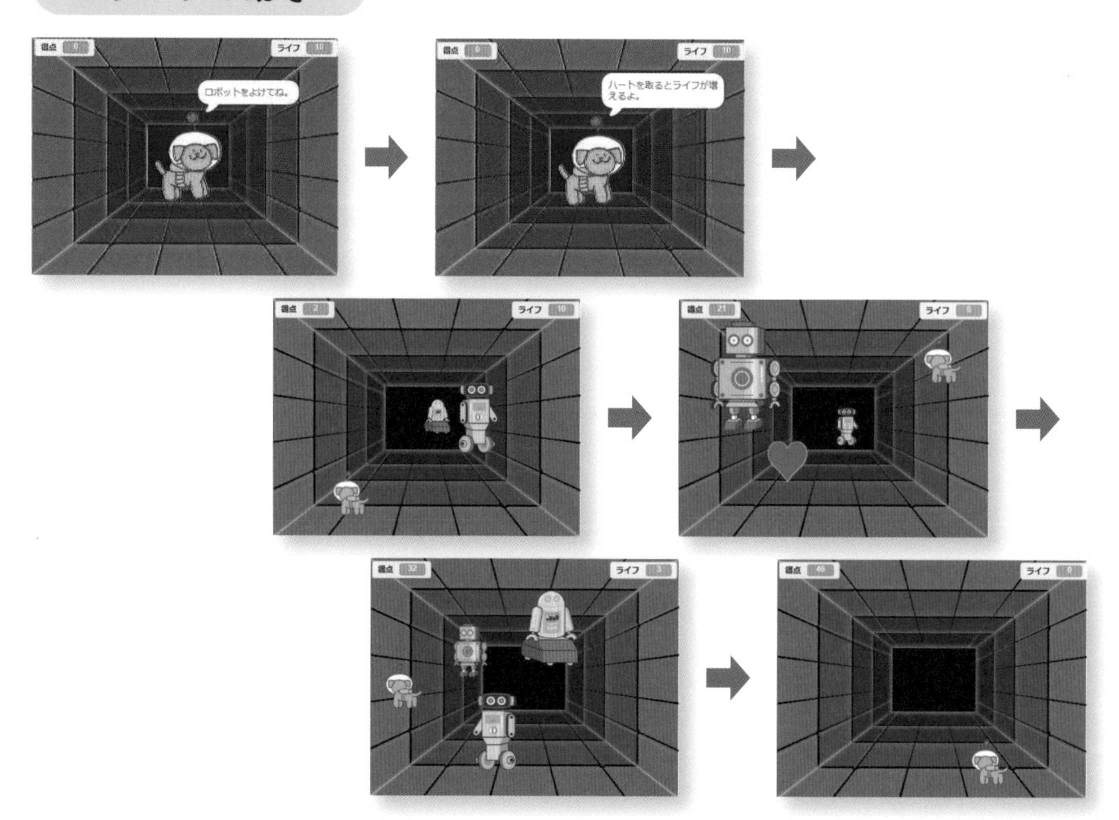

※ゲームの実行は全画面表示で行ってください（35ページ参照）。

※ゲームは ボタンをクリックまたはタップして開始してください（28ページ参照）。

操作方法

●パソコンの場合

宇宙犬を動かす

動かしたい方向にマウスを動かします。

●タブレットの場合

宇宙犬を動かす

動かしたい方向に指を動かします。

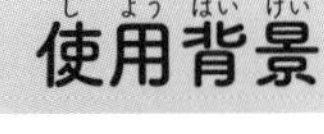

使用背景

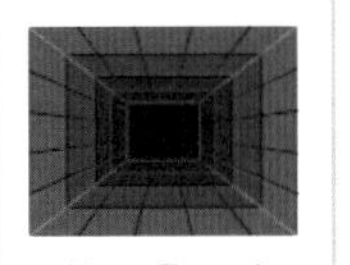

Neon Tunnel

使用スプライトと役割・動き

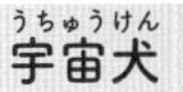

宇宙犬

Dot

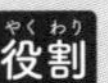

役割 ロボットをよけます。

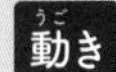

動き 自由な方向に動きます。

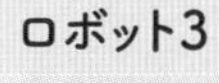

ロボット3

Retro Robot3

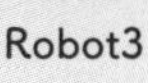

役割 宇宙犬に当たるとライフを1減らします。

動き ステージの中心からステージの端に向かってまっすぐ動きます。

ロボット1

Retro Robot1

役割 宇宙犬に当たるとライフを1減らします。

動き ステージの中心からステージの端に向かってまっすぐ動きます。

ハート

Heart

役割 宇宙犬にキャッチされるとライフを3増やします。

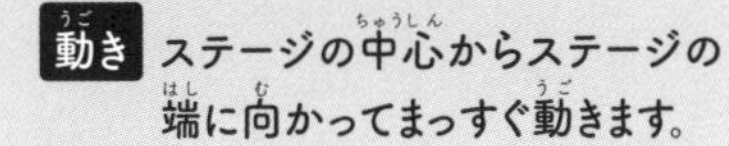

動き ステージの中心からステージの端に向かってまっすぐ動きます。

ロボット2

Retro Robot2

役割 宇宙犬に当たるとライフを1減らします。

動き ステージの中心からステージの端に向かってまっすぐ動きます。

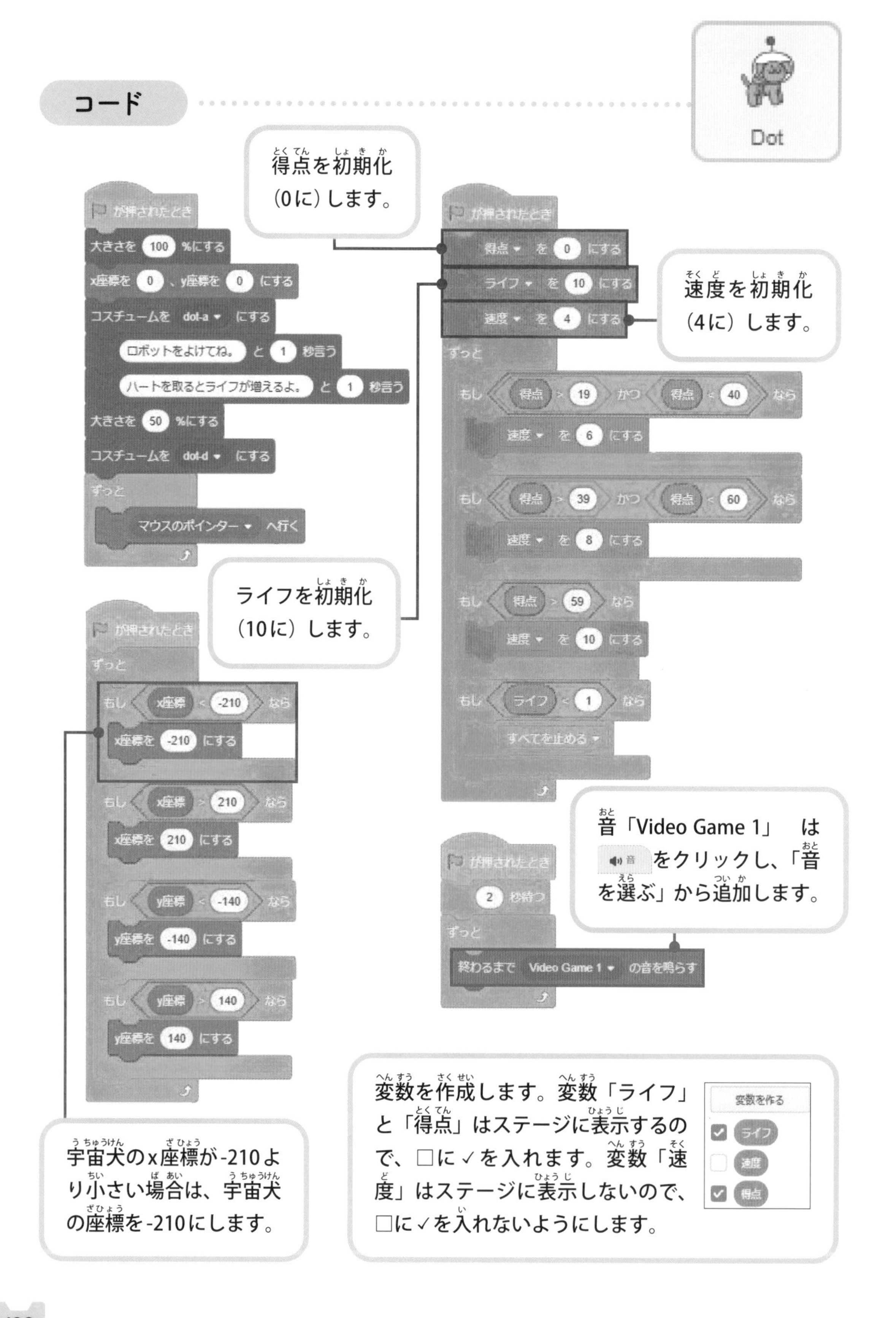
コード
Dot
得点を初期化（0に）します。
速度を初期化（4に）します。
ライフを初期化（10に）します。
が押されたとき
大きさを 100 %にする
x座標を 0 、y座標を 0 にする
コスチュームを dot-a にする
ロボットをよけてね。 と 1 秒言う
ハートを取るとライフが増えるよ。 と 1 秒言う
大きさを 50 %にする
コスチュームを dot-d にする
ずっと
マウスのポインター へ行く
が押されたとき
得点 を 0 にする
ライフ を 10 にする
速度 を 4 にする
ずっと
もし 得点 > 19 かつ 得点 < 40 なら
速度 を 6 にする
もし 得点 > 39 かつ 得点 < 60 なら
速度 を 8 にする
もし 得点 > 59 なら
速度 を 10 にする
もし ライフ < 1 なら
すべてを止める
が押されたとき
ずっと
もし x座標 < -210 なら
x座標を -210 にする
もし x座標 > 210 なら
x座標を 210 にする
もし y座標 < -140 なら
y座標を -140 にする
もし y座標 > 140 なら
y座標を 140 にする
音「Video Game 1」 は 音 をクリックし、「音を選ぶ」から追加します。
が押されたとき
2 秒待つ
ずっと
終わるまで Video Game 1 の音を鳴らす
宇宙犬のx座標が-210より小さい場合は、宇宙犬の座標を-210にします。
変数を作成します。変数「ライフ」と「得点」はステージに表示するので、□に✓を入れます。変数「速度」はステージに表示しないので、□に✓を入れないようにします。
変数を作る
ライフ
速度
得点

```
が押されたとき
隠す
大きさを 20 %にする
x座標を 0 、y座標を 0 にする
回転方法を 左右のみ ▾ にする
(-179 から 180 までの乱数) 度に向ける
(3.0 から 5.0 までの乱数) 秒待つ
表示する
ずっと
    (速度) 歩動かす
    大きさを ((速度) / 2) ずつ変える
    もし <Dot ▾ に触れた> なら
        ライフ ▾ を -1 ずつ変える
        隠す
        大きさを 20 %にする
        x座標を 0 、y座標を 0 にする
        (-179 から 180 までの乱数) 度に向ける
        (0.7 から 1.0 までの乱数) 秒待つ
        表示する
    もし <端 ▾ に触れた> なら
        得点 ▾ を 1 ずつ変える
        隠す
        大きさを 20 %にする
        x座標を 0 、y座標を 0 にする
        (-179 から 180 までの乱数) 度に向ける
        (0.7 から 1.0 までの乱数) 秒待つ
        表示する
```

ロボットがステージの端まで行ったら、得点を1増やします。

```
が押されたとき
隠す
大きさを 20 %にする
x座標を 0 、y座標を 0 にする
回転方法を 左右のみ ▾ にする
(-179 から 180 までの乱数) 度に向ける
(3.0 から 5.0 までの乱数) 秒待つ
表示する
ずっと
    (速度) 歩動かす
    大きさを ((速度) / 2) ずつ変える
    もし <Dot ▾ に触れた> なら
        ライフ ▾ を -1 ずつ変える
        隠す
        大きさを 20 %にする
        x座標を 0 、y座標を 0 にする
        (-179 から 180 までの乱数) 度に向ける
        (0.7 から 1.0 までの乱数) 秒待つ
        表示する
    もし <端 ▾ に触れた> なら
        得点 ▾ を 1 ずつ変える
        隠す
        大きさを 20 %にする
        x座標を 0 、y座標を 0 にする
        (-179 から 180 までの乱数) 度に向ける
        (0.7 から 1.0 までの乱数) 秒待つ
        表示する
```

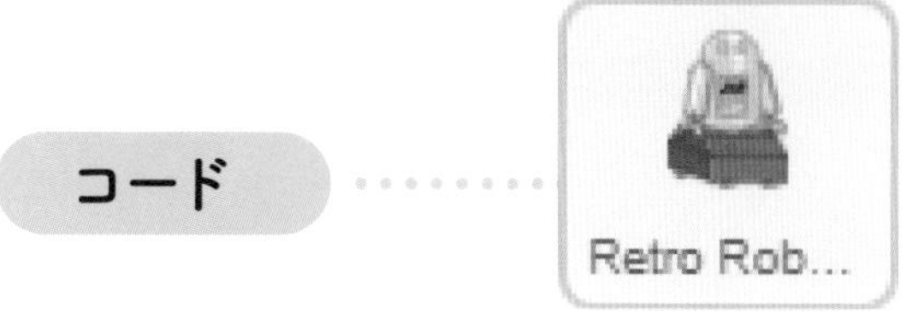


```
旗が押されたとき
隠す
大きさを 20 %にする
x座標を 0 、y座標を 0 にする
回転方法を 左右のみ ▾ にする
(-179 から 180 までの乱数) 度に向ける
(3.0 から 5.0 までの乱数) 秒待つ
表示する
ずっと
    速度 歩動かす
    大きさを (速度 / 2) ずつ変える
    もし Dot ▾ に触れた なら
        ライフ ▾ を -1 ずつ変える
        隠す
        大きさを 20 %にする
        x座標を 0 、y座標を 0 にする
        (-179 から 180 までの乱数) 度に向ける
        (0.7 から 1.0 までの乱数) 秒待つ
        表示する
    もし 端 ▾ に触れた なら
        得点 ▾ を 1 ずつ変える
        隠す
        大きさを 20 %にする
        x座標を 0 、y座標を 0 にする
        (-179 から 180 までの乱数) 度に向ける
        (0.7 から 1.0 までの乱数) 秒待つ
        表示する
```

ロボットが端に行くに従い大きくなる割合が、速度により大きく変わらないようにします。

```
旗が押されたとき
隠す
大きさを 20 %にする
x座標を 0 、y座標を 0 にする
回転方法を 左右のみ ▾ にする
(-179 から 180 までの乱数) 度に向ける
(17 から 19 までの乱数) 秒待つ
表示する
ずっと
    速度 歩動かす
    大きさを (速度 / 2) ずつ変える
    もし Dot ▾ に触れた なら
        ライフ ▾ を 3 ずつ変える
        隠す
        大きさを 20 %にする
        x座標を 0 、y座標を 0 にする
        (-179 から 180 までの乱数) 度に向ける
        (14 から 16 までの乱数) 秒待つ
        表示する
    もし 端 ▾ に触れた なら
        隠す
        大きさを 20 %にする
        x座標を 0 、y座標を 0 にする
        (-179 から 180 までの乱数) 度に向ける
        (14 から 16 までの乱数) 秒待つ
        表示する
```

技術｜操作範囲の設定

ゲームの場合、操作において自機が画面の外側にはみ出し、敵や敵の弾に当たらない安全圏ができてしまう場合があります。自機が画面からはみ出ないように操作範囲を設定することにより、安全圏を作らないようにすることができます。ここでは、宇宙犬がステージの隅の方に行った場合は、それ以上隅に行かないようにしています。安全圏は、スプライトを配置して、その座標を確認します。

左上隅（-240, 180）　右上隅（240, 180）

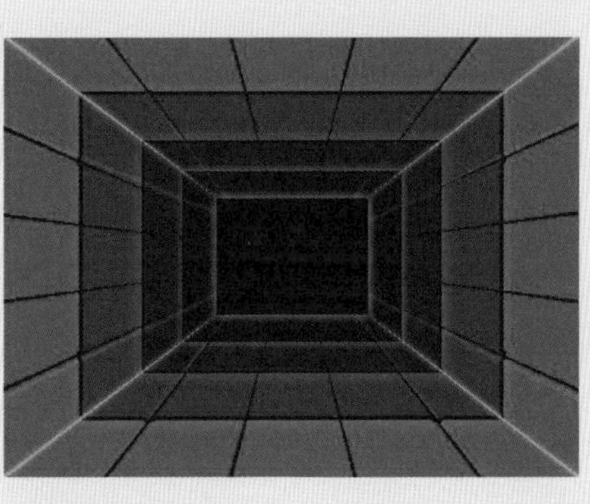

左下隅（-240, -180）　右下隅（240, -180）

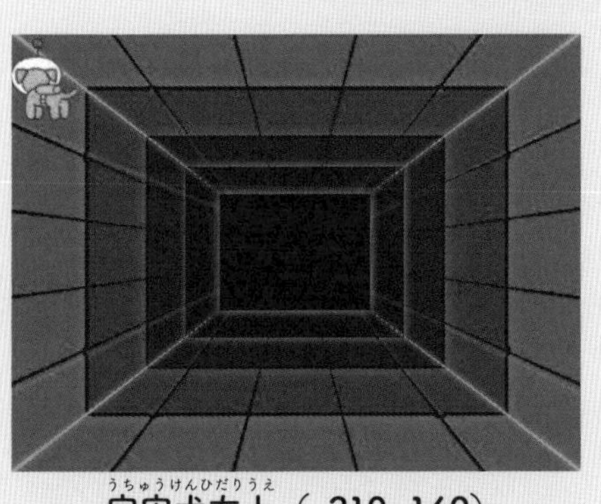

宇宙犬左上（-210, 140）

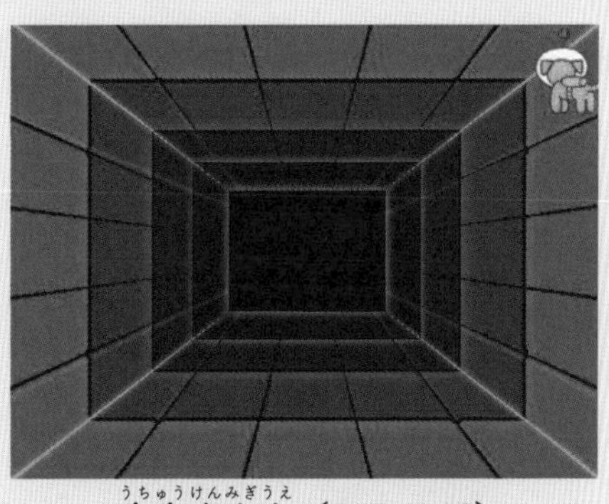

宇宙犬右上（210, 140）

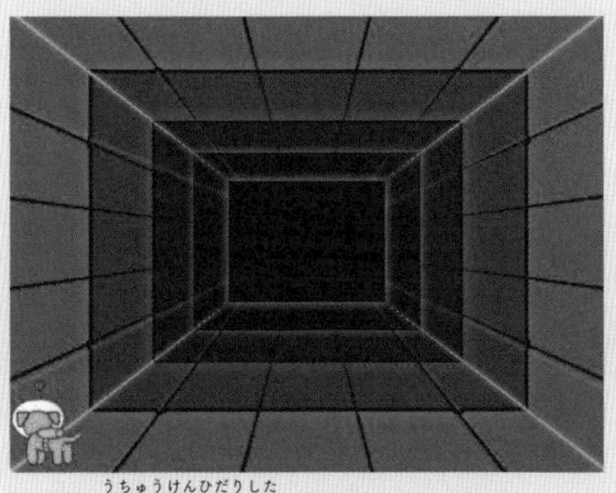

宇宙犬左下（-210, -140）

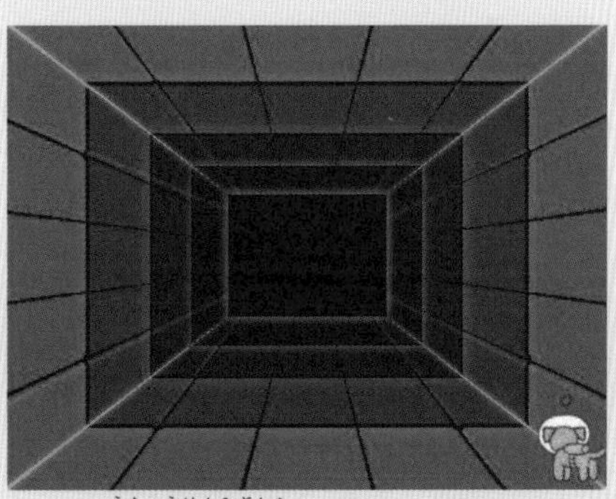

宇宙犬右下（210, -140）

和音当てゲーム

ゲームの概要

和音が鳴ります。その和音のコード記号を選びます。和音のコードは、C（ドミソ）、F（ファラド）、G（ソシレ）の3つです。和音を鳴らす楽器はランダムに選ばれます。和音は繰り返し出題されますが、女の子をクリックするとゲームが終了します。

ステージの動き

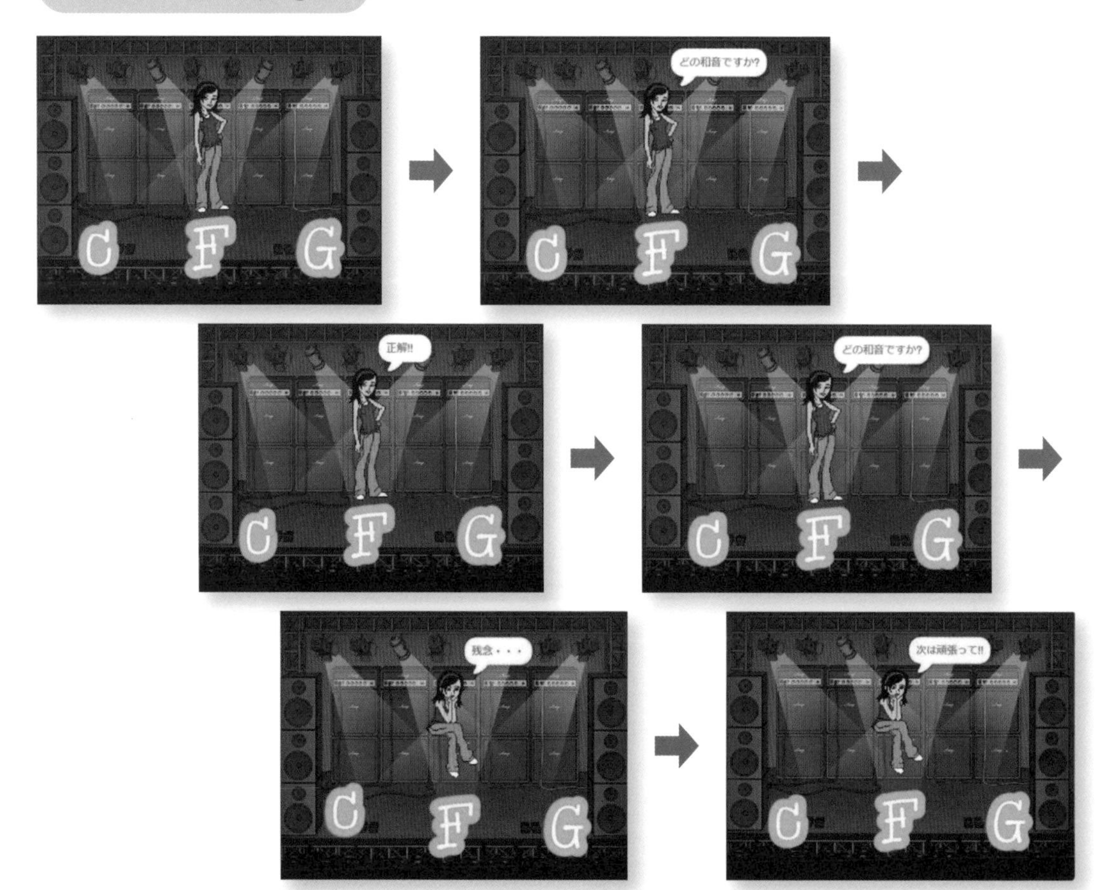

※ゲームの実行は全画面表示で行ってください（35ページ参照）。

※ゲームは ボタンをクリックまたはタップして開始してください（28ページ参照）。

操作方法

●パソコンの場合

和音のコードを選択する

マウスで和音のコード記号をクリックします。

ゲームを終了する

マウスで女の子をクリックします。

●タブレットの場合

和音のコードを選択する

指で和音のコード記号をタップします。

ゲームを終了する

指で女の子をタップします。

使用背景

Concert

使用スプライトと役割・動き

女の子

Ruby

役割 司会進行とゲームの終了を行ないます。

動き 言葉をしゃべります。

F（ファラド）

Glow-F

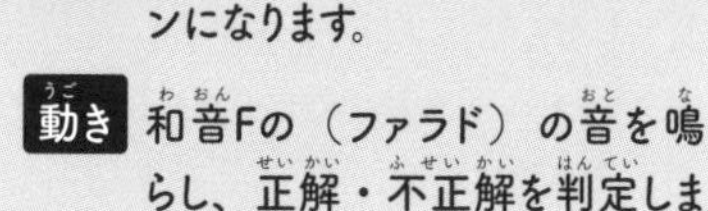

役割 和音F（ファラド）の選択ボタンになります。

動き 和音Fの（ファラド）の音を鳴らし、正解・不正解を判定します。

C（ドミソ）

Glow-C

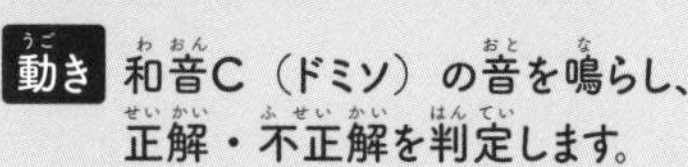

役割 和音C（ドミソ）の選択ボタンになります。

動き 和音C（ドミソ）の音を鳴らし、正解・不正解を判定します。

G（ソシレ）

Glow-G

役割 和音（ソシレ）の選択ボタンになります。

動き 和音G（ソシレ）の音を鳴らし、正解・不正解を判定します。

コード

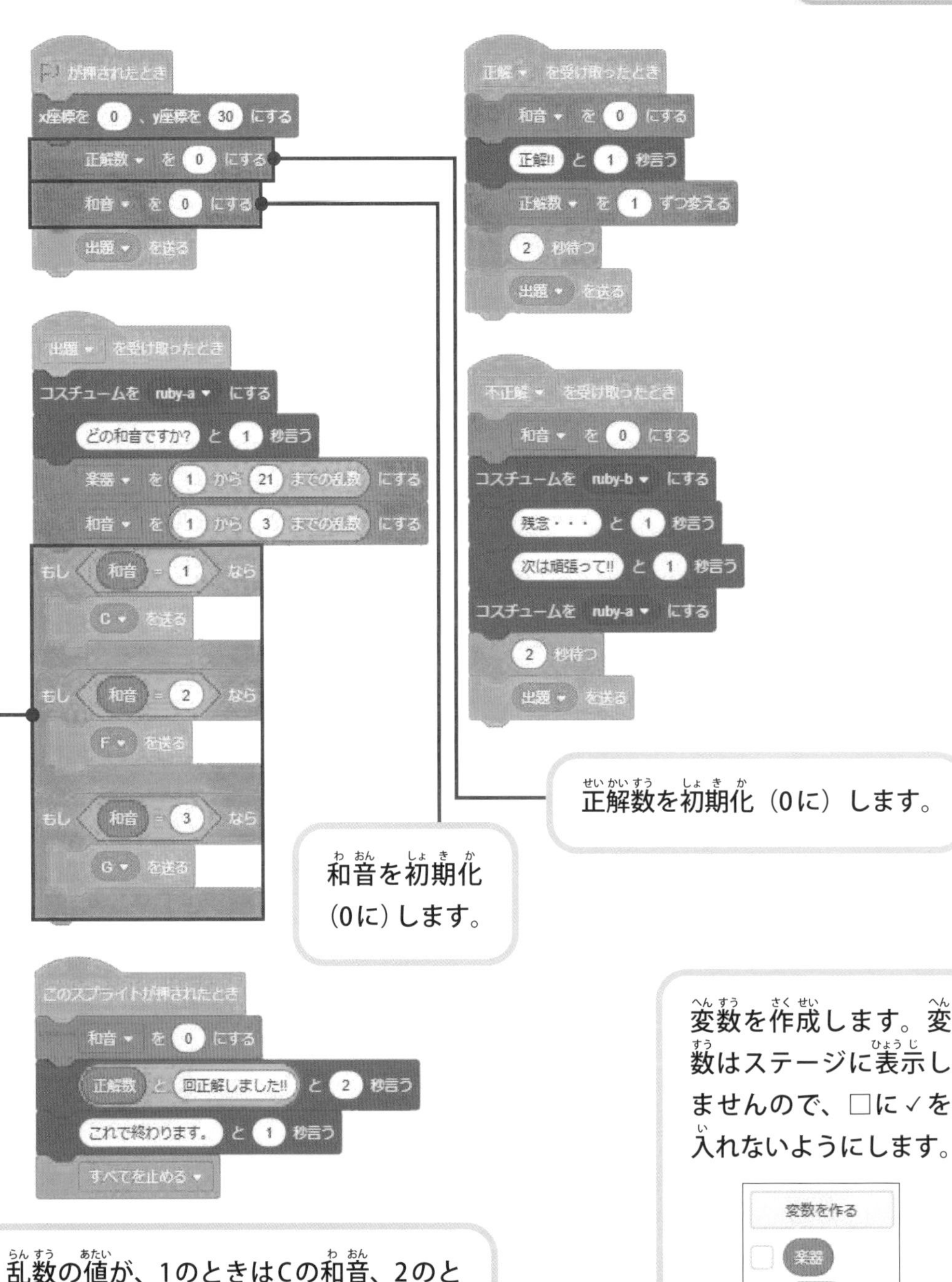

正解数を初期化（0に）します。

和音を初期化（0に）します。

乱数の値が、1のときはCの和音、2のときはFの和音、3のときはGの和音を鳴らすスプライトにメッセージを送ります。

変数を作成します。変数はステージに表示しませんので、□に✓を入れないようにします。

変数を作る
楽器
正解数
和音

コード

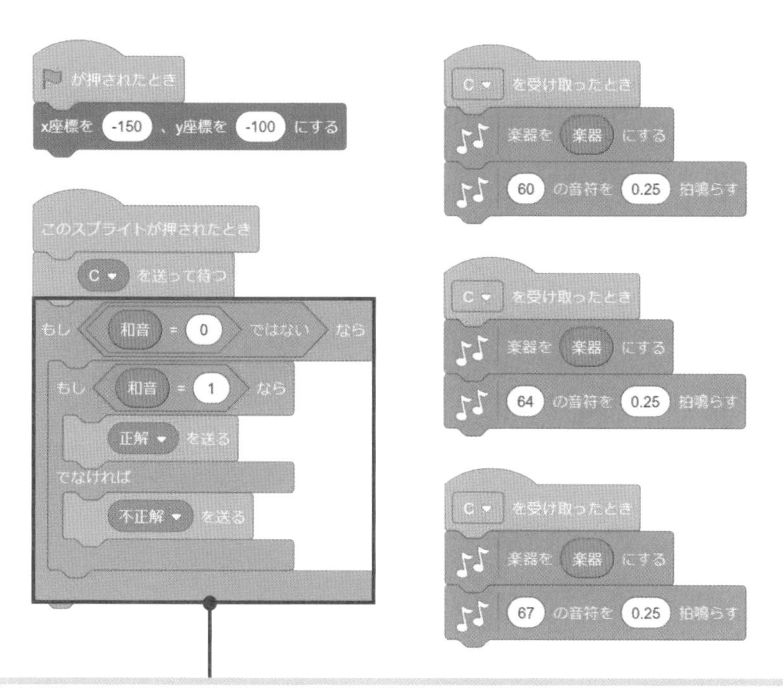

出題を行なっている状態ではない（変数「和音」= 0）ときは、和音のコードのボタンをクリックしても、正解か不正解の判定をしないようにします。

Point｜和音

和音は和音を構成する音を同時に鳴らし生成します。例えば、C（ドミソ）の和音は、C（60）とE（64）とG（67）を同時に鳴らします。

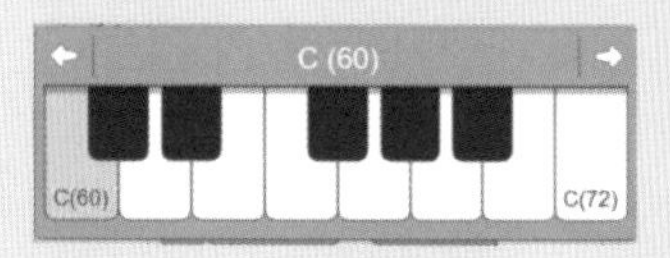

ド：C（60）

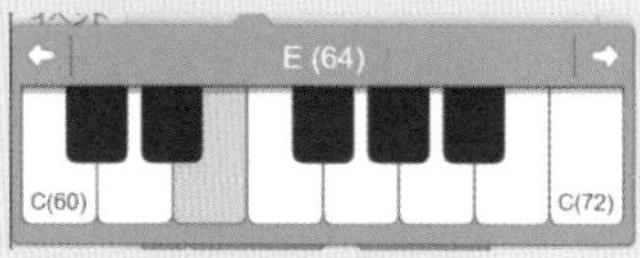

ミ：E（64）

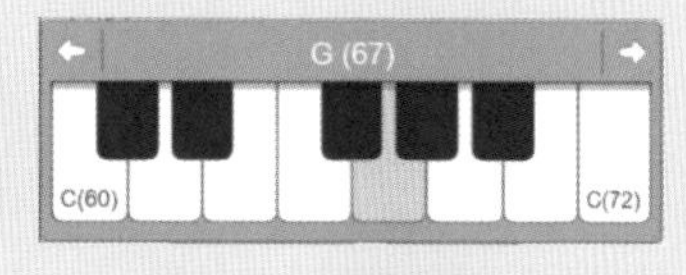

ソ：G（67）

同様にして、F（ファラド）の和音は、F（65）とA（69）とC（72）を同時に鳴らします。また、G（ソシレ）の和音は、G（67）とB（71）とD（74）を同時に鳴らしています。和音の組み合わせはさまざまあります。例えば、C（ドミソ）は、E（64）とG（67）と、C（72）を利用することで高い音の和音になります。

コード

Glow-F

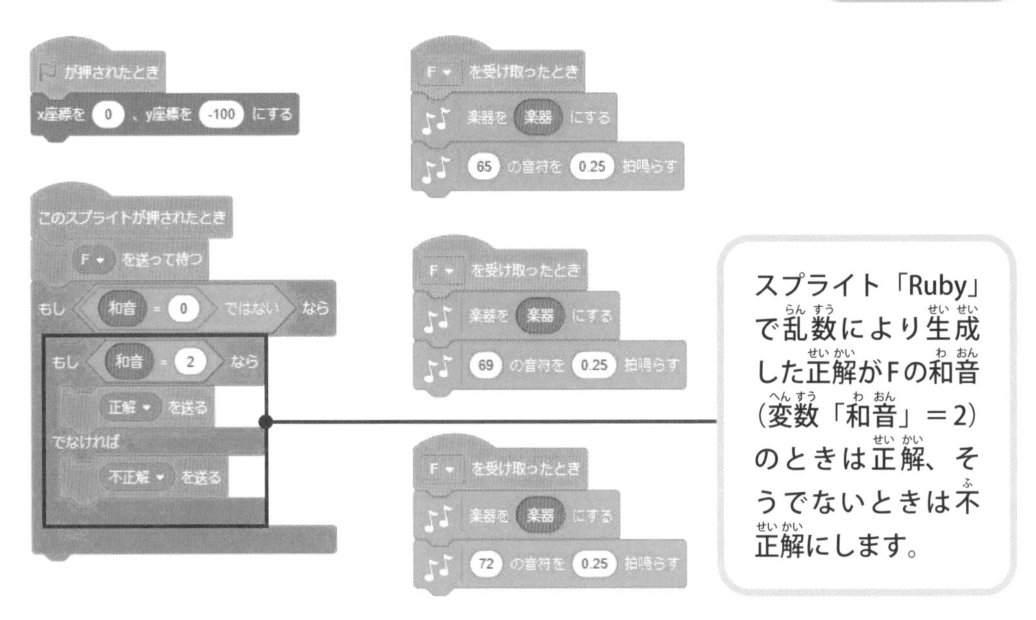
が押されたとき
x座標を 0 、y座標を -100 にする
このスプライトが押されたとき
F を送って待つ
もし 和音 = 0 ではない なら
もし 和音 = 2 なら
正解 を送る
でなければ
不正解 を送る
F を受け取ったとき
楽器を 楽器 にする
65 の音符を 0.25 拍鳴らす
F を受け取ったとき
楽器を 楽器 にする
69 の音符を 0.25 拍鳴らす
F を受け取ったとき
楽器を 楽器 にする
72 の音符を 0.25 拍鳴らす
スプライト「Ruby」で乱数により生成した正解がFの和音(変数「和音」＝2)のときは正解、そうでないときは不正解にします。

コード

Glow-G

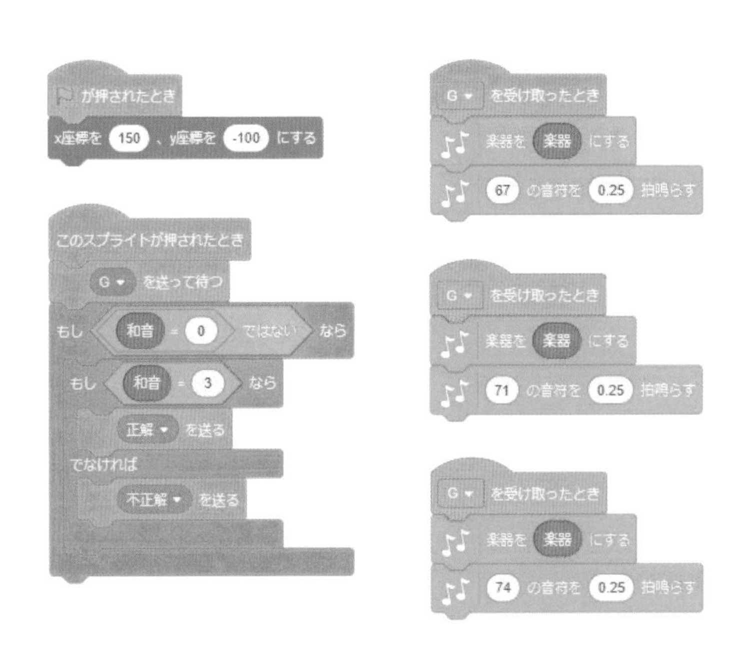
が押されたとき
x座標を 150 、y座標を -100 にする
このスプライトが押されたとき
G を送って待つ
もし 和音 = 0 ではない なら
もし 和音 = 3 なら
正解 を送る
でなければ
不正解 を送る
G を受け取ったとき
楽器を 楽器 にする
67 の音符を 0.25 拍鳴らす
G を受け取ったとき
楽器を 楽器 にする
71 の音符を 0.25 拍鳴らす
G を受け取ったとき
楽器を 楽器 にする
74 の音符を 0.25 拍鳴らす

技術 | 拡張機能「音楽」

拡張機能の「音楽」は、スクラッチの画面左下の拡張機能をクリックし、「拡張機能を選ぶ」から「音楽」をクリックして追加します。拡張機能の「音楽」が追加されると、ブロックパレットに「音楽」のブロックが表示されます。

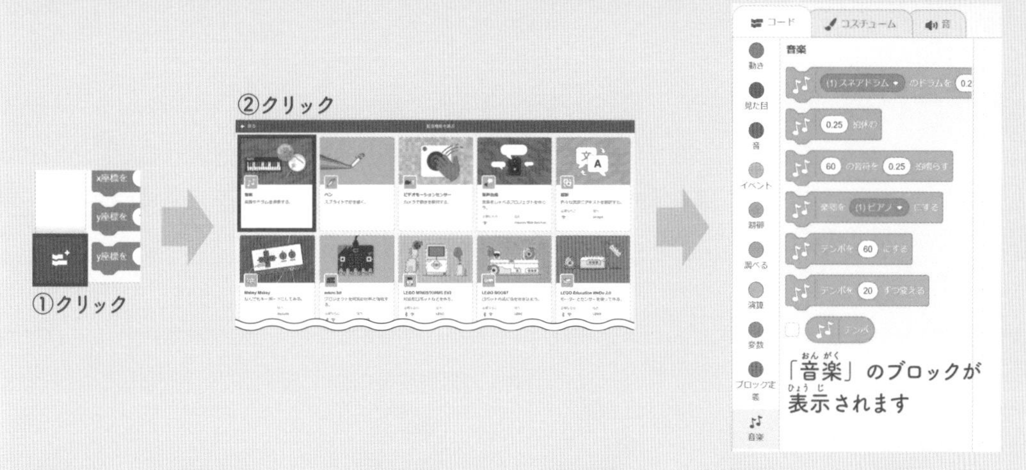

音のブロックにスクラッチにおける音の番号と拍数を入力することにより音を表現します。音階と音の番号は次のように対応しています。

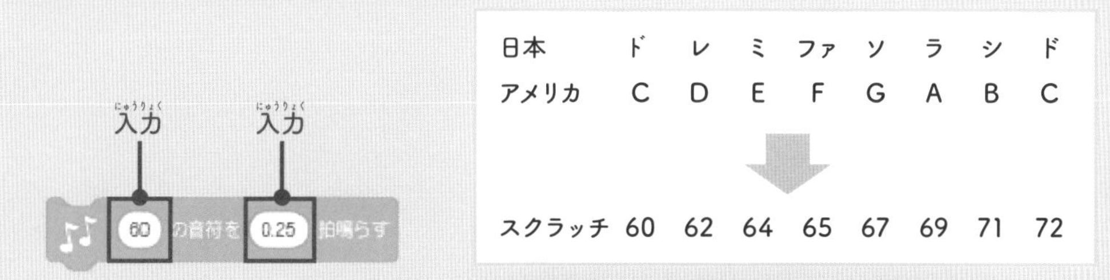

日本	ド	レ	ミ	ファ	ソ	ラ	シ	ド
アメリカ	C	D	E	F	G	A	B	C
スクラッチ	60	62	64	65	67	69	71	72

音階とスクラッチの音の番号

音のブロックには、スクラッチの鍵盤を表示させることができます。鍵盤を表示させることにより、鍵盤を確認しながら音を入力することができます。

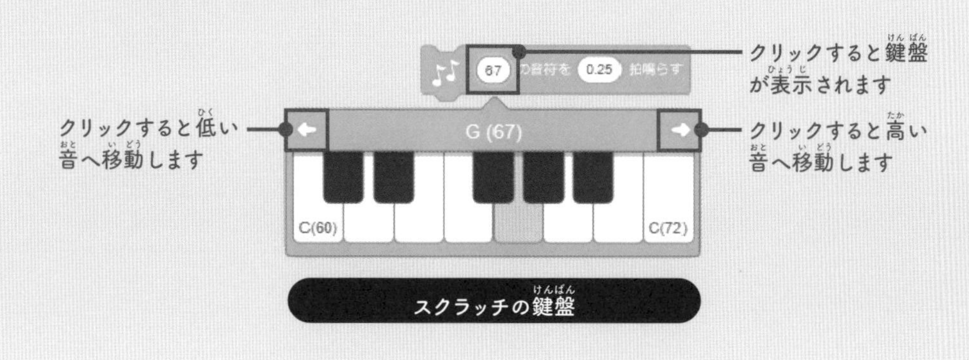

スクラッチの鍵盤

色塗りゲーム

ゲームの概要

おじゃまボタンが左右に動いています。ボタンを動かして、おじゃまボタンをよけながら色を塗っていきます。制限時間内に塗り終わると次のレベルに行きます。おじゃまボタンに当たったり、制限時間内で塗り終わらないとゲームオーバーです。

ステージの動き

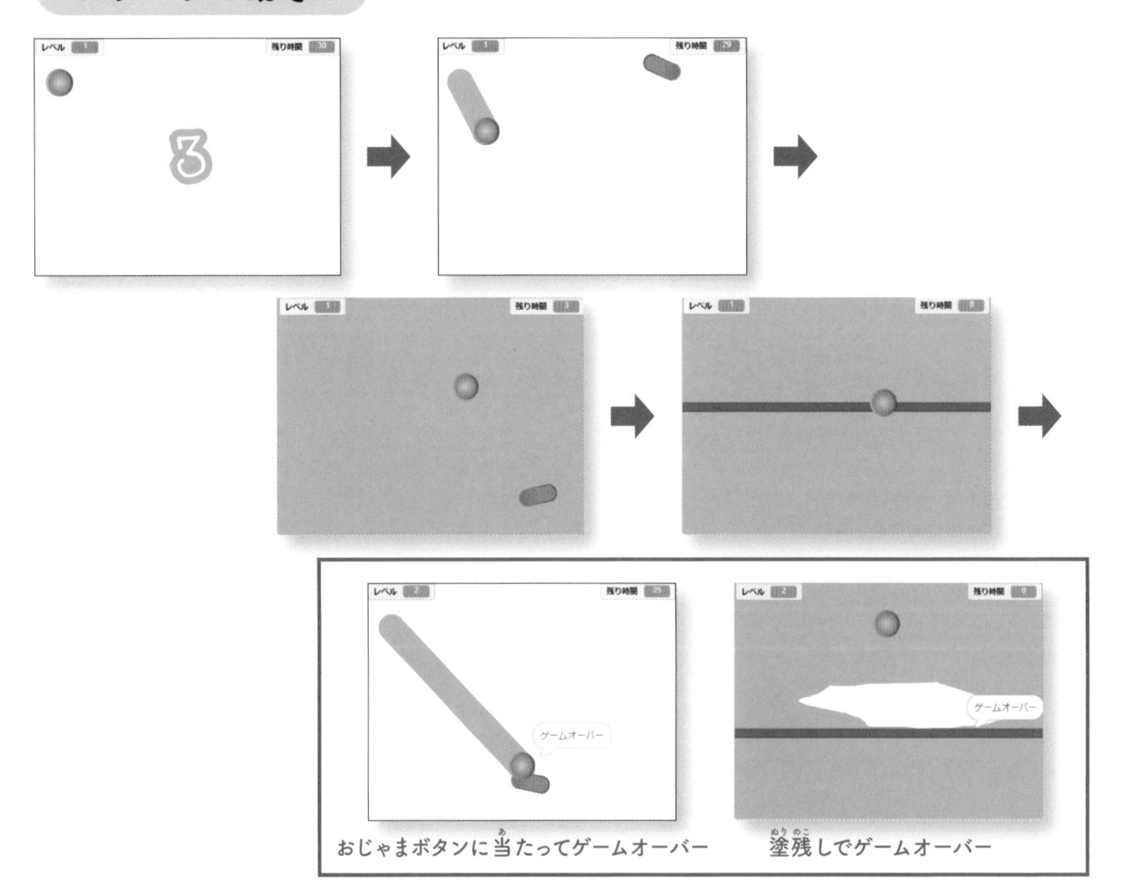

おじゃまボタンに当たってゲームオーバー　塗残しでゲームオーバー

※ゲームの実行は全画面表示で行ってください（35ページ参照）。

※ゲームは　ボタンをクリックまたはタップして開始してください（28ページ参照）。

操作方法

パソコンの場合

ボタンを動かす

動かしたい方向にマウスを動かします。

タブレットの場合

ボタンを動かす

動かしたい方向に指を動かします。

使用背景

白無地

使用スプライトと役割・動き

ボタン

Button1

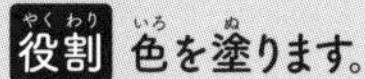

役割 色を塗ります。

動き 自由な方向に動きます。

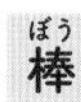

棒

Line

役割 塗り残しがないかを判定します。

動き 下端から上に向かってまっすぐ動きます。

おじゃまボタン

Buton2

役割 ボタンに当たるとゲームオーバーにします。

動き 自由な方向にまっすぐ動きます。端まで行くと跳ね返ります。

カウントダウン

Glow-1

役割 ゲーム開始のカウントダウンを行います。

動き 3 → 2 → 1の順に表示されます。

コード

Button1

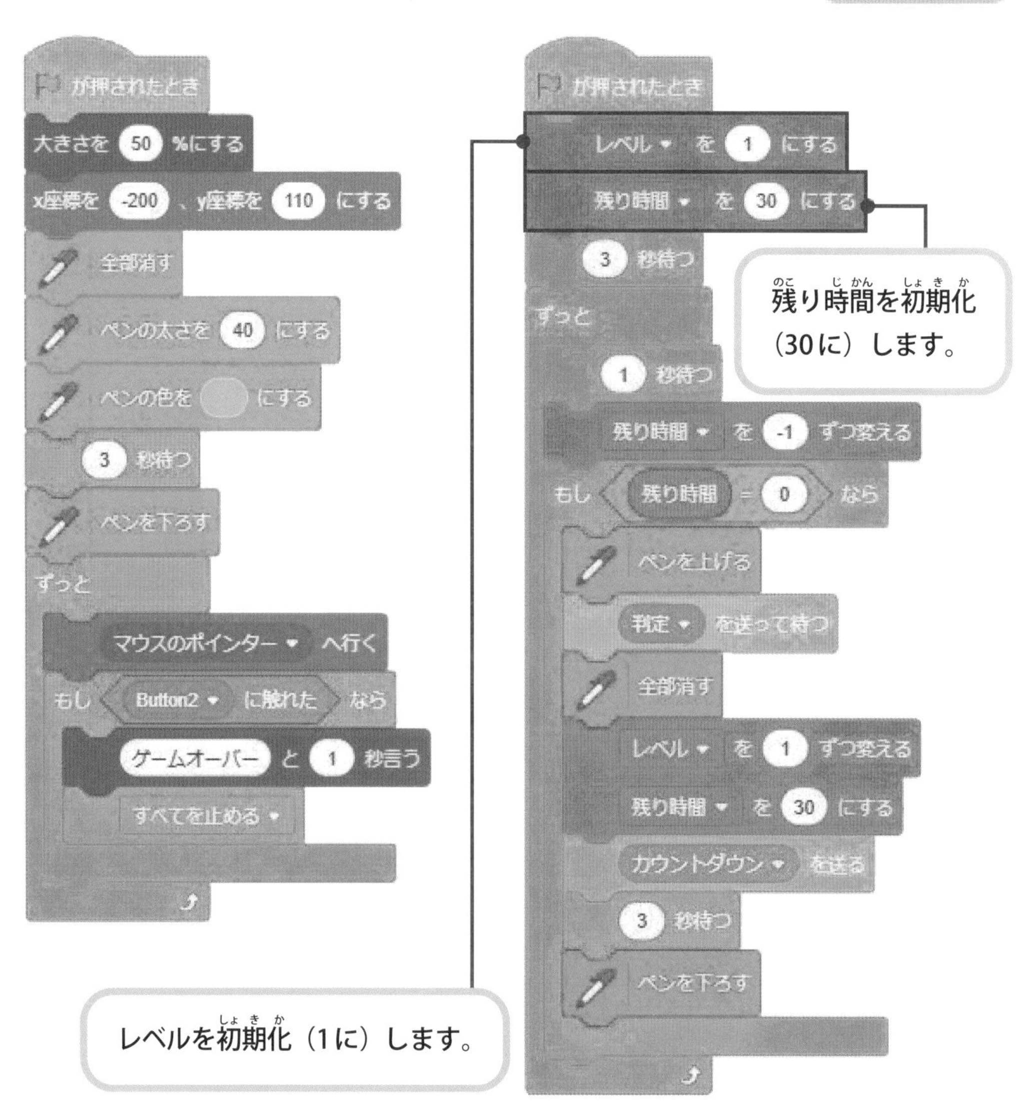
が押されたとき
大きさを 50 %にする
x座標を -200 、y座標を 110 にする
全部消す
ペンの太さを 40 にする
ペンの色を にする
3 秒待つ
ペンを下ろす
ずっと
マウスのポインター へ行く
もし Button2 に触れた なら
ゲームオーバー と 1 秒言う
すべてを止める
が押されたとき
レベル を 1 にする
残り時間 を 30 にする
3 秒待つ
ずっと
1 秒待つ
残り時間 を -1 ずつ変える
もし 残り時間 = 0 なら
ペンを上げる
判定 を送って待つ
全部消す
レベル を 1 ずつ変える
残り時間 を 30 にする
カウントダウン を送る
3 秒待つ
ペンを下ろす
残り時間を初期化（30に）します。
レベルを初期化（1に）します。

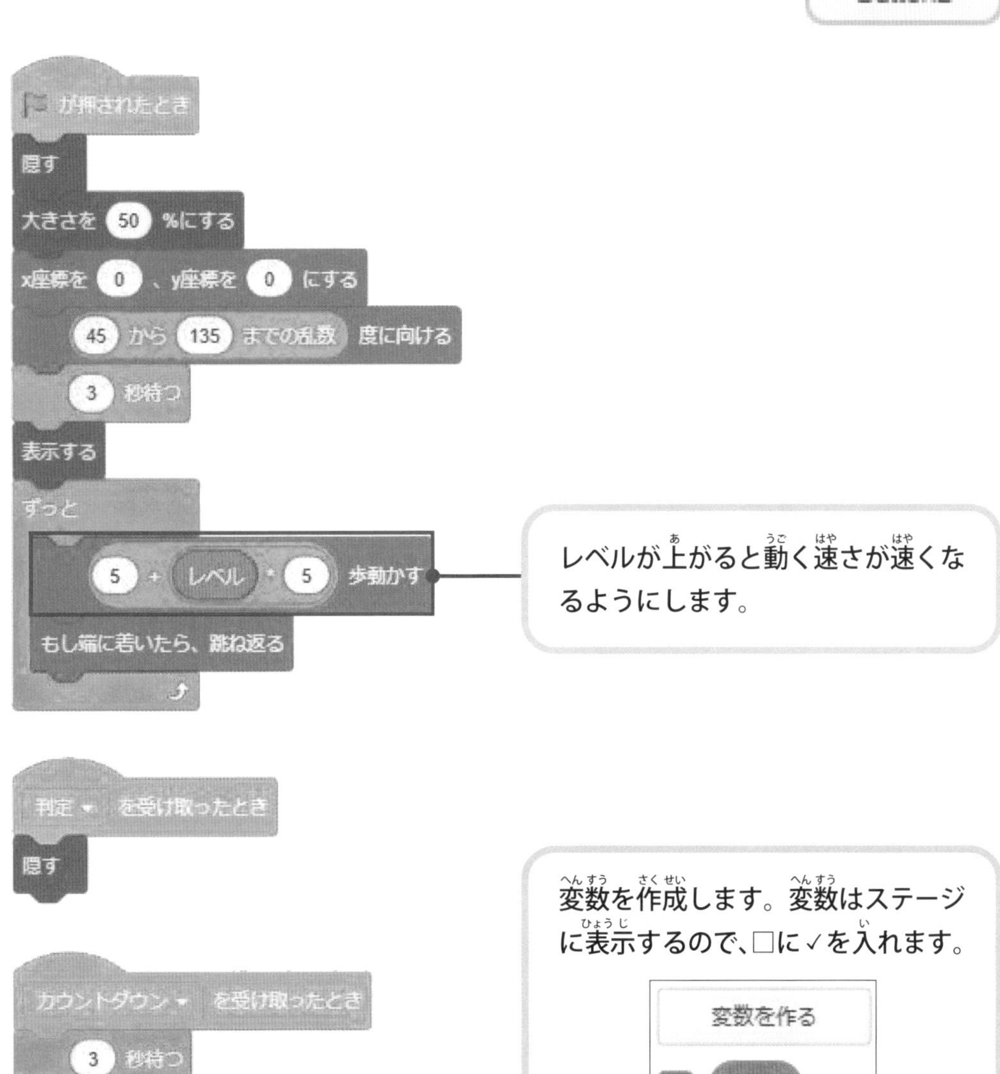

レベルが上がると動く速さが速くなるようにします。

変数を作成します。変数はステージに表示するので、□に✓を入れます。

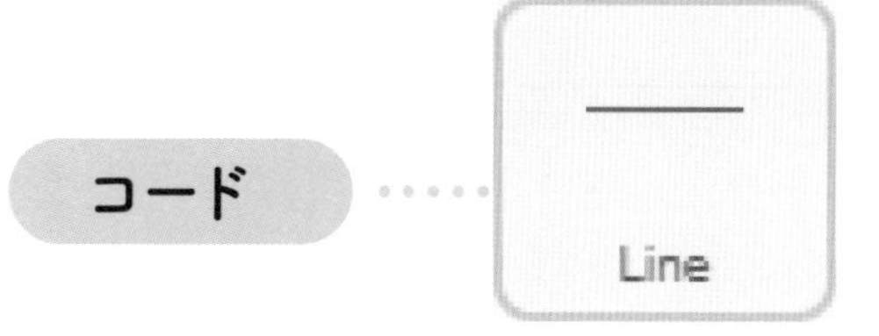

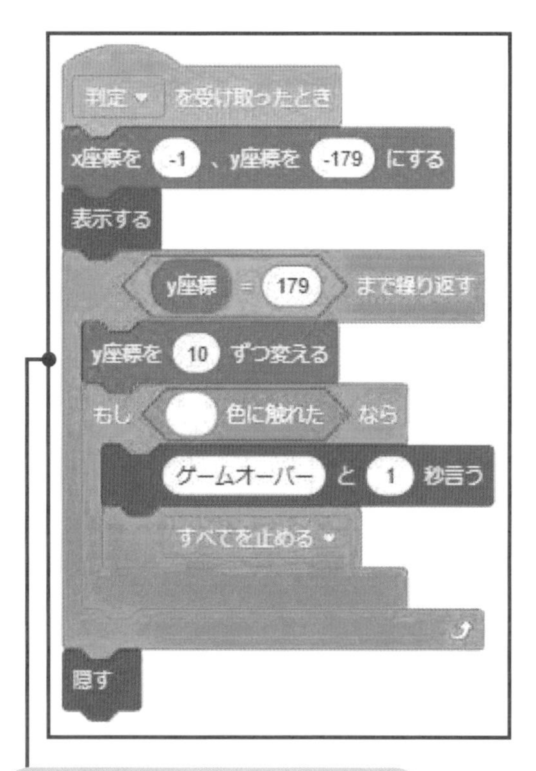

下から上に向かってスキャンし、塗り残し部分があった場合は、ゲームオーバーにします。塗り残しは色により判定します（123ページ参照）。

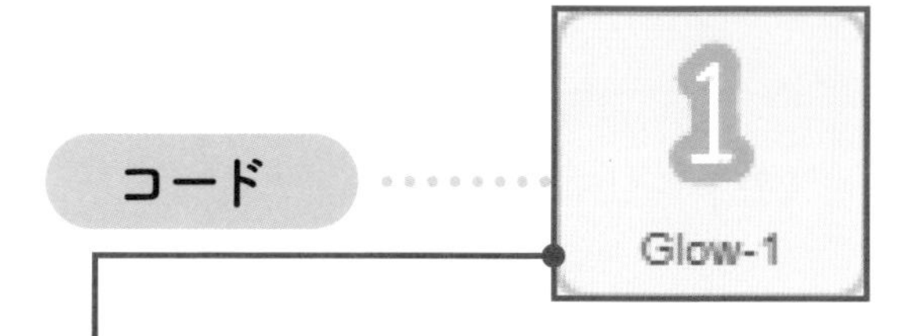

コスチューム をクリックし、コスチュームに「Grow-2」と「Grow-3」を追加します（26ページ参照）。

技術 | 拡張機能「ペン」

拡張機能の「ペン」は、スクラッチの画面左下の拡張機能をクリックし、「拡張機能を選ぶ」から「ペン」をクリックして追加します。拡張機能の「ペン」が追加されると、ブロックパレットに「ペン」のブロックが表示されます。拡張機能の「ペン」の描画種類には、スタンプとペンがあります。

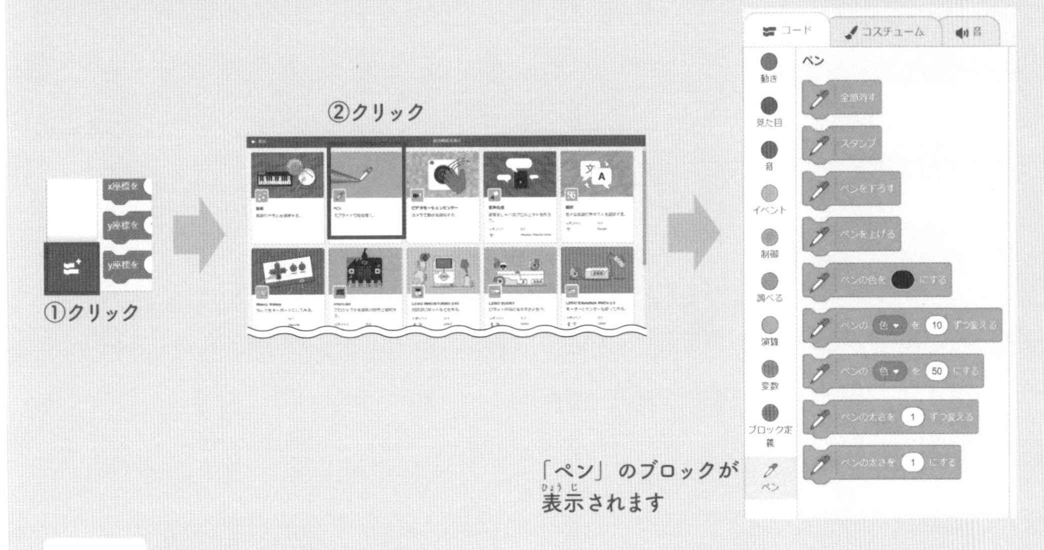

スタンプ

スタンプを押して次の位置に移動します。

ペン

青色で太さが10の線を描画します。

コスチューム一覧

「コスチュームを選ぶ」には沢山のコスチューム（キャラクターの形状）が用意されています。

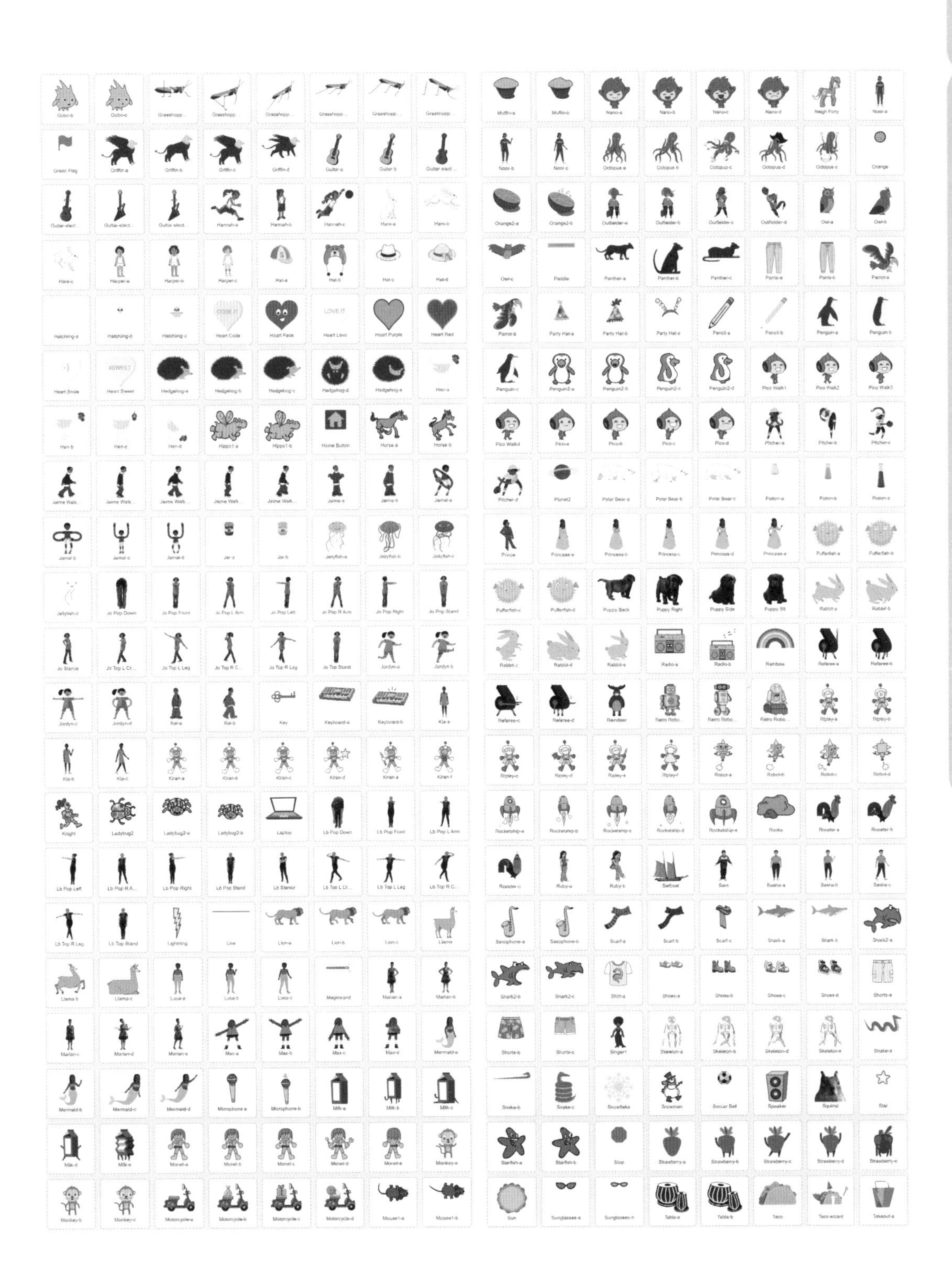

K story-K-3
L story-L-1
L story-L-2
L story-L-3
M story-M-1
M story-M-2
M story-M-3
N story-N-1
N story-N-2
N story-N-3
O story-O-1
O story-O-2
O story-O-3
P story-P-1
P story-P-2
P story-P-3
Q story-Q-1
Q story-Q-2
Q story-Q-3
R story-R-1
R story-R-2
R story-R-3
S story-S-1
S story-S-2
S story-S-3
T story-T-1
T story-T-2
T story-T-3
U story-U-1
U story-U-2
U story-U-3
V story-V-1
V story-V-2
V story-V-3
W story-W-1
W story-W-2
W story-W-3
X story-X-1
X story-X-2
X story-X-3
Y story-Y-1
Y story-Y-2
Y story-Y-3
Z story-Z-1
Z story-Z-2
Z story-Z-3

Chapter

応用編 ～高度なゲームや素材を利用したゲームを作ってみよう～

リスト 21_ルーレットゲーム.sb3

ルーレットゲーム

ゲームの概要

3色の球の目盛りから成るルーレットがあります。黄色の球（2倍ボタン）、青色の球（3倍ボタン）、桃色の球（6倍ボタン）のいずれかを押してコインを1枚賭けるとルーレットが回転します。賭けた球の色と同じ色の目盛りに回転球が止まると当たりとなりコインが増えます。コインの枚数が0になるとゲーム終了になります。

ステージの動き

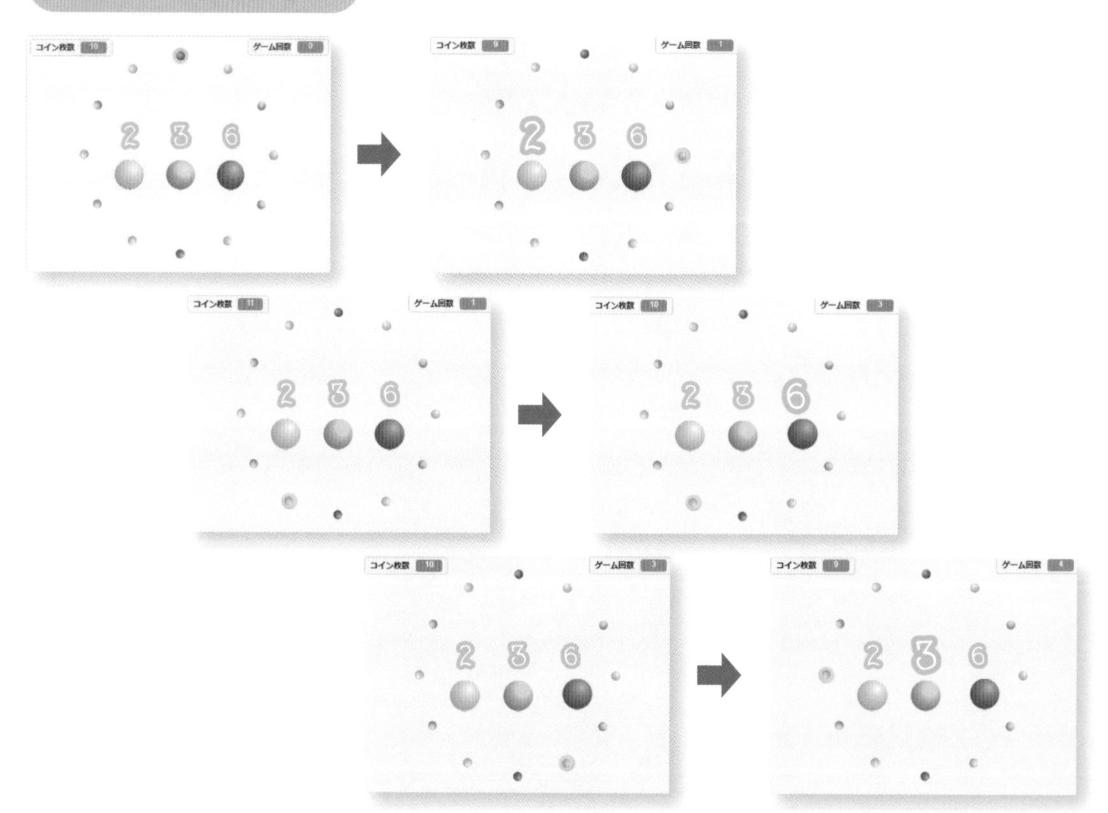

※ゲームの実行は全画面表示で行ってください（35ページ参照）。

※ゲームは ボタンをクリックまたはタップして開始してください（28ページ参照）。

操作方法

パソコンの場合

コインを賭ける

マウスで中央に並ぶ3色のボールのどれかをクリックします。

タブレットの場合

コインを賭ける

指で中央に並ぶ3色のボールのどれかをタップします。

使用背景

Blue Sky 2

使用スプライトと役割・動き

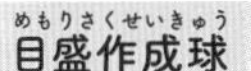

目盛作成球

Ball

役割
ルーレットの目盛りを作成します。

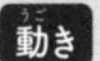
動き
時計回りに動きながら目盛りを生成していきます。

数字の2

Glow-2

役割
黄色の球の配当倍率が2倍であることを示します。

動き
黄色の球の上に表示されます。

黄色の球

Ball2

役割
黄色に賭けるときのボタンになります。

動き
押すと大きくなり、ルーレットを回します。

数字の3

Glow-3

役割
黄色の球の配当倍率が3倍であることを示します。

動き
黄色の球の上に表示されます。

青色の球

Ball3

役割
青色に賭けるときのボタンになります。

動き
押すと大きくなり、ルーレットを回します。

数字の6

Glow-6

役割
桃色の球の配当倍率が6倍であることを示します。

動き
桃色の球の上に表示されます。

桃色の球

Ball4

役割
桃色に賭けるときのボタンになります。

動き
押すと大きくなり、ルーレットを回します。

回転球

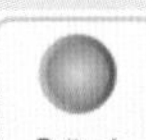

Button1

役割
止まった目盛りの色を当たりにします。

動き
ルーレットの目盛りの上を時計回りに回ります。

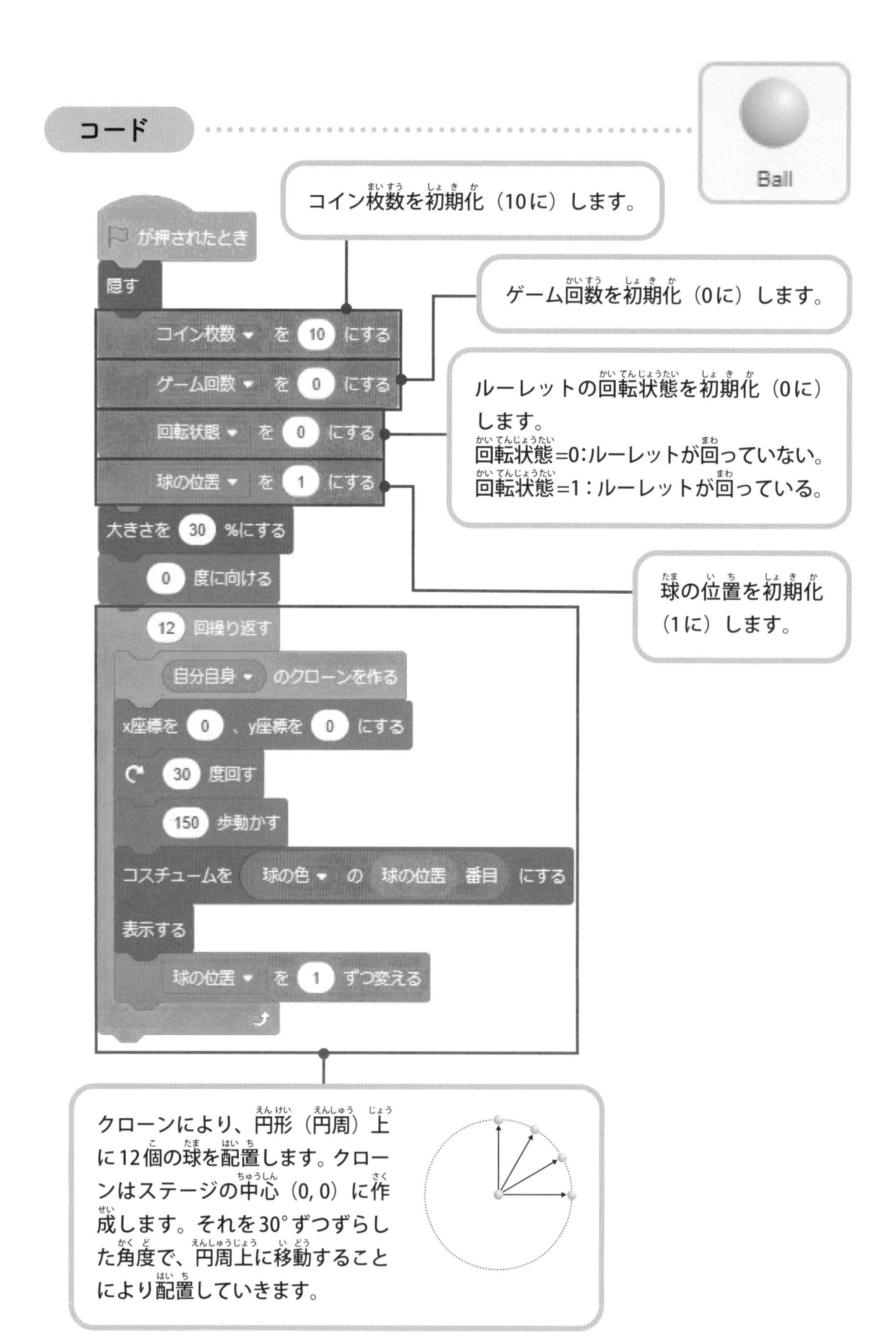
コード
Ball
コイン枚数を初期化（10に）します。
ゲーム回数を初期化（0に）します。
ルーレットの回転状態を初期化（0に）します。
回転状態=0：ルーレットが回っていない。
回転状態=1：ルーレットが回っている。
球の位置を初期化（1に）します。
が押されたとき
隠す
コイン枚数 を 10 にする
ゲーム回数 を 0 にする
回転状態 を 0 にする
球の位置 を 1 にする
大きさを 30 %にする
0 度に向ける
12 回繰り返す
自分自身 のクローンを作る
x座標を 0 、y座標を 0 にする
30 度回す
150 歩動かす
コスチュームを 球の色 の 球の位置 番目 にする
表示する
球の位置 を 1 ずつ変える
クローンにより、円形（円周）上に12個の球を配置します。クローンはステージの中心（0, 0）に作成します。それを30°ずつずらした角度で、円周上に移動することにより配置していきます。

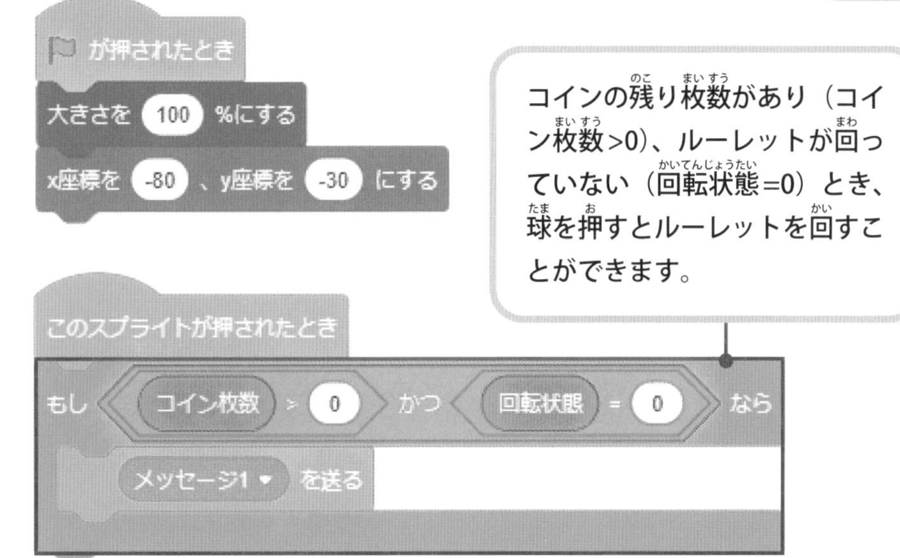

コインの残り枚数があり（コイン枚数>0）、ルーレットが回っていない（回転状態=0）とき、球を押すとルーレットを回すことができます。

変数を作成します。変数「ゲーム回数」と変数「コイン枚数」はステージに表示するので、□に✓を入れます。それ以外の変数はステージに表示しないので✓を入れないようにします。

リストを作成します。リストに数値を入力します。リストはステージに表示しないので□に✓を入れないようにします（166ページ、167ページ参照）。

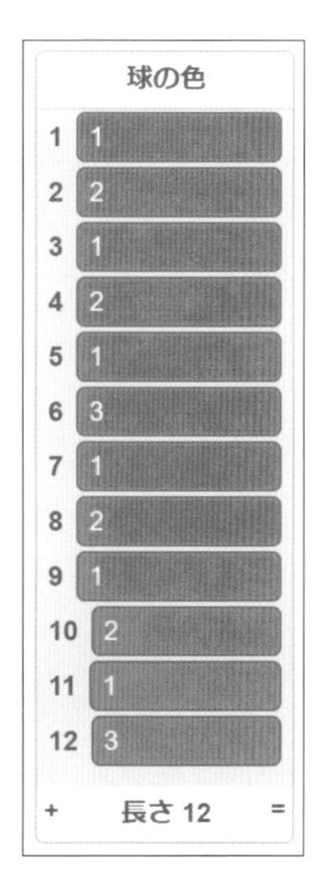

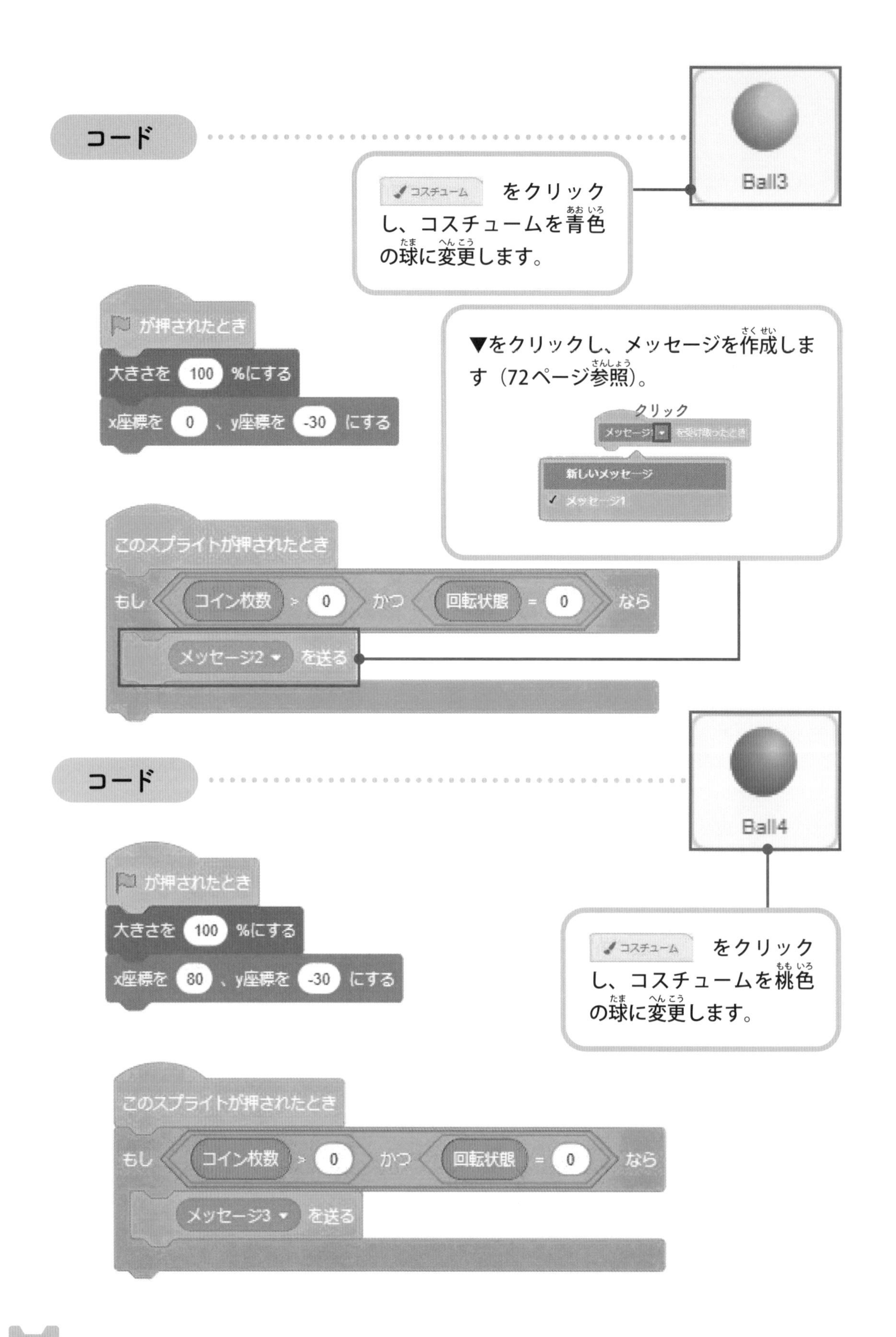
コード
Ball3
コスチューム をクリックし、コスチュームを青色の球に変更します。
が押されたとき
大きさを 100 %にする
x座標を 0 、y座標を -30 にする
▼をクリックし、メッセージを作成します（72ページ参照）。
クリック
新しいメッセージ
メッセージ1
このスプライトが押されたとき
もし コイン枚数 > 0 かつ 回転状態 = 0 なら
メッセージ2 を送る
コード
Ball4
コスチューム をクリックし、コスチュームを桃色の球に変更します。
が押されたとき
大きさを 100 %にする
x座標を 80 、y座標を -30 にする
このスプライトが押されたとき
もし コイン枚数 > 0 かつ 回転状態 = 0 なら
メッセージ3 を送る

コード

2
Glow-2

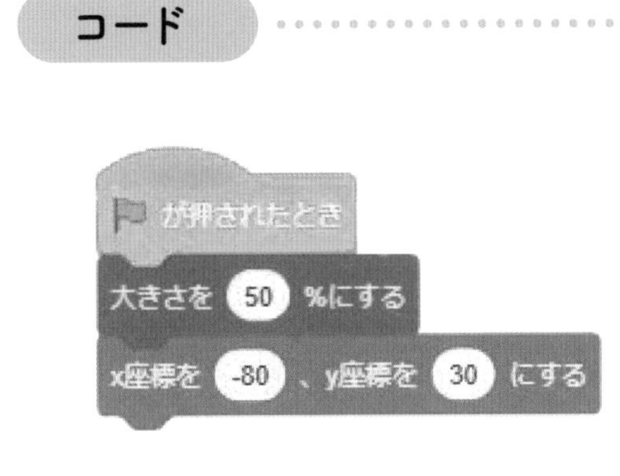

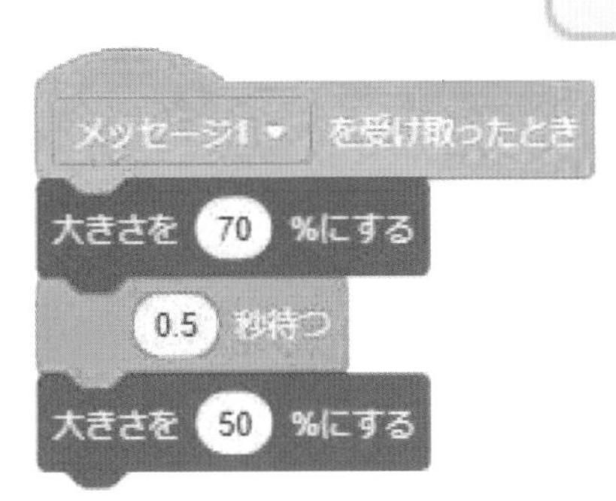

コード

3
Glow-3

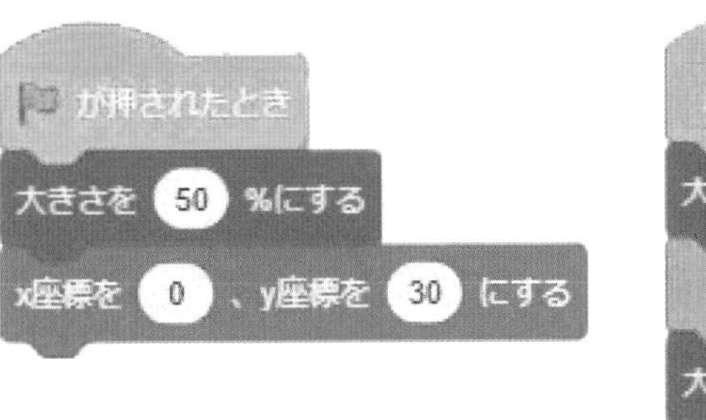

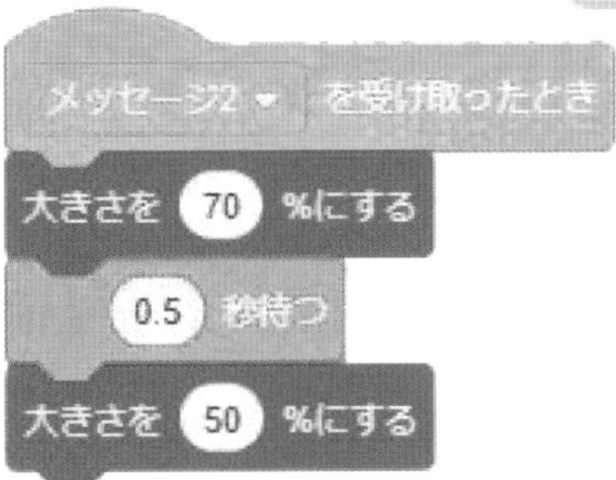

コード

6
Glow-6

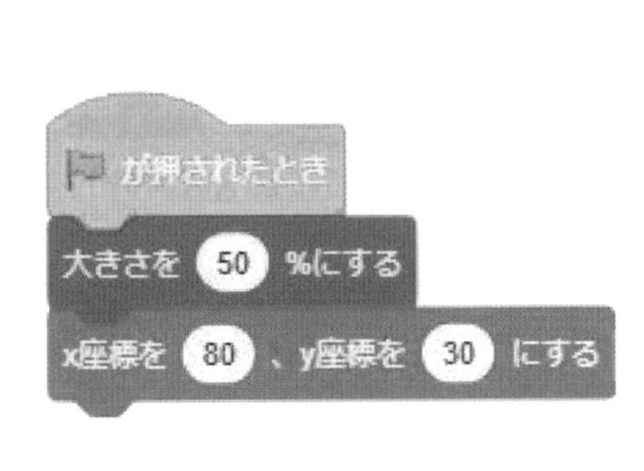

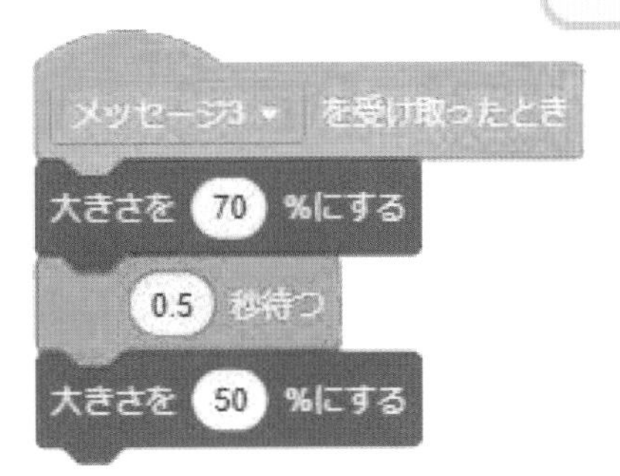

コード

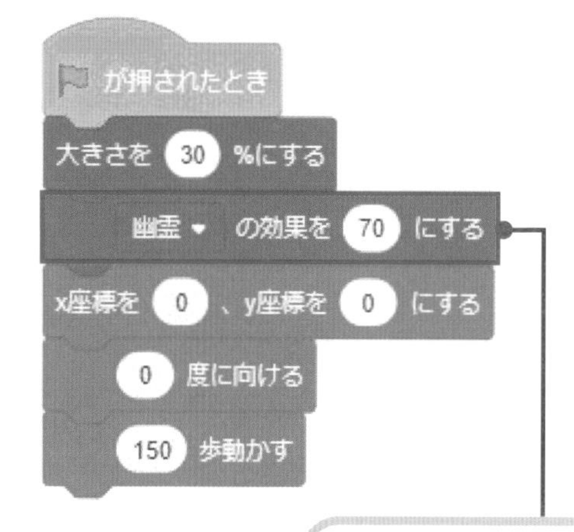

半透明にします。

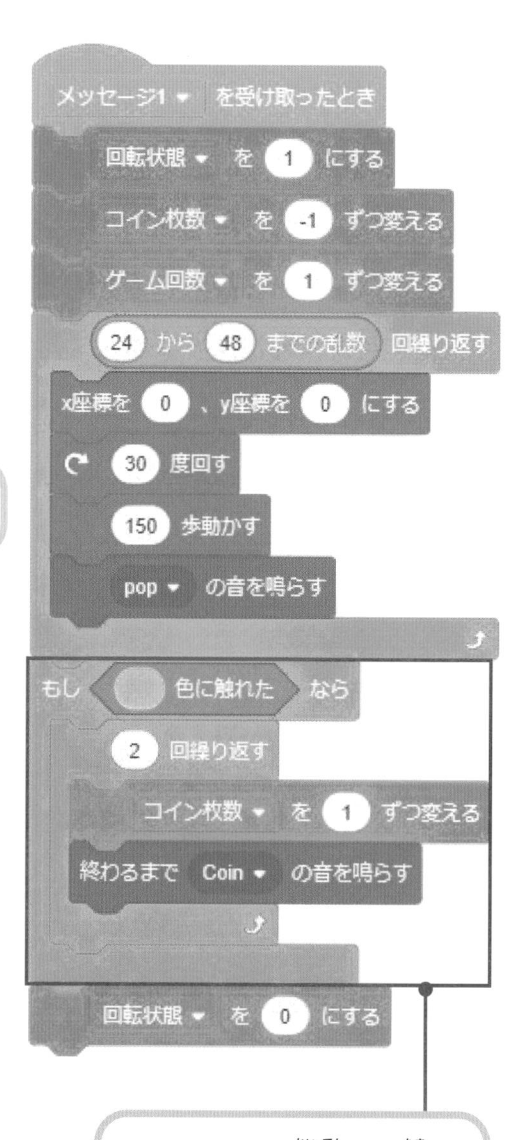

ルーレットを回転する球が止まった位置が黄色の場合、コインを2枚追加します。球が止まった位置は色により判定します（123ページ参照）。

音「Coin」は 音 をクリックし、「音を選ぶ」から追加します。

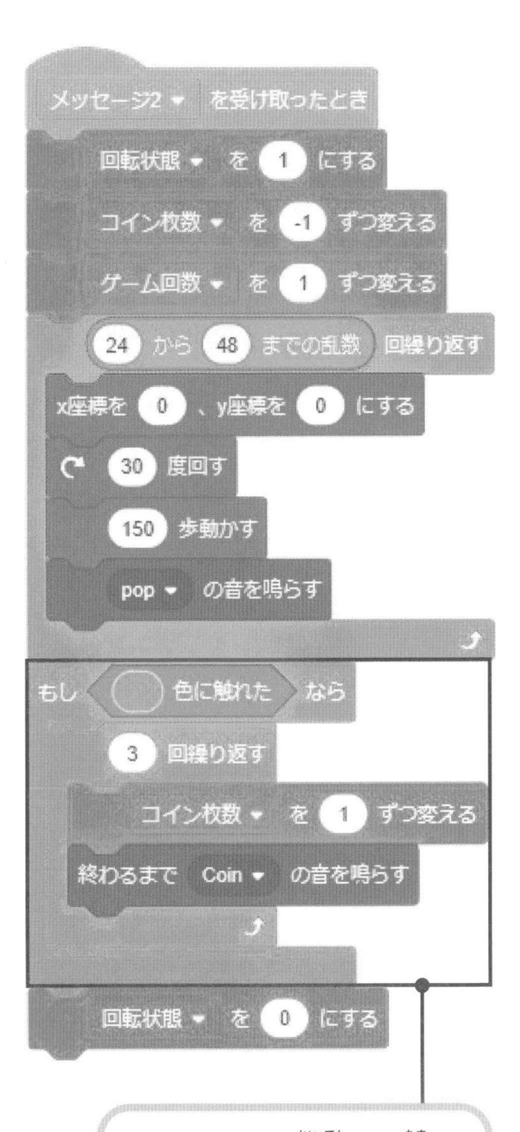

ルーレットを回転する球が止まった位置が青色の場合、コインを3枚追加します。球が止まった位置は色により判定します（123ページ参照）。

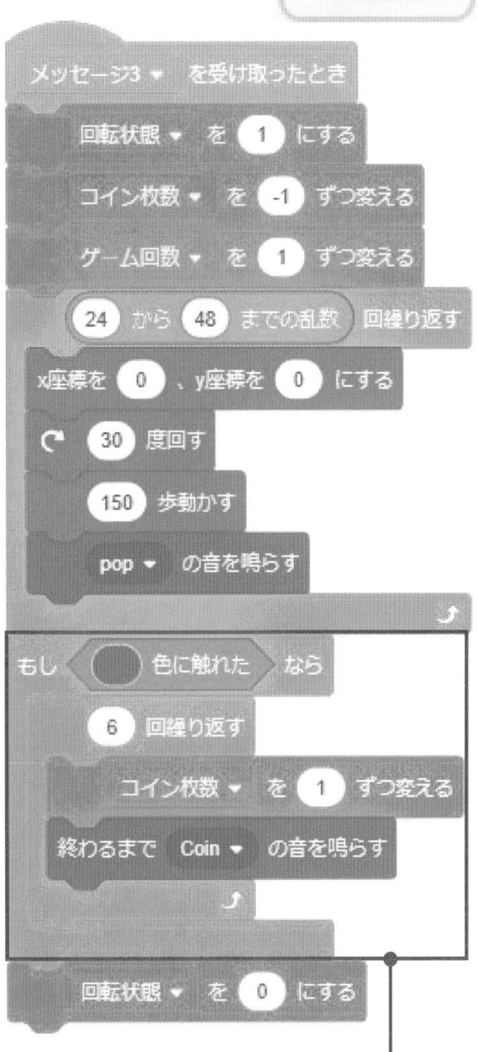

ルーレットを回転する球が止まった位置が桃色の場合、コインを6枚追加します。球が止まった位置は色により判定します（123ページ参照）。

Point｜リストへの入力と参照

リストは要素を確保することにより、要素へ数字や文字を直接入力することができます。リストの要素の確保と入力は次のように行います。

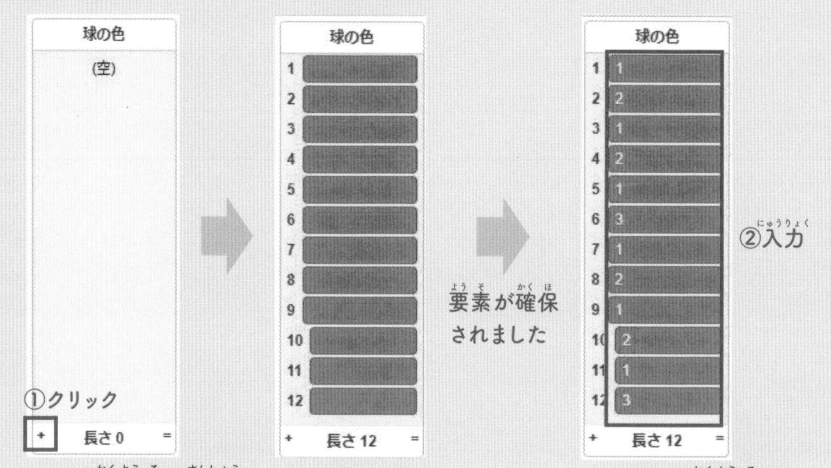

また、リストの各要素は参照することができます。ここでは、リストの各要素にあらかじめ数値（1は黄色のコスチューム番号、2は青色のコスチューム番号、3は桃色のコスチューム番号）を格納しておき、それらを順次参照しています。

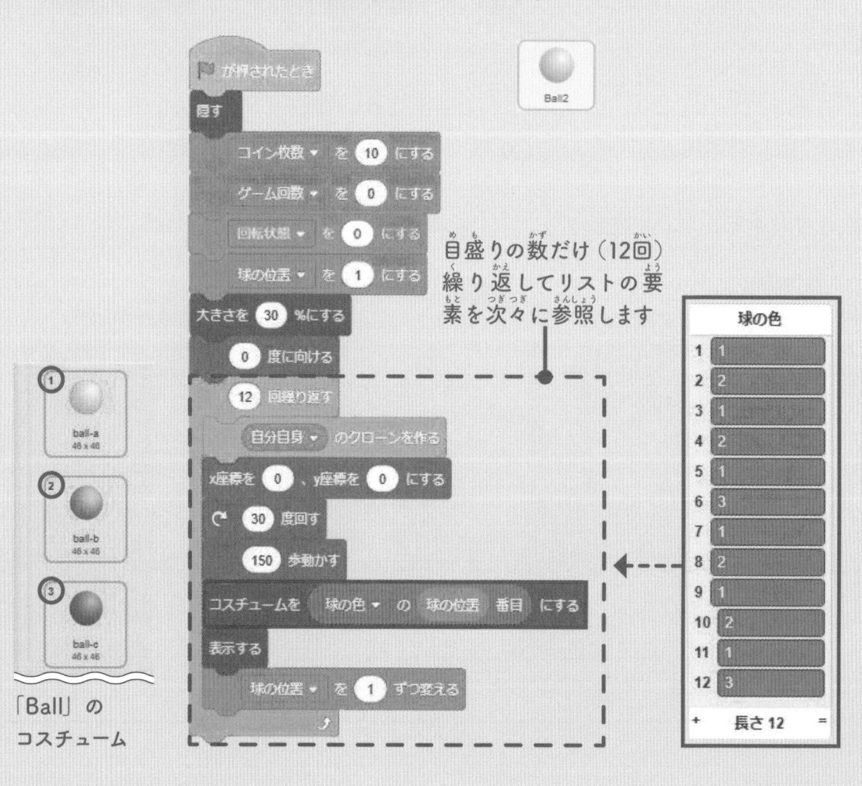

技術(ぎじゅつ) | リスト

リストは数字(すうじ)や文字(もじ)をまとめて格納(かくのう)する入(い)れ物(もの)です。リストは次(つぎ)のようにして作成(さくせい)します。

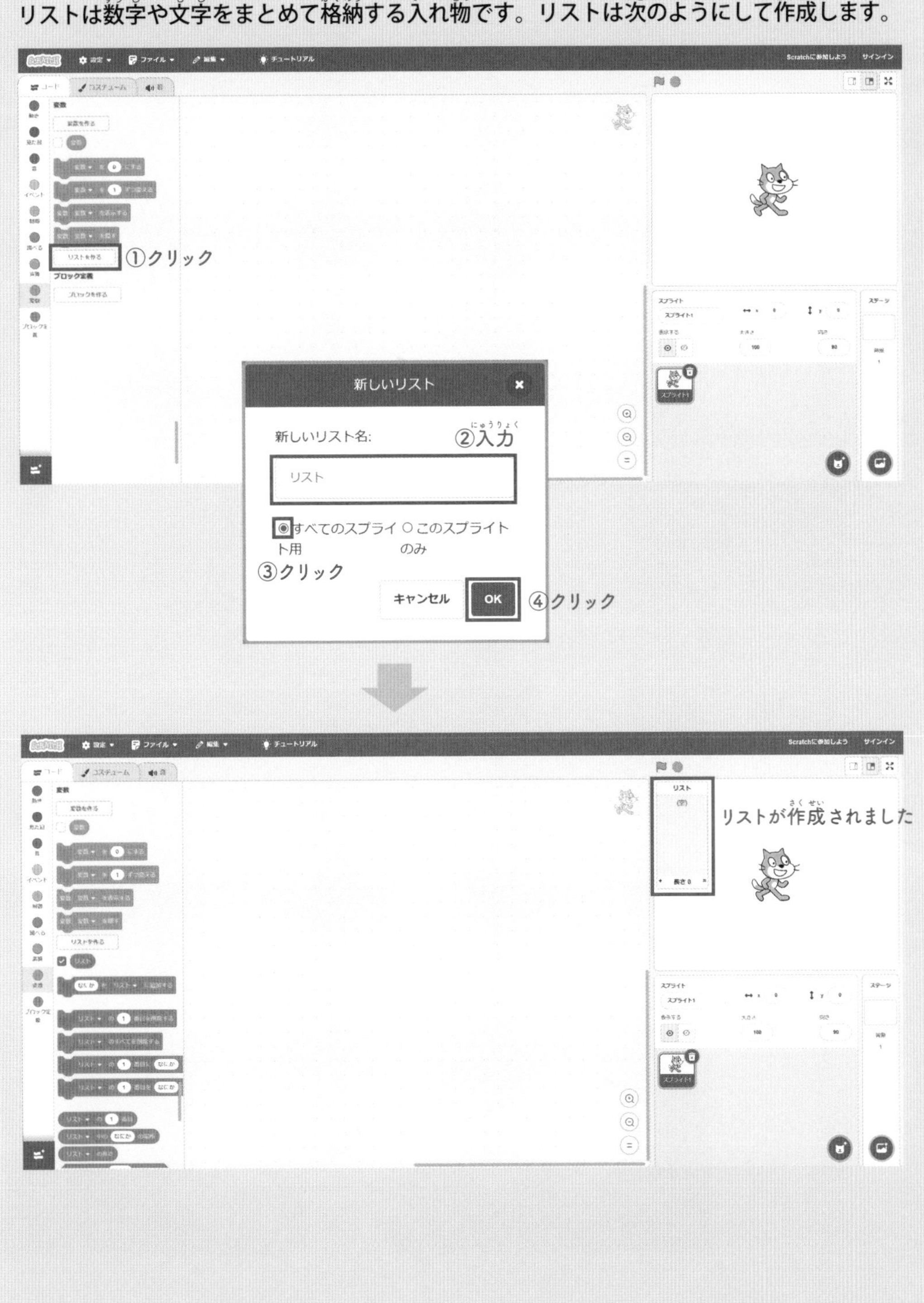

GAME 22 弾幕シューティングゲーム

ゲームの概要

宇宙空間にいる敵が弾をばらまいてきます。宇宙船を動かして、敵に向けて弾を発射します。敵に弾が当たると1点得点されます。敵に弾を一定数当てると次の敵が出現します。宇宙船が敵の弾に当たるとライフが1減ります。ライフが0になるとゲームオーバーです。

ステージの動き

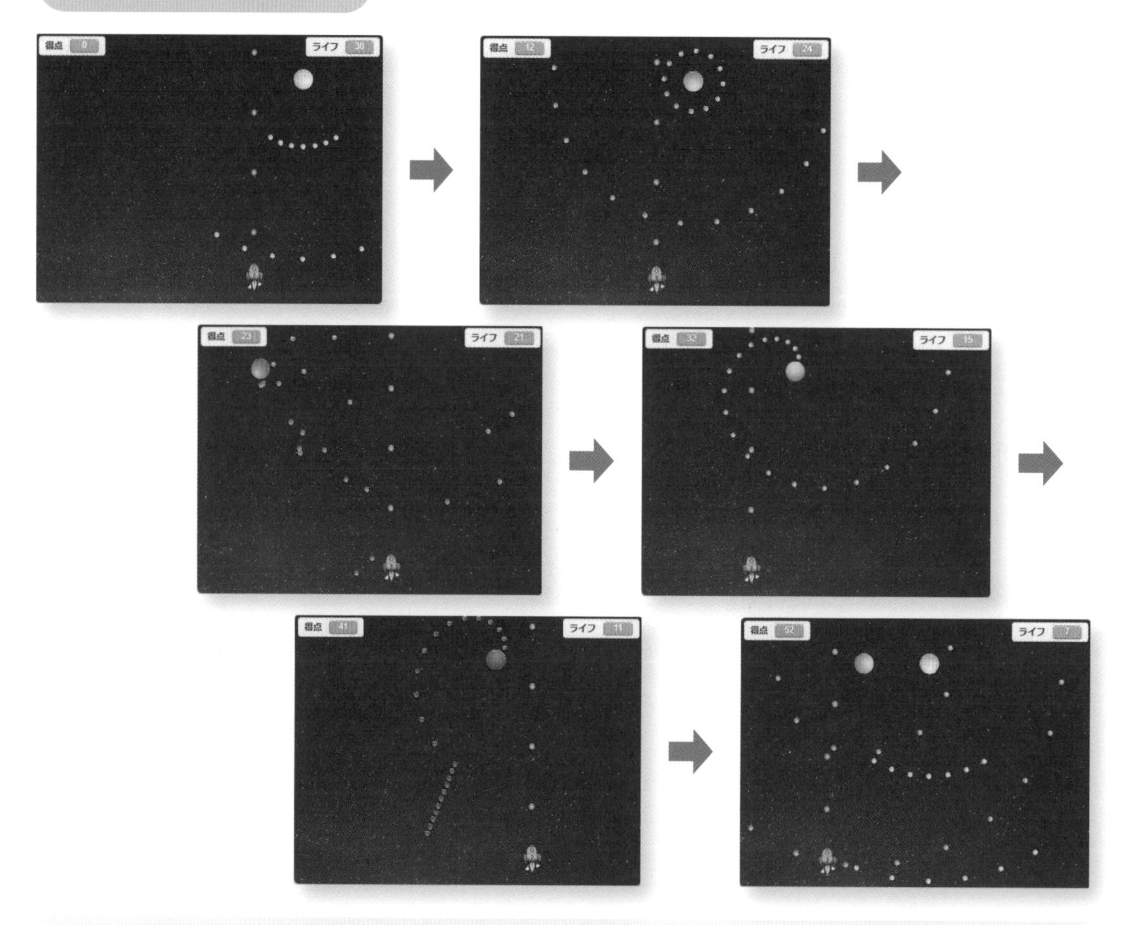

※ゲームの実行は全画面表示で行ってください（35ページ参照）。

※ゲームは ボタンをクリックまたはタップして開始してください（28ページ参照）。

操作方法

●パソコンの場合

宇宙船を動かす
マウスを左右に動かします。

弾を発射する
自動的に発射されます。

●タブレットの場合

宇宙船を動かす
指を左右に動かします。

弾を発射する
自動的に発射されます。

使用背景

Stars

使用スプライトと役割・動き

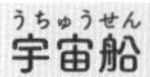

宇宙船

Rocketship

役割
敵に向けて弾を発射します。

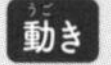

動き
左右に動きます。

弾

Button1

役割
敵に当たると1点得点します。

動き
宇宙船から上に向かってまっすぐ動きます。

敵1

Ball

役割
弾を撃って宇宙船を襲ってきます。
宇宙船に当たるとライフを1減らします。

動き
左右にランダムにワープしながら弾をばらまきます。

敵2

Ball2

役割
弾を撃って宇宙船を襲ってきます。
宇宙船に当たるとライフを1減らします。

動き
左右にランダムにワープしながら弾をばらまきます。

敵3

Ball3

役割
弾を撃って宇宙船を襲ってきます。
宇宙船に当たるとライフを1減らします。

動き
左右に往復しながら弾をばらまきます。

敵4

Ball4

役割
弾をばらまきます。宇宙船に当たるとライフを1減らします。

動き
左右にランダムにワープしながら弾をばらまきます。

敵5

Ball5

役割
弾をばらまきます。宇宙船に当たるとライフを1減らします。

動き
左右にランダムにワープしながら弾をばらまきます。

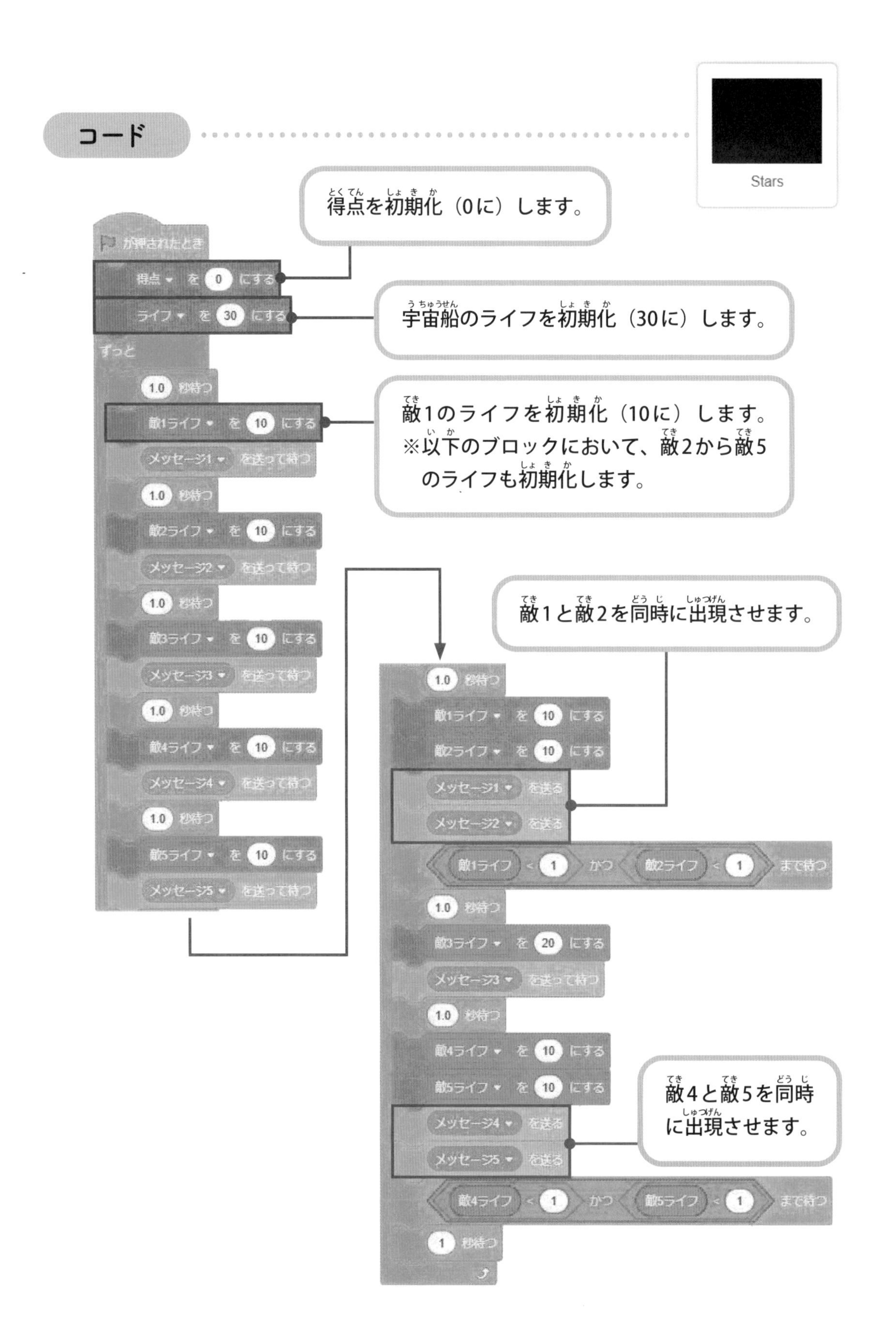

コード
Stars
得点を初期化（0に）します。
宇宙船のライフを初期化（30に）します。
敵1のライフを初期化（10に）します。
※以下のブロックにおいて、敵2から敵5のライフも初期化します。
敵1と敵2を同時に出現させます。
敵4と敵5を同時に出現させます。
が押されたとき
得点 を 0 にする
ライフ を 30 にする
ずっと
1.0 秒待つ
敵1ライフ を 10 にする
メッセージ1 を送って待つ
1.0 秒待つ
敵2ライフ を 10 にする
メッセージ2 を送って待つ
1.0 秒待つ
敵3ライフ を 10 にする
メッセージ3 を送って待つ
1.0 秒待つ
敵4ライフ を 10 にする
メッセージ4 を送って待つ
1.0 秒待つ
敵5ライフ を 10 にする
メッセージ5 を送って待つ
1.0 秒待つ
敵1ライフ を 10 にする
敵2ライフ を 10 にする
メッセージ1 を送る
メッセージ2 を送る
敵1ライフ < 1 かつ 敵2ライフ < 1 まで待つ
1.0 秒待つ
敵3ライフ を 20 にする
メッセージ3 を送って待つ
1.0 秒待つ
敵4ライフ を 10 にする
敵5ライフ を 10 にする
メッセージ4 を送る
メッセージ5 を送る
敵4ライフ < 1 かつ 敵5ライフ < 1 まで待つ
1 秒待つ

コード

```
🏴 が押されたとき
x座標を (0) 、y座標を (-145) にする
大きさを (20) %にする
ずっと
  もし <(マウスのx座標) > (x座標)> なら
    x座標を (10) ずつ変える
  もし <(マウスのx座標) < (x座標)> なら
    x座標を (-10) ずつ変える
```

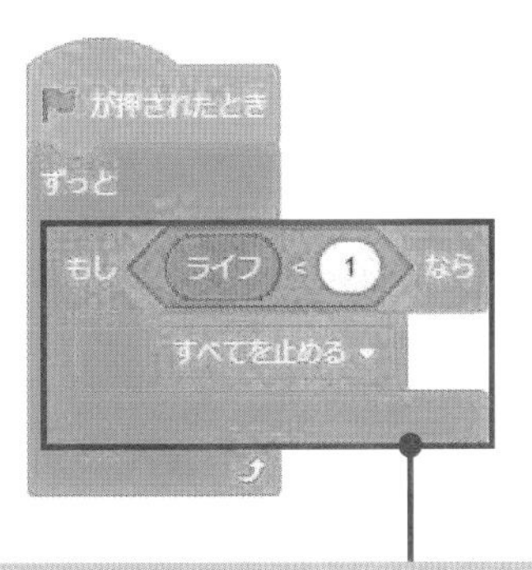

ライフが0以下（1未満）になったらゲーム終了にします。敵の弾が同時に複数当たった場合は、ライフが1度に2以上減るため、ライフはマイナスの値になる場合があります。そのため、ゲーム終了の条件を、ライフが0以下の場合にするため、「ライフ=0」とせず、「ライフ<1」とします。

コード

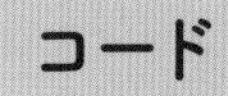

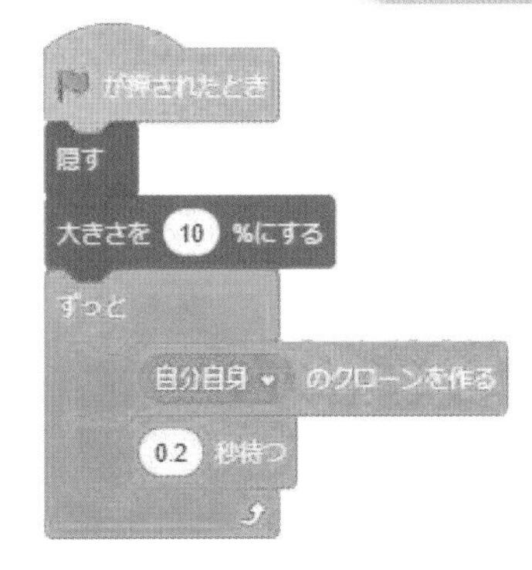

変数を作成します。変数「ライフ」と変数「得点」はステージに表示するので、□に✓を入れます。それ以外の変数はステージに表示しないので✓を入れないようにします。

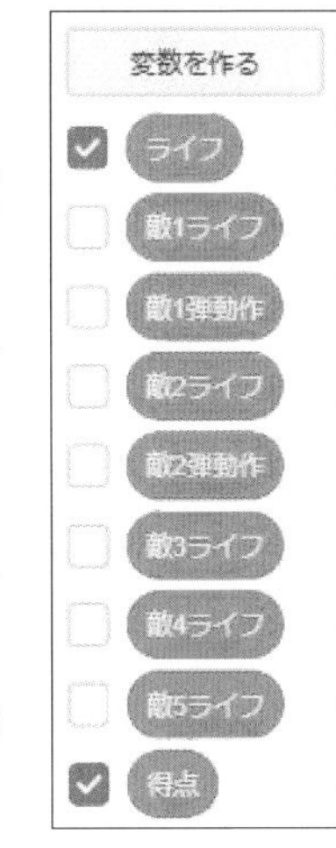

コード

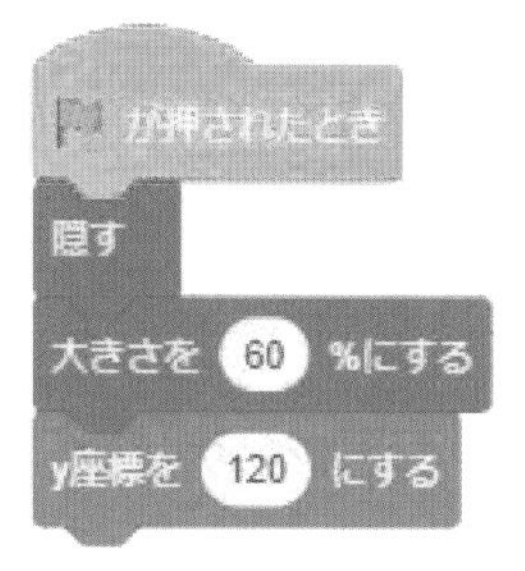

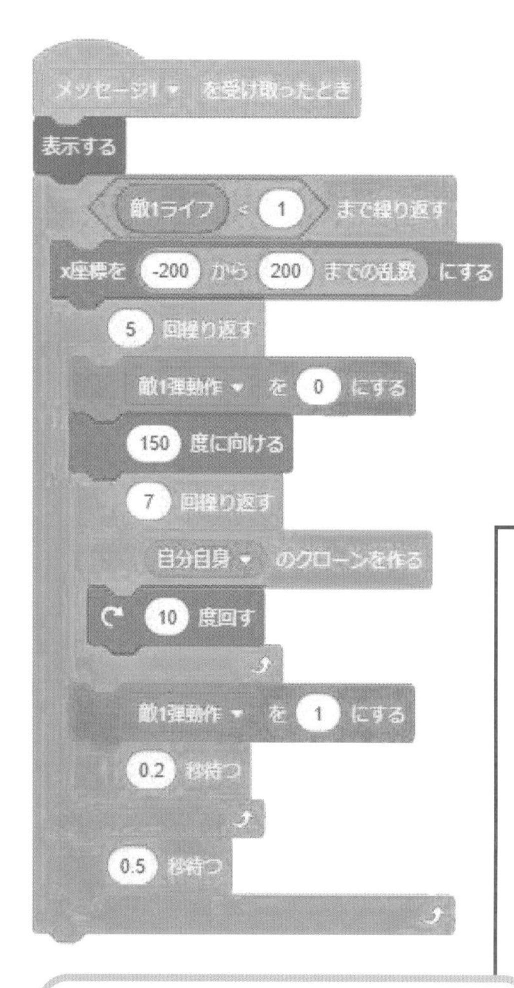

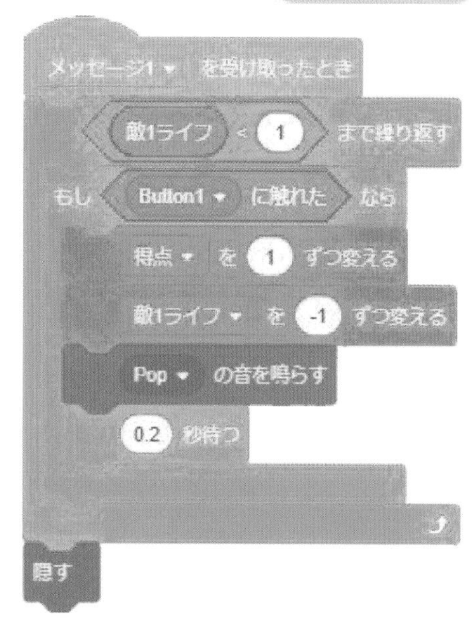

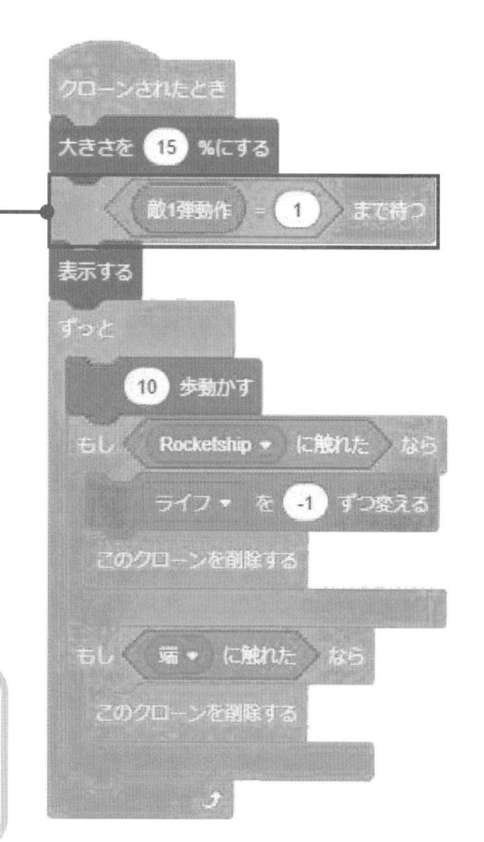

すべてのクローンが生成されるまで、この後に続く処理を待つことにより、弾を放射状に一斉に飛ばします。

コード

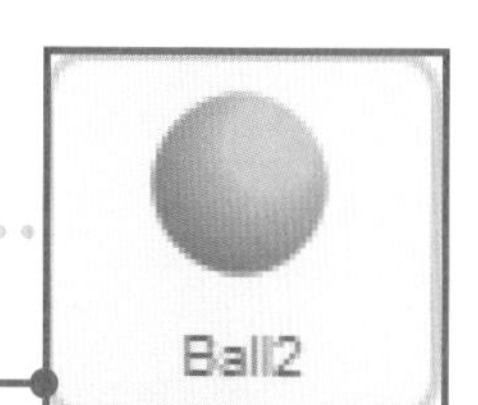

コスチューム をクリックし、コスチュームを青色の球に変更します。

```
が押されたとき
隠す
大きさを 60 %にする
y座標を 120 にする
```

```
メッセージ2 を受け取ったとき
表示する
敵2ライフ < 1 まで繰り返す
  x座標を -200 から 200 までの乱数 にする
  敵2弾動作 を 0 にする
  24 回繰り返す
    自分自身 のクローンを作る
    15 度回す
  敵2弾動作 を 1 にする
  0.1 秒待つ
  敵2弾動作 を 0 にする
  12 回繰り返す
    自分自身 のクローンを作る
    30 度回す
  敵2弾動作 を 1 にする
  0.5 秒待つ
```

```
メッセージ2 を受け取ったとき
敵2ライフ < 1 まで繰り返す
  もし Button1 に触れた なら
    得点 を 1 ずつ変える
    敵2ライフ を -1 ずつ変える
    Pop の音を鳴らす
    0.2 秒待つ
隠す
```

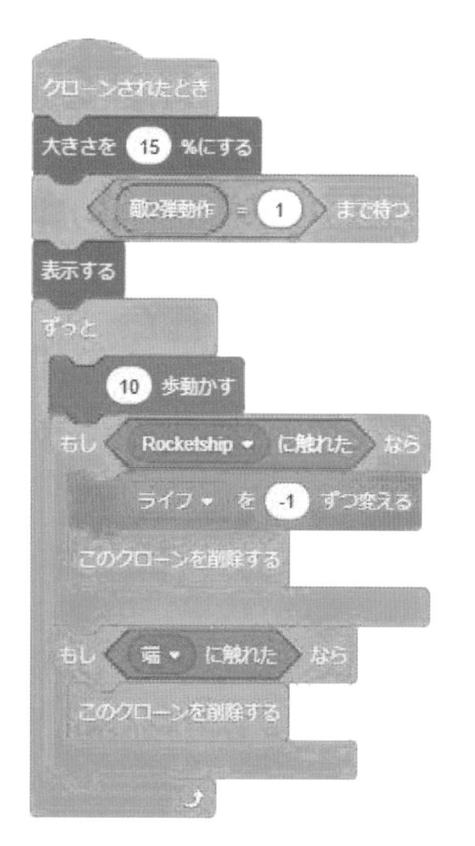

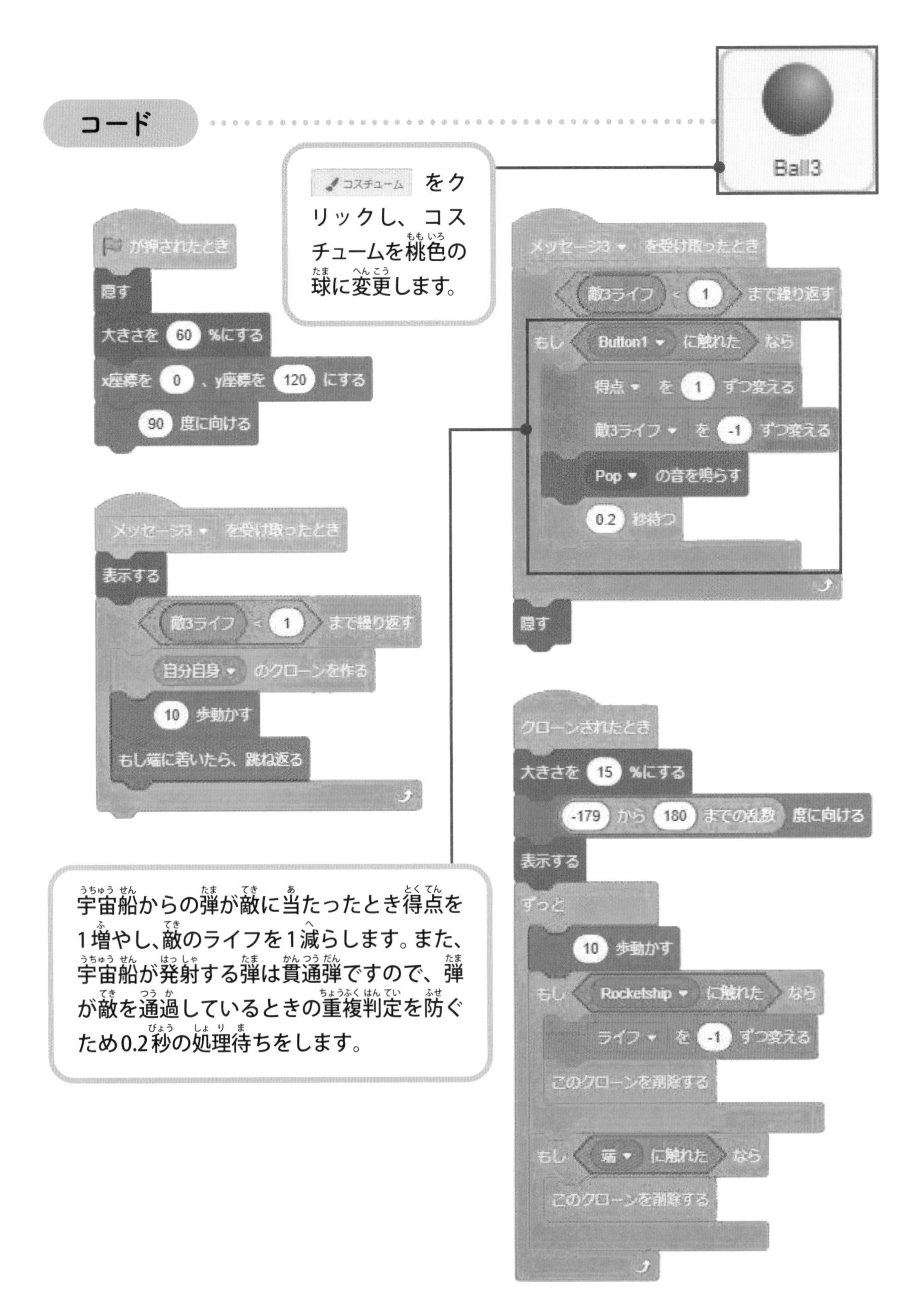
コード
Ball3
コスチューム をクリックし、コスチュームを桃色の球に変更します。
が押されたとき
隠す
大きさを 60 %にする
x座標を 0 、y座標を 120 にする
90 度に向ける
メッセージ3 を受け取ったとき
表示する
敵3ライフ < 1 まで繰り返す
自分自身 のクローンを作る
10 歩動かす
もし端に着いたら、跳ね返る
メッセージ3 を受け取ったとき
敵3ライフ < 1 まで繰り返す
もし Button1 に触れた なら
得点 を 1 ずつ変える
敵3ライフ を -1 ずつ変える
Pop の音を鳴らす
0.2 秒待つ
隠す
宇宙船からの弾が敵に当たったとき得点を1増やし、敵のライフを1減らします。また、宇宙船が発射する弾は貫通弾ですので、弾が敵を通過しているときの重複判定を防ぐため0.2秒の処理待ちをします。
クローンされたとき
大きさを 15 %にする
-179 から 180 までの乱数 度に向ける
表示する
ずっと
10 歩動かす
もし Rocketship に触れた なら
ライフ を -1 ずつ変える
このクローンを削除する
もし 端 に触れた なら
このクローンを削除する

コード

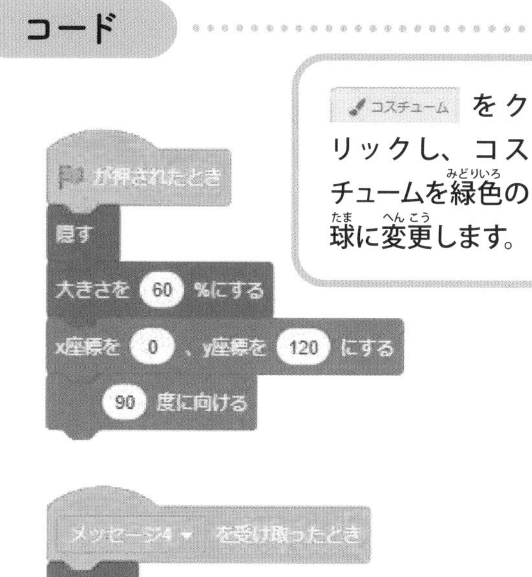

コスチューム をクリックし、コスチュームを緑色の球に変更します。

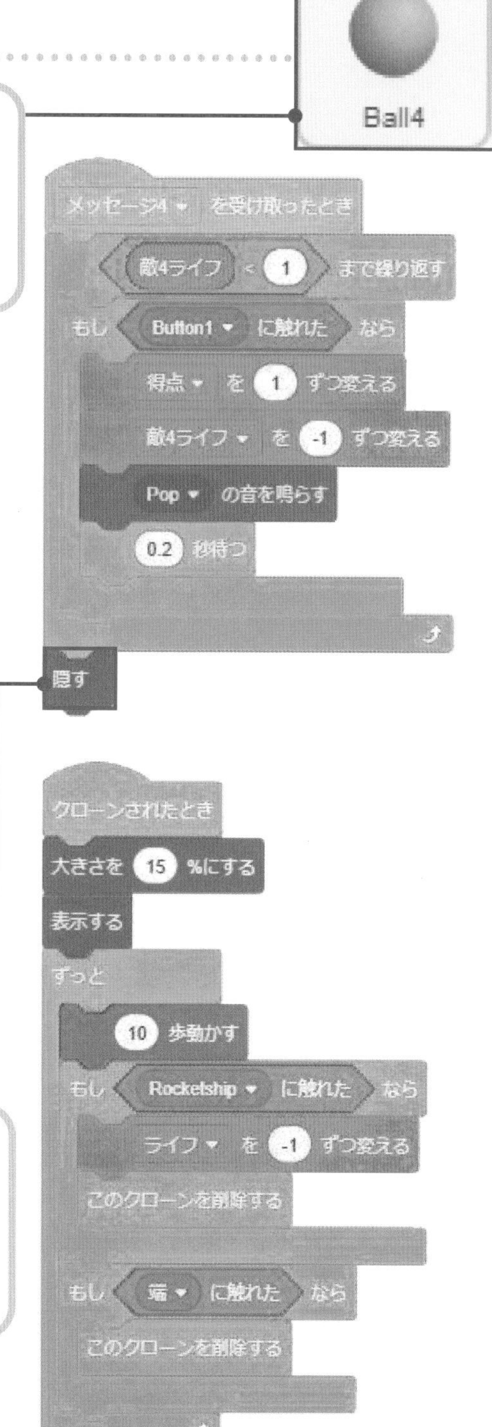

敵のライフが1未満（0以下）になったら敵を消します。ただし、敵が消される前に既にクローン生成処理が開始されている敵弾は、敵が消えた後も動作します。

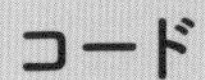

コード

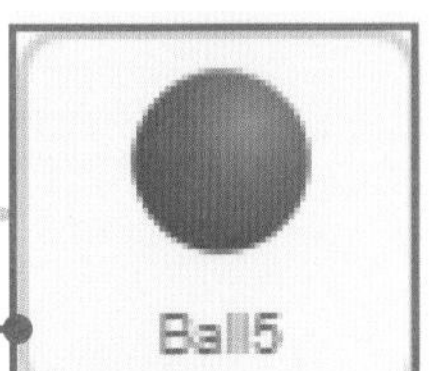

コスチューム をクリックし、コスチュームを紫色の球に変更します。

```
旗が押されたとき
隠す
大きさを 60 %にする
y座標を 120 にする
```

```
メッセージ5 を受け取ったとき
表示する
敵5ライフ < 1 まで繰り返す
  x座標を -200 から 200 までの乱数 にする
  135 + 1 から 90 までの乱数 度に向ける
  10 回繰り返す
    自分自身 のクローンを作る
  36 回繰り返す
    自分自身 のクローンを作る
    ↻ 15 度回す
  72 回繰り返す
    自分自身 のクローンを作る
    ↺ 10 度回す
  0.2 秒待つ
```

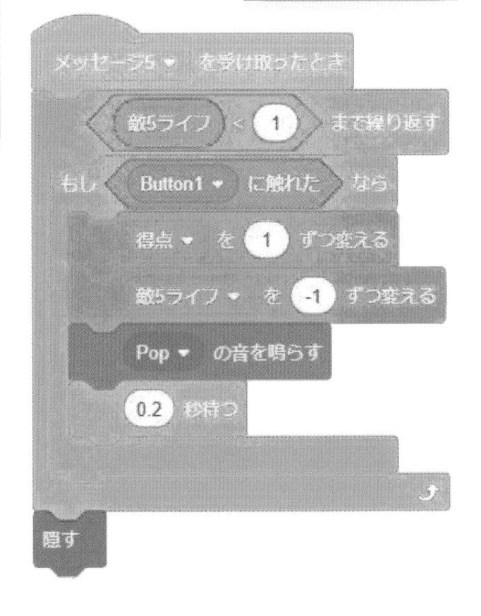

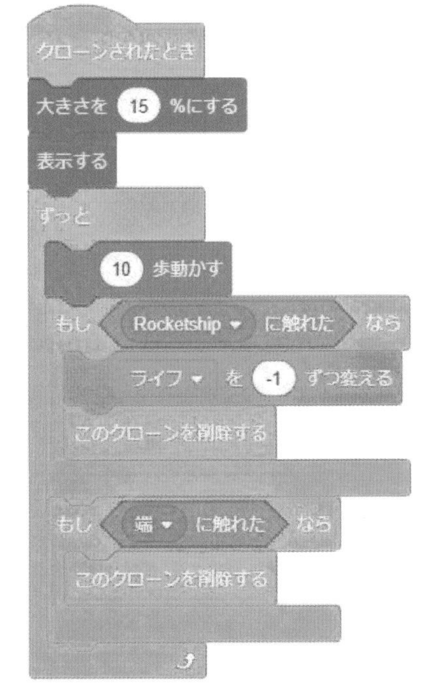

技術｜背景のコードによる制御

背景（ステージ）にもコードを記述することができます。画面全体の制御や複数のスプライトを連携させる場合などは、背景にコードを記述すると全体が見やすくなります。背景へのコード記述は次のように行います。

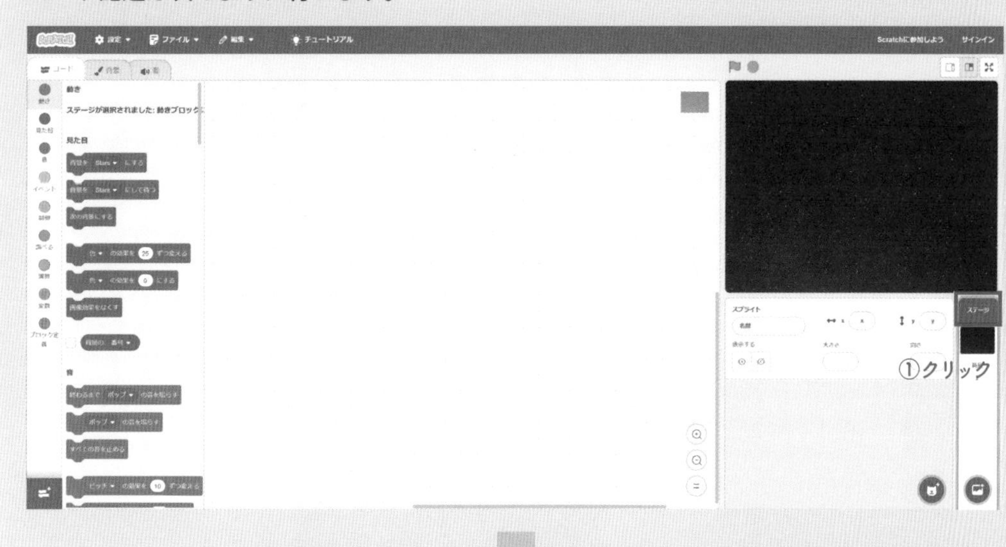

ヘビたたきゲーム

ゲームの概要

砂漠に岩があります。岩にはヘビが隠れていて、ランダムなタイミングで出てきます。ヘビをたたくと、ヘビが驚いて岩に戻り、1点得点されます。残り時間が0になるとゲーム終了です。

ステージの動き

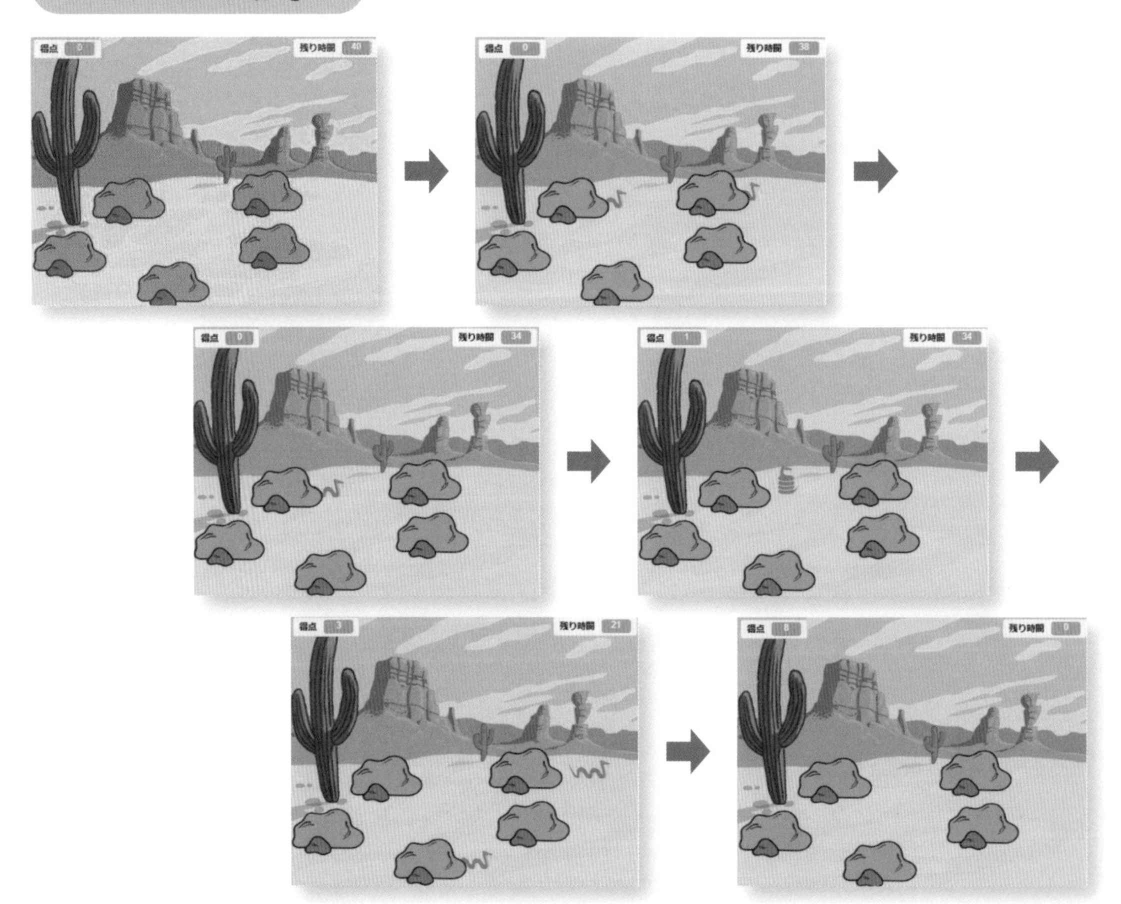

※ゲームの実行は全画面表示で行ってください（35ページ参照）。

※ゲームは🏳ボタンをクリックまたはタップして開始してください（28ページ参照）。

操作方法

●パソコンの場合

ヘビをたたく

マウスでクリックします。

●タブレットの場合

ヘビをたたく

指でタップします。

使用背景

Desert

使用スプライトと役割・動き

スプライト	名前	役割	動き
ヘび1	Snake	たたくと得点を1増やします。	左右に動きます。たたくと形を変えて岩に戻ります。
岩1	Rocks	ヘビ1が隠れます。	置かれたままで動きません。
ヘビ2	Snake2	たたくと得点を1増やします。	左右に動きます。たたくと形を変えて岩に戻ります。
岩2	Rocks2	ヘビ2が隠れます。	置かれたままで動きません。
ヘビ3	Snake3	たたくと得点を1増やします。	左右に動きます。たたくと形を変えて岩に戻ります。
岩3	Rocks3	ヘビ3が隠れます。	置かれたままで動きません。
ヘビ4	Snake4	たたくと得点を1増やします。	左右に動きます。たたくと形を変えて岩に戻ります。
岩4	Rocks4	ヘビ4が隠れます。	置かれたままで動きません。
ヘビ5	Snake5	たたくと得点を1増やします。	左右に動きます。たたくと形を変えて岩に戻ります。
岩5	Rocks5	ヘビ5が隠れます。	置かれたままで動きません。

コード

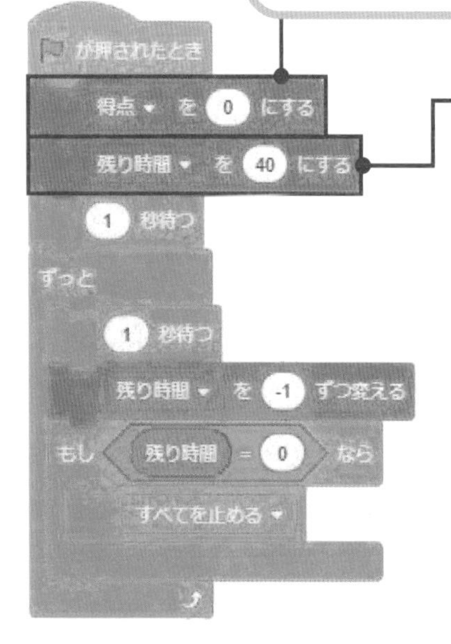

得点を初期化（0に）します。

残りの時間を初期化（40に）します。

変数を作成します。変数「残り時間」と変数「得点」はステージに表示するので、□に✓を入れます。変数「動き」はステージに表示しないので✓を入れないようにします。なお、変数「動き」は、ローカル変数ですので、それぞれのヘビのスプライトごとに作成します。

音「Garden」は 音 をクリックし、「音を選ぶ」から追加します。音は2回鳴らし、ピッチを上げて1回鳴らします。

Point｜グローバル変数とローカル変数

すべてのスプライトで共通に使用できる変数をグローバル変数といいます。グローバル変数は、「すべてのスプライト」の○をクリックして作成します。一方、一つのスプライトのみで使用する変数をローカル変数といいます。ローカル変数は、それぞれのスプライトごとに、「このスプライトのみ」の○をクリックして作成します。ここでは、変数「動き」にローカル変数を使用しています。

コード

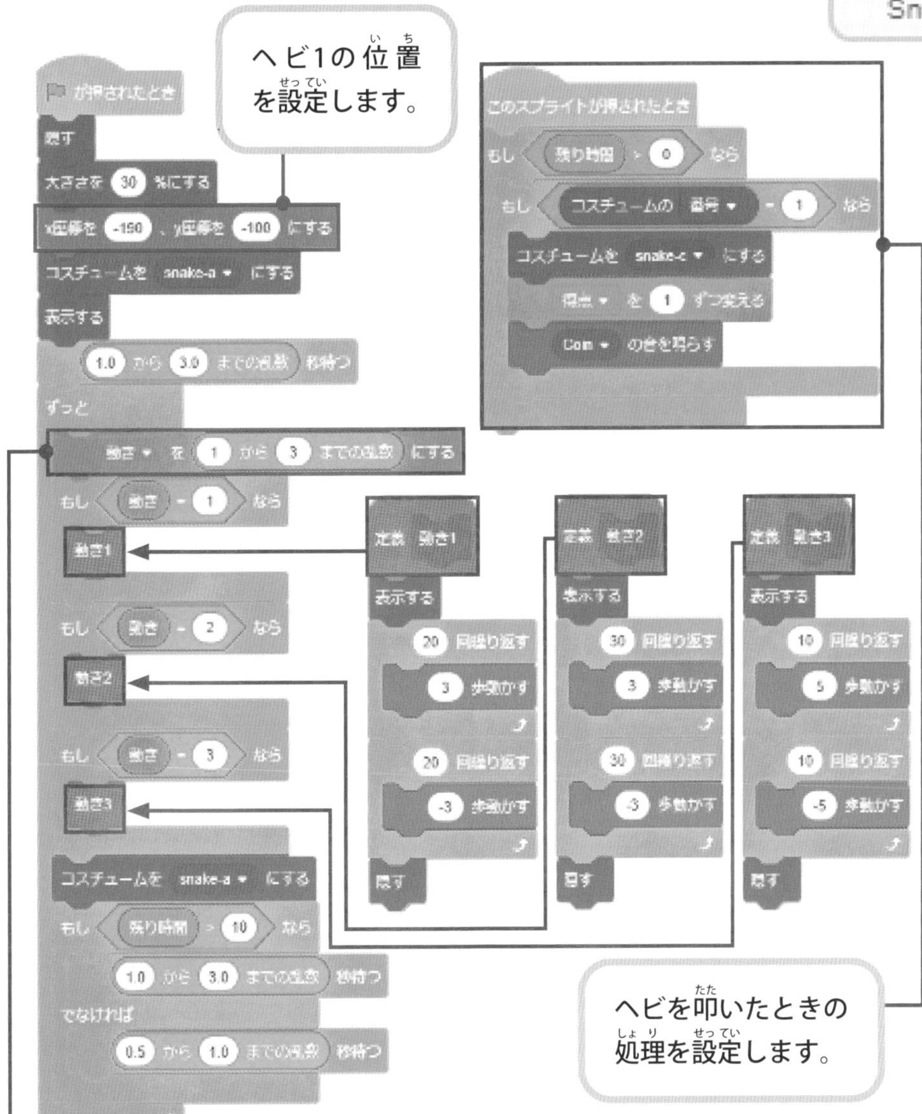

乱数で、ヘビの動き「動き1」から「動き3」のどれにするかを決めます。

ローカル変数「動き」を作成します。ローカル変数「動き」はステージに表示しないので□に✓を入れないようにします。

ローカル変数は、□に✓を入れた場合、ステージに「スプライト名：変数名」の形式で変数が表示されます。

Snake: 動き 1

コード

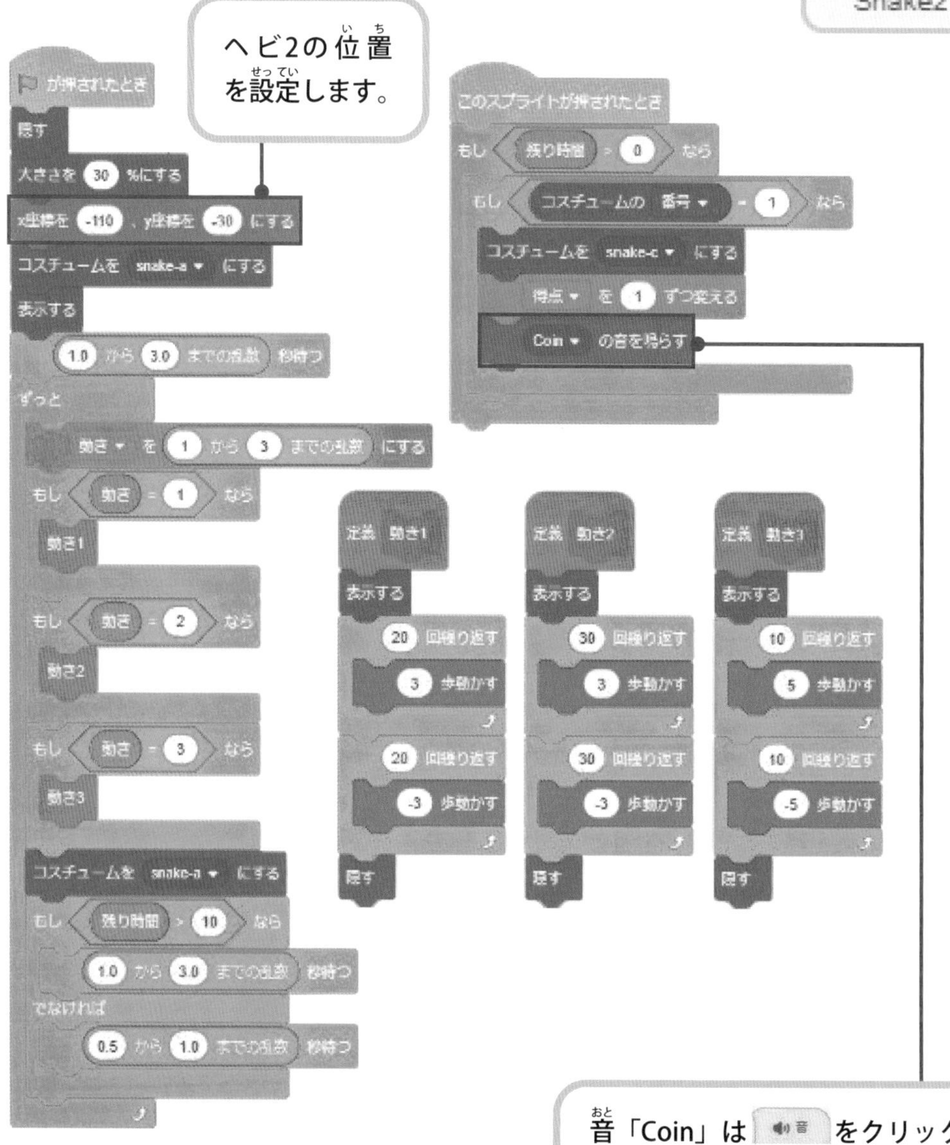

ローカル変数「動き」を作成します。ローカル変数「動き」はステージに表示しないので□に✓を入れないようにします。

変数を作る
動き

音「Coin」は 音 をクリックし、「音を選ぶ」から追加します。

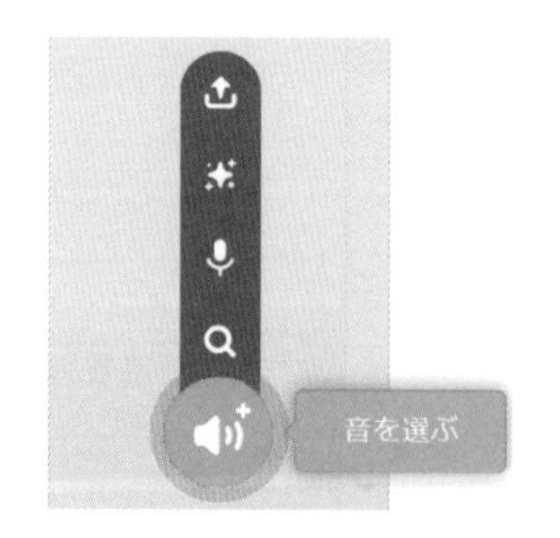

コード

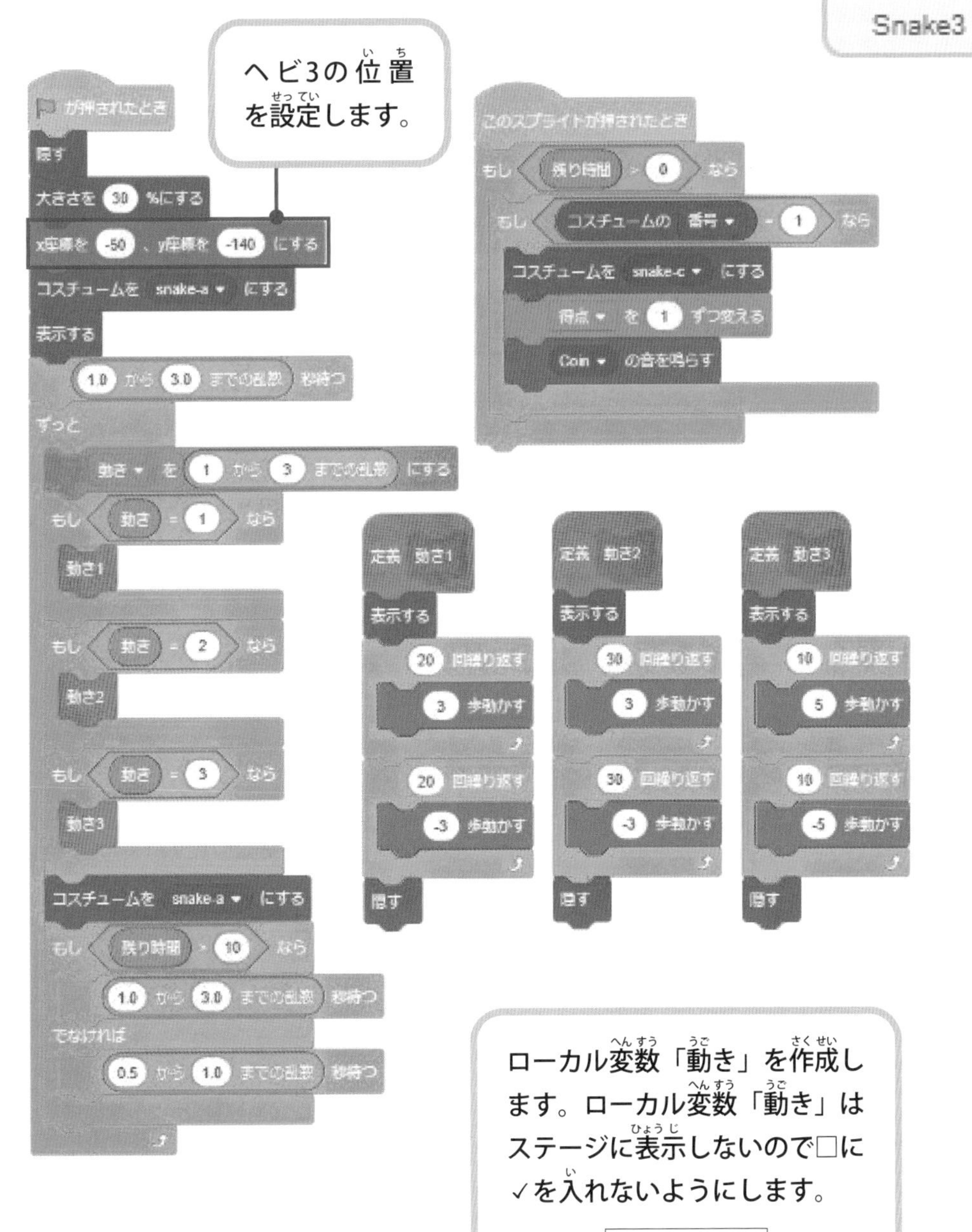

ローカル変数「動き」を作成します。ローカル変数「動き」はステージに表示しないので□に✓を入れないようにします。

コード

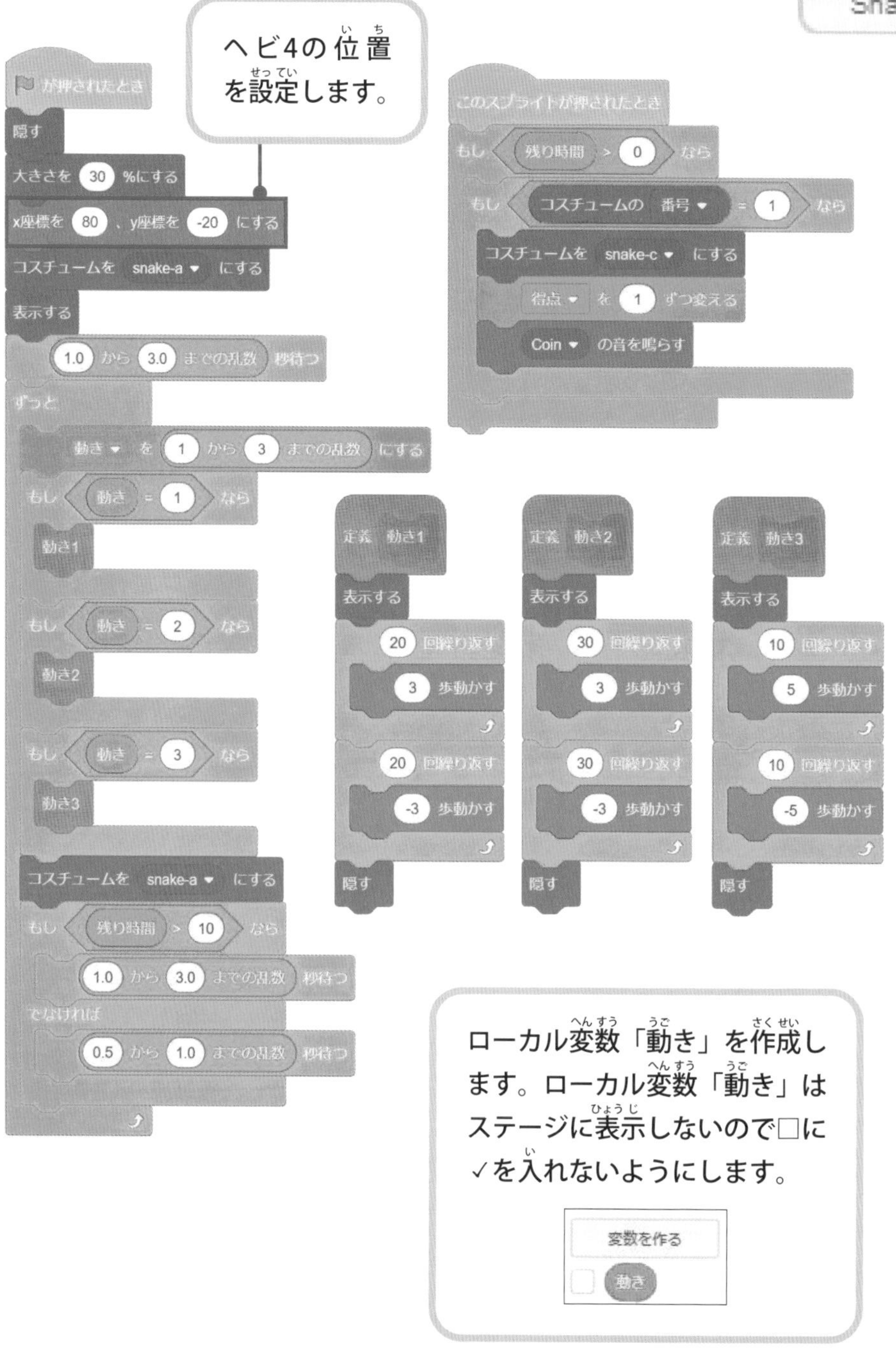
Snake4
ヘビ4の位置を設定します。
が押されたとき
隠す
大きさを 30 %にする
x座標を 80 、y座標を -20 にする
コスチュームを snake-a にする
表示する
1.0 から 3.0 までの乱数 秒待つ
ずっと
動き を 1 から 3 までの乱数 にする
もし 動き = 1 なら
動き1
もし 動き = 2 なら
動き2
もし 動き = 3 なら
動き3
コスチュームを snake-a にする
もし 残り時間 > 10 なら
1.0 から 3.0 までの乱数 秒待つ
でなければ
0.5 から 1.0 までの乱数 秒待つ
このスプライトが押されたとき
もし 残り時間 > 0 なら
もし コスチュームの 番号 = 1 なら
コスチュームを snake-c にする
得点 を 1 ずつ変える
Coin の音を鳴らす
定義 動き1
表示する
20 回繰り返す
3 歩動かす
20 回繰り返す
-3 歩動かす
隠す
定義 動き2
表示する
30 回繰り返す
3 歩動かす
30 回繰り返す
-3 歩動かす
隠す
定義 動き3
表示する
10 回繰り返す
5 歩動かす
10 回繰り返す
-5 歩動かす
隠す
ローカル変数「動き」を作成します。ローカル変数「動き」はステージに表示しないので□に✓を入れないようにします。
変数を作る
動き

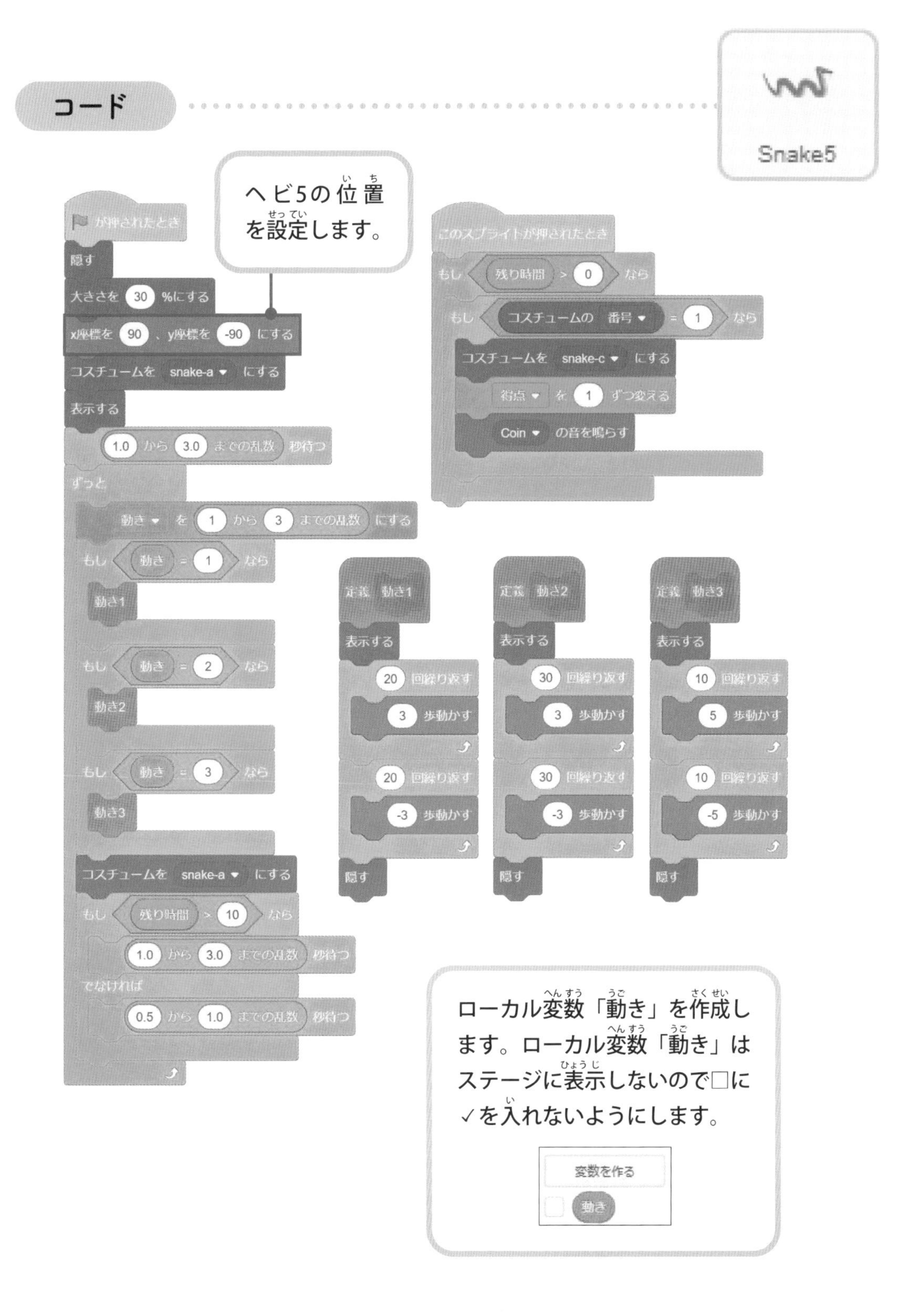
コード
Snake5
ヘビ5の位置を設定します。
が押されたとき
隠す
大きさを 30 %にする
x座標を 90 、y座標を -90 にする
コスチュームを snake-a にする
表示する
1.0 から 3.0 までの乱数 秒待つ
ずっと
動き を 1 から 3 までの乱数 にする
もし 動き = 1 なら
動き1
もし 動き = 2 なら
動き2
もし 動き = 3 なら
動き3
コスチュームを snake-a にする
もし 残り時間 > 10 なら
1.0 から 3.0 までの乱数 秒待つ
でなければ
0.5 から 1.0 までの乱数 秒待つ
このスプライトが押されたとき
もし 残り時間 > 0 なら
もし コスチュームの 番号 = 1 なら
コスチュームを snake-c にする
得点 を 1 ずつ変える
Coin の音を鳴らす
定義 動き1
表示する
20 回繰り返す
3 歩動かす
20 回繰り返す
-3 歩動かす
隠す
定義 動き2
表示する
30 回繰り返す
3 歩動かす
30 回繰り返す
-3 歩動かす
隠す
定義 動き3
表示する
10 回繰り返す
5 歩動かす
10 回繰り返す
-5 歩動かす
隠す
ローカル変数「動き」を作成します。ローカル変数「動き」はステージに表示しないので□に✓を入れないようにします。
変数を作る
動き

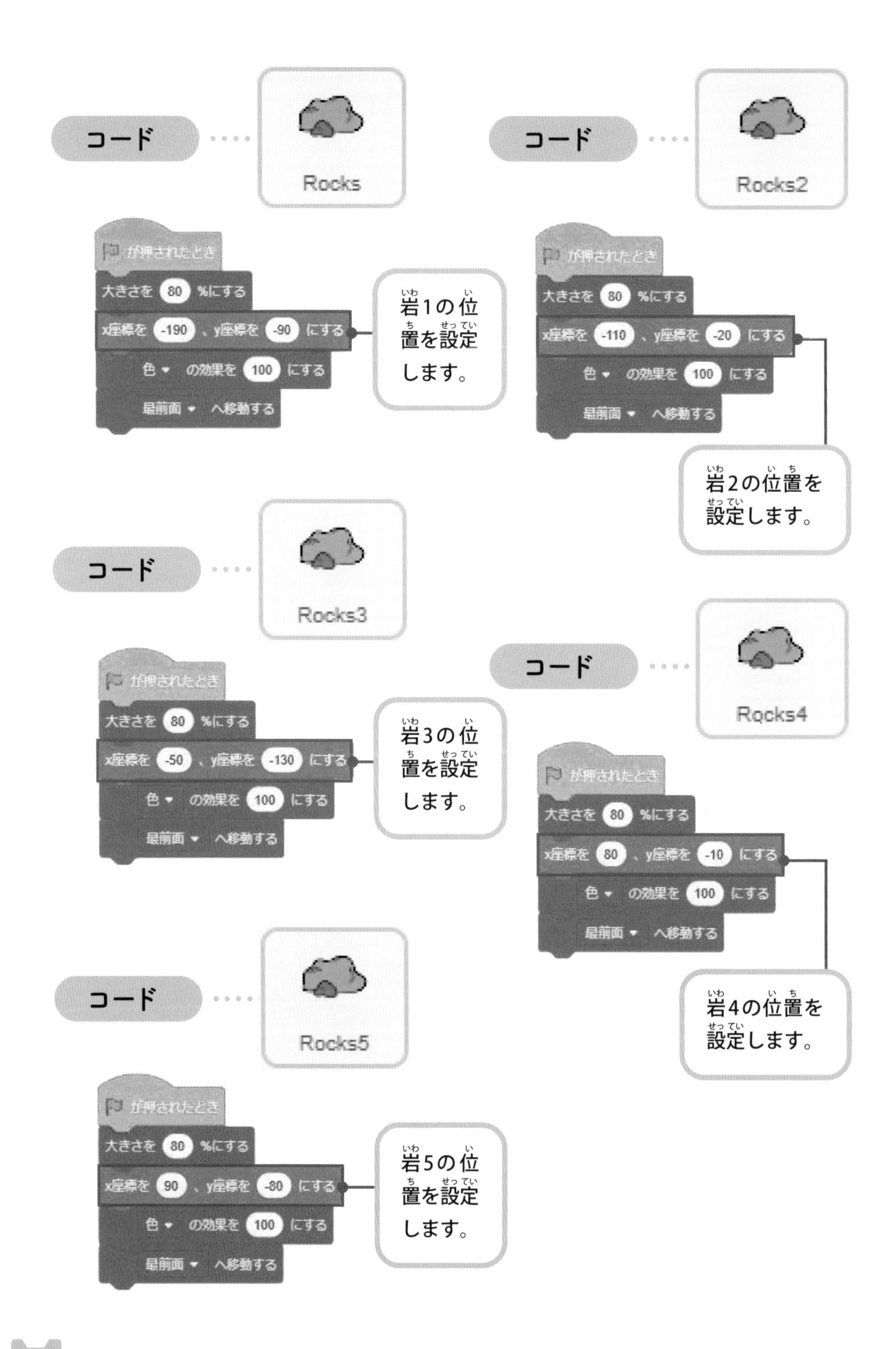
コード
Rocks
が押されたとき
大きさを 80 %にする
x座標を -190 、y座標を -90 にする
色 の効果を 100 にする
最前面 へ移動する
岩1の位置を設定します。
コード
Rocks2
が押されたとき
大きさを 80 %にする
x座標を -110 、y座標を -20 にする
色 の効果を 100 にする
最前面 へ移動する
岩2の位置を設定します。
コード
Rocks3
が押されたとき
大きさを 80 %にする
x座標を -50 、y座標を -130 にする
色 の効果を 100 にする
最前面 へ移動する
岩3の位置を設定します。
コード
Rocks4
が押されたとき
大きさを 80 %にする
x座標を 80 、y座標を -10 にする
色 の効果を 100 にする
最前面 へ移動する
岩4の位置を設定します。
コード
Rocks5
が押されたとき
大きさを 80 %にする
x座標を 90 、y座標を -80 にする
色 の効果を 100 にする
最前面 へ移動する
岩5の位置を設定します。

技術｜処理をまとめる

複数のブロックなどから成る処理をまとめることができます。処理をまとめたものを、関数、サブルーチンといいます。処理をまとめる場合は、「ブロック定義」のブロックを作成して行います。「ブロック定義」のブロックは次のように作成します。

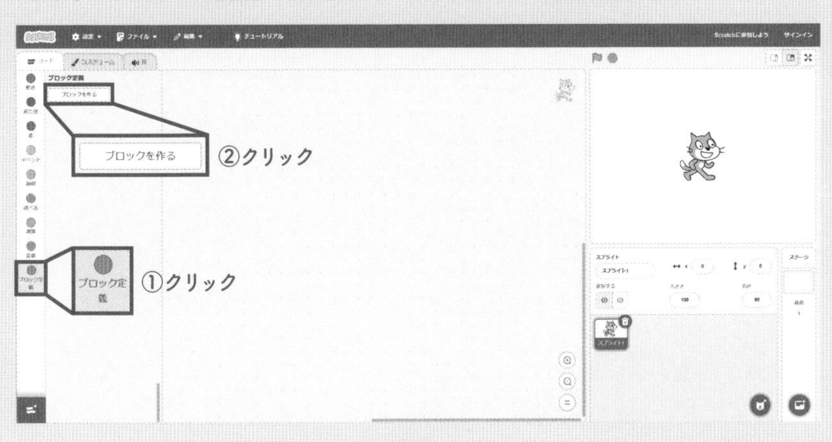

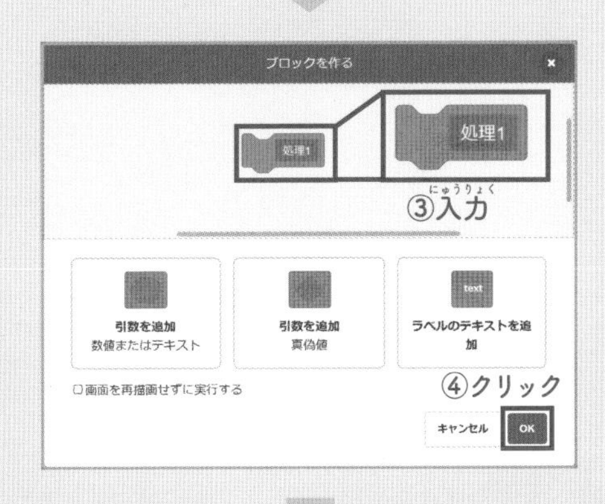

フラグ　24_ロボット迎撃シューティングゲーム.sb3

GAME 24

ロボット迎撃シューティングゲーム

ゲームの概要

宇宙空間でロボットが弾を撃って攻撃してきます。たまにボスも出現して弾を撃って攻撃してきます。宇宙船を操作してロボットに弾を当てます。弾がロボットに当たると得点されます。ロボットやロボットが撃った弾に当たるとライフが減ります。ライフが0になるとゲームオーバーです。

ステージの動き

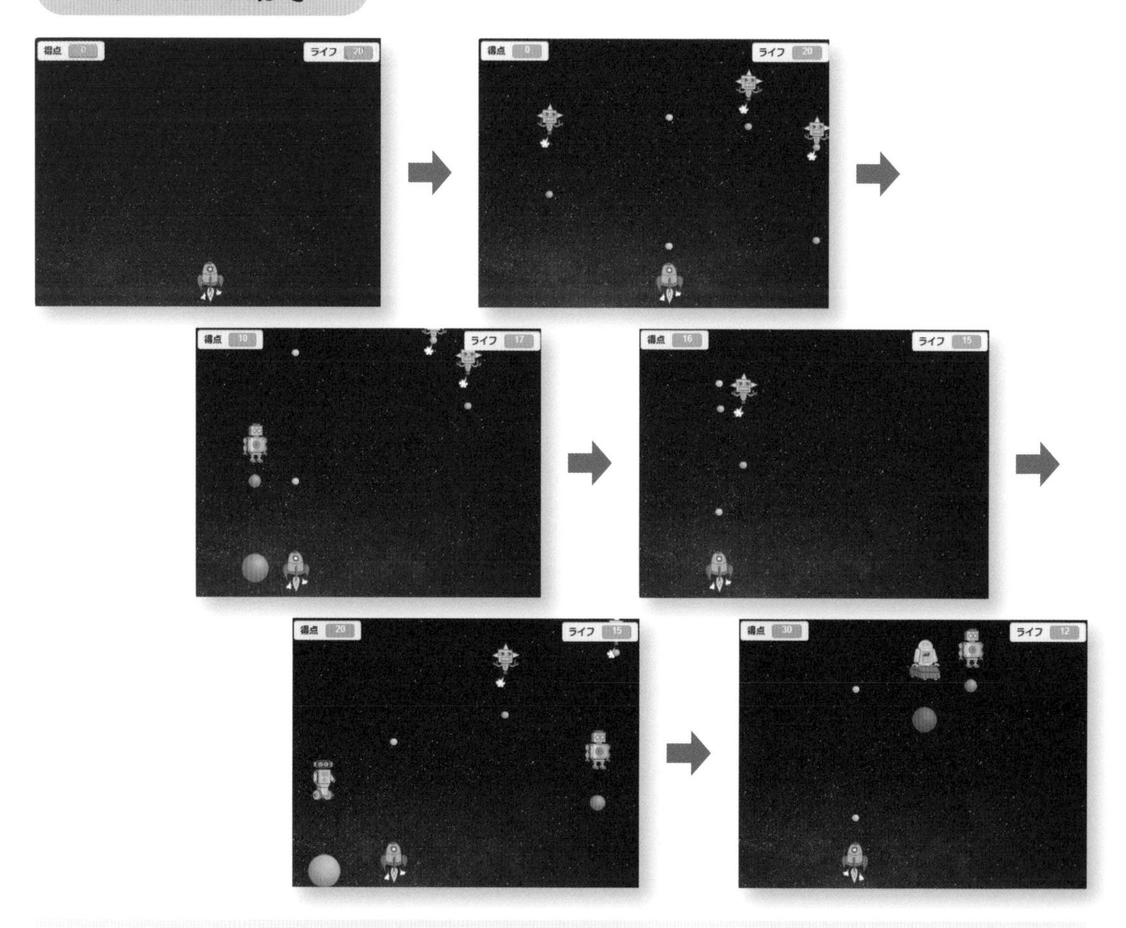

※ゲームの実行は全画面表示で行ってください（35ページ参照）。

※ゲームは ボタンをクリックまたはタップして開始してください（28ページ参照）。

操作方法

パソコンの場合

宇宙船を動かす
マウスを左右に動かします。

弾を発射する
自動的に発射されます。

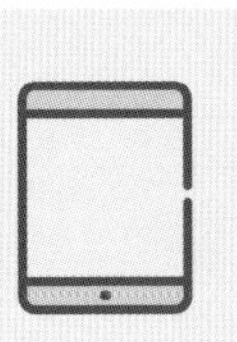

タブレットの場合

宇宙船を動かす
指を左右に動かします。

弾を発射する
自動的に発射されます。

使用背景

Stars

使用スプライトと役割・動き

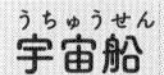

宇宙船

jiki

役割
弾を発射してロボットを倒します。
動き
左右に動き弾を発射します。

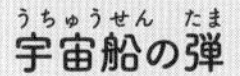

宇宙船の弾

jiki tama

役割
宇宙船から発射される弾になります。
動き
上に向かってまっすぐ動きます。

敵1

teki1

役割
弾を撃って宇宙船を襲ってきます。
動き
下に向かってまっすぐ動きます。

敵1の弾

teki1-tama

役割
敵1から発射される弾になります。
動き
下に向かってまっすぐ動きます。

敵2

teki2

役割
弾を撃って宇宙船を襲ってきます。
動き
下に向かってまっすぐ動き弾を撃ちます。

敵2の弾

teki2-tama

役割
敵2から発射される弾になります。
動き
下に向かってまっすぐ動きます。

敵3

teki3

役割
弾を撃って宇宙船を襲ってきます。
動き
下に向かってまっすぐ動き弾を撃ちます。

敵3の弾

teki3-tama

役割
敵3から発射される弾になります。
動き
下に向かってまっすぐ動きます。

ボス1

boss1

役割
弾を撃って宇宙船を襲ってきます。
動き
下に向かってまっすぐ動き弾を撃ちます。

ボス1の弾

boss1-tama

役割
ボス1から発射される弾になります。
動き
下に向かってまっすぐ動きます。

ボス2

boss2

役割
弾を撃って宇宙船を襲ってきます。
動き
下に向かってまっすぐ動き弾を撃ちます。

ボス2の弾

Boss2-tama

役割
ボス2から発射される弾になります。
動き
下に向かってまっすぐ動きます。

ボス3

boss3

役割
弾を撃って宇宙船を襲ってきます。
動き
下に向かってまっすぐ動き弾を撃ちます。

ボス3の弾

boss3-tama

役割
ボス3から発射される弾になります。
動き
下に向かってまっすぐ動きます。

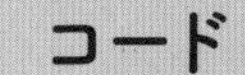

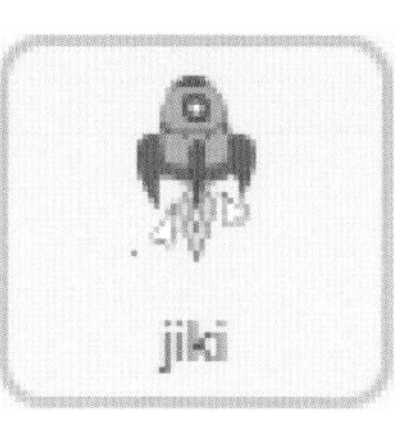

得点を初期化（0に）します。

ライフを初期化（20に）します。

ライフが0以下（1未満）になったらゲーム終了にします。ロボットに当たった場合や、ロボットの弾が同時に複数当たった場合はライフが1度に2以上減るため、ライフはマイナスの値になる場合があります。そのため、ゲーム終了の条件を、ライフが0以下の場合にするため、「ライフ=0」とせず、「ライフ<1」とします。

コード

```
が押されたとき
隠す
大きさを 20 %にする
ずっと
  自分自身 のクローンを作る
  0.5 秒待つ
```

```
クローンされたとき
jiki へ行く
表示する
ずっと
  y座標を 10 ずつ変える
  もし 端 に触れた なら
    このクローンを削除する
```

変数を作成します。変数「ライフ」と変数「得点」はステージに表示するので、□に✓を入れます。それ以外の変数はステージに表示しないので✓を入れないようにします。

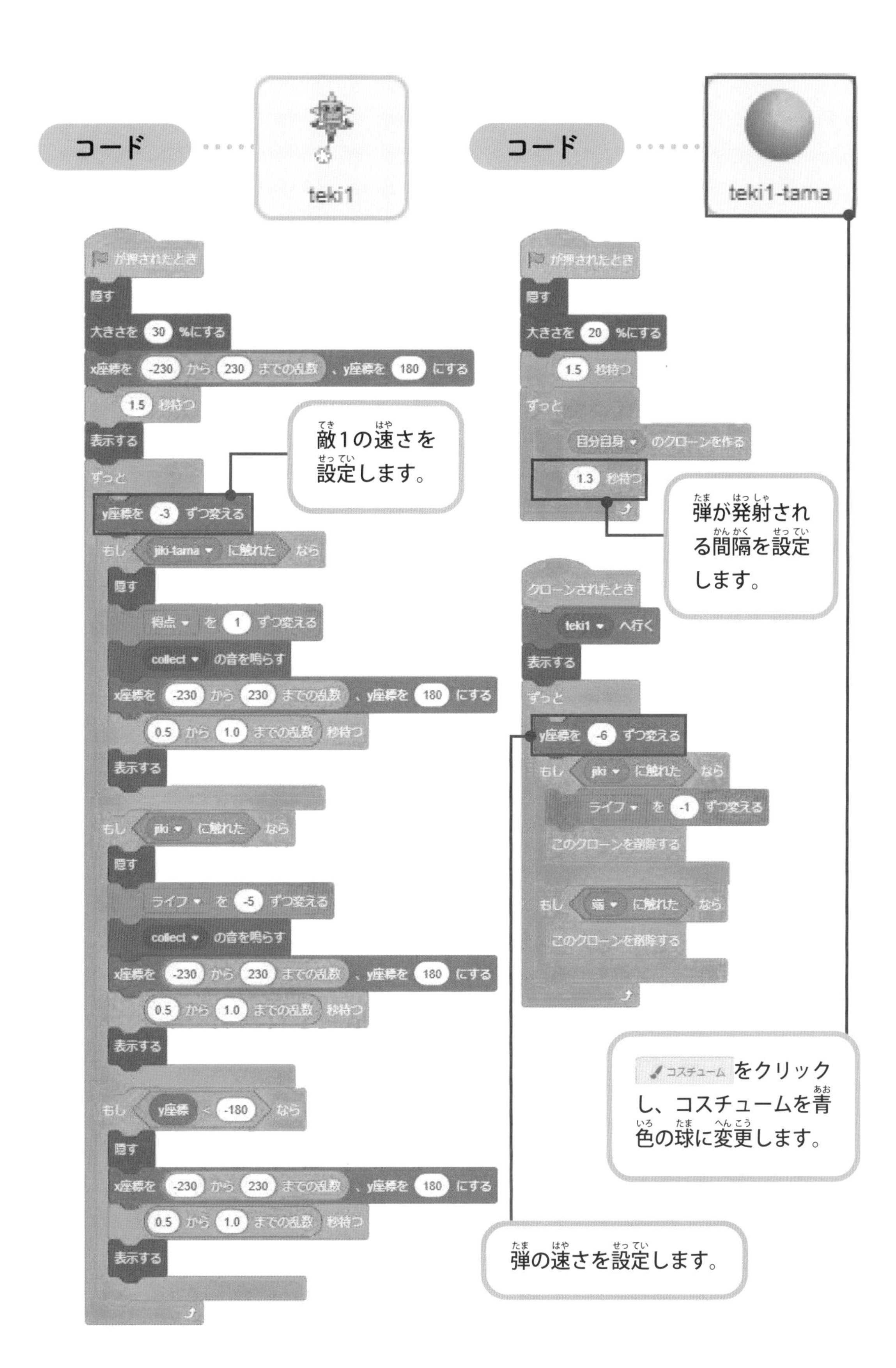
コード
teki1
コード
teki1-tama
が押されたとき
隠す
大きさを 30 %にする
x座標を -230 から 230 までの乱数 、y座標を 180 にする
1.5 秒待つ
表示する
ずっと
y座標を -3 ずつ変える
もし jiki-tama に触れた なら
隠す
得点 を 1 ずつ変える
collect の音を鳴らす
x座標を -230 から 230 までの乱数 、y座標を 180 にする
0.5 から 1.0 までの乱数 秒待つ
表示する
もし jiki に触れた なら
隠す
ライフ を -5 ずつ変える
collect の音を鳴らす
x座標を -230 から 230 までの乱数 、y座標を 180 にする
0.5 から 1.0 までの乱数 秒待つ
表示する
もし y座標 < -180 なら
隠す
x座標を -230 から 230 までの乱数 、y座標を 180 にする
0.5 から 1.0 までの乱数 秒待つ
表示する
敵1の速さを設定します。
が押されたとき
隠す
大きさを 20 %にする
1.5 秒待つ
ずっと
自分自身 のクローンを作る
1.3 秒待つ
弾が発射される間隔を設定します。
クローンされたとき
teki1 へ行く
表示する
ずっと
y座標を -6 ずつ変える
もし jiki に触れた なら
ライフ を -1 ずつ変える
このクローンを削除する
もし 端 に触れた なら
このクローンを削除する
コスチューム をクリックし、コスチュームを青色の球に変更します。
弾の速さを設定します。

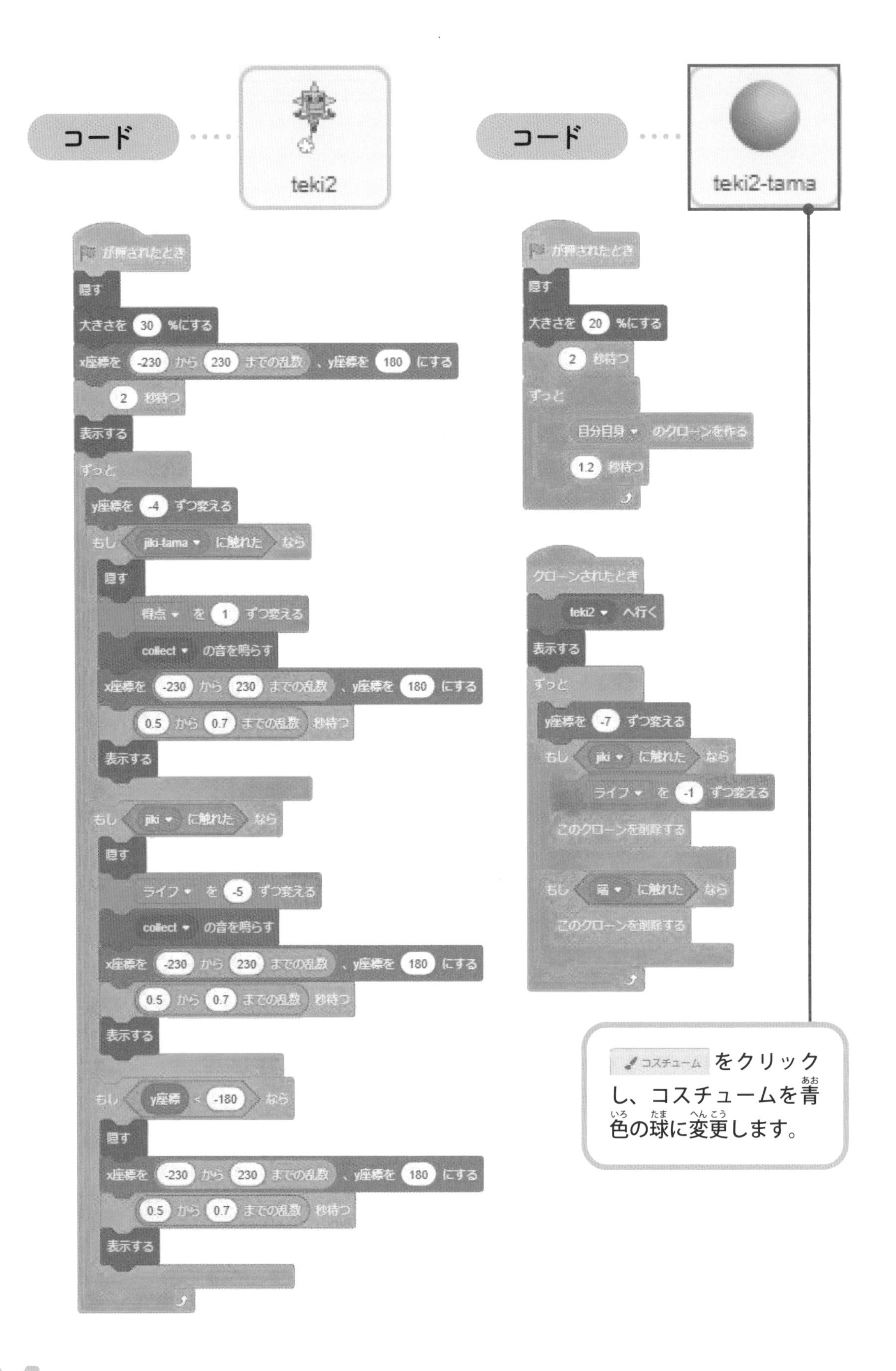

コード
teki2
コード
teki2-tama
が押されたとき
隠す
大きさを 30 %にする
x座標を -230 から 230 までの乱数 、y座標を 180 にする
2 秒待つ
表示する
ずっと
y座標を -4 ずつ変える
もし jiki-tama に触れた なら
隠す
得点 を 1 ずつ変える
collect の音を鳴らす
x座標を -230 から 230 までの乱数 、y座標を 180 にする
0.5 から 0.7 までの乱数 秒待つ
表示する
もし jiki に触れた なら
隠す
ライフ を -5 ずつ変える
collect の音を鳴らす
x座標を -230 から 230 までの乱数 、y座標を 180 にする
0.5 から 0.7 までの乱数 秒待つ
表示する
もし y座標 < -180 なら
隠す
x座標を -230 から 230 までの乱数 、y座標を 180 にする
0.5 から 0.7 までの乱数 秒待つ
表示する
が押されたとき
隠す
大きさを 20 %にする
2 秒待つ
ずっと
自分自身 のクローンを作る
1.2 秒待つ
クローンされたとき
teki2 へ行く
表示する
ずっと
y座標を -7 ずつ変える
もし jiki に触れた なら
ライフ を -1 ずつ変える
このクローンを削除する
もし 端 に触れた なら
このクローンを削除する
コスチューム をクリックし、コスチュームを青色の球に変更します。

コード …… teki3

コード …… teki3-tama

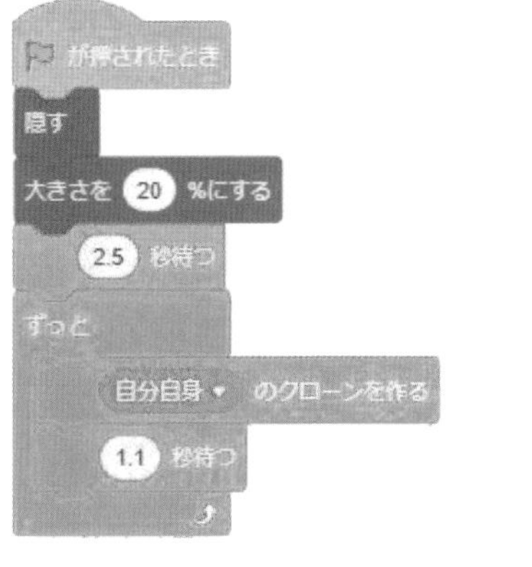

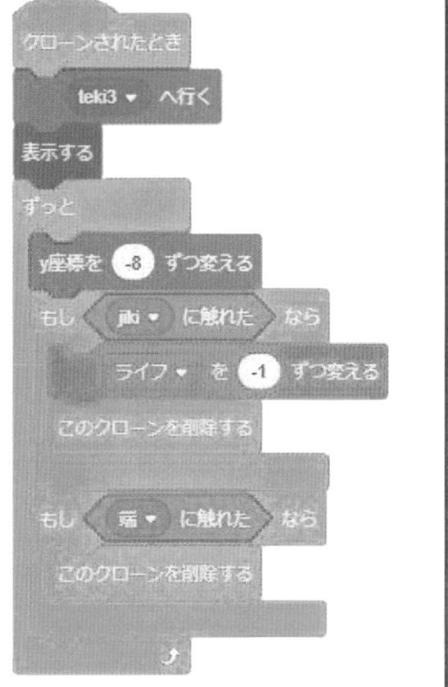

コスチューム をクリックし、コスチュームを青色の球に変更します。

ボス1のフラグを初期化（0に）します。

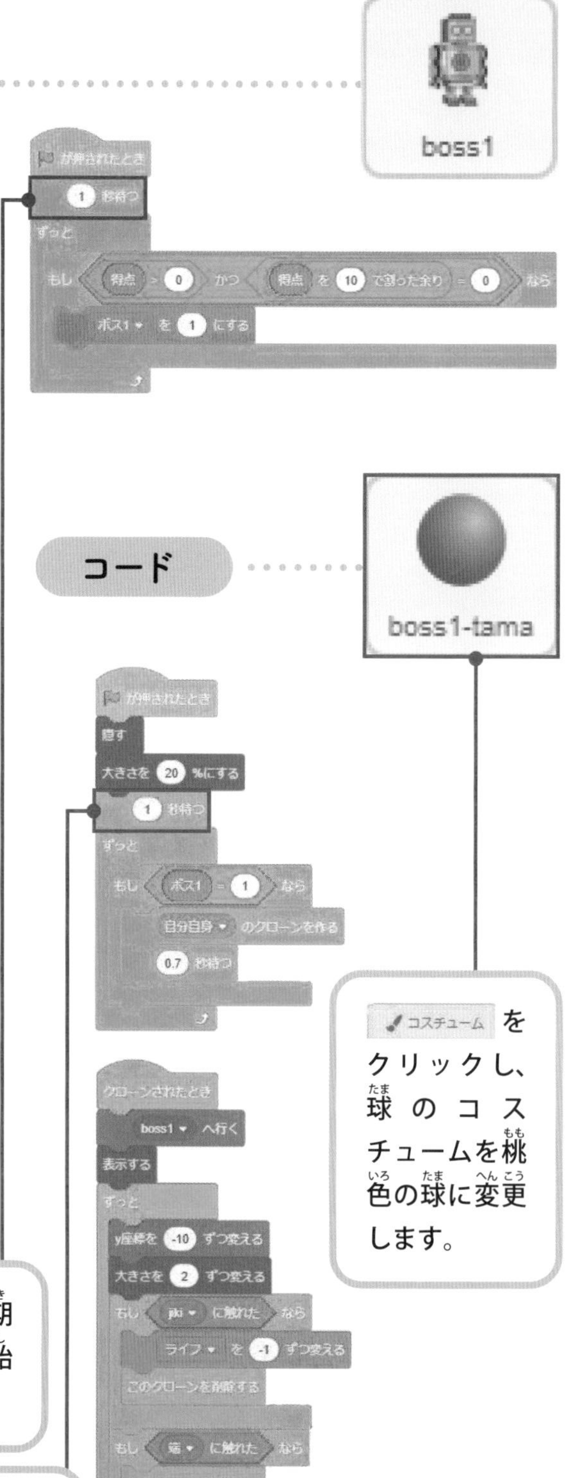

コスチューム をクリックし、球のコスチュームを桃色の球に変更します。

変数「ボス1」と変数「得点」が初期化されてから「ずっと」の処理が開始されるようにするため少し待ちます。

変数「ボス1」が初期化されてから処理が開始されるようにするため少し待ちます。

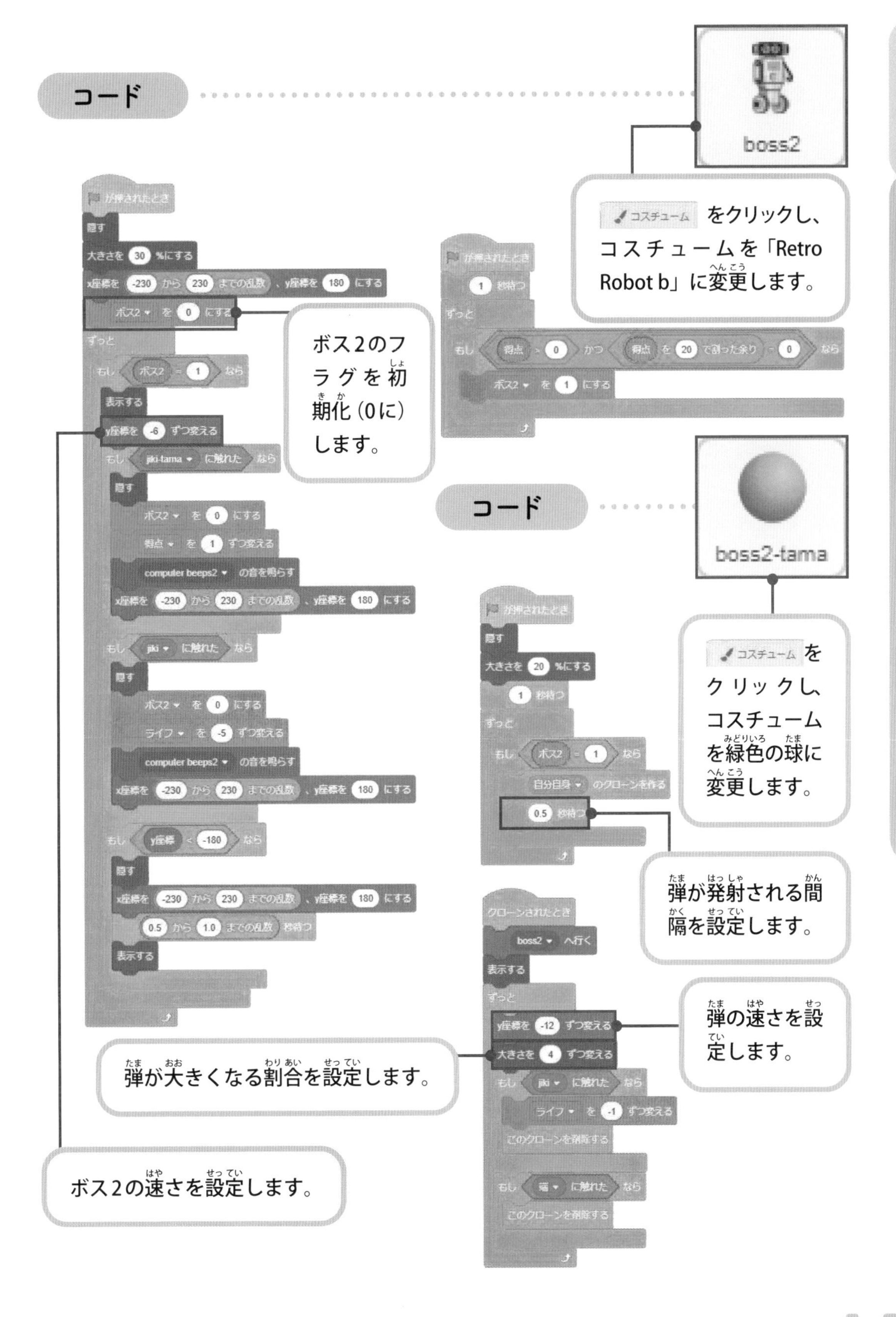
コード
boss2
コスチューム をクリックし、コスチュームを「Retro Robot b」に変更します。
が押されたとき
隠す
大きさを 30 %にする
x座標を -230 から 230 までの乱数 、y座標を 180 にする
ボス2 を 0 にする
ずっと
もし ボス2 = 1 なら
表示する
y座標を -6 ずつ変える
もし jiki-tama に触れた なら
隠す
ボス2 を 0 にする
得点 を 1 ずつ変える
computer beeps2 の音を鳴らす
x座標を -230 から 230 までの乱数 、y座標を 180 にする
もし jiki に触れた なら
隠す
ボス2 を 0 にする
ライフ を -5 ずつ変える
computer beeps2 の音を鳴らす
x座標を -230 から 230 までの乱数 、y座標を 180 にする
もし y座標 < -180 なら
隠す
x座標を -230 から 230 までの乱数 、y座標を 180 にする
0.5 から 1.0 までの乱数 秒待つ
表示する
ボス2のフラグを初期化（0に）します。
が押されたとき
1 秒待つ
ずっと
もし 得点 > 0 かつ 得点 を 20 で割った余り = 0 なら
ボス2 を 1 にする
ボス2の速さを設定します。
コード
boss2-tama
コスチューム をクリックし、コスチュームを緑色の球に変更します。
が押されたとき
隠す
大きさを 20 %にする
1 秒待つ
ずっと
もし ボス2 = 1 なら
自分自身 のクローンを作る
0.5 秒待つ
弾が発射される間隔を設定します。
クローンされたとき
boss2 へ行く
表示する
ずっと
y座標を -12 ずつ変える
大きさを 4 ずつ変える
もし jiki に触れた なら
ライフ を -1 ずつ変える
このクローンを削除する
もし 端 に触れた なら
このクローンを削除する
弾の速さを設定します。
弾が大きくなる割合を設定します。

boss3

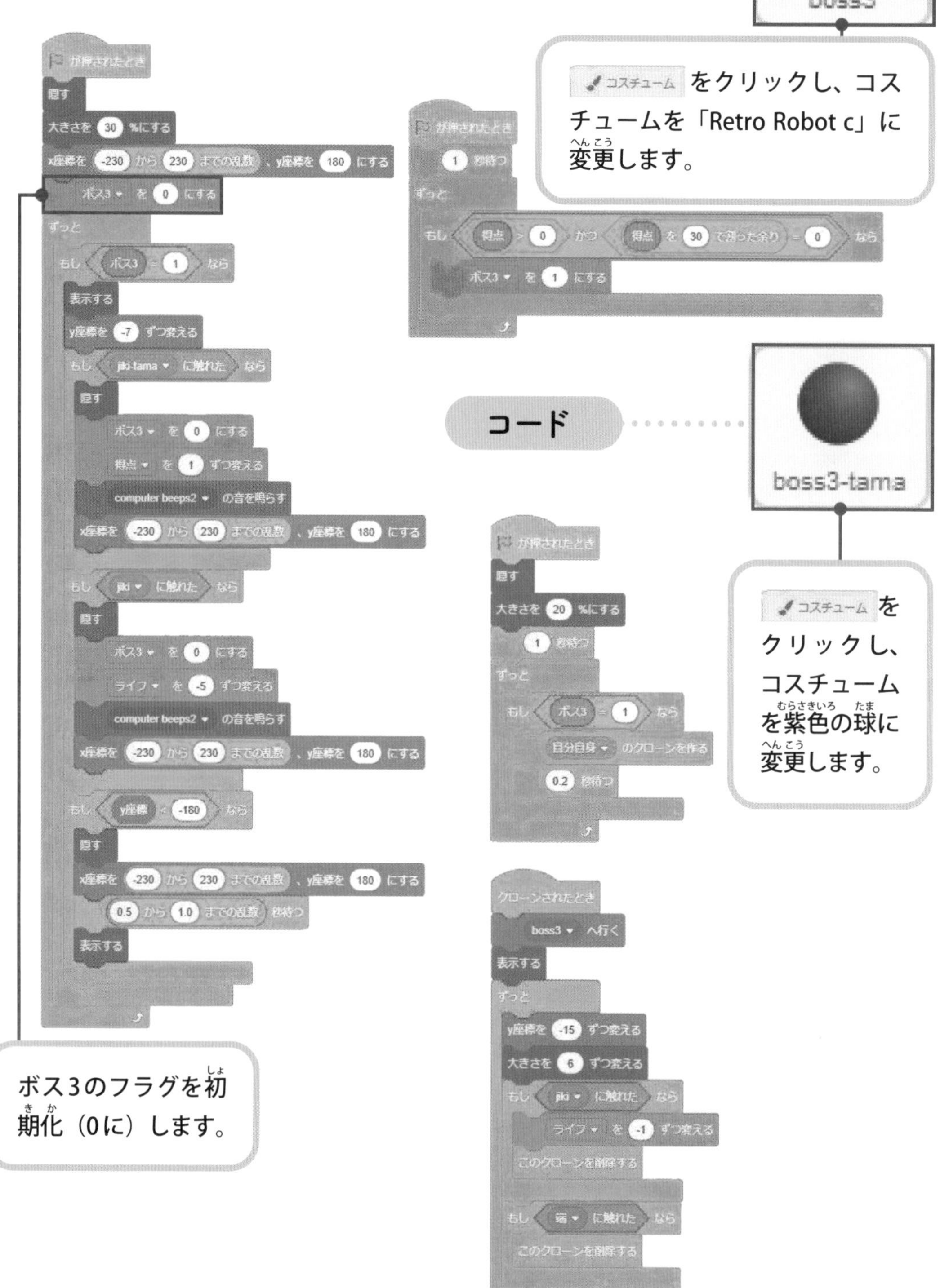
コード
コスチューム をクリックし、コスチュームを「Retro Robot c」に変更します。
が押されたとき
隠す
大きさを 30 %にする
x座標を -230 から 230 までの乱数 、y座標を 180 にする
ボス3 を 0 にする
ずっと
もし ボス3 = 1 なら
表示する
y座標を -7 ずつ変える
もし jiki-tama に触れた なら
隠す
ボス3 を 0 にする
得点 を 1 ずつ変える
computer beeps2 の音を鳴らす
x座標を -230 から 230 までの乱数 、y座標を 180 にする
もし jiki に触れた なら
隠す
ボス3 を 0 にする
ライフ を -5 ずつ変える
computer beeps2 の音を鳴らす
x座標を -230 から 230 までの乱数 、y座標を 180 にする
もし y座標 < -180 なら
隠す
x座標を -230 から 230 までの乱数 、y座標を 180 にする
0.5 から 1.0 までの乱数 秒待つ
表示する
ボス3のフラグを初期化（0に）します。
が押されたとき
1 秒待つ
ずっと
もし 得点 > 0 かつ 得点 を 30 で割った余り = 0 なら
ボス3 を 1 にする
コード
boss3-tama
コスチューム をクリックし、コスチュームを紫色の球に変更します。
が押されたとき
隠す
大きさを 20 %にする
1 秒待つ
ずっと
もし ボス3 = 1 なら
自分自身 のクローンを作る
0.2 秒待つ
クローンされたとき
boss3 へ行く
表示する
ずっと
y座標を -15 ずつ変える
大きさを 6 ずつ変える
もし jiki に触れた なら
ライフ を -1 ずつ変える
このクローンを削除する
もし 端 に触れた なら
このクローンを削除する

Point｜スプライト名の変更

スプライト名は必要に応じて変更することができます。スプライト名は次のようにして変更します。ここでは宇宙船のスプライト名を変更する例を示します。

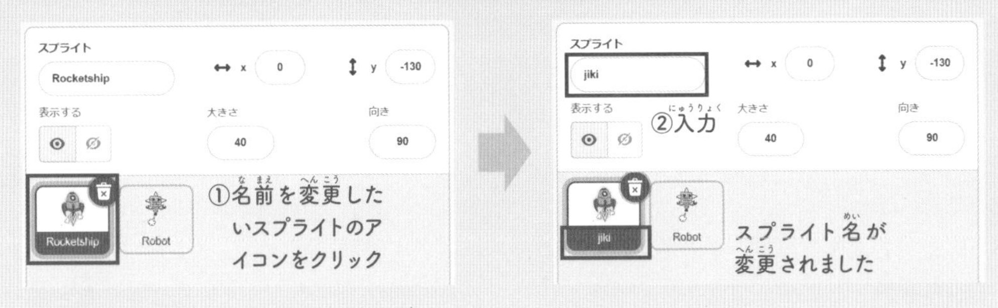

技術｜フラグ

あるものの状態を表すものをフラグといいます。フラグに示される状態により、処理を行うか否かを判断することができます。ここでは、ボスが条件を満たす場合にボスのフラグを1にします。ボスのフラグが1のときは、ボスが画面に表示されます。

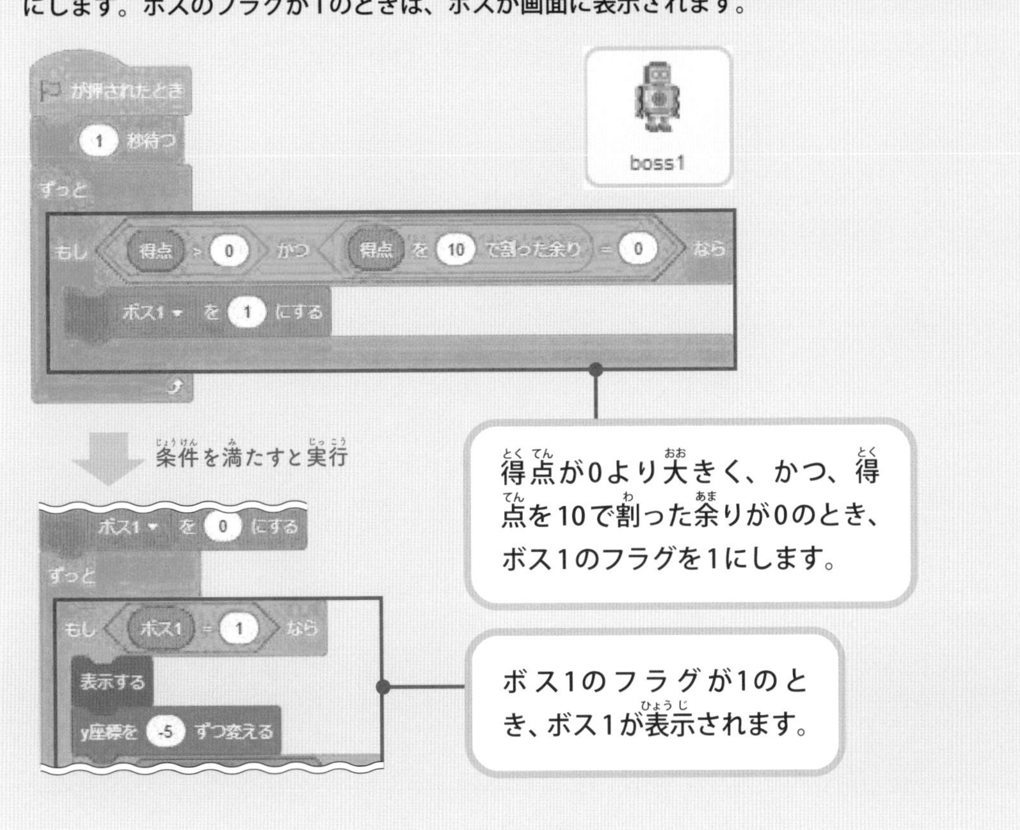

GAME 25 人魚の魚釣りゲーム

ゲームの概要

人魚が海の上でぷかぷか浮いています。魚が右からやってきます。タイミングを合わせてエサの付いた釣り糸を垂らします。エサが魚にうまく当たると魚を釣り上げることができます。魚を釣り上げると魚の種類に応じて得点されます。残り時間が0になるとゲーム終了です。

ステージの動き

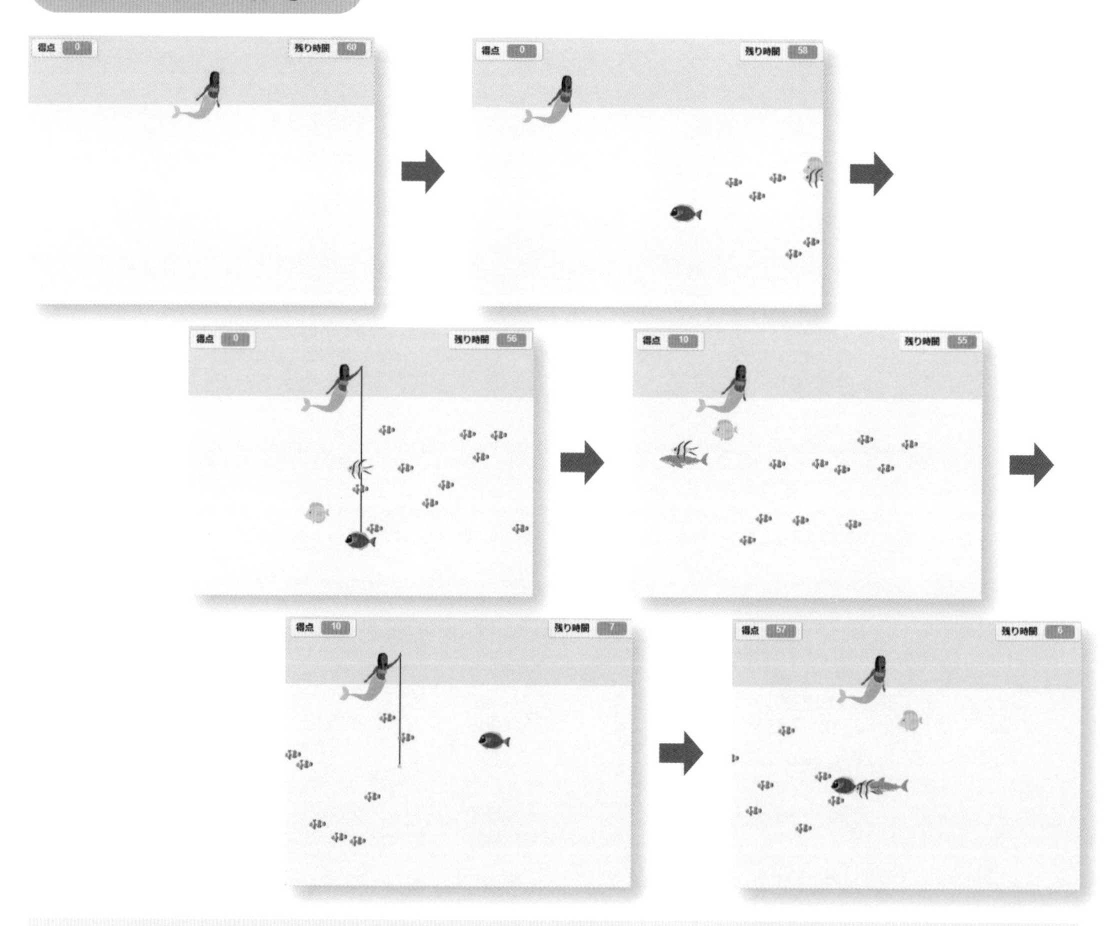

※ゲームの実行は全画面表示で行ってください（35ページ参照）。

※ゲームは ボタンをクリックまたはタップして開始してください（28ページ参照）。

操作方法

●パソコンの場合

人魚を動かす
マウスを左右に動かします。

釣り糸垂らす
マウスで人魚に触れます。

●タブレットの場合

人魚を動かす
指を左右に動かします。

釣り糸垂らす
指で人魚に触れます。

使用背景

背景
(ペイントエディターで自作)

使用スプライトと役割・動き

スプライト	名前	役割	動き
人魚	Mermaid	魚釣りをします。	左右に動きます。
エサ	Ball	魚を釣り上げるためのエサになります。	下に向かってまっすぐ動きます。
クマノミ	Fish	人魚の釣りの獲物になります。釣り上げられると得点を1増やします。	左に向かってまっすぐ動きます。
ナンヨウハギ	Fish2	人魚の釣りの獲物になります。釣り上げられると得点を10増やします。	左に向かってまっすぐ動きます。
テンジクダイ	Fish3	人魚の釣りの獲物になります。釣り上げられると得点を15増やします。	左に向かってまっすぐ動きます。
キイロハギ	Fish4	人魚の釣りの獲物になります。釣り上げられると得点を20増やします。	左に向かってまっすぐ動きます。
サメ	Shark	人魚の釣りの獲物になります。釣り上げられると得点を30増やします。	左に向かってまっすぐ動きます。

コード

Mermaid

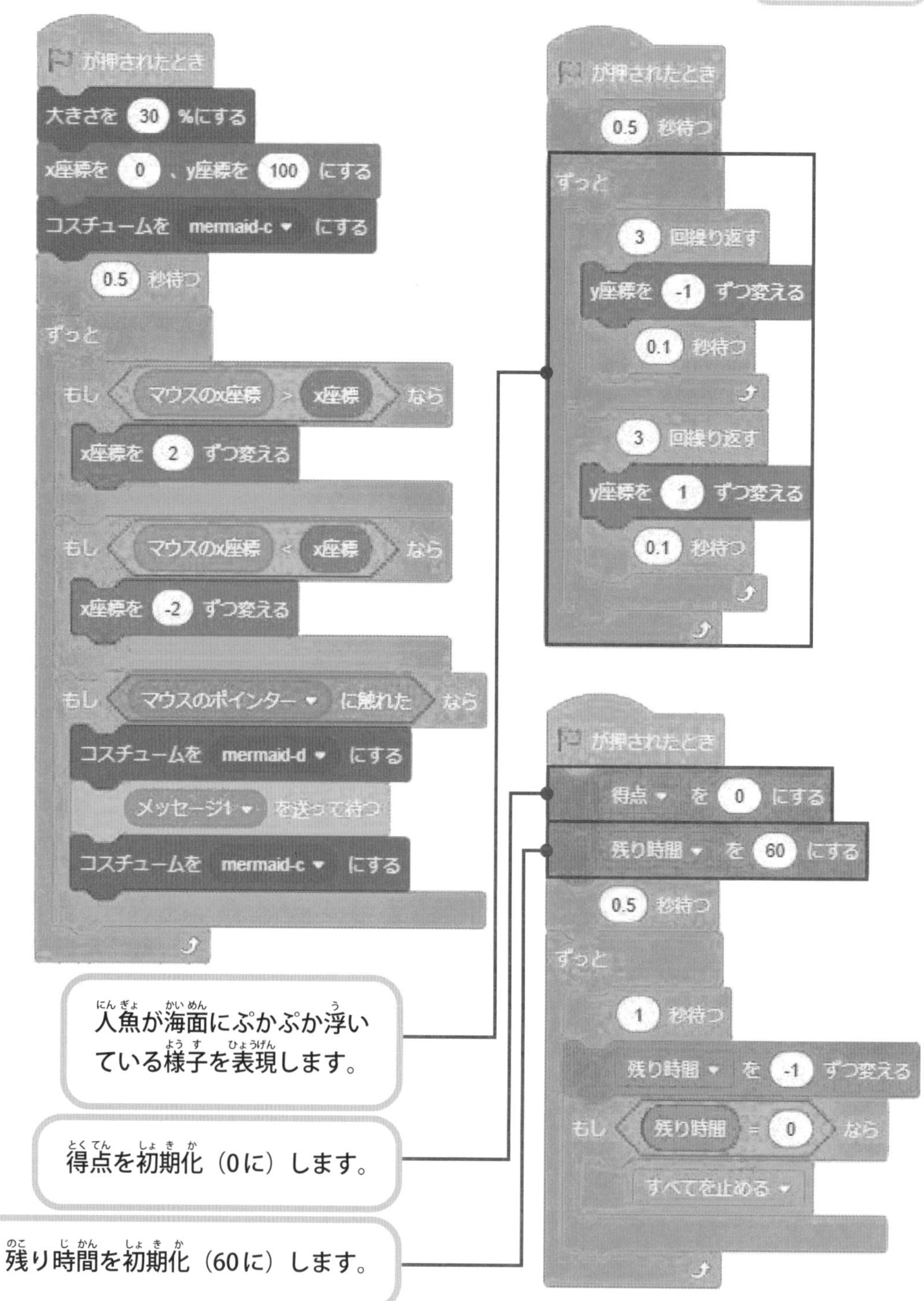
が押されたとき
大きさを 30 %にする
x座標を 0 、y座標を 100 にする
コスチュームを mermaid-c にする
0.5 秒待つ
ずっと
もし マウスのx座標 > x座標 なら
x座標を 2 ずつ変える
もし マウスのx座標 < x座標 なら
x座標を -2 ずつ変える
もし マウスのポインター に触れた なら
コスチュームを mermaid-d にする
メッセージ1 を送って待つ
コスチュームを mermaid-c にする
が押されたとき
0.5 秒待つ
ずっと
3 回繰り返す
y座標を -1 ずつ変える
0.1 秒待つ
3 回繰り返す
y座標を 1 ずつ変える
0.1 秒待つ
が押されたとき
得点 を 0 にする
残り時間 を 60 にする
0.5 秒待つ
ずっと
1 秒待つ
残り時間 を -1 ずつ変える
もし 残り時間 = 0 なら
すべてを止める
人魚が海面にぷかぷか浮いている様子を表現します。
得点を初期化（0に）します。
残り時間を初期化（60に）します。

コード

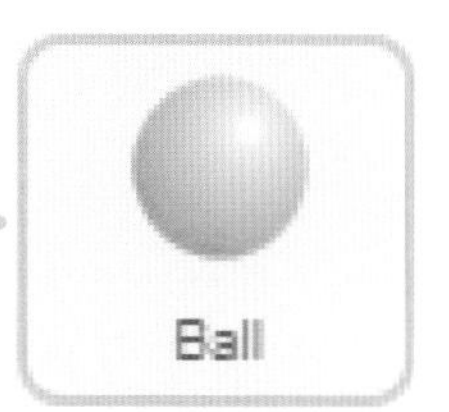

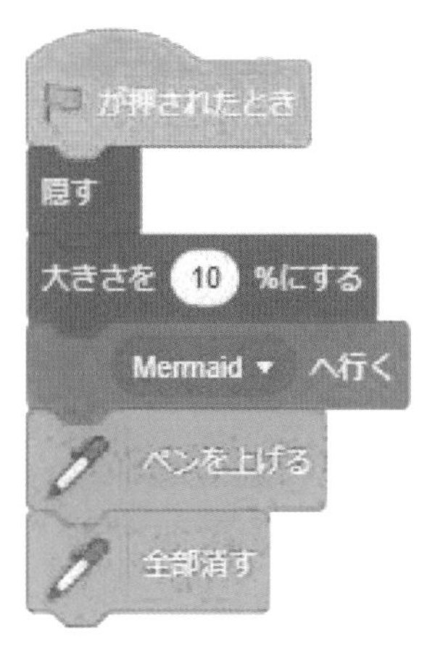

メッセージ1 ▾ を受け取ったとき
Mermaid ▾ へ行く
x座標を 41 ずつ変える
y座標を 28 ずつ変える
ペンの色を ● にする
ペンの太さを 1 にする
ペンを下ろす
表示する
端 ▾ に触れた まで繰り返す
y座標を -10 ずつ変える

ペンを上げる
全部消す
隠す

変数を作成します。変数はステージに表示するので、□に✓を入れます。

エサが海底に着くまで釣り糸を下ろし続けます。

エサが海底に着いたら、ペンの色を海中と同じ色にして引き揚げます。色は海水の部分をクリックして設定します。

エサが海上に着いたら、釣り糸とエサを消します。海上に着いたかは色により判定します。色は空の部分をクリックして設定します（123ページ参照）。

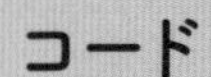

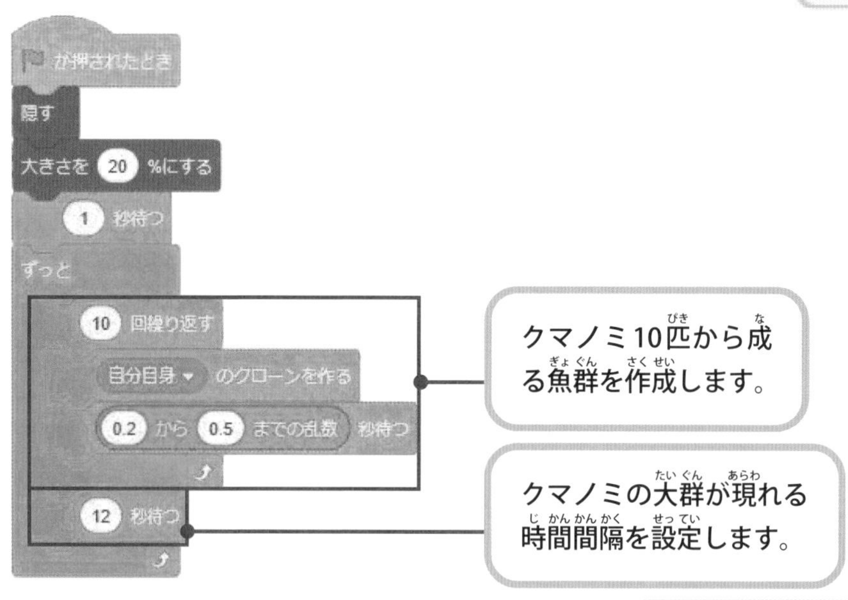

クマノミ10匹から成る魚群を作成します。

クマノミの大群が現れる時間間隔を設定します。

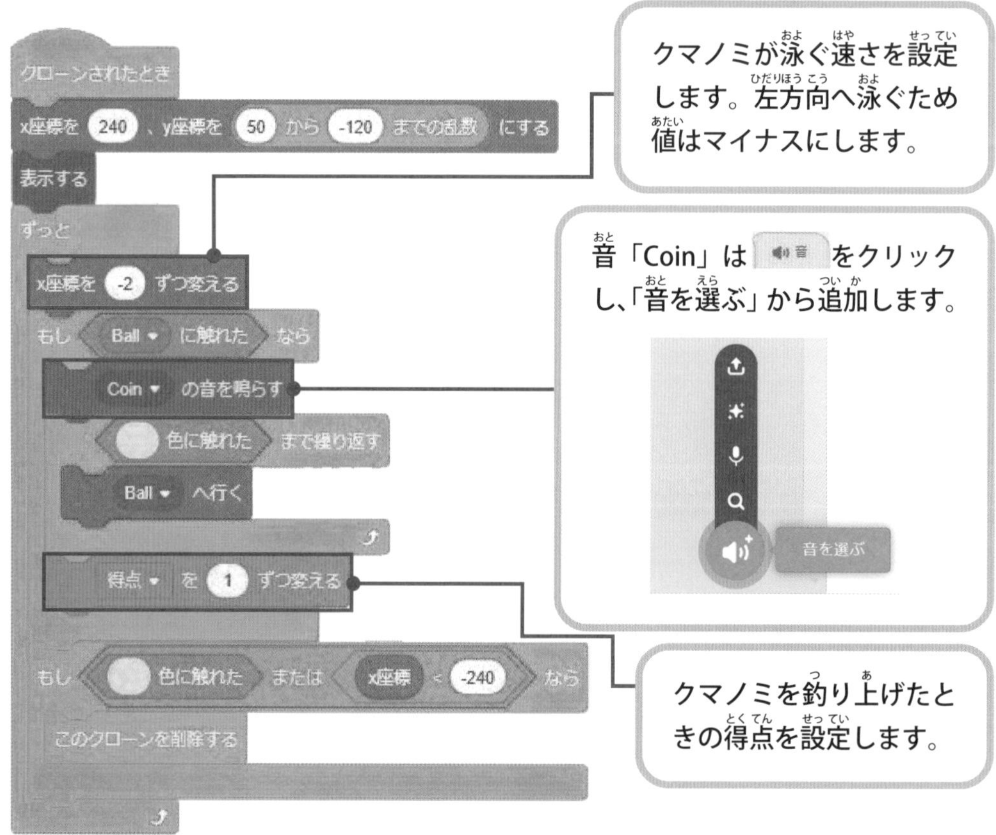

クマノミが泳ぐ速さを設定します。左方向へ泳ぐため値はマイナスにします。

音「Coin」は 音 をクリックし、「音を選ぶ」から追加します。

クマノミを釣り上げたときの得点を設定します。

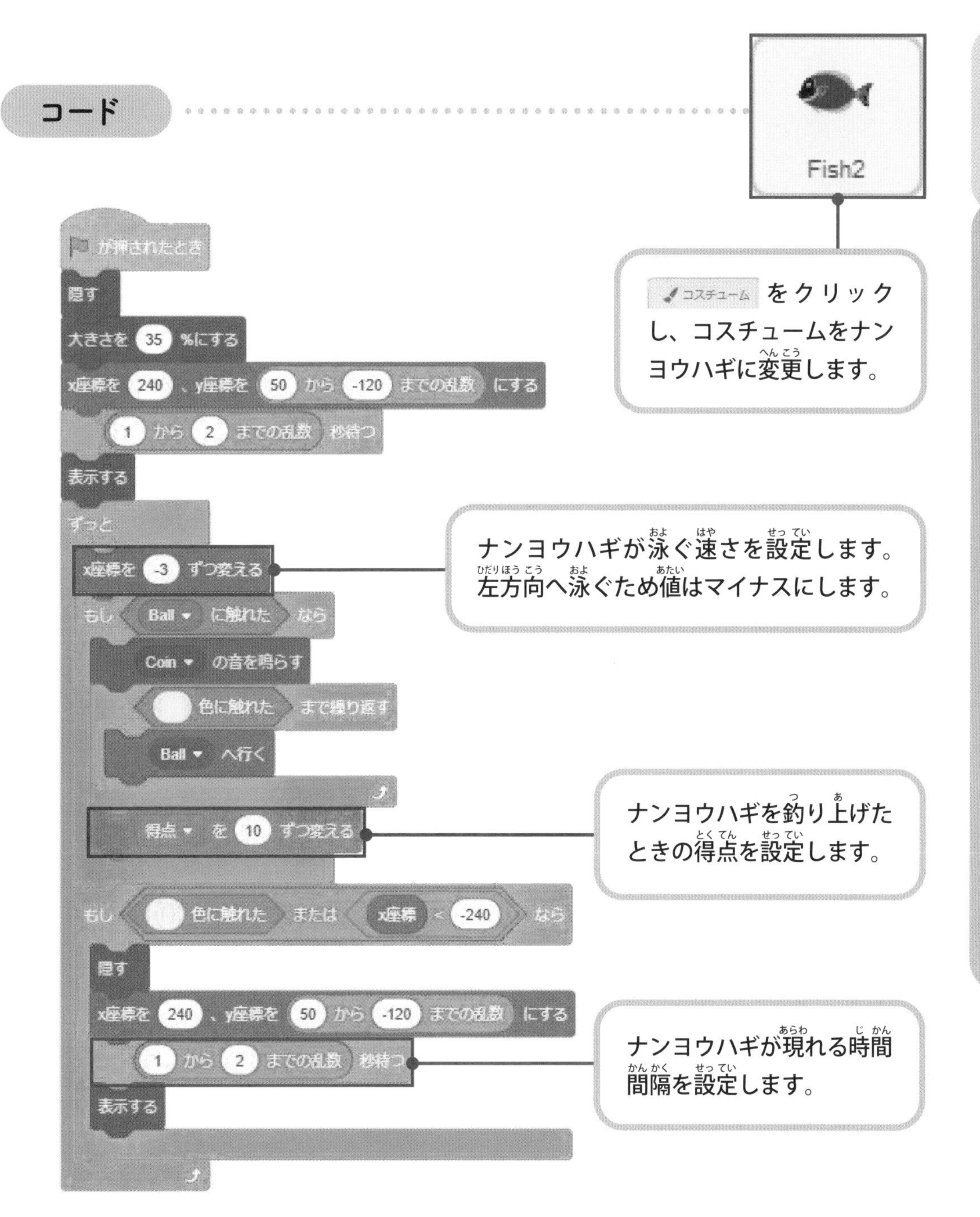

コード
Fish2
コスチューム をクリックし、コスチュームをナンヨウハギに変更します。
ナンヨウハギが泳ぐ速さを設定します。左方向へ泳ぐため値はマイナスにします。
ナンヨウハギを釣り上げたときの得点を設定します。
ナンヨウハギが現れる時間間隔を設定します。
が押されたとき
隠す
大きさを 35 %にする
x座標を 240 、y座標を 50 から -120 までの乱数 にする
1 から 2 までの乱数 秒待つ
表示する
ずっと
x座標を -3 ずつ変える
もし Ball に触れた なら
Coin の音を鳴らす
色に触れた まで繰り返す
Ball へ行く
得点 を 10 ずつ変える
もし 色に触れた または x座標 < -240 なら
隠す
x座標を 240 、y座標を 50 から -120 までの乱数 にする
1 から 2 までの乱数 秒待つ
表示する

コード
Fish3
コスチューム をクリックし、コスチュームをテンジクダイに変更します。
が押されたとき
隠す
大きさを 35 %にする
x座標を 240 、y座標を 50 から -120 までの乱数 にする
2 から 3 までの乱数 秒待つ
表示する
ずっと
x座標を -4 ずつ変える
テンジクダイが泳ぐ速さを設定します。左方向へ泳ぐため値はマイナスにします。
もし Ball に触れた なら
Coin の音を鳴らす
色に触れた まで繰り返す
Ball へ行く
得点 を 15 ずつ変える
テングダイを釣り上げたときの得点を設定します。
もし 色に触れた または x座標 < -240 なら
隠す
x座標を 240 、y座標を 50 から -120 までの乱数 にする
2 から 3 までの乱数 秒待つ
表示する
テンジクダイが現れる時間間隔を設定します。

コード
Fish4
コスチューム をクリックし、コスチュームをキイロハギに変更します。
が押されたとき
隠す
大きさを 35 %にする
x座標を 240 、y座標を 50 から -120 までの乱数 にする
3 から 4 までの乱数 秒待つ
表示する
ずっと
x座標を -5 ずつ変える
キイロハギが泳ぐ速さを設定します。左方向へ泳ぐため値はマイナスにします。
もし Ball に触れた なら
Coin の音を鳴らす
色に触れた まで繰り返す
Ball へ行く
得点 を 20 ずつ変える
キイロハギを釣り上げたときの得点を設定します。
もし 色に触れた または x座標 < -240 なら
隠す
x座標を 240 、y座標を 50 から -120 までの乱数 にする
3 から 4 までの乱数 秒待つ
キイロハギが現れる時間間隔を設定します。
表示する

コード

Shark

が押されたとき
隠す
大きさを 25 %にする
x座標を 240 、y座標を 50 から -120 までの乱数 にする
5 から 6 までの乱数 秒待つ
表示する
ずっと
x座標を -10 ずつ変える
もし Ball に触れた なら
Coin の音を鳴らす
色に触れた まで繰り返す
Ball へ行く
得点 を 30 ずつ変える
もし 色に触れた または x座標 < -240 なら
隠す
x座標を 240 、y座標を 50 から -120 までの乱数 にする
5 から 6 までの乱数 秒待つ
表示する
サメが泳ぐ速さを設定します。
左方向へ泳ぐため値はマイナスにします。
サメを釣り上げたとき
の得点を設定します。
サメが現れる
時間間隔を設
定します。

技術 | 背景の作成

背景は自分で作成することができます。ペイントエディターで背景を作成する場合は次のように行います。

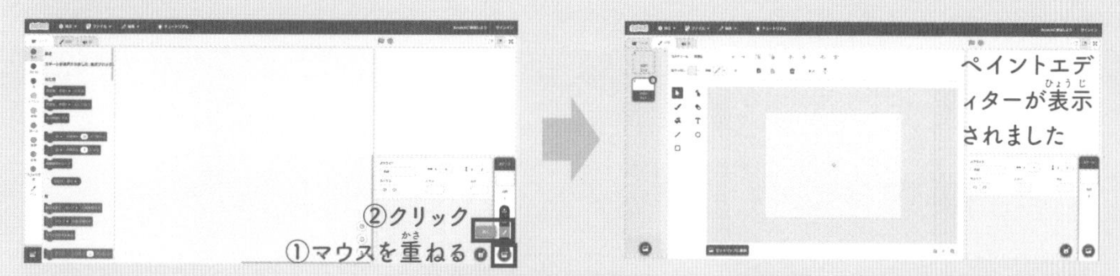

ここでは、ペイントエディターで単純な図形を組み合わせて背景を作成しています。まず、海上部分を作成し、次に、それに重ねて海中部分を作成しています。これにより、海上部分と海水部分の間に余計な隙間ができないようにしています。プログラムの中で色による判定をしている部分があるため、隙間を作らないようにしています。

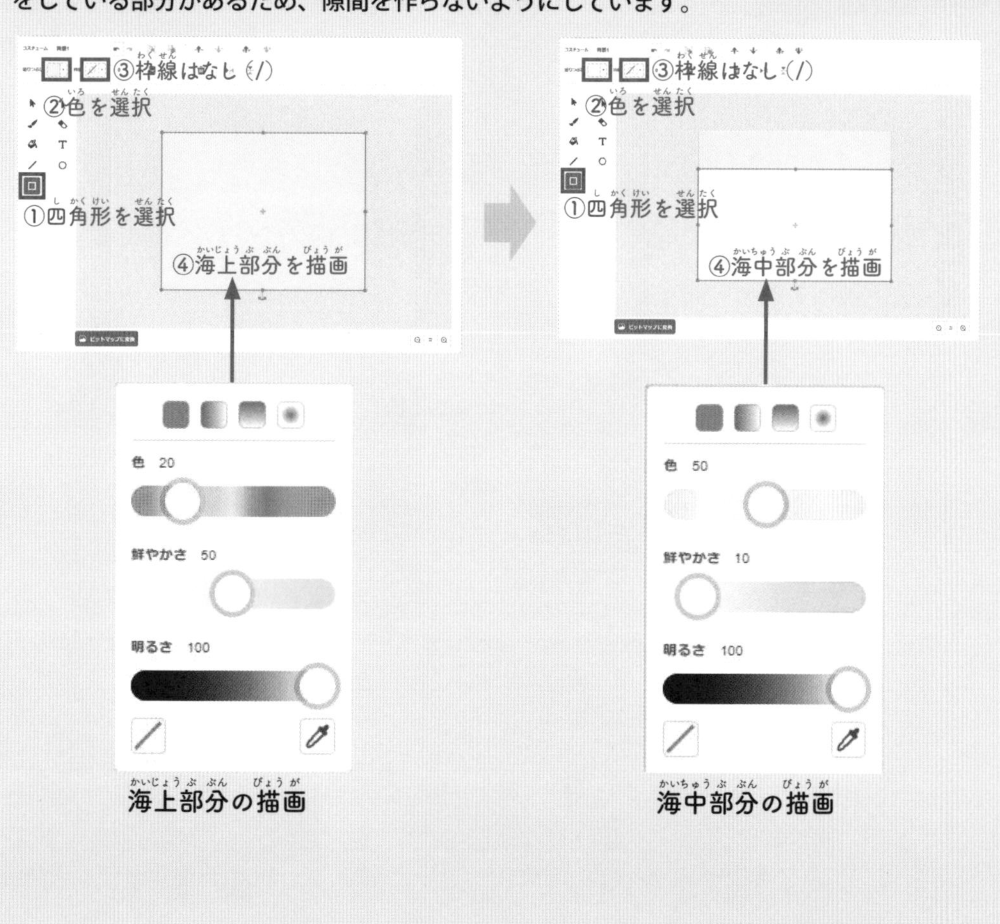

海上部分の描画　　海中部分の描画

GAME 26

異次元恐竜ハンティングゲーム

ゲームの概要

異次元空間に恐竜が次々に現れます。恐竜は弾を撃ってきます。砲身の向きを操作して、恐竜や恐竜が撃ってきた弾を撃ち落とします。恐竜をやっつけるたびに1点得点されます。ライフが0になるとゲームオーバーです。

ステージの動き

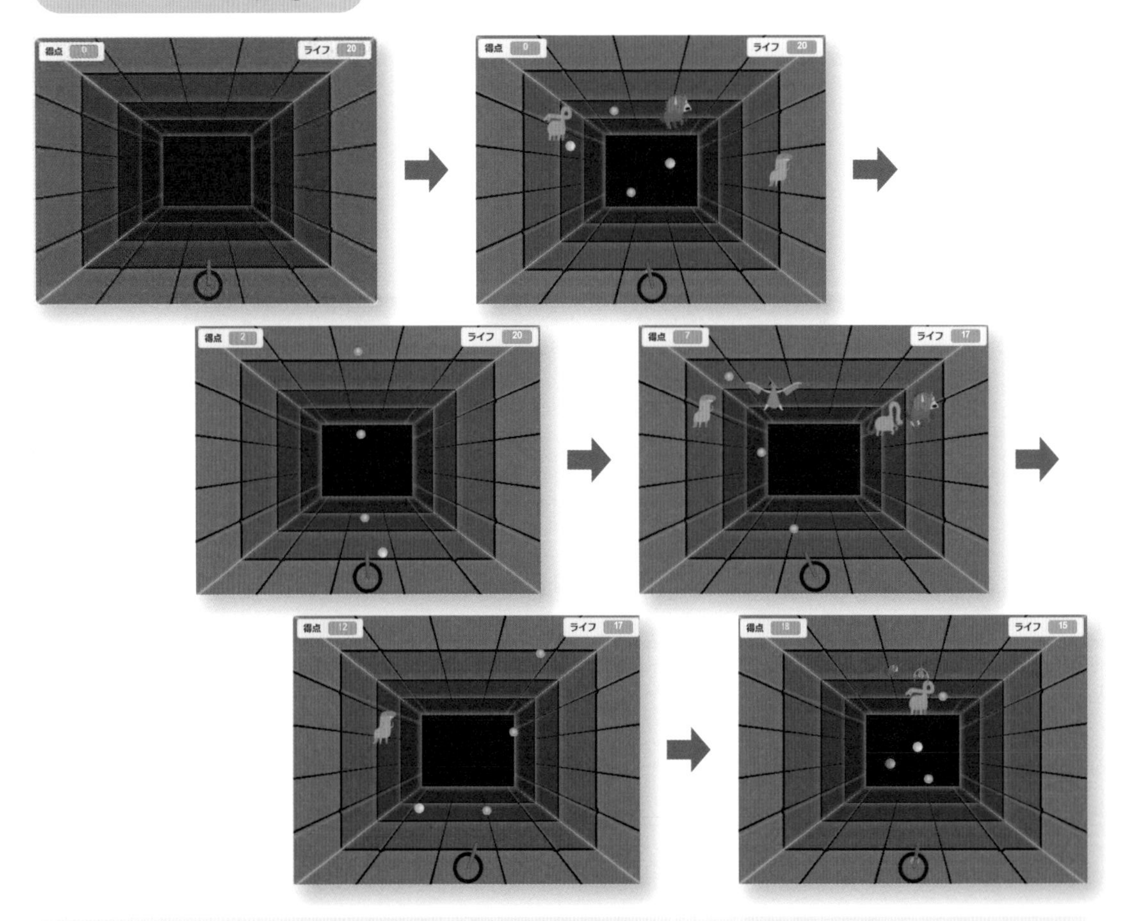

※ゲームの実行は全画面表示で行ってください（35ページ参照）。

※ゲームは ボタンをクリックまたはタップして開始してください（28ページ参照）。

操作方法

パソコンの場合

砲身の向きを変える
マウスを左右に動かします。

弾を発射する
自動的に発射されます。

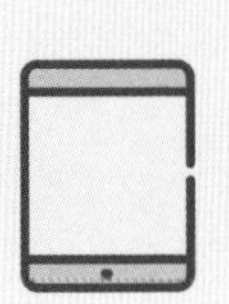

タブレットの場合

砲身の向きを変える
指を左右に動かします。

弾を発射する
自動的に発射されます。

使用背景

Neon Tunnel

使用スプライトと役割・動き

砲台

砲台

役割
恐竜に弾を発射します。
動き
砲身が左右に動きます。

恐竜3

Dinosaur3

役割
砲台を弾で襲ってきます。
動き
右に向かって動きながら弾を撃ちます。

砲台の弾

Button1

役割
砲台から発射される弾になります。
動き
発射された方向にまっすぐ動きます。

恐竜3の弾

Ball3

役割
砲台に当たるとライフを1減らします。
動き
砲台に向かってまっすぐ動きます。

恐竜1

Dinosaur1

役割
砲台を弾で襲ってきます。
動き
動きながら弾を撃ちます。

恐竜4

Dinosaur4

役割
砲台を弾で襲ってきます。
動き
現れて少ししてから弾を撃ちます。

恐竜1の弾

Ball

役割
砲台に当たるとライフを1減らします。
動き
砲台に向かってまっすぐ動きます。

恐竜4の弾

Ball4

役割
砲台に当たるとライフを1減らします。
動き
砲台に向かってまっすぐ動きます。

恐竜2

Dinosaur2

役割
砲台を弾で襲ってきます。
動き
現れてすぐに弾を撃ちます。

恐竜5

Dinosaur5

役割
砲台を弾で襲ってきます。
動き
左に向かって動きながら弾を撃ちます。

恐竜2の弾

Ball 2

役割
砲台に当たるとライフを1減らします。
動き
砲台に向かってまっすぐ動きます。

恐竜5の弾

Ball5

役割
砲台に当たるとライフを1減らします。
動き
砲台に向かってまっすぐ動きます。

コード

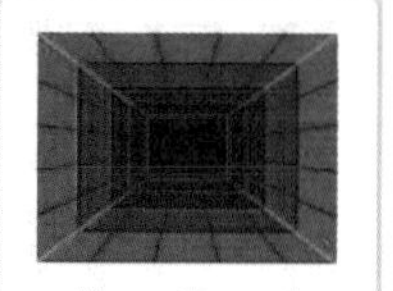

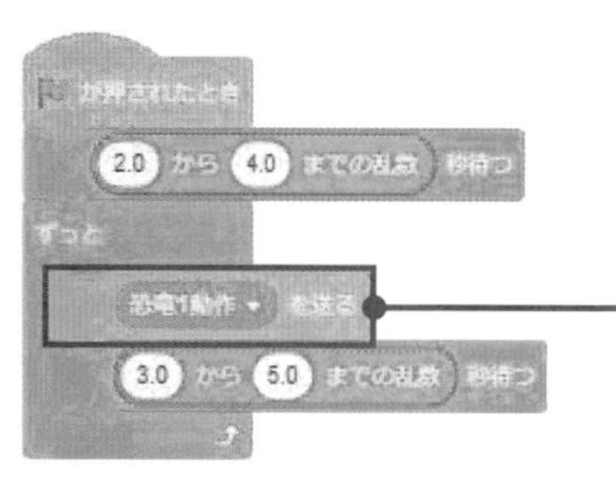

恐竜1（Dinosaur1）を動かすメッセージを、恐竜1（Dinosaur1）に送ります。

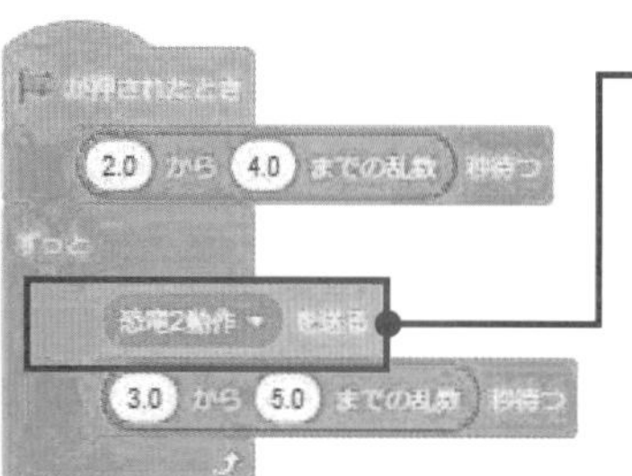

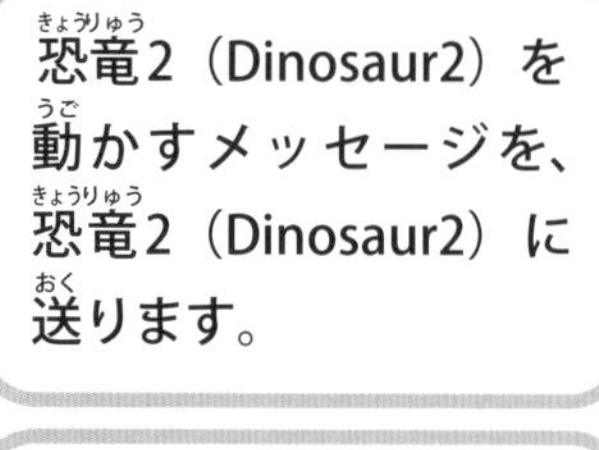

恐竜2（Dinosaur2）を動かすメッセージを、恐竜2（Dinosaur2）に送ります。

変数を作成します。変数はステージに表示するので、□に✓を入れます。

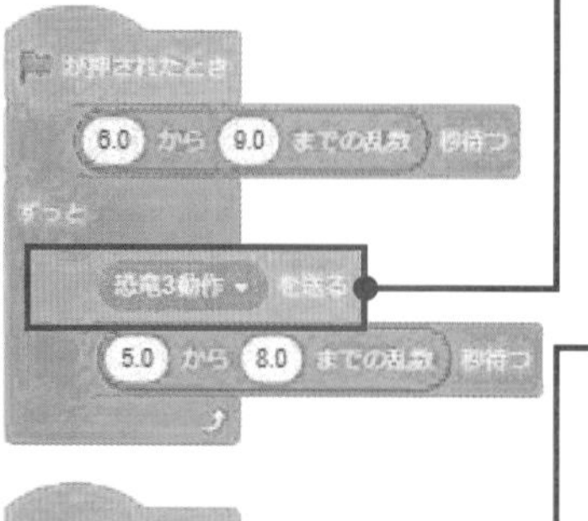

恐竜3（Dinosaur3）を動かすメッセージを、恐竜3（Dinosaur3）に送ります。

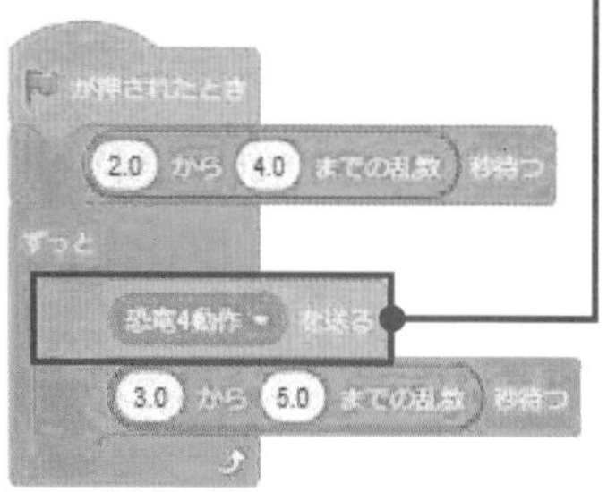

恐竜4（Dinosaur4）を動かすメッセージを、恐竜4（Dinosaur4）に送ります。

▼をクリックして、それぞれのメッセージを作成します（72ページ参照）。

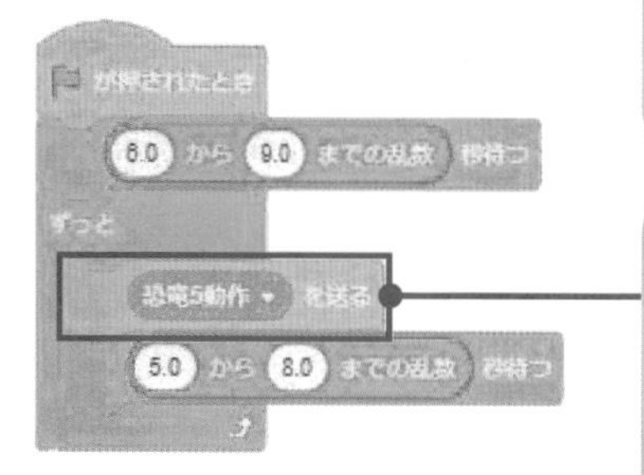

恐竜5（Dinosaur5）を動かすメッセージを、恐竜5（Dinosaur5）に送ります。

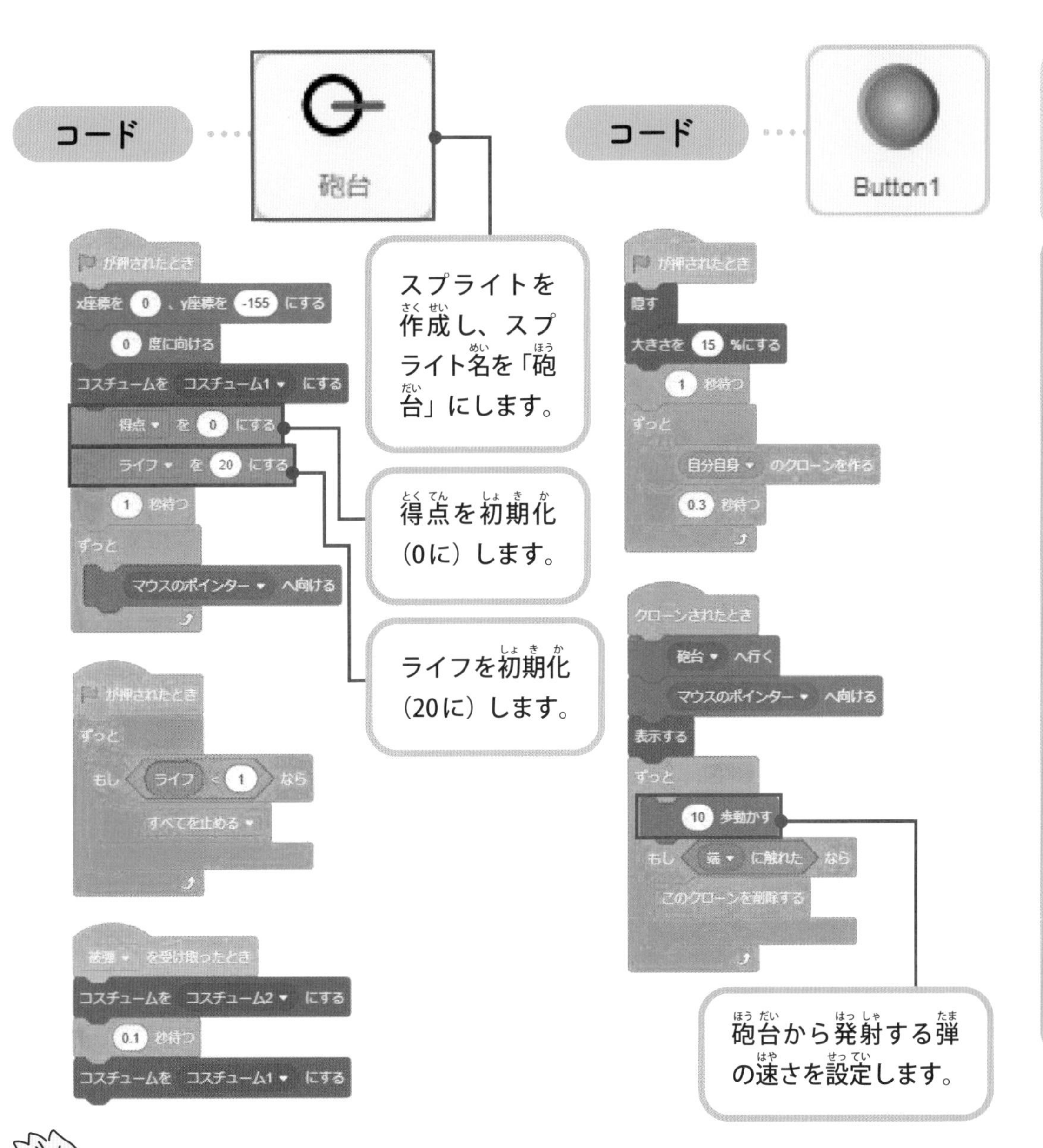

Point | スプライト名の変更

スプライト名は次のようにして変更します。

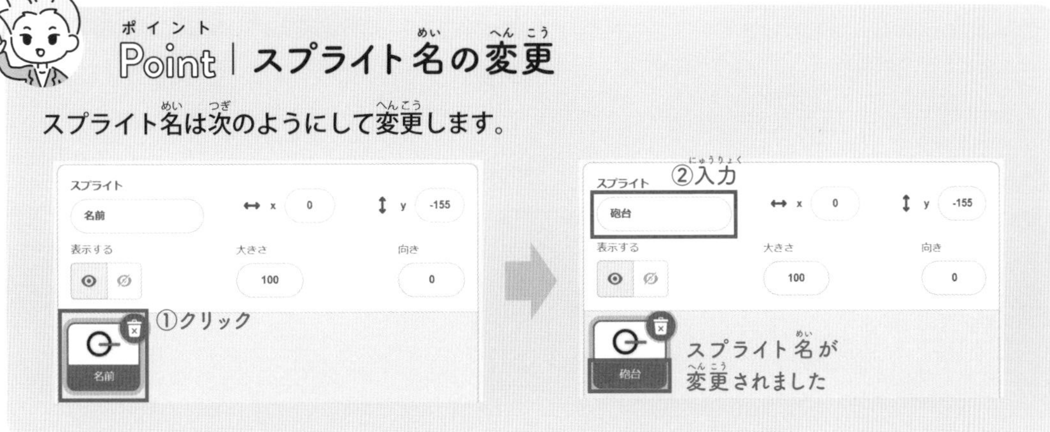

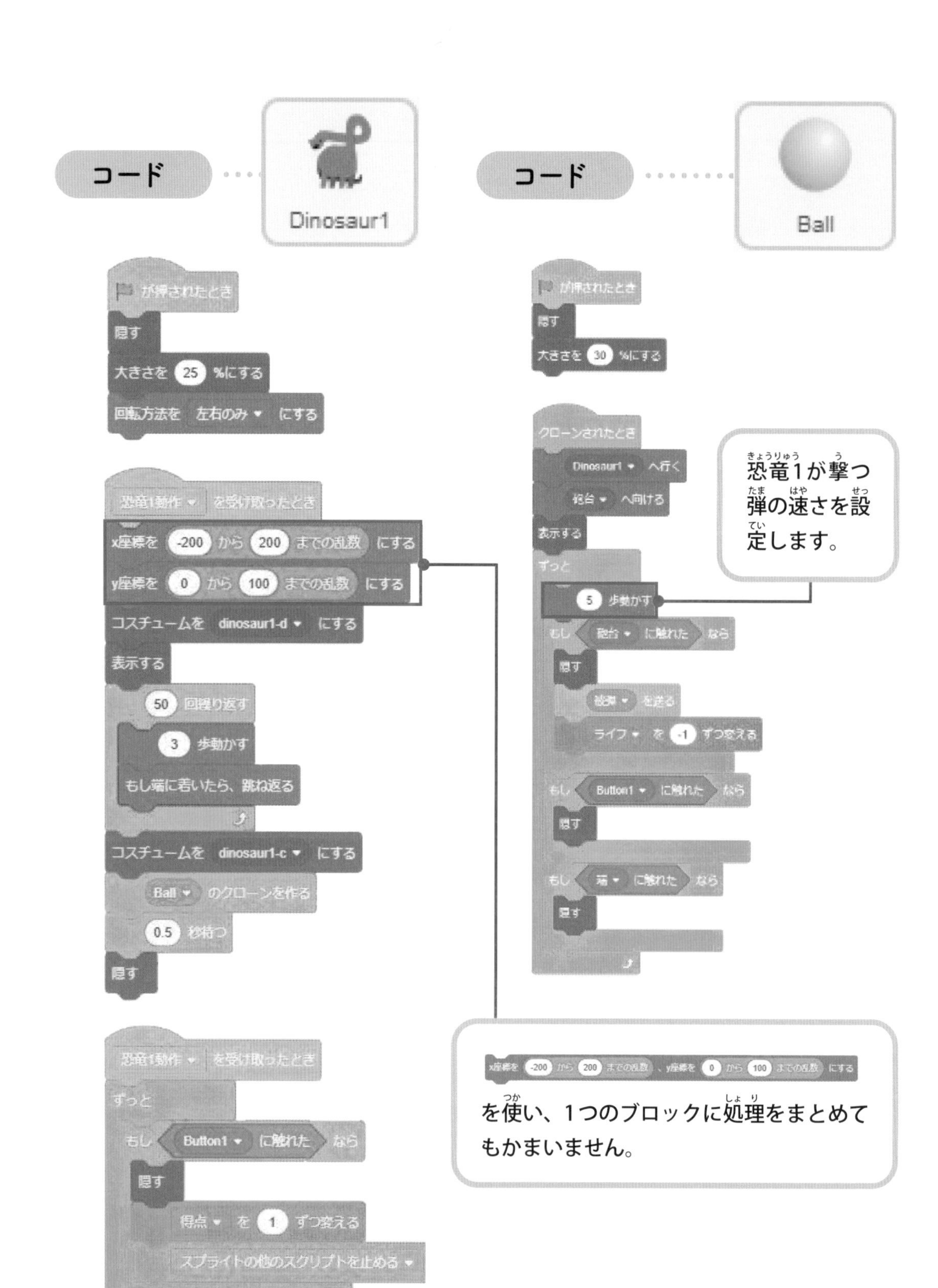
コード
Dinosaur1
コード
Ball
が押されたとき
隠す
大きさを 25 %にする
回転方法を 左右のみ にする
恐竜1動作 を受け取ったとき
x座標を -200 から 200 までの乱数 にする
y座標を 0 から 100 までの乱数 にする
コスチュームを dinosaur1-d にする
表示する
50 回繰り返す
3 歩動かす
もし端に着いたら、跳ね返る
コスチュームを dinosaur1-c にする
Ball のクローンを作る
0.5 秒待つ
隠す
恐竜1動作 を受け取ったとき
ずっと
もし Button1 に触れた なら
隠す
得点 を 1 ずつ変える
スプライトの他のスクリプトを止める
このスクリプトを止める
が押されたとき
隠す
大きさを 30 %にする
クローンされたとき
Dinosaur1 へ行く
砲台 へ向ける
表示する
ずっと
5 歩動かす
もし 砲台 に触れた なら
隠す
被弾 を送る
ライフ を -1 ずつ変える
もし Button1 に触れた なら
隠す
もし 端 に触れた なら
隠す
恐竜1が撃つ弾の速さを設定します。
x座標を -200 から 200 までの乱数 、y座標を 0 から 100 までの乱数 にする
を使い、1つのブロックに処理をまとめてもかまいません。

```
が押されたとき
隠す

恐竜2動作 ▼ を受け取ったとき
大きさを 5 %にする
x座標を -200 から 200 までの乱数 にする
y座標を 50 から 120 までの乱数 にする
コスチュームを dinosaur2-b ▼ にする
表示する
30 回繰り返す
  大きさを 1 ずつ変える
コスチュームを dinosaur2-d ▼ にする
Ball2 ▼ のクローンを作る
0.5 秒待つ
隠す

恐竜2動作 ▼ を受け取ったとき
ずっと
  もし Button1 ▼ に触れた なら
    隠す
    得点 ▼ を 1 ずつ変える
    スプライトの他のスクリプトを止める ▼
    このスクリプトを止める ▼
```

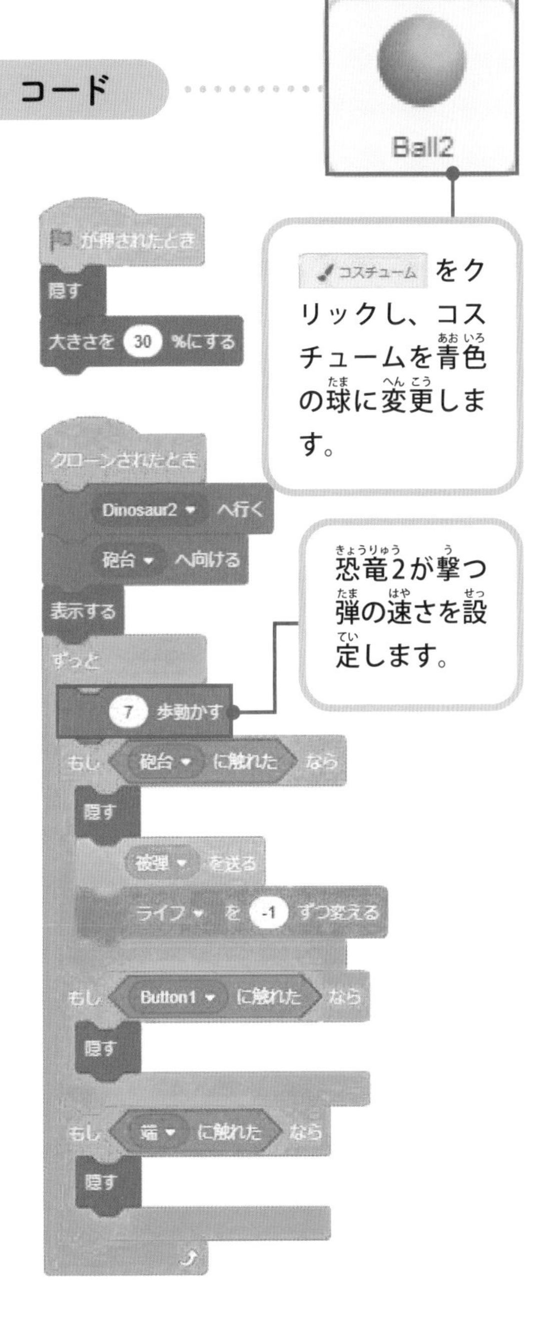

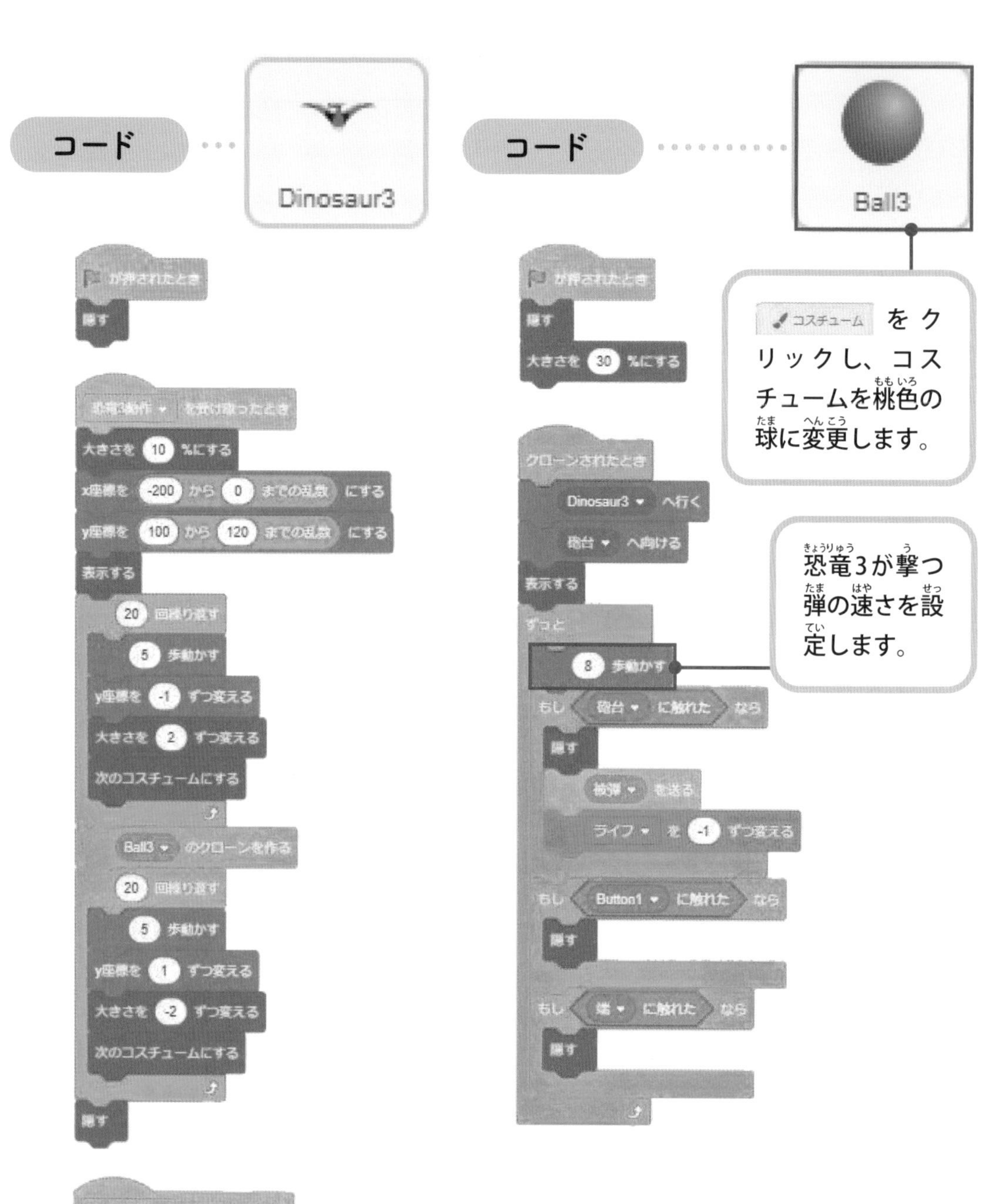
コード
Dinosaur3
コード
Ball3
コスチューム をクリックし、コスチュームを桃色の球に変更します。
恐竜3が撃つ弾の速さを設定します。

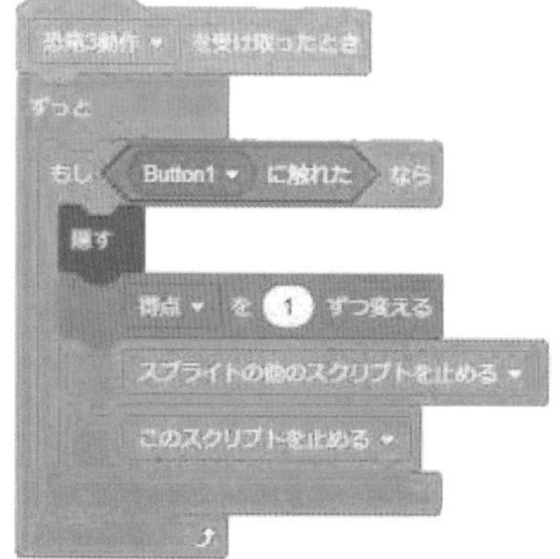

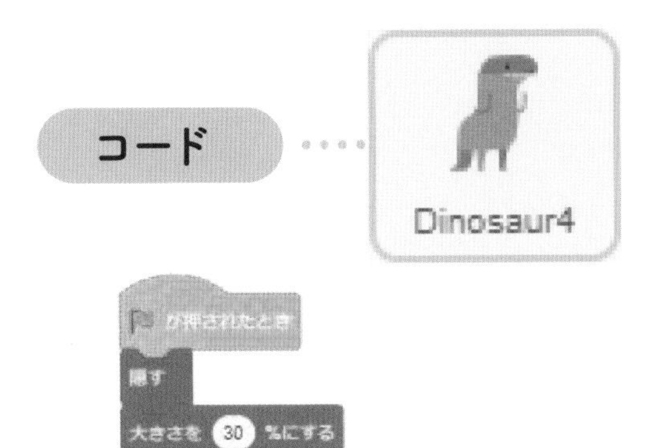


```
が押されたとき
隠す
大きさを 30 %にする
```

```
恐竜4動作 を受け取ったとき
x座標を -200 から 200 までの乱数 にする
y座標を 0 から 100 までの乱数 にする
コスチュームを dinosaur4-a にする
表示する
2 秒待つ
コスチュームを dinosaur4-d にする
Ball4 のクローンを作る
0.5 秒待つ
隠す
```

```
恐竜4動作 を受け取ったとき
ずっと
  もし Button1 に触れた なら
    隠す
    得点 を 1 ずつ変える
    スプライトの他のスクリプトを止める
    このスクリプトを止める
```

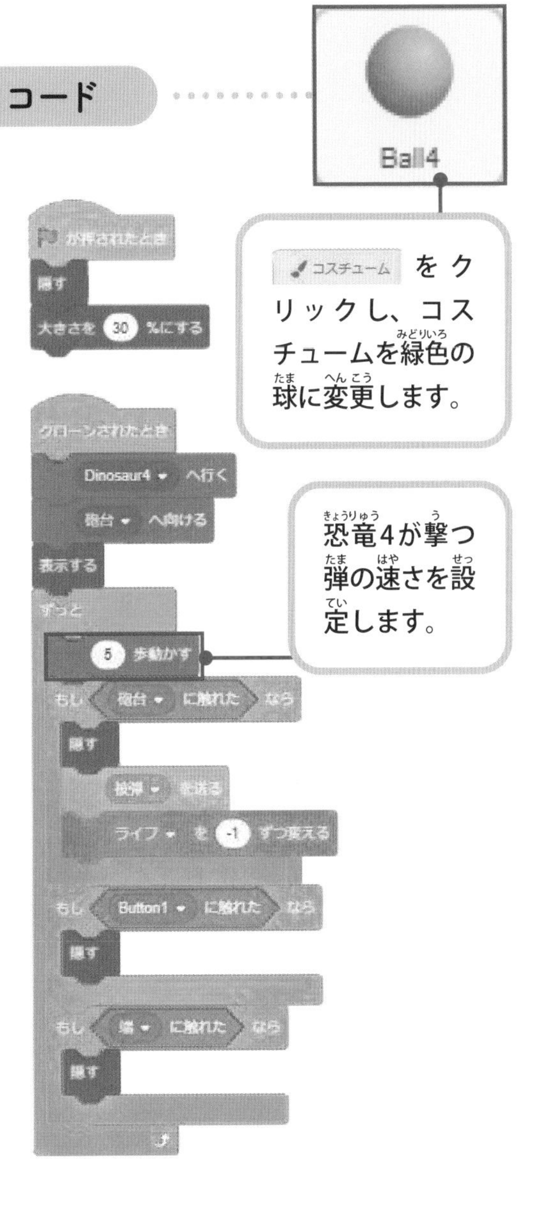

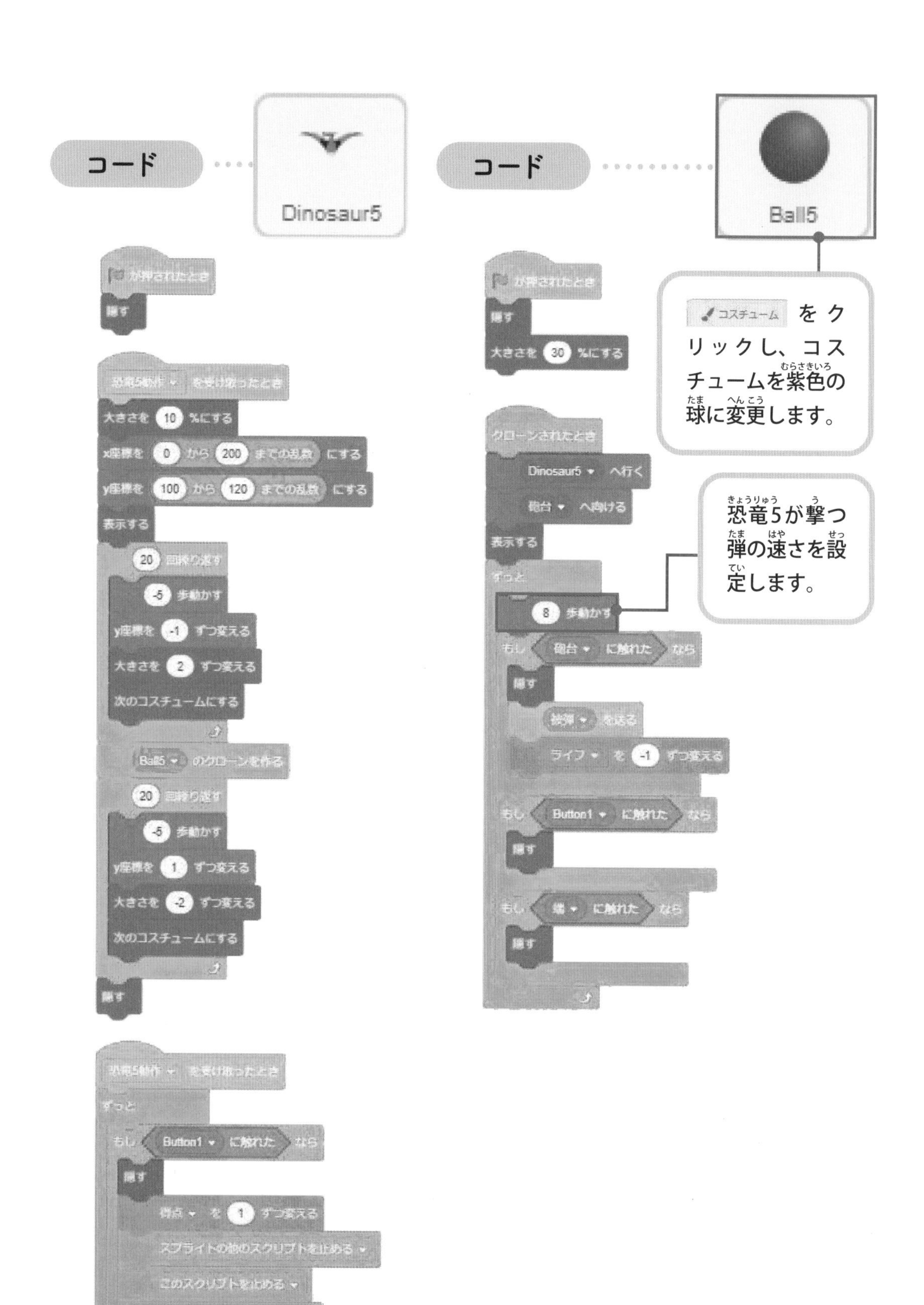
コード
Dinosaur5
コード
Ball5
コスチューム をクリックし、コスチュームを紫色の球に変更します。
恐竜5が撃つ弾の速さを設定します。
が押されたとき
隠す
恐竜5動作 を受け取ったとき
大きさを 10 %にする
x座標を 0 から 200 までの乱数 にする
y座標を 100 から 120 までの乱数 にする
表示する
20 回繰り返す
-5 歩動かす
y座標を -1 ずつ変える
大きさを 2 ずつ変える
次のコスチュームにする
Ball5 のクローンを作る
20 回繰り返す
-5 歩動かす
y座標を 1 ずつ変える
大きさを -2 ずつ変える
次のコスチュームにする
隠す
恐竜5動作 を受け取ったとき
ずっと
もし Button1 に触れた なら
隠す
得点 を 1 ずつ変える
スプライトの他のスクリプトを止める
このスクリプトを止める
が押されたとき
隠す
大きさを 30 %にする
クローンされたとき
Dinosaur5 へ行く
砲台 へ向ける
表示する
ずっと
8 歩動かす
もし 砲台 に触れた なら
隠す
被弾 を送る
ライフ を -1 ずつ変える
もし Button1 に触れた なら
隠す
もし 端 に触れた なら
隠す

技術｜スプライトの作成

スプライトやコスチュームはペイントエディターで作成することができます。ここでは、円と線で砲台を描いています。砲台のスプライト次のように描きます。

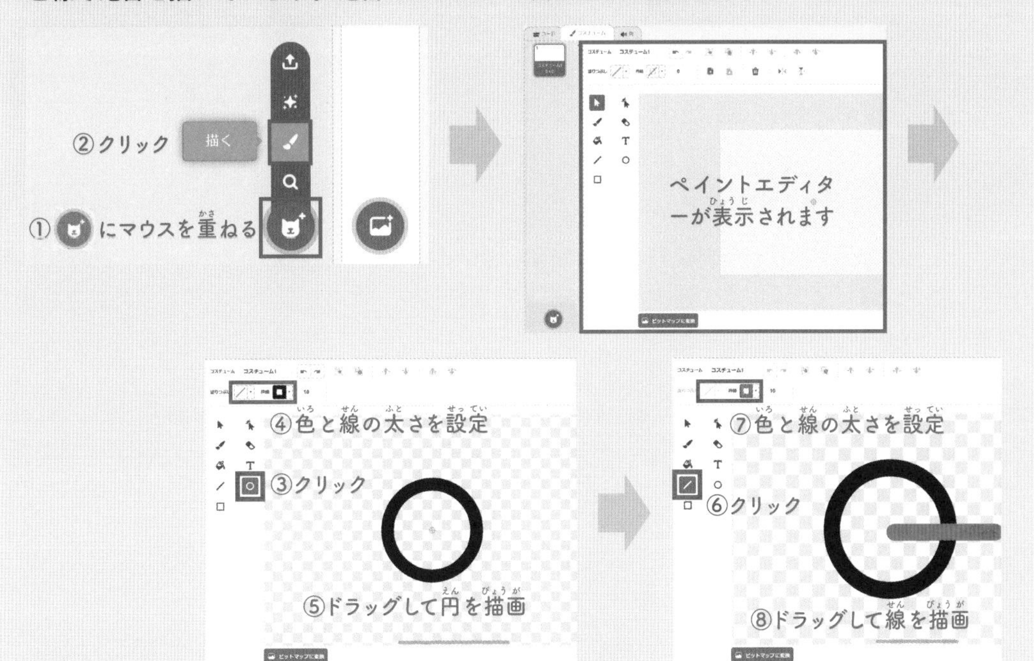

砲台が被弾したときのコスチュームを作成します。砲台のスプライトをコピーして色を変えます。

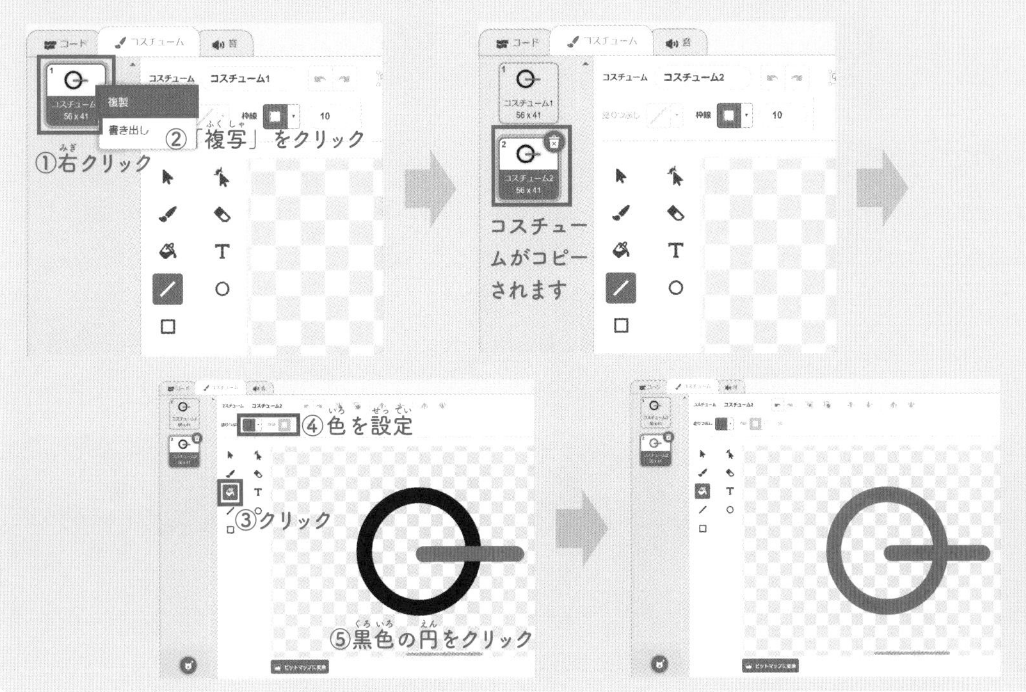

路地でフルーツ集めゲーム

ゲームの概要

路地にフルーツが置かれています。ゴボにつかまらないようにしながらカゴでフルーツを集めます。フルーツを全部集めると次のステージに行きます。ステージが進むたびに1つのゴボの動きが速くなります。

ステージの動き

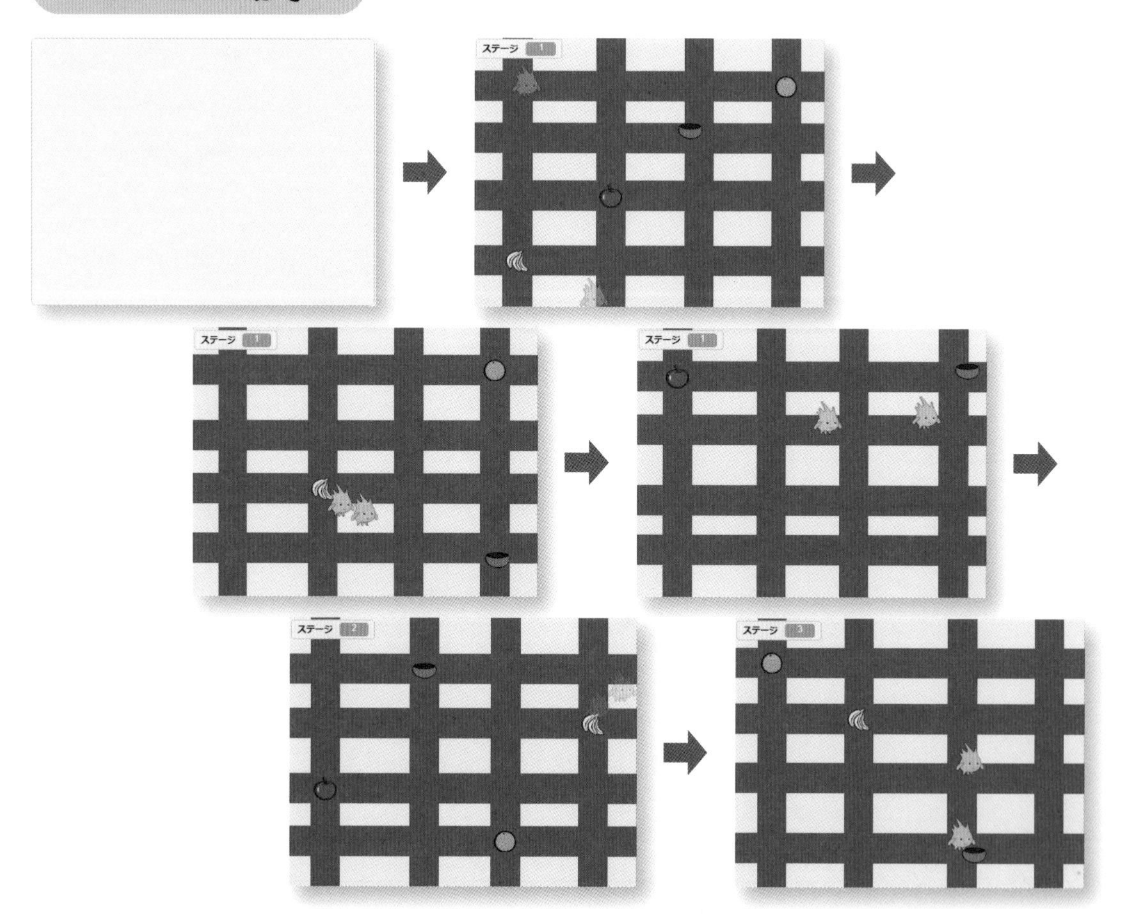

※ゲームの実行は全画面表示で行ってください（35ページ参照）。

※ゲームは 🏁 ボタンをクリックまたはタップして開始してください（28ページ参照）。

操作方法

●パソコンの場合

カゴを動かす

動かしたい方向にマウスを動かします。

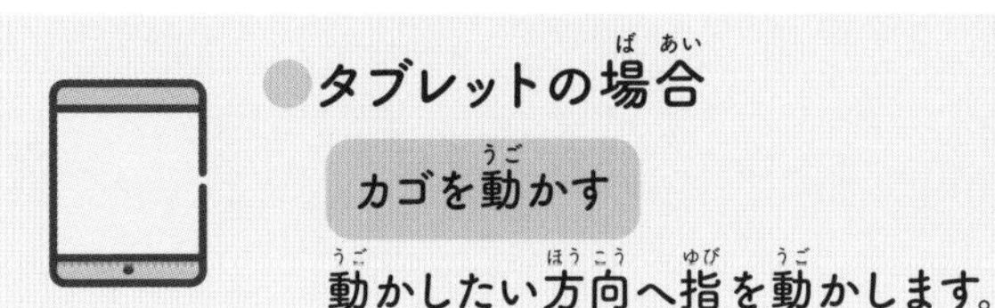

●タブレットの場合

カゴを動かす

動かしたい方向へ指を動かします。

使用背景

Blue Sky 2

使用スプライトと役割・動き

ネコ

スプライト1（Cat）

役割
路地を作ります。

動き
路地を描きます。ネコ自体は画面には表示されません。

カゴ

Bowl

役割
フルーツを集めます。

動き
上下左右に動きます。

リンゴ

Apple

役割
カゴで回収される対象になります。

動き
路地の交差点に出現し、その場所に止まっています。カゴが触れると消えます。

ゴボ1

Gobo

役割
カゴを追いかけます。カゴに触れるとゲームオーバーにします。

動き
カゴに向かって動きます。

バナナ

Bananas

役割
カゴで回収される対象になります。

動き
路地の交差点に出現し、その場所に止まっています。カゴが触れると消えます。

ゴボ2

Gobo2

役割
カゴを追いかけます。カゴに触れるとゲームオーバーにします。

動き
カゴに向かって動きます。

ミカン

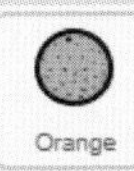

Orange

役割
カゴで回収される対象になります。

動き
路地の交差点に出現し、その場所に止まっています。カゴが触れると消えます。

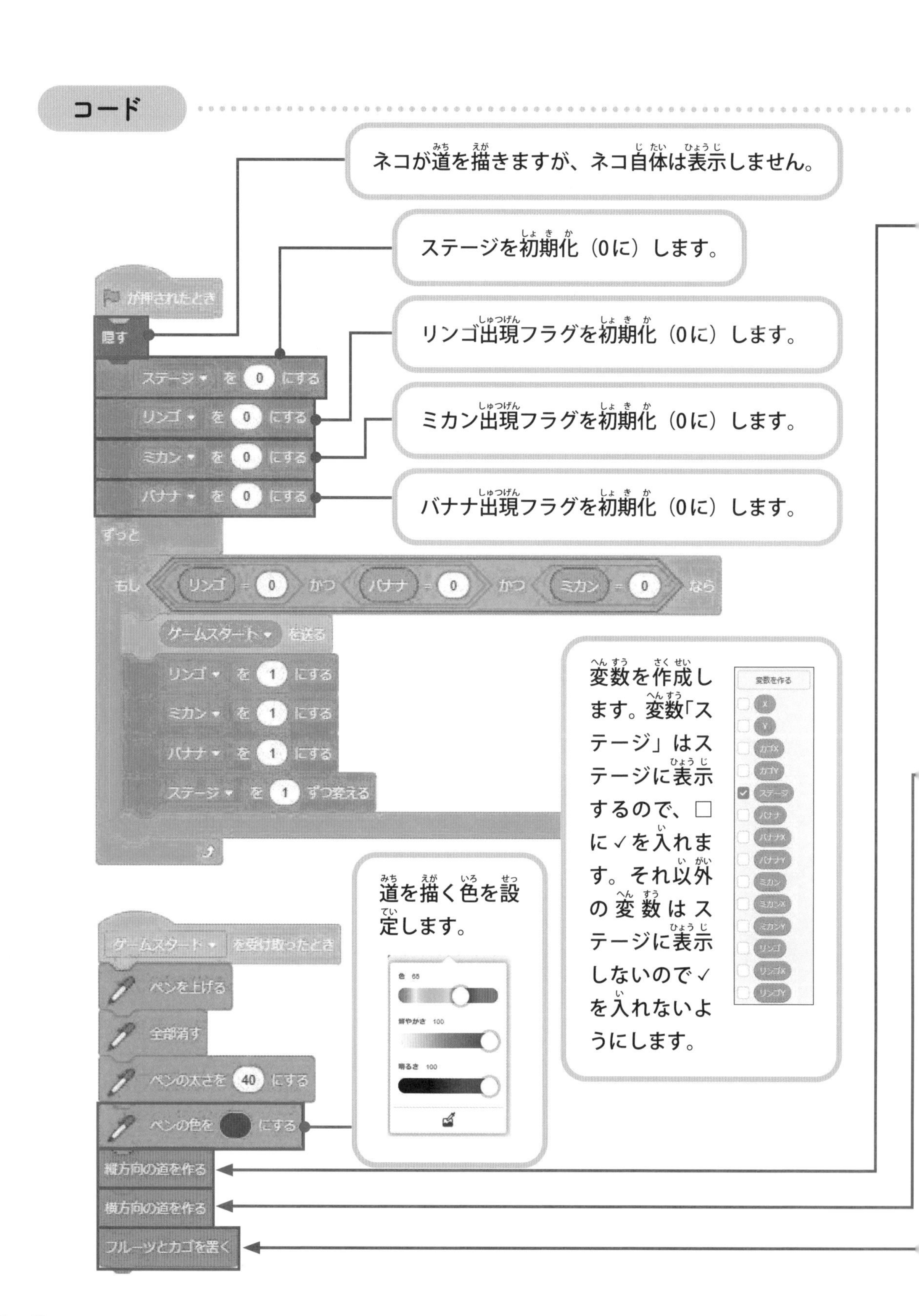

コード
ネコが道を描きますが、ネコ自体は表示しません。
ステージを初期化（0に）します。
リンゴ出現フラグを初期化（0に）します。
ミカン出現フラグを初期化（0に）します。
バナナ出現フラグを初期化（0に）します。
が押されたとき
隠す
ステージ を 0 にする
リンゴ を 0 にする
ミカン を 0 にする
バナナ を 0 にする
ずっと
もし リンゴ = 0 かつ バナナ = 0 かつ ミカン = 0 なら
ゲームスタート を送る
リンゴ を 1 にする
ミカン を 1 にする
バナナ を 1 にする
ステージ を 1 ずつ変える
変数を作成します。変数「ステージ」はステージに表示するので、□に✓を入れます。それ以外の変数はステージに表示しないので✓を入れないようにします。
変数を作る
道を描く色を設定します。
ゲームスタート を受け取ったとき
ペンを上げる
全部消す
ペンの太さを 40 にする
ペンの色を にする
縦方向の道を作る
横方向の道を作る
フルーツとカゴを置く

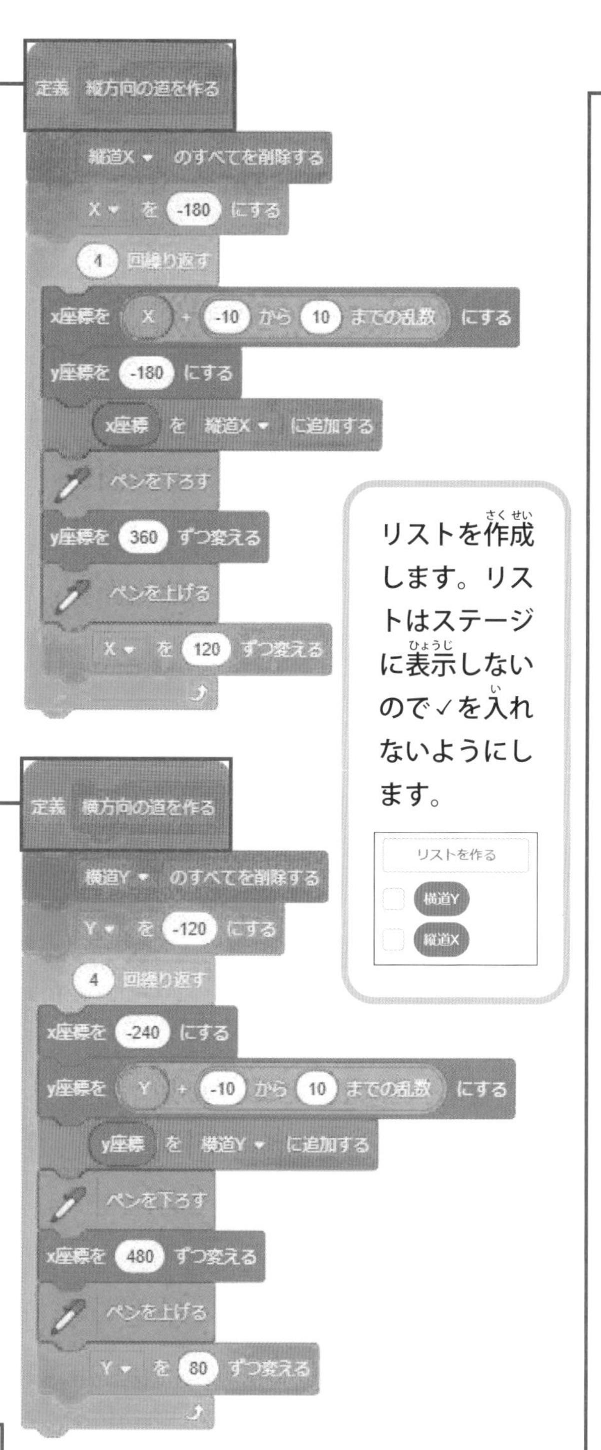

リストを作成します。リストはステージに表示しないので✓を入れないようにします。

```
定義 フルーツとカゴを置く
X を 1 から 4 までの乱数 にする
Y を 1 から 4 までの乱数 にする
リンゴX を 縦道X の X 番目 にする
リンゴY を 横道Y の Y 番目 にする
縦道X の X 番目を削除する
横道Y の Y 番目を削除する
X を 1 から 3 までの乱数 にする
Y を 1 から 3 までの乱数 にする
バナナX を 縦道X の X 番目 にする
バナナY を 横道Y の Y 番目 にする
縦道X の X 番目を削除する
横道Y の Y 番目を削除する
X を 1 から 2 までの乱数 にする
Y を 1 から 2 までの乱数 にする
ミカンX を 縦道X の X 番目 にする
ミカンY を 横道Y の Y 番目 にする
縦道X の X 番目を削除する
横道Y の Y 番目を削除する
カゴX を 縦道X の 1 番目 にする
カゴY を 横道Y の 1 番目 にする
フルーツとカゴを置く を送る
```

フルーツとカゴを置く座標が決まってから、それぞれを配置していきます。

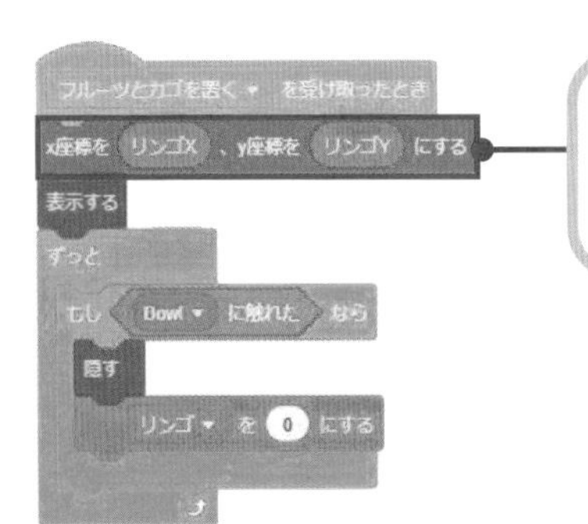

変数「リンゴX」、変数「リンゴY」で指定された座標に配置します。

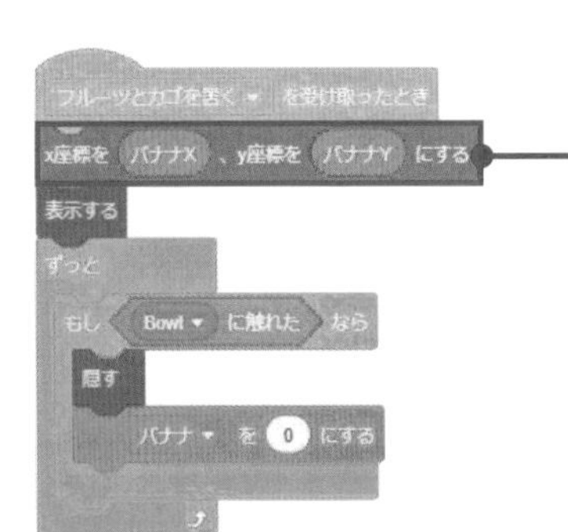

変数「バナナX」、変数「バナナY」で指定された座標に配置します。

コード

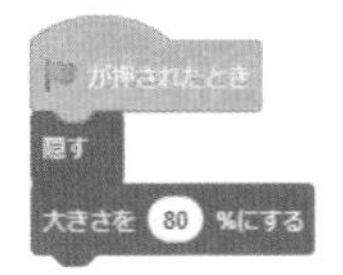

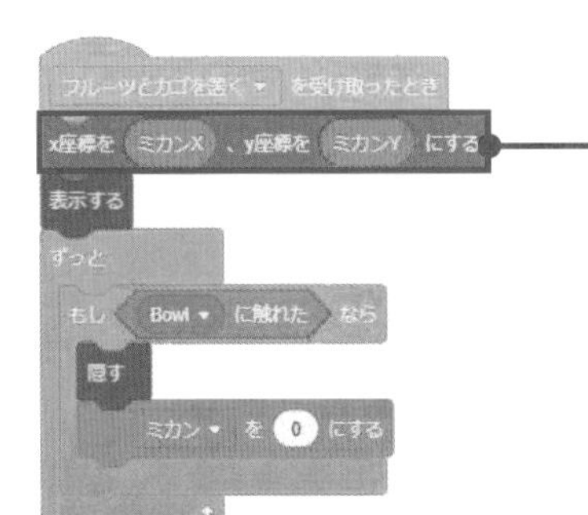

変数「ミカンX」、変数「ミカンY」で指定された座標に配置します。

コード

フルーツとカゴを置く を受け取ったとき
x座標を カゴX 、y座標を カゴY にする
表示する

変数「カゴX」、変数「カゴY」で指定された座標に配置します。

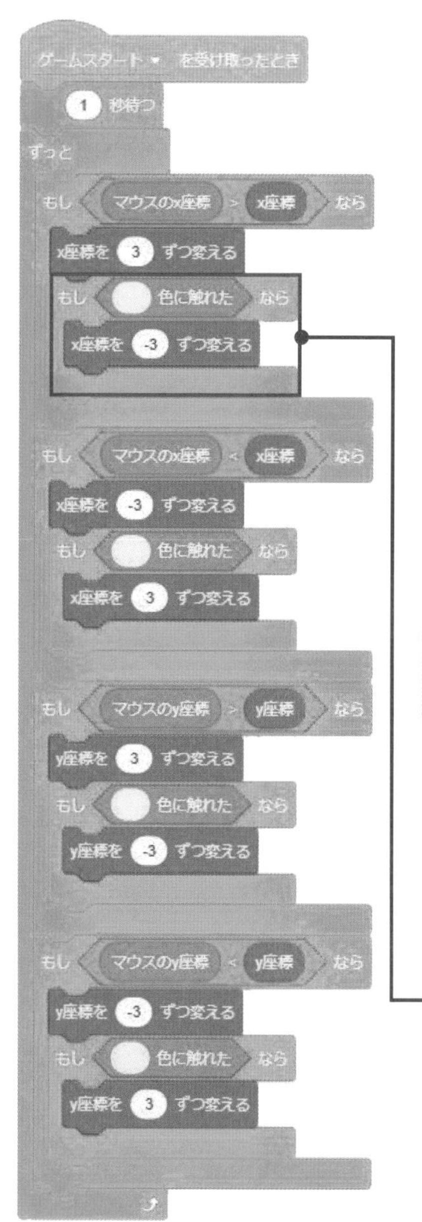

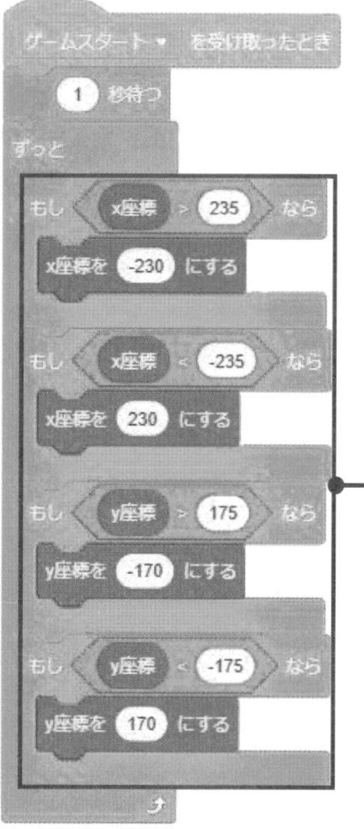

カゴが道の端まで行ったら、反対側にワープするようにします。

カゴが道から外れないようにします。カゴが（道の外空色の部分）に触れたら、反対方向へ動かすようにします。
道の外への接触は色により判定します（123ページ参照）。

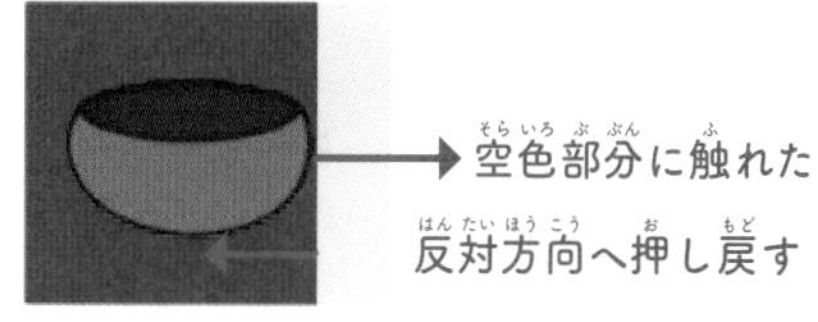

コード

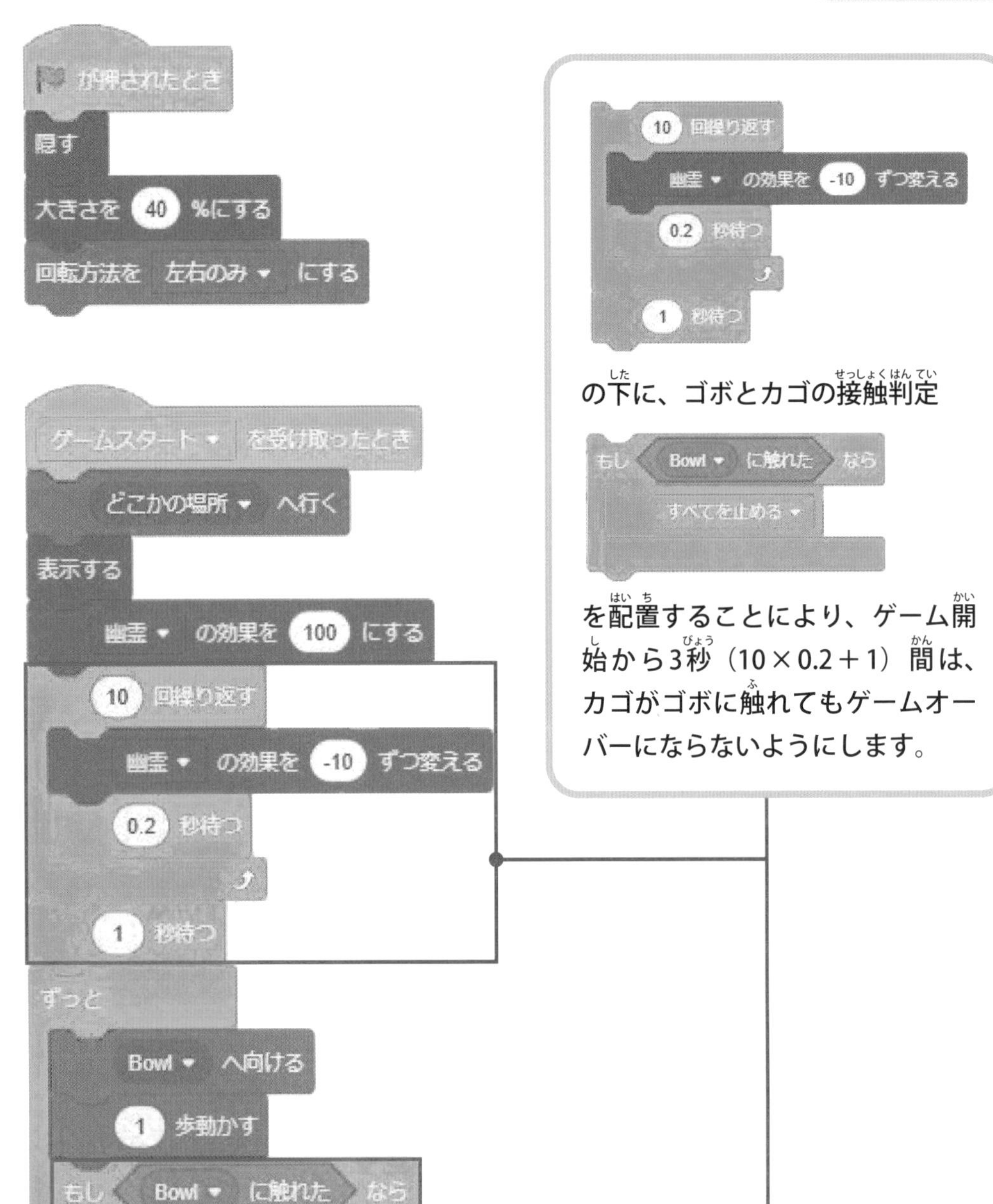

の下に、ゴボとカゴの接触判定を配置することにより、ゲーム開始から3秒（10×0.2＋1）間は、カゴがゴボに触れてもゲームオーバーにならないようにします。

コード

Gobo2

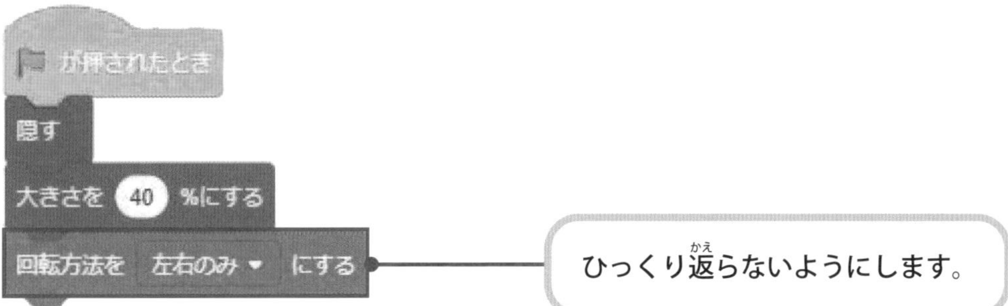
が押されたとき
隠す
大きさを 40 %にする
回転方法を 左右のみ にする
ひっくり返らないようにします。

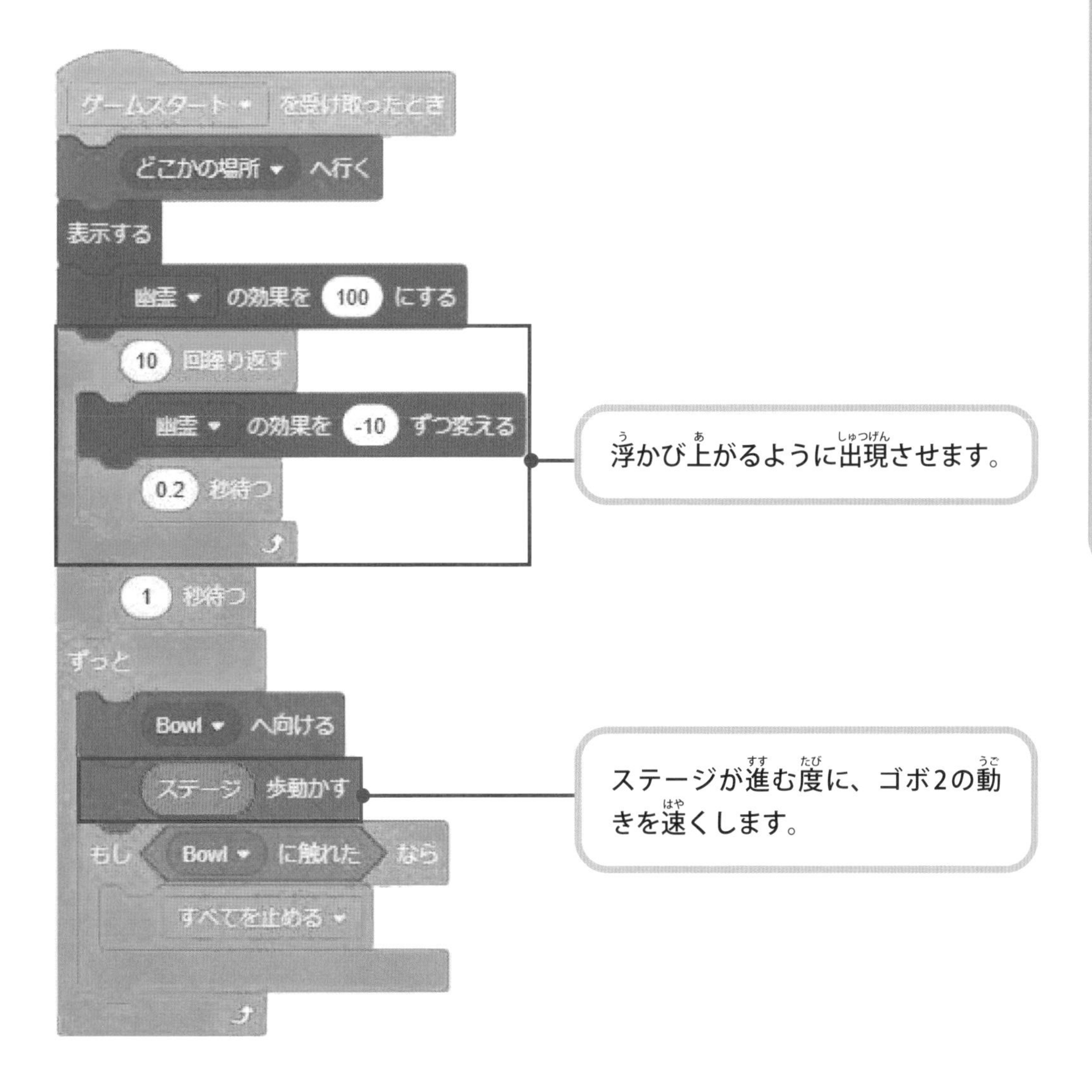
ゲームスタート を受け取ったとき
どこかの場所 へ行く
表示する
幽霊 の効果を 100 にする
10 回繰り返す
幽霊 の効果を -10 ずつ変える
0.2 秒待つ
1 秒待つ
ずっと
Bowl へ向ける
ステージ 歩動かす
もし Bowl に触れた なら
すべてを止める
浮かび上がるように出現させます。
ステージが進む度に、ゴボ2の動きを速くします。

Point｜乱数による路地の描画

乱数を使うことにより、背景として使用する路地がゲームごとに、さらにステージが進むごとに異なるようにします。ここでは、縦方向に4本、横方向に4本の道を作っています。路地を変えていくことにより、ゲーム全体に変化を持たせます。

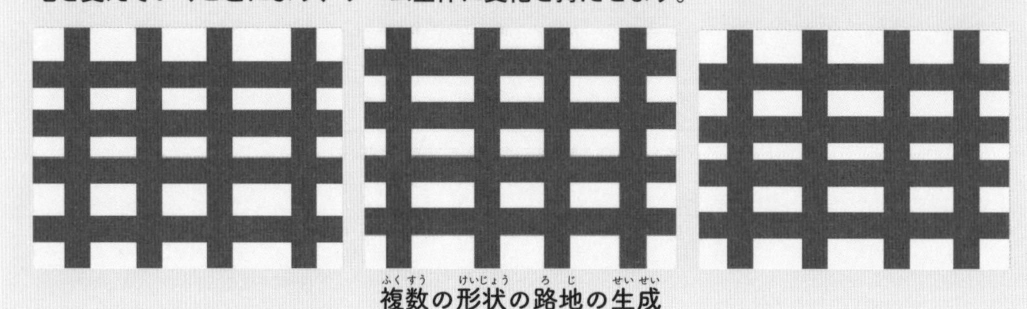

複数の形状の路地の生成

Point｜フルーツとカゴのスタート位置

フルーツとカゴは、縦道の横道の交差する場所に配置します。縦道のX座標と、横道のY座標は、乱数により生成され、それぞれリストに格納されています。この中からX、Yを1つずつ抽出し、その座標をフルーツとカゴの座標とすることにより、路地の交点にこれらを配置することができます。

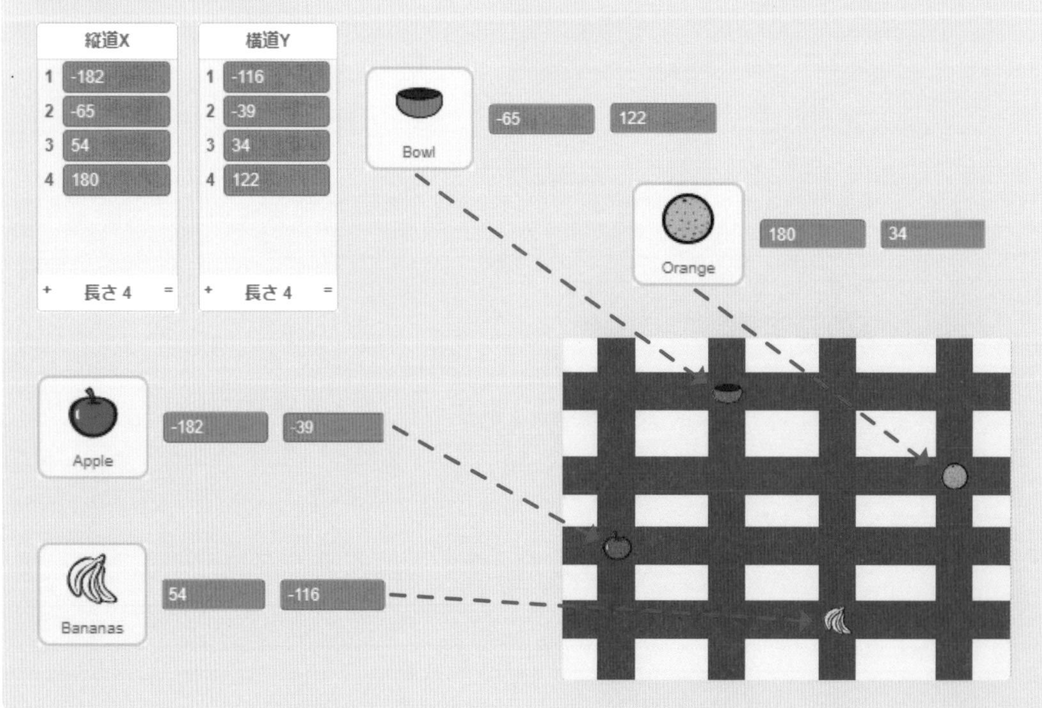

技術 | スプライトの背景的利用

ステージ（背景）には動きのブロックや、拡張機能「ペン」による描画ブロックがありません。背景を動かしたい場合や、背景を拡張機能「ペン」で描画したい場合は、スプライトを背景として利用します。

背景を動かしたい場合

ペイントエディターで背景として利用するスプライトを作成し、上下に動かします。

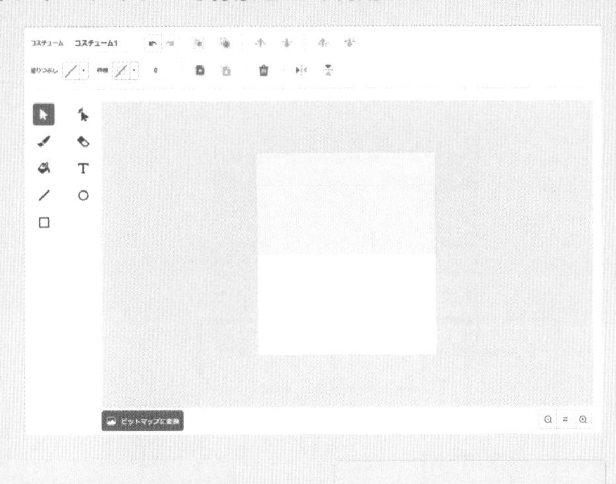

背景を拡張機能「ペン」で描画したい場合

スプライト「Cat」を利用して、横方向の太い道を描画します。

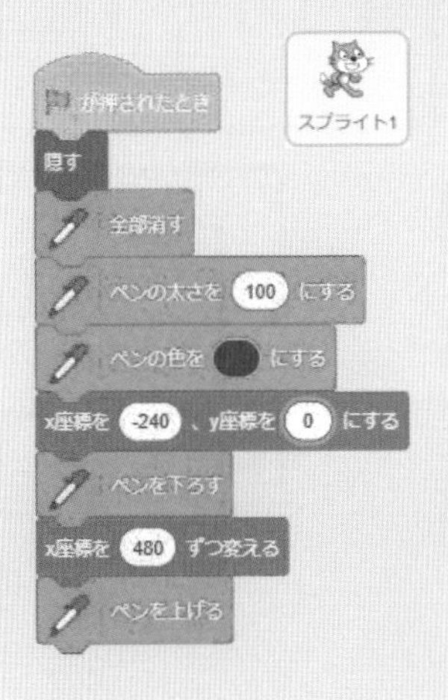

迷路脱出ゲーム

ゲームの概要

迷路の入口に蝶がいます。迷路の出口にゴールがあります。虫をよけながら蝶を動かしてゴールへ向かいます。蝶がゴールすると次のステージが表示されます。3ステージ目のゴールまで到達するとゲームクリアです。虫に触れるとゲームオーバーです。

ステージの動き

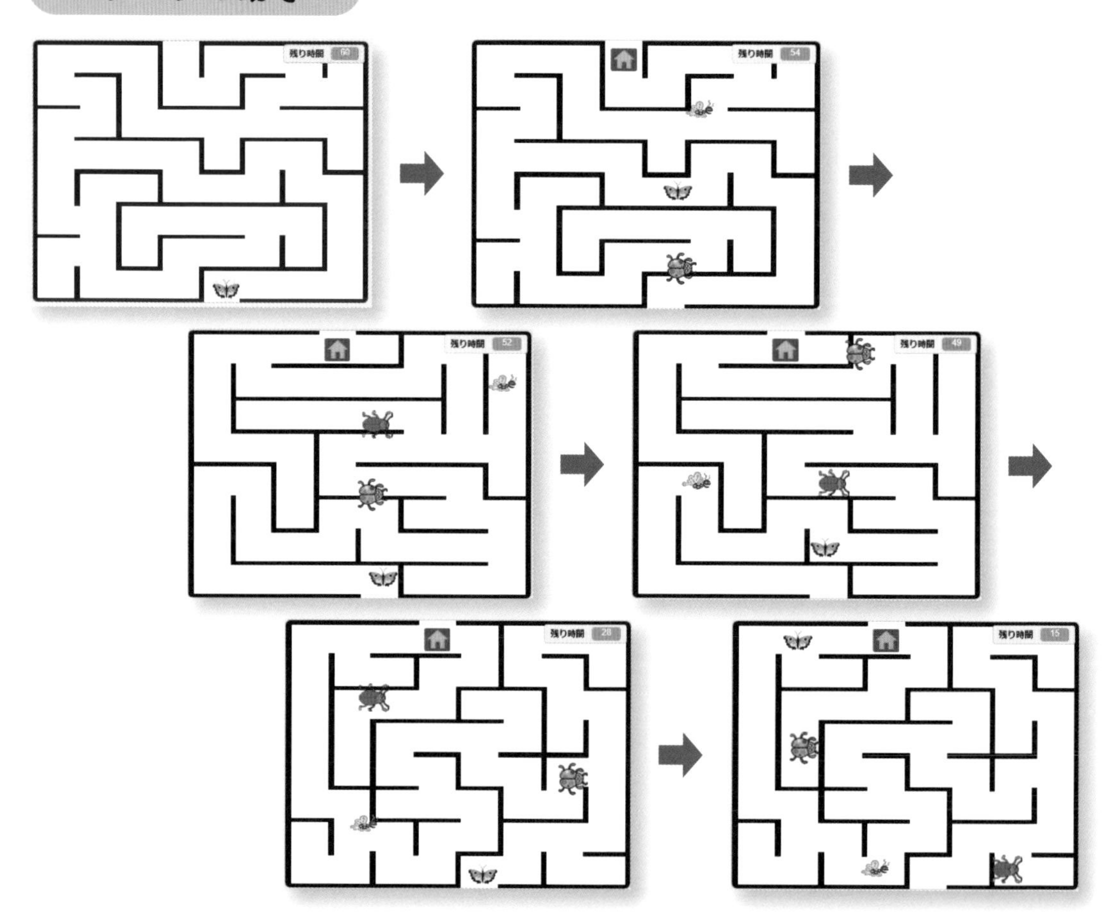

※ゲームの実行は全画面表示で行ってください（35ページ参照）。

※ゲームは ボタンをクリックまたはタップして開始してください（28ページ参照）。

操作方法

パソコンの場合

蝶を動かす

動かしたい方向にマウスを動かします。

タブレットの場合

蝶を動かす

動かしたい方向に指を動かします。

使用背景・役割

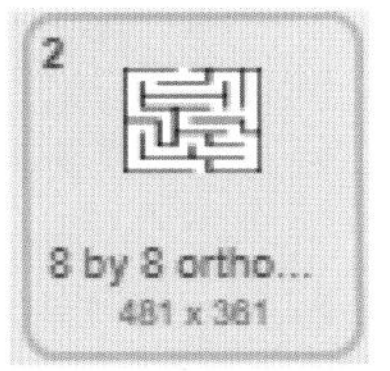

自作の迷路背景

使用スプライトと役割・動き

ゴール

Home Button

役割

迷路のゴールを表示します。

動き

蝶が触れると次のステージを表示します。最終ステージのときはゲームクリアにします。

虫2

Beetle

役割

蝶がゴールに向かうのを妨害します。蝶に触れるとゲームオーバーにします。

動き

ステージ1では右、ステージ2では下、ステージ3では斜めに向かってまっすぐ動きます。

蝶

Butterfly 1

役割

迷路のゴールに向かいます。

動き

迷路に沿って上下左右に動きます。

虫3

Ladybug1

役割

蝶がゴールに向かうのを妨害します。蝶に触れるとゲームオーバーにします。

動き

ステージ1では右、ステージ2では下、ステージ3では斜めに向かってまっすぐ動きます。

虫1

Butterfly 2

役割

蝶がゴールに向かうのを妨害します。蝶に触れるとゲームオーバーにします。

動き

ステージ1では右、ステージ2では下、ステージ3では斜めに向かってまっすぐ動きます。

コード

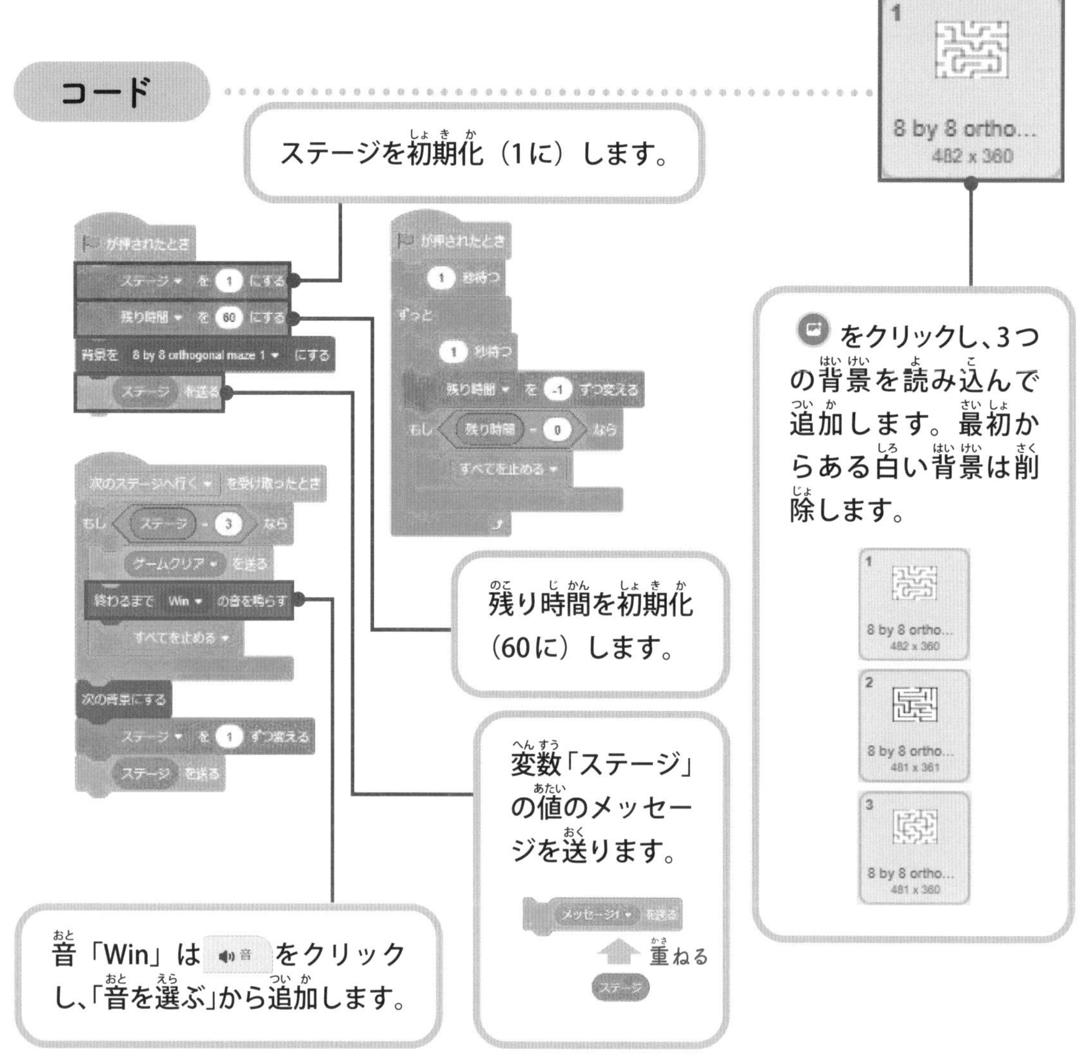

Point｜背景の削除

背景は削除することができます。背景は次のように削除します。ここでは白い背景を削除しています。

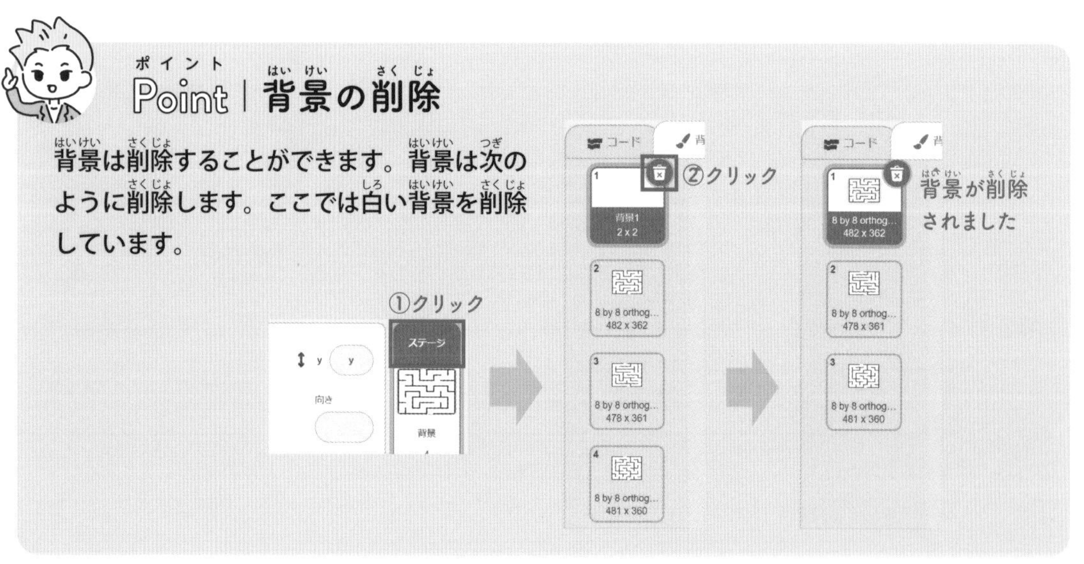

コード

変数を作成します。変数「残り時間」はステージに表示するので、□に✓を入れます。変数「ステージ」はステージに表示しないので✓を入れないようにします。

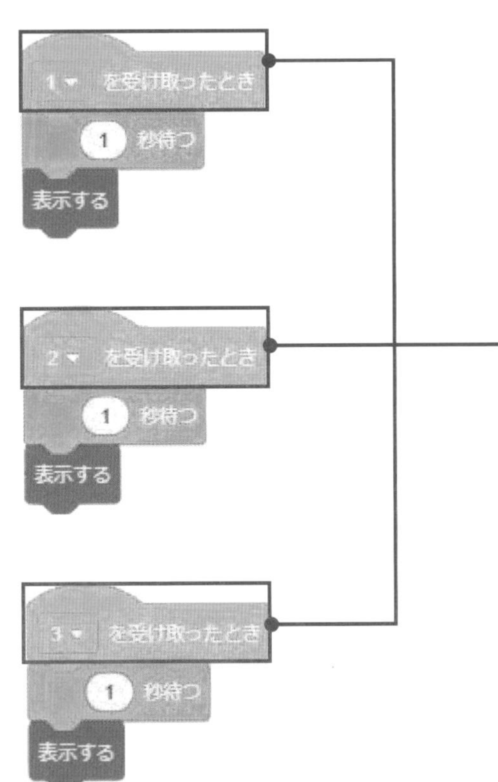

▼をクリックし、それぞれのメッセージを作成します（72ページ参照）。

①クリック
②クリック

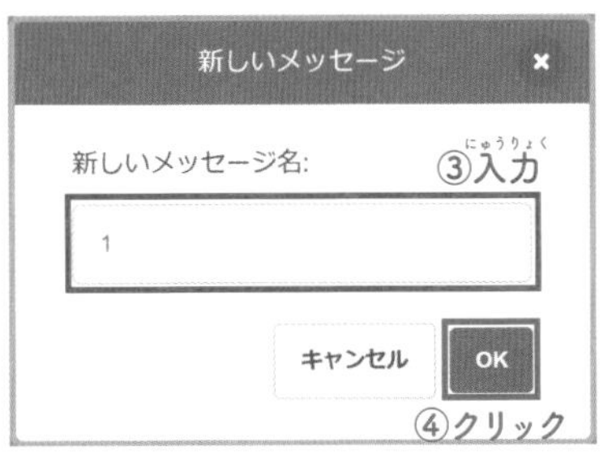

コード

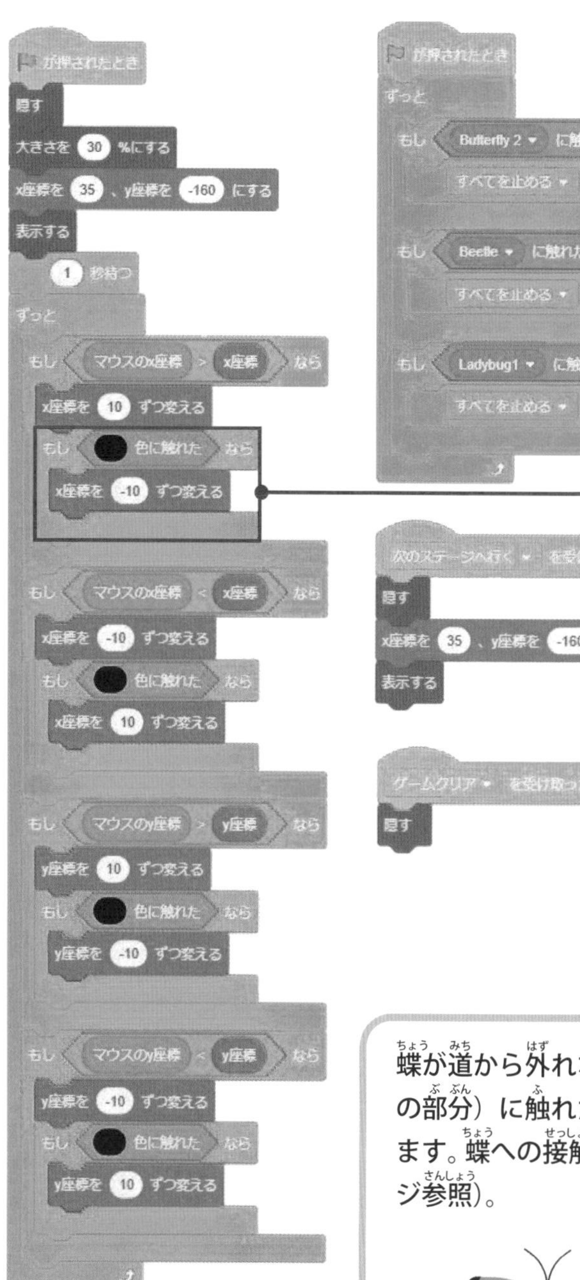

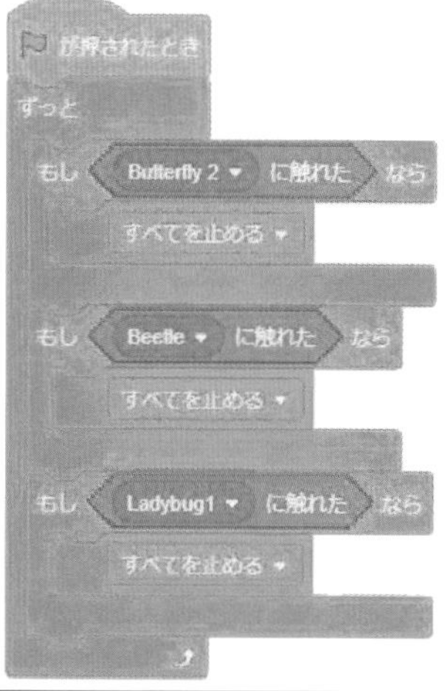

次のステージへ行く を受け取ったとき
隠す
x座標を 35 、y座標を -160 にする
表示する

ゲームクリア を受け取ったとき
隠す

蝶が道から外れないようにします。蝶が壁（黒色の部分）に触れたら、反対方向へ動かすようにします。蝶への接触は色により判定します（123ページ参照）。

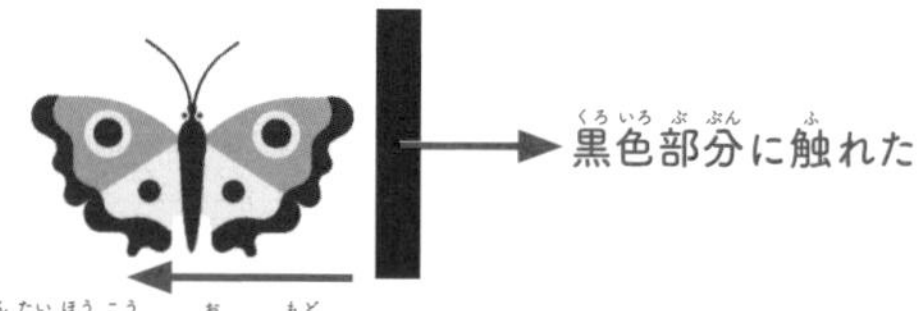

コード

```
が押されたとき
隠す
大きさを 30 %にする
90 度に向ける
```

```
次のステージへ行く ▾ を受け取ったとき
隠す
スプライトの他のスクリプトを止める ▾
```

```
1 ▾ を受け取ったとき
x座標を -180 、y座標を -150 から 150 までの乱数 にする
1.0 から 2.0 までの乱数 秒待つ
表示する
ずっと
    x座標を 5 ずつ変える
    次のコスチュームにする
    もし x座標 > 240 なら
        隠す
        x座標を -180 、y座標を -150 から 150 までの乱数 にする
        1.0 から 2.0 までの乱数 秒待つ
        表示する
```

ステージ1のときの動く速さを設定します。

```
2 ▾ を受け取ったとき
x座標を -210 から 210 までの乱数 、y座標を 180 にする
1.0 から 2.0 までの乱数 秒待つ
表示する
ずっと
    y座標を -5 ずつ変える
    次のコスチュームにする
    もし y座標 < -180 なら
        隠す
        x座標を -210 から 210 までの乱数 、y座標を 180 にする
        1.0 から 2.0 までの乱数 秒待つ
        表示する
```

ステージ2のときの動く速さを設定します。

```
3 ▾ を受け取ったとき
x座標を -210 から 210 までの乱数 、y座標を 180 にする
120 から 150 までの乱数 度に向ける
回転方法を 左右のみ ▾ にする
1.0 から 2.0 までの乱数 秒待つ
表示する
ずっと
    5 歩動かす
    次のコスチュームにする
    もし端に着いたら、跳ね返る
```

ステージ3のときの動く速さを設定します。

コード

```
🏴 が押されたとき
隠す
大きさを (50) %にする
(90) 度に向ける
```

```
次のステージへ行く ▼ を受け取ったとき
隠す
スプライトの他のスクリプトを止める ▼
```

```
1 ▼ を受け取ったとき
x座標を (-180) 、y座標を ((-150) から (150) までの乱数) にする
((1.0) から (2.0) までの乱数) 秒待つ
表示する
ずっと
  x座標を (7) ずつ変える
  次のコスチュームにする
  もし <(x座標) > (240)> なら
    隠す
    x座標を (-180) 、y座標を ((-150) から (150) までの乱数) にする
    ((1.0) から (2.0) までの乱数) 秒待つ
    表示する
```

ステージ1のときの動く速さを設定します。

```
2 ▼ を受け取ったとき
x座標を ((-210) から (210) までの乱数) 、y座標を (180) にする
((1.0) から (2.0) までの乱数) 秒待つ
表示する
ずっと
  y座標を (-7) ずつ変える
  次のコスチュームにする
  もし <(y座標) < (-180)> なら
    隠す
    x座標を ((-210) から (210) までの乱数) 、y座標を (180) にする
    ((1.0) から (2.0) までの乱数) 秒待つ
    表示する
```

ステージ2のときの動く速さを設定します。

```
3 ▼ を受け取ったとき
x座標を ((-210) から (210) までの乱数) 、y座標を (180) にする
((120) から (150) までの乱数) 度に向ける
回転方法を 左右のみ ▼ にする
((1.0) から (2.0) までの乱数) 秒待つ
表示する
ずっと
  (7) 歩動かす
  次のコスチュームにする
  もし端に着いたら、跳ね返る
```

ステージ3のときの動く速さを設定します。

コード

```
旗が押されたとき
隠す
大きさを 50 %にする
90 度に向ける
```

```
次のステージへ行く ▼ を受け取ったとき
隠す
スプライトの他のスクリプトを止める ▼
```

```
1 ▼ を受け取ったとき
x座標を -180 、y座標を -150 から 150 までの乱数 にする
1.0 から 2.0 までの乱数 秒待つ
表示する
ずっと
  x座標を 10 ずつ変える
  次のコスチュームにする
  もし x座標 > 240 なら
    隠す
    x座標を -180 、y座標を -150 から 150 までの乱数 にする
    1.0 から 2.0 までの乱数 秒待つ
    表示する
```

ステージ1のときの動く速さを設定します。

```
2 ▼ を受け取ったとき
x座標を -210 から 210 までの乱数 、y座標を 180 にする
1.0 から 2.0 までの乱数 秒待つ
表示する
ずっと
  y座標を -10 ずつ変える
  次のコスチュームにする
  もし y座標 < -180 なら
    隠す
    x座標を -210 から 210 までの乱数 、y座標を 180 にする
    1.0 から 2.0 までの乱数 秒待つ
    表示する
```

ステージ2のときの動く速さを設定します。

```
3 ▼ を受け取ったとき
x座標を -210 から 210 までの乱数 、y座標を 180 にする
120 から 150 までの乱数 度に向ける
回転方法を 左右のみ ▼ にする
1.0 から 2.0 までの乱数 秒待つ
表示する
ずっと
  10 歩動かす
  次のコスチュームにする
  もし端に着いたら、跳ね返る
```

ステージ3のときの動く速さを設定します。

Point｜迷路の作成

迷路は、スクラッチのペイントエディター、Windowsのペイントをはじめ、画像ソフトを利用して作成することができます。また、迷路を作成するWebサービスを利用することもできます。ここではMaze Generator（https://www.mazegenerator.net/）を利用して迷路を作成しています。迷路は次のように作成します。

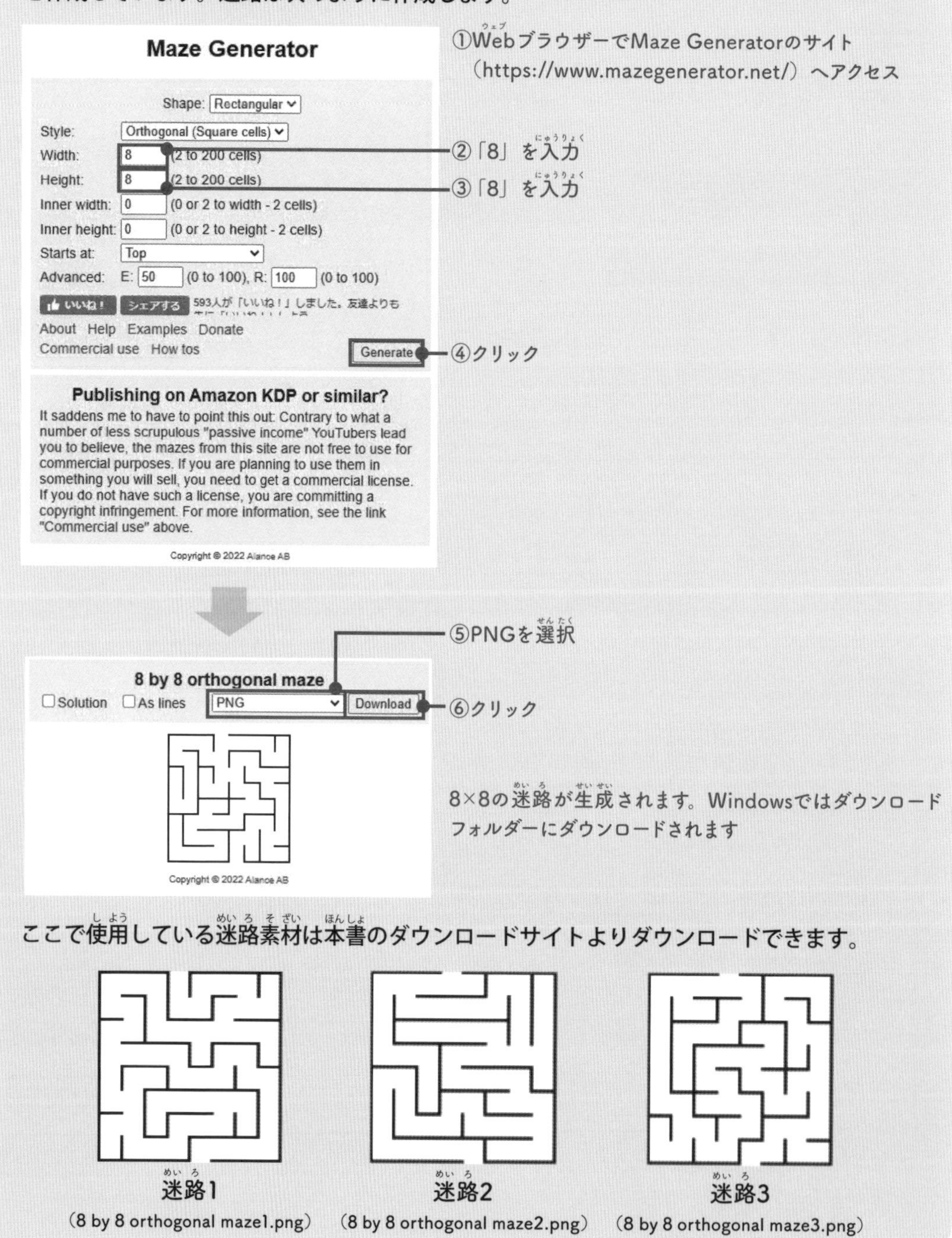

ここで使用している迷路素材は本書のダウンロードサイトよりダウンロードできます。

迷路1（8 by 8 orthogonal maze1.png）　迷路2（8 by 8 orthogonal maze2.png）　迷路3（8 by 8 orthogonal maze3.png）

技術（ぎじゅつ）｜ネット素材（そざい）の利用（りよう）

ネットにある写真やイラストなどの素材を、背景、スプライト、スプライトのコスチュームとして利用することができます。背景への素材の追加は次のように行います。

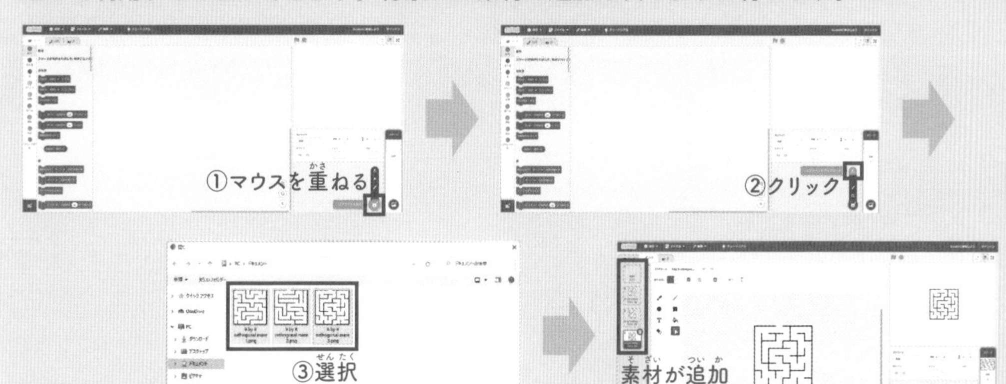

追加した素材を背景に使用する場合は、ステージの大きさに合わせるなどの調整が必要になる場合があります。大きさの調整は次のように行います。

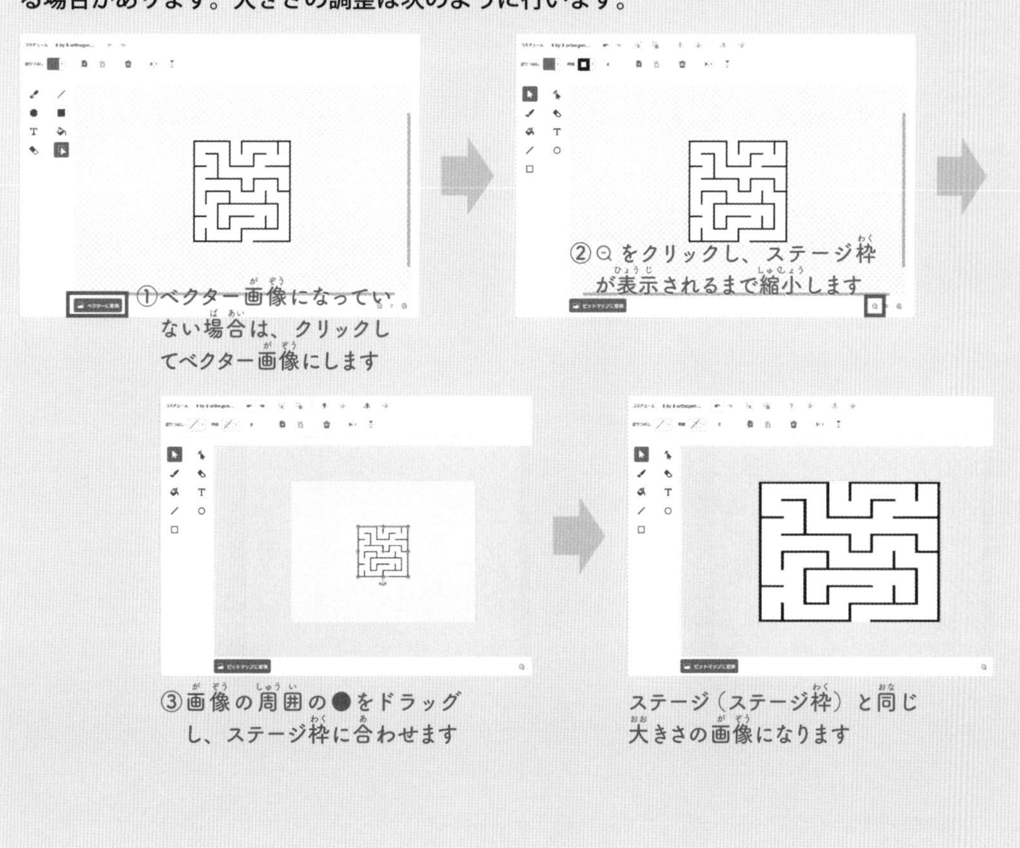

複数自作素材の利用

29_神経衰弱ゲーム.sb3

神経衰弱ゲーム

ゲームの概要

表面が同じ絵柄のカードが2枚ずつあります。カードは裏返しになっています。カードを2枚ずつめくります。同じ絵柄が揃うとカードが消えます。揃わないと裏返しの状態に戻ります。すべてのカードが消えるとゲーム終了です。

ステージの動き

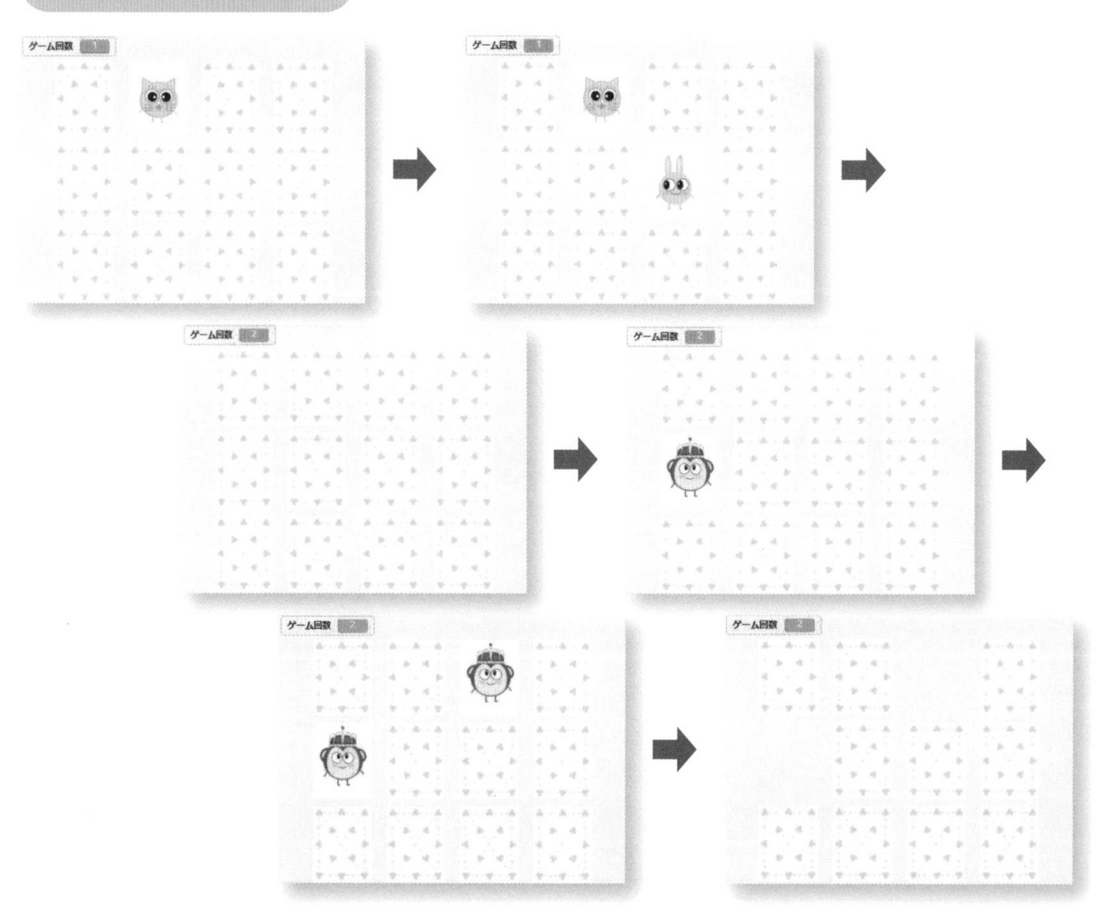

※ゲームの実行は全画面表示で行ってください（35ページ参照）。

※ゲームは 🏳 ボタンをクリックまたはタップして開始してください（28ページ参照）。

操作方法

●パソコンの場合

カードをめくる

マウスでカードをクリックします。

●タブレットの場合

カードをめくる

指でカードをタップします。

使用背景

Blue Sky 2

使用スプライトと役割・動き

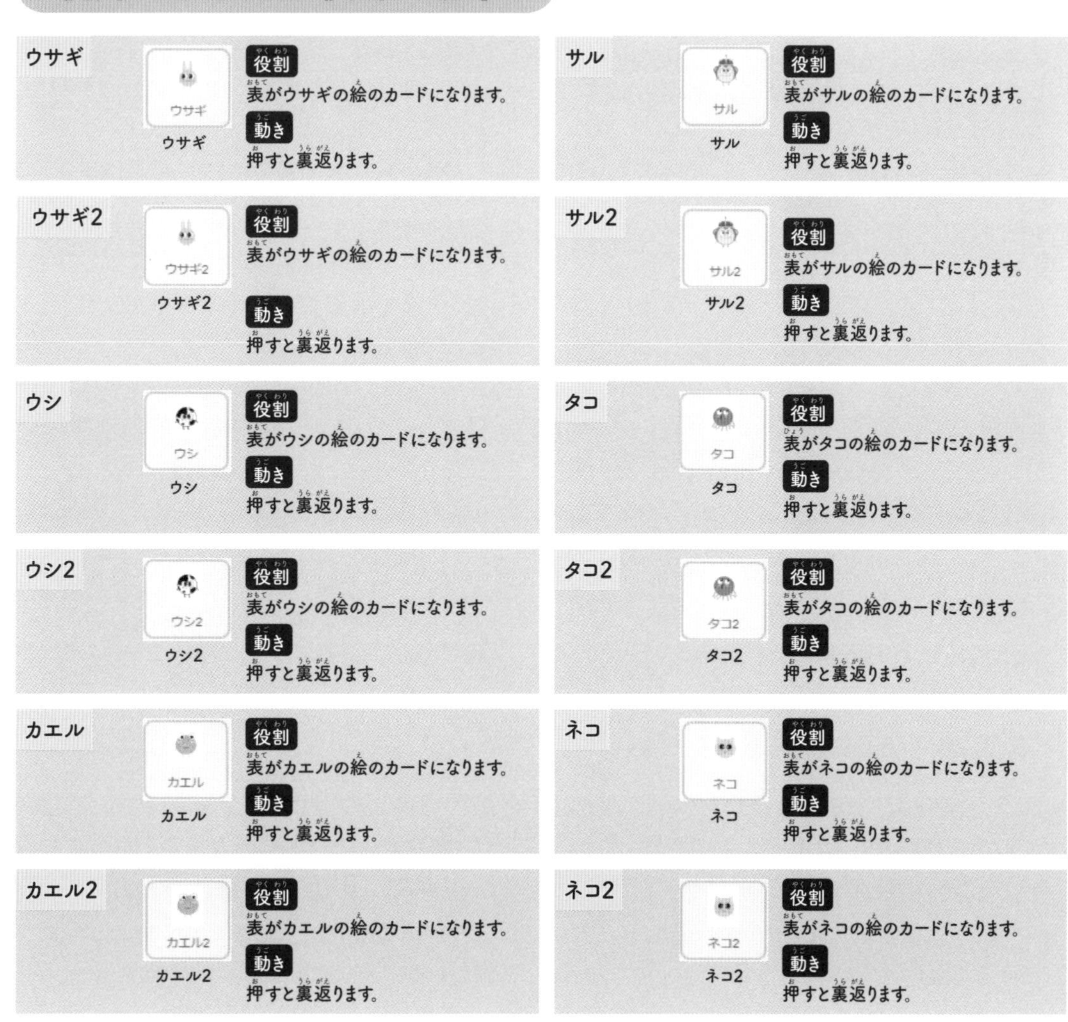

ウサギ
ウサギ
役割
表がウサギの絵のカードになります。
動き
押すと裏返ります。

サル
サル
役割
表がサルの絵のカードになります。
動き
押すと裏返ります。

ウサギ2
ウサギ2
役割
表がウサギの絵のカードになります。
動き
押すと裏返ります。

サル2
サル2
役割
表がサルの絵のカードになります。
動き
押すと裏返ります。

ウシ
ウシ
役割
表がウシの絵のカードになります。
動き
押すと裏返ります。

タコ
タコ
役割
表がタコの絵のカードになります。
動き
押すと裏返ります。

ウシ2
ウシ2
役割
表がウシの絵のカードになります。
動き
押すと裏返ります。

タコ2
タコ2
役割
表がタコの絵のカードになります。
動き
押すと裏返ります。

カエル
カエル
役割
表がカエルの絵のカードになります。
動き
押すと裏返ります。

ネコ
ネコ
役割
表がネコの絵のカードになります。
動き
押すと裏返ります。

カエル2
カエル2
役割
表がカエルの絵のカードになります。
動き
押すと裏返ります。

ネコ2
ネコ2
役割
表がネコの絵のカードになります。
動き
押すと裏返ります。

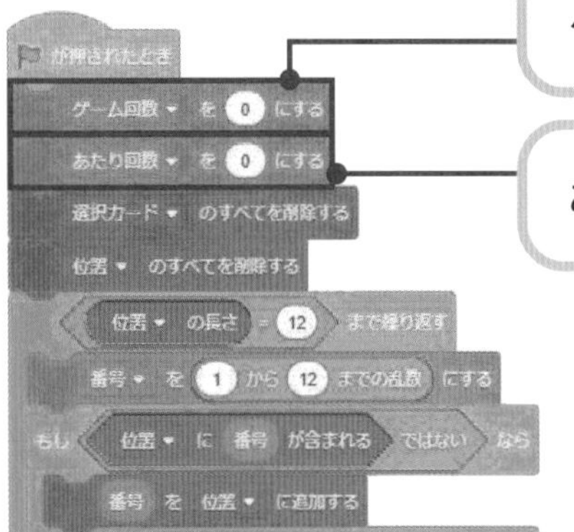

ゲーム回数を初期化（0に）します。

あたり回数を初期化（0に）します。

変数を作成します。変数「ゲーム回数」はステージに表示するので、□に✓を入れます。それ以外の変数はステージに表示しないので✓を入れないようにします。

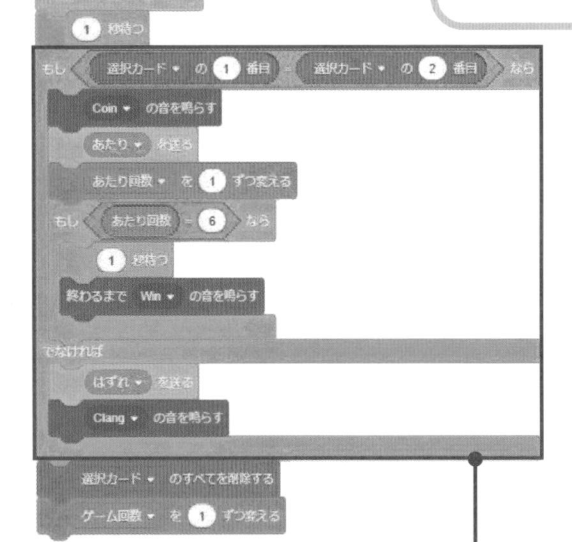

リストを作成します。リスト「X座標」とリスト「Y座標」に数値を入力します。リストはステージに表示しないので□に✓を入れないようにします（166ページ、167ページ参照）。

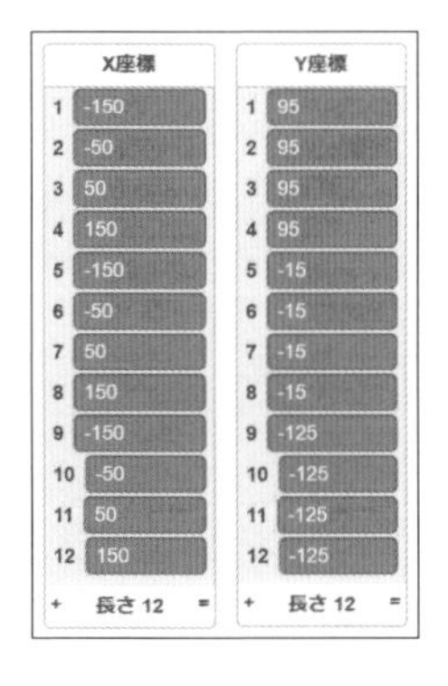

	X座標		Y座標
1	-150	1	95
2	-50	2	95
3	50	3	95
4	150	4	95
5	-150	5	-15
6	-50	6	-15
7	50	7	-15
8	150	8	-15
9	-150	9	-125
10	-50	10	-125
11	50	11	-125
12	150	12	-125
+	長さ 12	+	長さ 12

音「Coin」、音「Win」、音「Clang」は 音 をクリックし、「音を選ぶ」から追加します。

1回目に引いたカードと2回目に引いたカードの表の絵が同じ場合はメッセージ「あたり」を送信し、絵が同じでない場合は「はずれ」を送信します。

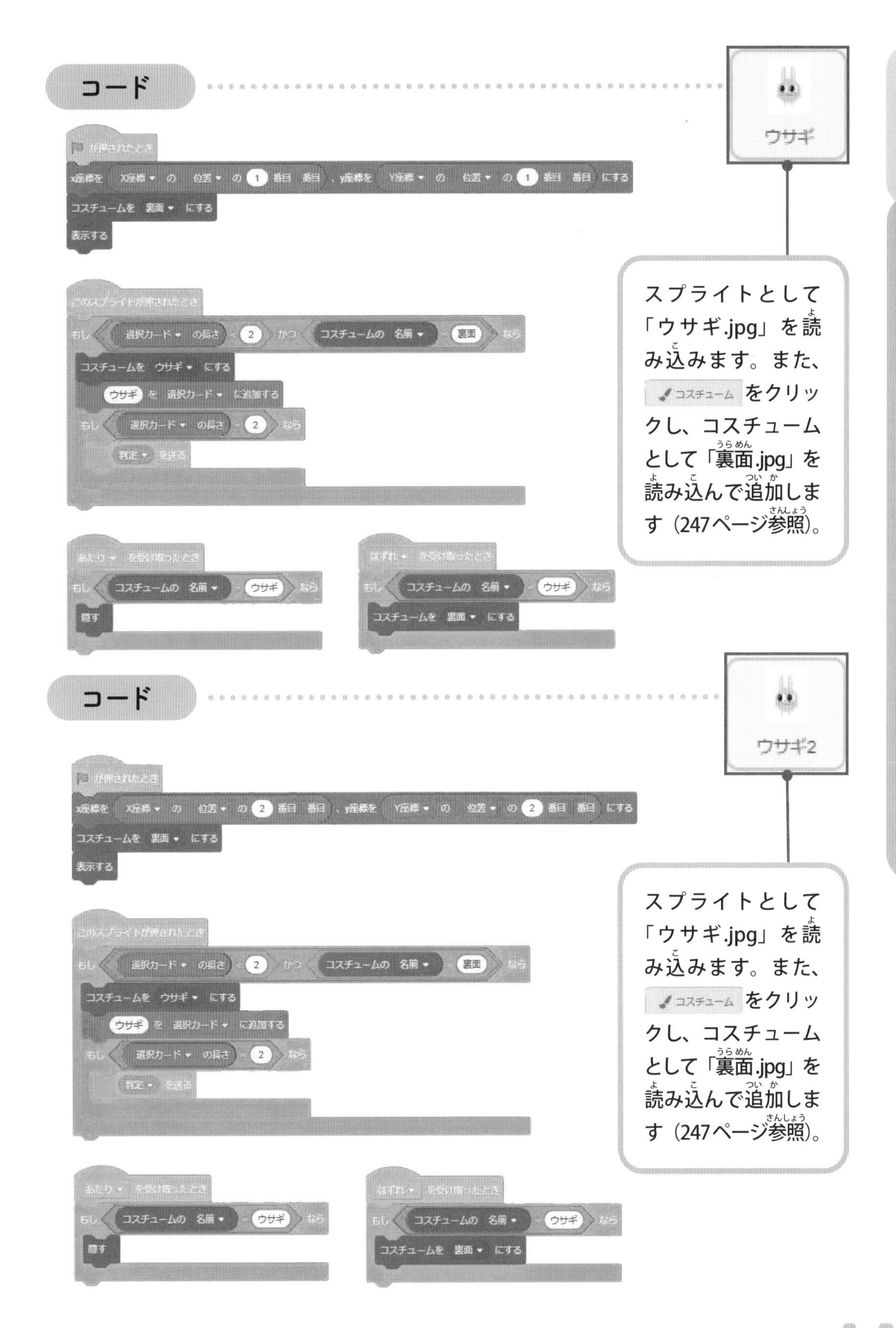

コード
ウサギ
が押されたとき
x座標を X座標 の 位置 の 1 番目 番目 、y座標を Y座標 の 位置 の 1 番目 番目 にする
コスチュームを 裏面 にする
表示する
このスプライトが押されたとき
もし 選択カード の長さ < 2 かつ コスチュームの 名前 = 裏面 なら
コスチュームを ウサギ にする
ウサギ を 選択カード に追加する
もし 選択カード の長さ = 2 なら
判定 を送る
あたり を受け取ったとき
もし コスチュームの 名前 = ウサギ なら
隠す
はずれ を受け取ったとき
もし コスチュームの 名前 = ウサギ なら
コスチュームを 裏面 にする
スプライトとして「ウサギ.jpg」を読み込みます。また、コスチューム をクリックし、コスチュームとして「裏面.jpg」を読み込んで追加します（247ページ参照）。
コード
ウサギ2
が押されたとき
x座標を X座標 の 位置 の 2 番目 番目 、y座標を Y座標 の 位置 の 2 番目 番目 にする
コスチュームを 裏面 にする
表示する
このスプライトが押されたとき
もし 選択カード の長さ < 2 かつ コスチュームの 名前 = 裏面 なら
コスチュームを ウサギ にする
ウサギ を 選択カード に追加する
もし 選択カード の長さ = 2 なら
判定 を送る
あたり を受け取ったとき
もし コスチュームの 名前 = ウサギ なら
隠す
はずれ を受け取ったとき
もし コスチュームの 名前 = ウサギ なら
コスチュームを 裏面 にする
スプライトとして「ウサギ.jpg」を読み込みます。また、コスチューム をクリックし、コスチュームとして「裏面.jpg」を読み込んで追加します（247ページ参照）。

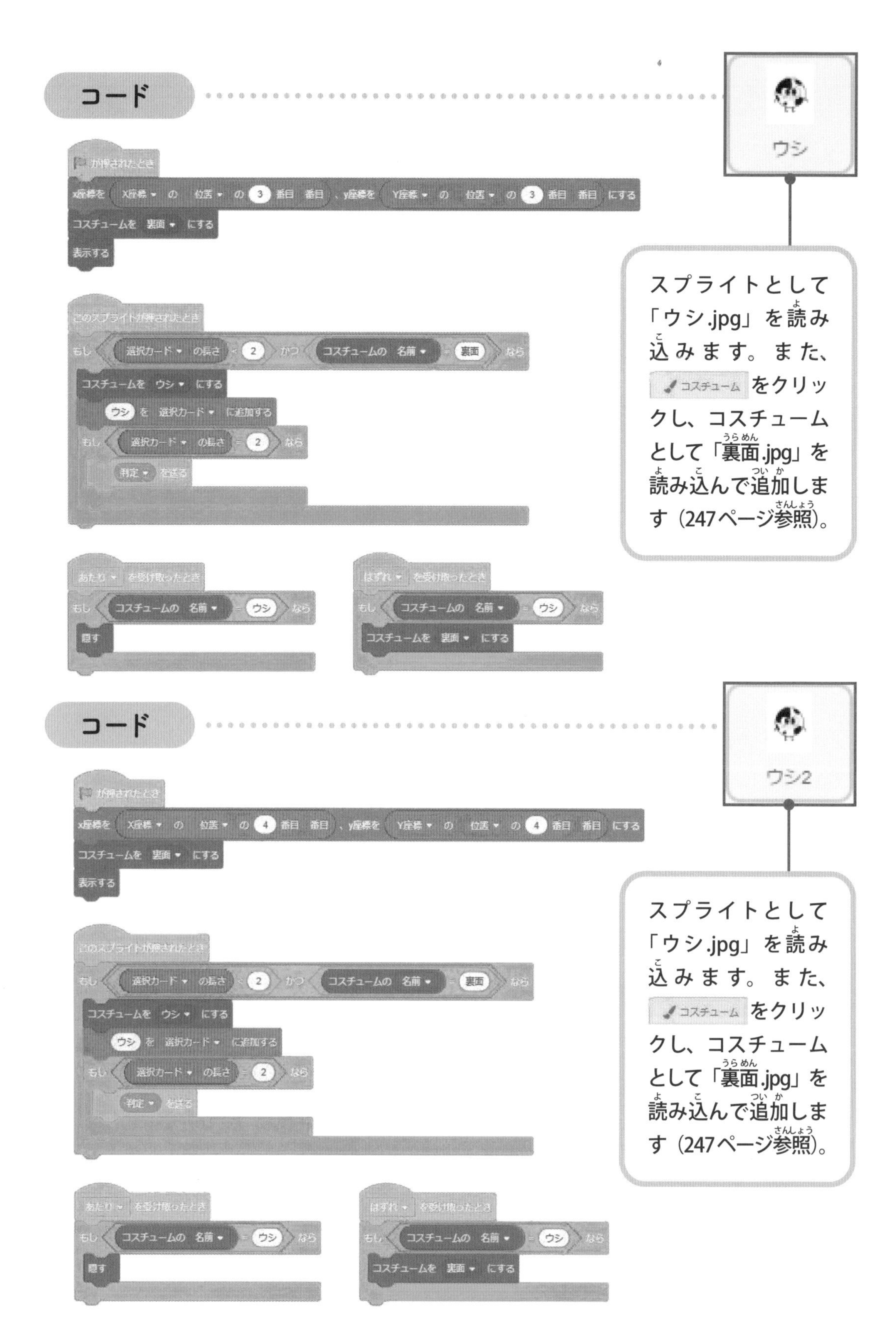
コード
ウシ
が押されたとき
x座標を X座標 の 位置 の 3 番目 番目 、y座標を Y座標 の 位置 の 3 番目 番目 にする
コスチュームを 裏面 にする
表示する
このスプライトが押されたとき
もし 選択カード の長さ < 2 かつ コスチュームの 名前 = 裏面 なら
コスチュームを ウシ にする
ウシ を 選択カード に追加する
もし 選択カード の長さ = 2 なら
判定 を送る
あたり を受け取ったとき
もし コスチュームの 名前 = ウシ なら
隠す
はずれ を受け取ったとき
もし コスチュームの 名前 = ウシ なら
コスチュームを 裏面 にする
スプライトとして「ウシ.jpg」を読み込みます。また、コスチューム をクリックし、コスチュームとして「裏面.jpg」を読み込んで追加します（247ページ参照）。
コード
ウシ2
が押されたとき
x座標を X座標 の 位置 の 4 番目 番目 、y座標を Y座標 の 位置 の 4 番目 番目 にする
コスチュームを 裏面 にする
表示する
このスプライトが押されたとき
もし 選択カード の長さ < 2 かつ コスチュームの 名前 = 裏面 なら
コスチュームを ウシ にする
ウシ を 選択カード に追加する
もし 選択カード の長さ = 2 なら
判定 を送る
あたり を受け取ったとき
もし コスチュームの 名前 = ウシ なら
隠す
はずれ を受け取ったとき
もし コスチュームの 名前 = ウシ なら
コスチュームを 裏面 にする
スプライトとして「ウシ.jpg」を読み込みます。また、コスチューム をクリックし、コスチュームとして「裏面.jpg」を読み込んで追加します（247ページ参照）。

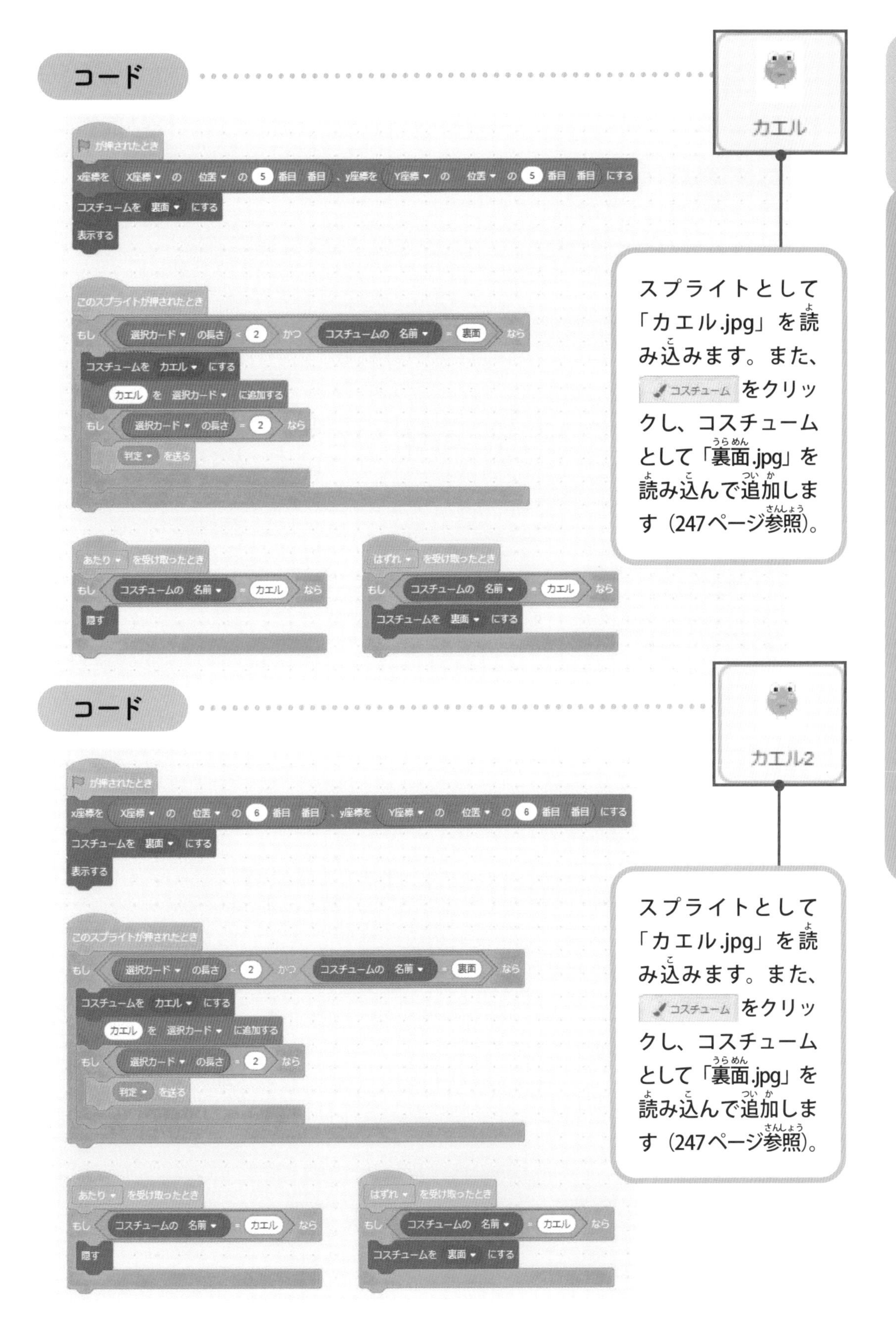
コード
カエル
が押されたとき
x座標を X座標 の 位置 の 5 番目 番目 、y座標を Y座標 の 位置 の 5 番目 番目 にする
コスチュームを 裏面 にする
表示する
このスプライトが押されたとき
もし 選択カード の長さ < 2 かつ コスチュームの 名前 = 裏面 なら
コスチュームを カエル にする
カエル を 選択カード に追加する
もし 選択カード の長さ = 2 なら
判定 を送る
あたり を受け取ったとき
もし コスチュームの 名前 = カエル なら
隠す
はずれ を受け取ったとき
もし コスチュームの 名前 = カエル なら
コスチュームを 裏面 にする
スプライトとして「カエル.jpg」を読み込みます。また、コスチューム をクリックし、コスチュームとして「裏面.jpg」を読み込んで追加します（247ページ参照）。
コード
カエル2
が押されたとき
x座標を X座標 の 位置 の 6 番目 番目 、y座標を Y座標 の 位置 の 6 番目 番目 にする
コスチュームを 裏面 にする
表示する
このスプライトが押されたとき
もし 選択カード の長さ < 2 かつ コスチュームの 名前 = 裏面 なら
コスチュームを カエル にする
カエル を 選択カード に追加する
もし 選択カード の長さ = 2 なら
判定 を送る
あたり を受け取ったとき
もし コスチュームの 名前 = カエル なら
隠す
はずれ を受け取ったとき
もし コスチュームの 名前 = カエル なら
コスチュームを 裏面 にする
スプライトとして「カエル.jpg」を読み込みます。また、コスチューム をクリックし、コスチュームとして「裏面.jpg」を読み込んで追加します（247ページ参照）。

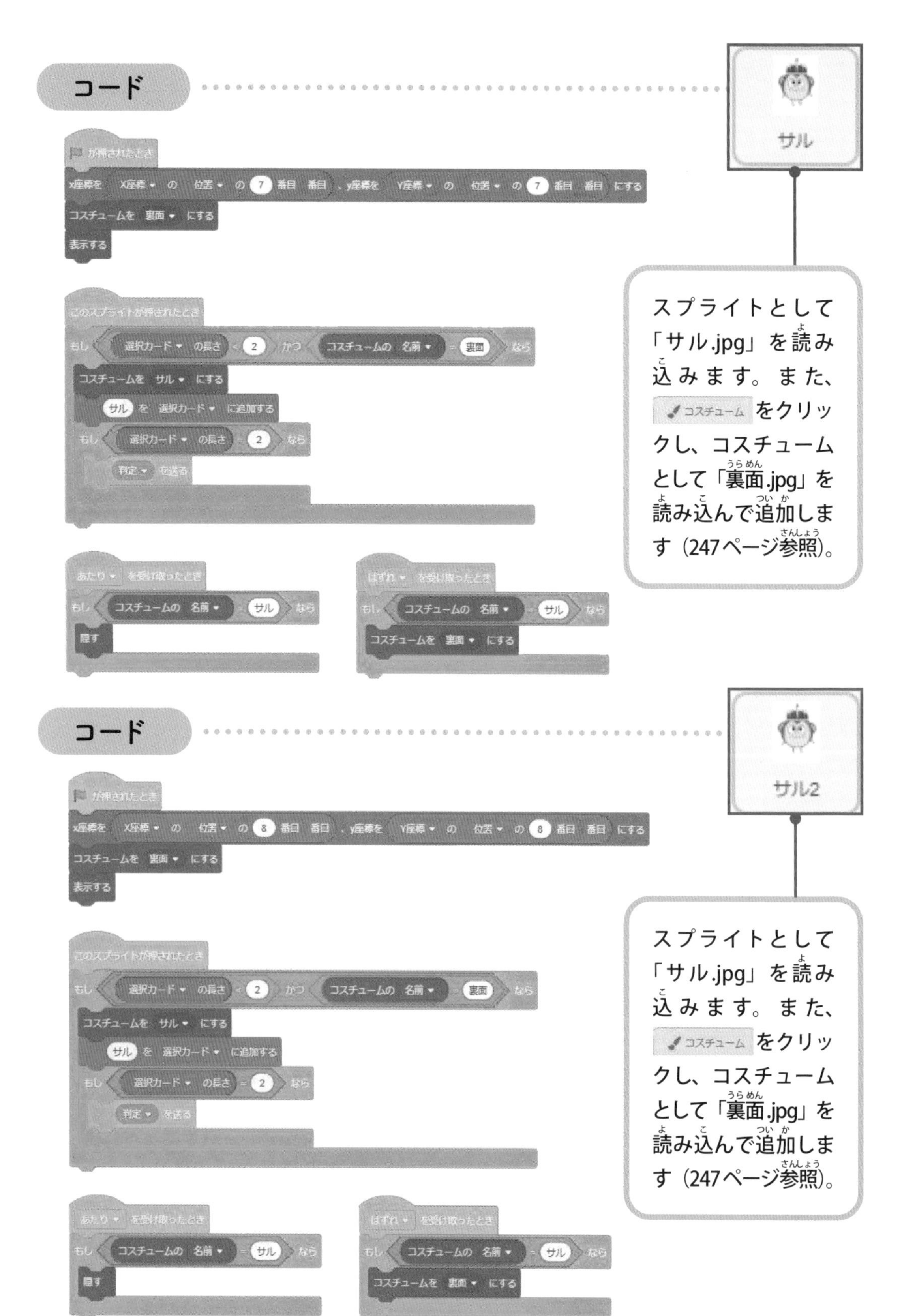
コード
サル
が押されたとき
x座標を X座標 の 位置 の 7 番目 番目 、y座標を Y座標 の 位置 の 7 番目 番目 にする
コスチュームを 裏面 にする
表示する
このスプライトが押されたとき
もし 選択カード の長さ < 2 かつ コスチュームの 名前 = 裏面 なら
コスチュームを サル にする
サル を 選択カード に追加する
もし 選択カード の長さ = 2 なら
判定 を送る
あたり を受け取ったとき
もし コスチュームの 名前 = サル なら
隠す
はずれ を受け取ったとき
もし コスチュームの 名前 = サル なら
コスチュームを 裏面 にする
スプライトとして「サル.jpg」を読み込みます。また、コスチューム をクリックし、コスチュームとして「裏面.jpg」を読み込んで追加します（247ページ参照）。
コード
サル2
が押されたとき
x座標を X座標 の 位置 の 8 番目 番目 、y座標を Y座標 の 位置 の 8 番目 番目 にする
コスチュームを 裏面 にする
表示する
このスプライトが押されたとき
もし 選択カード の長さ < 2 かつ コスチュームの 名前 = 裏面 なら
コスチュームを サル にする
サル を 選択カード に追加する
もし 選択カード の長さ = 2 なら
判定 を送る
あたり を受け取ったとき
もし コスチュームの 名前 = サル なら
隠す
はずれ を受け取ったとき
もし コスチュームの 名前 = サル なら
コスチュームを 裏面 にする
スプライトとして「サル.jpg」を読み込みます。また、コスチューム をクリックし、コスチュームとして「裏面.jpg」を読み込んで追加します（247ページ参照）。

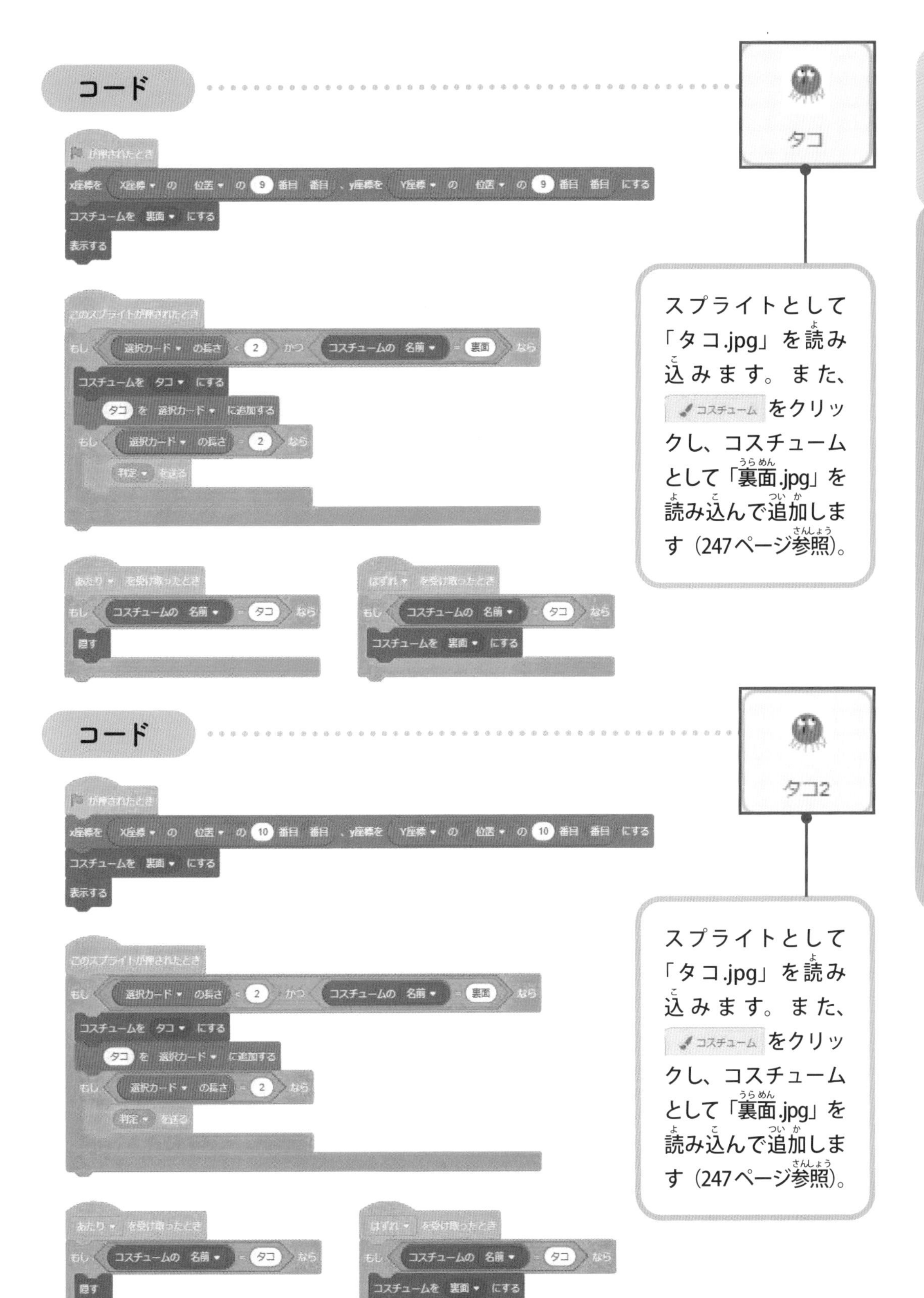
コード
タコ
スプライトとして「タコ.jpg」を読み込みます。また、コスチューム をクリックし、コスチュームとして「裏面.jpg」を読み込んで追加します（247ページ参照）。
旗が押されたとき
x座標を X座標 の 位置 の 9 番目 番目 、y座標を Y座標 の 位置 の 9 番目 番目 にする
コスチュームを 裏面 にする
表示する
このスプライトが押されたとき
もし 選択カード の長さ < 2 かつ コスチュームの 名前 = 裏面 なら
コスチュームを タコ にする
タコ を 選択カード に追加する
もし 選択カード の長さ = 2 なら
判定 を送る
あたり を受け取ったとき
もし コスチュームの 名前 = タコ なら
隠す
はずれ を受け取ったとき
もし コスチュームの 名前 = タコ なら
コスチュームを 裏面 にする
コード
タコ2
スプライトとして「タコ.jpg」を読み込みます。また、コスチューム をクリックし、コスチュームとして「裏面.jpg」を読み込んで追加します（247ページ参照）。
旗が押されたとき
x座標を X座標 の 位置 の 10 番目 番目 、y座標を Y座標 の 位置 の 10 番目 番目 にする
コスチュームを 裏面 にする
表示する
このスプライトが押されたとき
もし 選択カード の長さ < 2 かつ コスチュームの 名前 = 裏面 なら
コスチュームを タコ にする
タコ を 選択カード に追加する
もし 選択カード の長さ = 2 なら
判定 を送る
あたり を受け取ったとき
もし コスチュームの 名前 = タコ なら
隠す
はずれ を受け取ったとき
もし コスチュームの 名前 = タコ なら
コスチュームを 裏面 にする

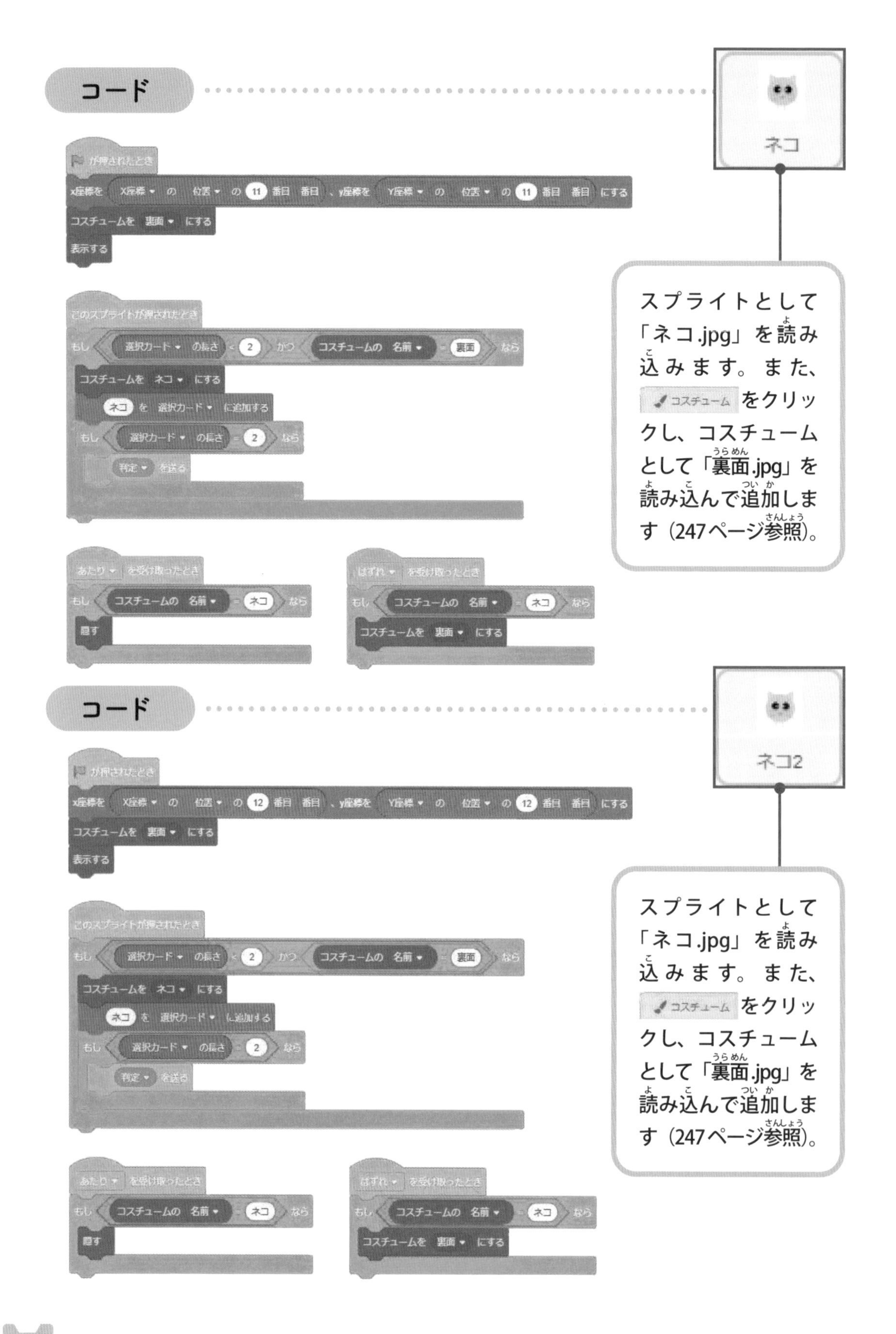
コード
ネコ
が押されたとき
x座標を X座標 の 位置 の 11 番目 番目 、y座標を Y座標 の 位置 の 11 番目 番目 にする
コスチュームを 裏面 にする
表示する
このスプライトが押されたとき
もし 選択カード の長さ < 2 かつ コスチュームの 名前 = 裏面 なら
コスチュームを ネコ にする
ネコ を 選択カード に追加する
もし 選択カード の長さ = 2 なら
判定 を送る
あたり を受け取ったとき
もし コスチュームの 名前 = ネコ なら
隠す
はずれ を受け取ったとき
もし コスチュームの 名前 = ネコ なら
コスチュームを 裏面 にする
スプライトとして「ネコ.jpg」を読み込みます。また、コスチューム をクリックし、コスチュームとして「裏面.jpg」を読み込んで追加します（247ページ参照）。
コード
ネコ2
が押されたとき
x座標を X座標 の 位置 の 12 番目 番目 、y座標を Y座標 の 位置 の 12 番目 番目 にする
コスチュームを 裏面 にする
表示する
このスプライトが押されたとき
もし 選択カード の長さ < 2 かつ コスチュームの 名前 = 裏面 なら
コスチュームを ネコ にする
ネコ を 選択カード に追加する
もし 選択カード の長さ = 2 なら
判定 を送る
あたり を受け取ったとき
もし コスチュームの 名前 = ネコ なら
隠す
はずれ を受け取ったとき
もし コスチュームの 名前 = ネコ なら
コスチュームを 裏面 にする
スプライトとして「ネコ.jpg」を読み込みます。また、コスチューム をクリックし、コスチュームとして「裏面.jpg」を読み込んで追加します（247ページ参照）。

技術(ぎじゅつ)｜自作素材(じさくそざい)の利用(りよう)

スプライトやスプライトのコスチュームに使用(しよう)するイラストは自分(じぶん)で作(つく)ることもできます。自作(じさく)したスプライトに、自作(じさく)したスプライトおよびコスチュームを追加(ついか)するときは、次(つぎ)の手順(てじゅん)で行(おこな)います。

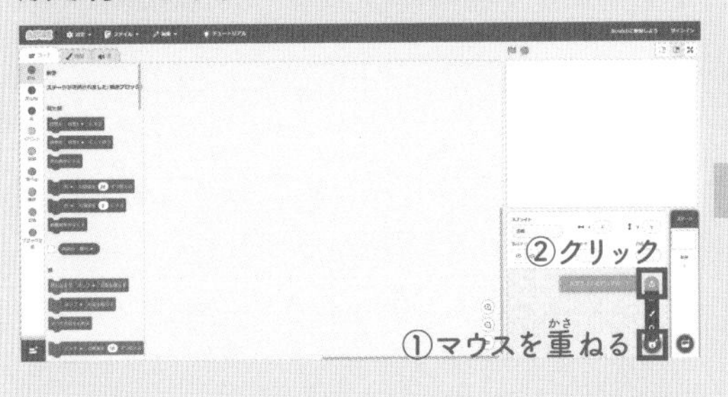

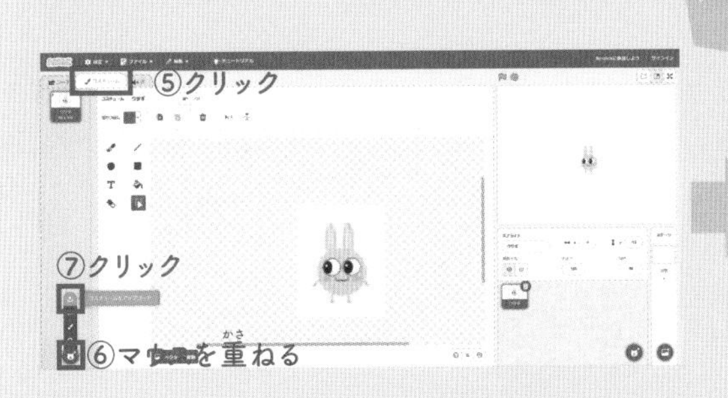

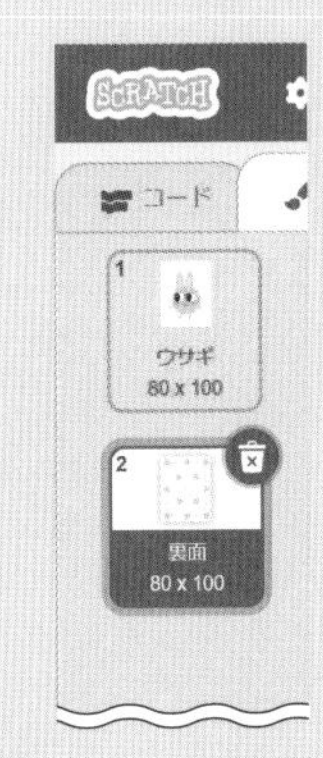

ここでは自作(じさく)したイラストをスプライトとスプライトのコスチュームとして利用(りよう)しています。ここで使用(しよう)しているイラストは本書(ほんしょ)のダウンロードサイトよりダウンロードできます。画像(がぞう)サイズは80×100（Pixel）です。

スプライト1、2（ウサギ.jpg）

スプライト3、4（ウシ.jpg）

スプライト5、6（カエル.jpg）

スプライト7、8（サル.jpg）

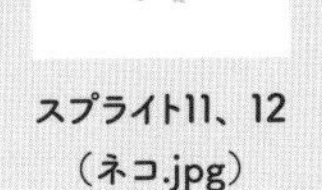

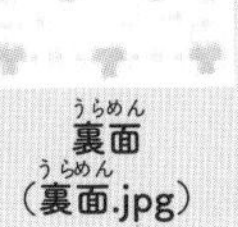

スプライト9、10（タコ.jpg）

スプライト11、12（ネコ.jpg）

裏面(うらめん)（裏面(うらめん).jpg）

〔イラスト〕松下久瑠美(まつしたくるみ)

GAME 30

間違い探しゲーム

ゲームの概要

30枚の画像が表示されます。そのうち1枚が他の画像と異なります。他と異なる画像を選ぶとステージクリアとなり、次のステージが表示されます。5ステージ目をクリアすると、ゲームクリアです。画像を間違えて選んだ場合や、残り時間が0になった場合はゲームオーバーです。

ステージの動き

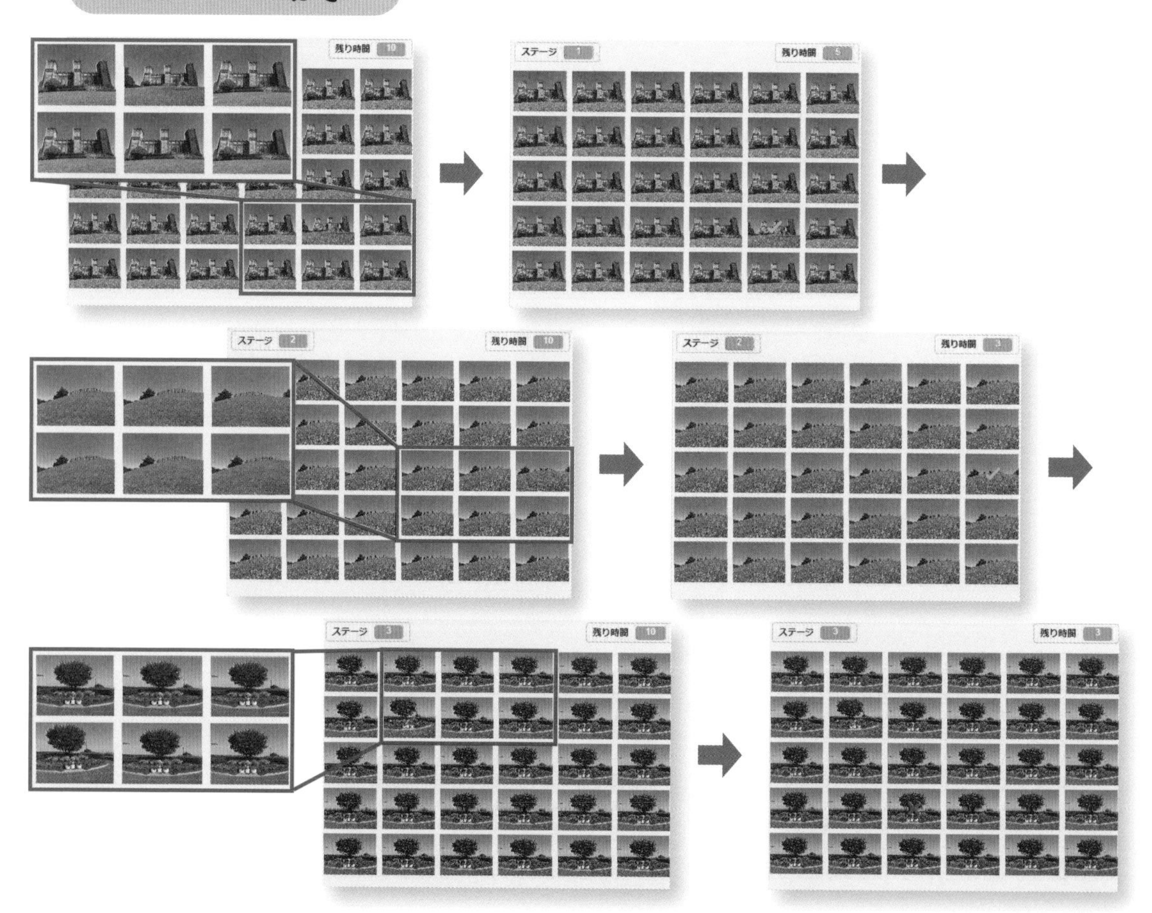

※ゲームの実行は全画面表示で行ってください（35ページ参照）。

※ゲームは ボタンをクリックまたはタップして開始してください（28ページ参照）。

操作方法

●パソコンの場合

画像を選ぶ

マウスで画像をクリックします。

●タブレットの場合

画像を選ぶ

指で画像をタップします。

使用背景

Blue Sky 2

使用スプライトと役割・動き

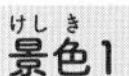

景色1

景色1a

役割
景色1の写真として表示されます。

動き
29枚の正解画像と1枚の不正解画像が並びます。

景色5

景色5a

役割
景色5の写真として表示されます。

動き
29枚の正解画像と1枚の不正解画像が並びます。

景色2

景色2a

役割
景色2の写真として表示されます。

動き
29枚の正解画像と1枚の不正解画像が並びます。

正解

Button4

役割
正解を表します。

動き
正解の場合、画面に表示され、正解の音が鳴ります。

景色3

景色3a

役割
景色3の写真として表示されます。

動き
29枚の正解画像と1枚の不正解画像が並びます。

不正解

Button5

役割
不正解を表します。

動き
不正解の場合、画面に表示され、不正解の音が鳴ります。

景色4

景色4a

役割
景色4の写真として表示されます。

動き
29枚の正解画像と1枚の不正解画像が並びます。

コード

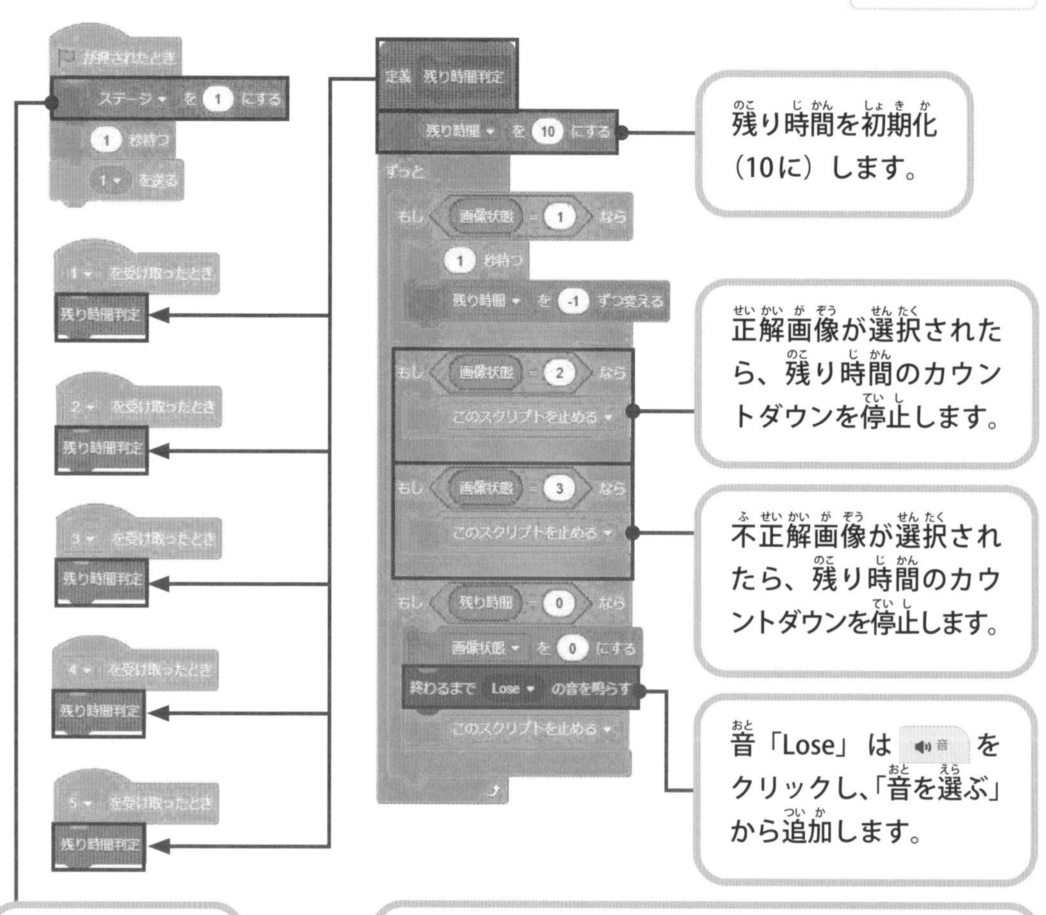

残り時間を初期化（10に）します。

正解画像が選択されたら、残り時間のカウントダウンを停止します。

不正解画像が選択されたら、残り時間のカウントダウンを停止します。

音「Lose」は 音 をクリックし、「音を選ぶ」から追加します。

ステージを初期化（1に）します。

変数を作成します。変数「ステージ」と変数「残り時間」はステージに表示するので、□に✓を入れます。それ以外の変数はステージに表示しないので✓を入れないようにします。

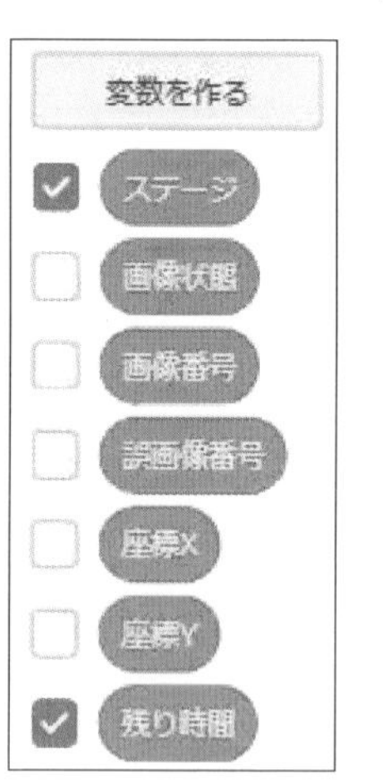

コード

```
🏴 が押されたとき
隠す
大きさを (15) %にする
コスチュームを [景色1a ▼] にする
```

```
[1 ▼] を受け取ったとき
[画像状態 ▼] を (0) にする
[画像番号 ▼] を (1) にする
[誤画像番号 ▼] を ((1) から (30) までの乱数) にする
y座標を (110) にする
(5) 回繰り返す
    x座標を (-200) にする
    (6) 回繰り返す
        もし <(画像番号) = (誤画像番号)> なら
            コスチュームを [景色1b ▼] にする
        [自分自身 ▼] のクローンを作る
        コスチュームを [景色1a ▼] にする
        x座標を (80) ずつ変える
        [画像番号 ▼] を (1) ずつ変える
    y座標を (-60) ずつ変える
[画像状態 ▼] を (1) にする
```

すべての画像を配置したら、「画像状態=1」にし、画像を表示して、画像をクリックできるようにします。

```
クローンされたとき
ずっと
    もし <(画像状態) = (1)> なら
        表示する
        もし <<[マウスのポインター ▼] に触れた> かつ <マウスが押された>> なら
            [座標X ▼] を (x座標) にする
            [座標Y ▼] を (y座標) にする
            もし <(コスチュームの [番号 ▼]) = (2)> なら
                [画像状態 ▼] を (2) にする
                [正解 ▼] を送る
            でなければ
                [画像状態 ▼] を (3) にする
                [不正解 ▼] を送る
    もし <(画像状態) = (2)> なら
        (1) 秒待つ
        このクローンを削除する
```

スプライトとして「景色1a.jpg」を読み込みます。また、コスチューム をクリックし、コスチュームとして「景色1b.jpg」を読み込んで追加します（252ページ参照）。

- 画像状態=0：画像準備状態
- 画像状態=1：画像選択待ち状態（画像クリック可能状態）
- 画像状態=2：正解画像選択状態
- 画像状態=3：不正解画像選択状態

「画像状態=1」の場合のみ画像をクリックできます。正解画像が選ばれると「画像状態=2」になり、クローンにより生成されたすべての画像が削除されます。

コード

```
(旗)が押されたとき
隠す
大きさを (15) %にする
コスチュームを [景色2a ▼] にする
```

```
[2 ▼] を受け取ったとき
[画像状態 ▼] を (0) にする
[画像番号 ▼] を (1) にする
[誤画像番号 ▼] を ((1) から (30) までの乱数) にする
y座標を (110) にする
(5) 回繰り返す
  x座標を (-200) にする
  (6) 回繰り返す
    もし <(画像番号) = (誤画像番号)> なら
      コスチュームを [景色2b ▼] にする
    [自分自身 ▼] のクローンを作る
    コスチュームを [景色2a ▼] にする
    x座標を (80) ずつ変える
    [画像番号 ▼] を (1) ずつ変える
  y座標を (-60) ずつ変える
[画像状態 ▼] を (1) にする
```

```
クローンされたとき
ずっと
  もし <(画像状態) = (1)> なら
    表示する
    もし <<[マウスのポインター ▼] に触れた> かつ <マウスが押された>> なら
      [座標X ▼] を (x座標) にする
      [座標Y ▼] を (y座標) にする
      もし <(コスチュームの [番号 ▼]) = (2)> なら
        [画像状態 ▼] を (2) にする
        [正解 ▼] を送る
      でなければ
        [画像状態 ▼] を (3) にする
        [不正解 ▼] を送る
  もし <(画像状態) = (2)> なら
    (1) 秒待つ
    このクローンを削除する
```

スプライトとして「景色2a.jpg」を読み込みます。また、コスチューム をクリックし、コスチュームとして「景色2b.jpg」を読み込んで追加します（下記Point参照）。

Point｜コスチューム素材の読み込み

スプライトのコスチュームに自分で用意した素材を使うときは、コスチューム をクリックして、「コスチュームをアップロード」から読み込みます。

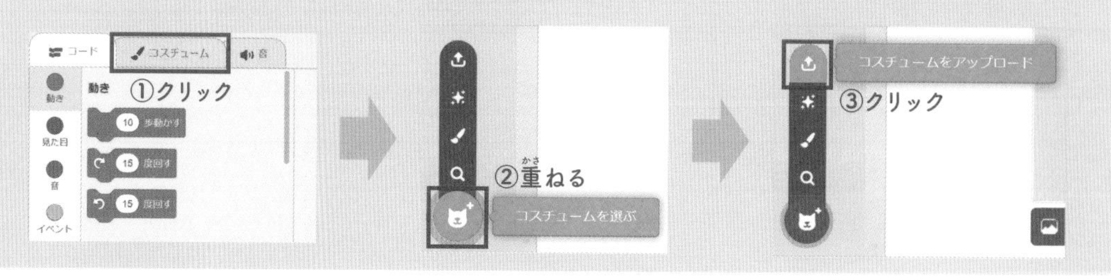

コード

```
[旗] が押されたとき
隠す
大きさを (15) %にする
コスチュームを [景色3a ▾] にする
```

```
[3 ▾] を受け取ったとき
[画像状態 ▾] を (0) にする
[画像番号 ▾] を (1) にする
[誤画像番号 ▾] を ((1) から (30) までの乱数) にする
y座標を (110) にする
(5) 回繰り返す
  x座標を (-200) にする
  (6) 回繰り返す
    もし <(画像番号) = (誤画像番号)> なら
      コスチュームを [景色3b ▾] にする
    [自分自身 ▾] のクローンを作る
    コスチュームを [景色3a ▾] にする
    x座標を (80) ずつ変える
    [画像番号 ▾] を (1) ずつ変える
  y座標を (-60) ずつ変える
[画像状態 ▾] を (1) にする
```

```
クローンされたとき
ずっと
  もし <(画像状態) = (1)> なら
    表示する
    もし <<[マウスのポインター ▾] に触れた> かつ <マウスが押された>> なら
      [座標X ▾] を (x座標) にする
      [座標Y ▾] を (y座標) にする
      もし <(コスチュームの [番号 ▾]) = (2)> なら
        [画像状態 ▾] を (2) にする
        [正解 ▾] を送る
      でなければ
        [画像状態 ▾] を (3) にする
        [不正解 ▾] を送る
  もし <(画像状態) = (2)> なら
    (1) 秒待つ
    このクローンを削除する
```

スプライトとして「景色3a.jpg」を読み込みます。また、[コスチューム] をクリックし、コスチュームとして「景色3b.jpg」を読み込んで追加します(252ページ参照)。

素材として利用する画像を縮小します。ここでは、横方向6枚、縦方向5枚の合計30枚がステージに適切な大きさで入るようにします。

ステージに左上から右下に向かって画像を並べます。画像には画像番号を付けます。ここでは、次に示すようにステージの画像には1から30の番号が付けられています。

1	2	3	4	5	6
7	8	9	10	11	12
13	14	15	16	17	18
19	20	21	22	23	24
25	26	27	28	29	30

コード

```
🏴 が押されたとき
隠す
大きさを (15) %にする
コスチュームを [景色4a ▼] にする
```

```
[4 ▼] を受け取ったとき
[画像状態 ▼] を (0) にする
[画像番号 ▼] を (1) にする
[誤画像番号 ▼] を ((1) から (30) までの乱数) にする
y座標を (110) にする
(5) 回繰り返す
  x座標を (-200) にする
  (6) 回繰り返す
    もし <(画像番号) = (誤画像番号)> なら
      コスチュームを [景色4b ▼] にする
    [自分自身 ▼] のクローンを作る
    コスチュームを [景色4a ▼] にする
    x座標を (80) ずつ変える
    [画像番号 ▼] を (1) ずつ変える
  y座標を (-60) ずつ変える
[画像状態 ▼] を (1) にする
```

```
クローンされたとき
ずっと
  もし <(画像状態) = (1)> なら
    表示する
    もし <<[マウスのポインター ▼] に触れた> かつ <マウスが押された>> なら
      [座標X ▼] を (x座標) にする
      [座標Y ▼] を (y座標) にする
      もし <(コスチュームの [番号 ▼]) = (2)> なら
        [画像状態 ▼] を (2) にする
        [正解 ▼] を送る
      でなければ
        [画像状態 ▼] を (3) にする
        [不正解 ▼] を送る
  もし <(画像状態) = (2)> なら
    (1) 秒待つ
    このクローンを削除する
```

不正解画像を何番目の画像にするか決めます（画像番号は253ページ参照）。

不正解画像をセットします。ここでは、不正解のコスチュームはコスチューム「景色4b」で、コスチューム番号は2です。

スプライトとして「景色4a.jpg」を読み込みます。また、コスチューム をクリックし、コスチュームとして「景色4b.jpg」を読み込んで追加します（252ページ参照）。

コード

```
🏴 が押されたとき
隠す
大きさを (15) %にする
コスチュームを [景色5a ▾] にする
```

```
[5 ▾] を受け取ったとき
[画像状態 ▾] を (0) にする
[画像番号 ▾] を (1) にする
[誤画像番号 ▾] を ((1) から (30) までの乱数) にする
y座標を (110) にする
(5) 回繰り返す
  x座標を (-200) にする
  (6) 回繰り返す
    もし <(画像番号) = (誤画像番号)> なら
      コスチュームを [景色5b ▾] にする
    [自分自身 ▾] のクローンを作る
    コスチュームを [景色5a ▾] にする
    x座標を (80) ずつ変える
    [画像番号 ▾] を (1) ずつ変える
  y座標を (-60) ずつ変える
[画像状態 ▾] を (1) にする
```

```
クローンされたとき
ずっと
  もし <(画像状態) = (1)> なら
    表示する
    もし <<[マウスのポインター ▾] に触れた> かつ <マウスが押された>> なら
      [座標X ▾] を (x座標) にする
      [座標Y ▾] を (y座標) にする
      もし <(コスチュームの [番号 ▾]) = (2)> なら
        [画像状態 ▾] を (2) にする
        [正解 ▾] を送る
      でなければ
        [画像状態 ▾] を (3) にする
        [不正解 ▾] を送る
  もし <(画像状態) = (2)> なら
    (1) 秒待つ
    このクローンを削除する
```

クリックして選択した画像（画像のクローン）のx座標とy座標がそれぞれ変数「座標X」と変数「座標Y」に格納されます。変数「座標X」と変数「座標Y」の値が、スプライト「Button4」とスプライト「Button5」を表示するx座標とy座標として使用されます。

スプライトとして「景色5a.jpg」を読み込みます。また、［コスチューム］をクリックし、コスチュームとして「景色5b.jpg」を読み込んで追加します(252ページ参照)。

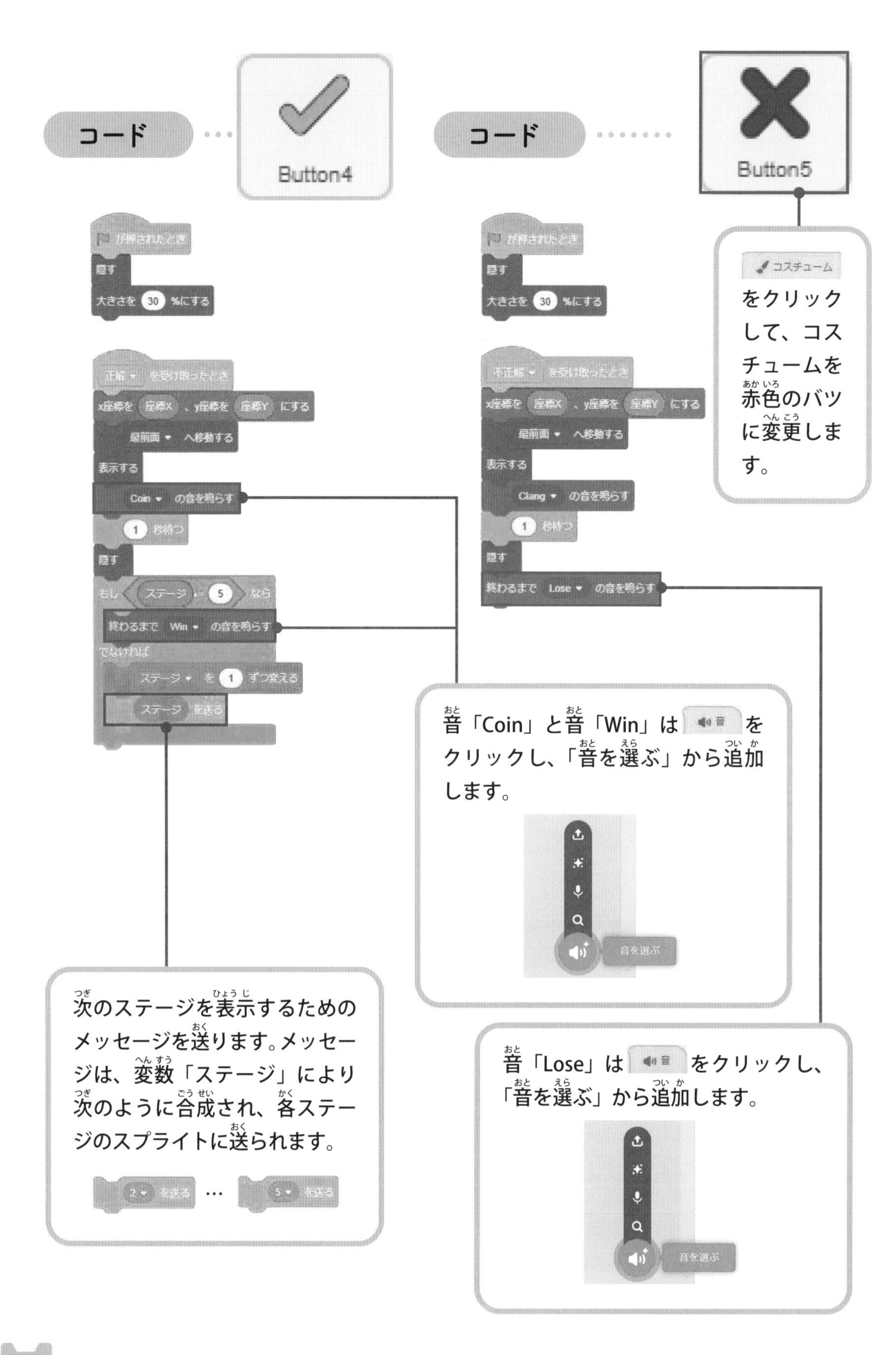
コード
Button4
コード
Button5
コスチューム
をクリックして、コスチュームを赤色のバツに変更します。
が押されたとき
隠す
大きさを 30 %にする
正解 を受け取ったとき
x座標を 座標X 、y座標を 座標Y にする
最前面 へ移動する
表示する
Coin の音を鳴らす
1 秒待つ
隠す
もし ステージ = 5 なら
終わるまで Win の音を鳴らす
でなければ
ステージ を 1 ずつ変える
ステージ を送る
が押されたとき
隠す
大きさを 30 %にする
不正解 を受け取ったとき
x座標を 座標X 、y座標を 座標Y にする
最前面 へ移動する
表示する
Clang の音を鳴らす
1 秒待つ
隠す
終わるまで Lose の音を鳴らす
音「Coin」と音「Win」は 音 をクリックし、「音を選ぶ」から追加します。
音を選ぶ
次のステージを表示するためのメッセージを送ります。メッセージは、変数「ステージ」により次のように合成され、各ステージのスプライトに送られます。
2 を送る … 5 を送る
音「Lose」は 音 をクリックし、「音を選ぶ」から追加します。
音を選ぶ

Point｜「スプライトを選ぶ」にあるスプライトの利用

間違い探しに使う素材は、「スプライトを選ぶ」にあるスプライトを使用することもできます。ペイントエディターでスプライト（スプライトのコスチューム）の色や形を変えて使用します。

元のコスチューム　加工したコスチューム　間違い探しの画面

技術｜素材の利用

背景、スプライト、スプライトのコスチュームには、写真やイラストなどの画像を素材として利用できます。ここでは、撮影した横浜山手の公園の写真を使用しています。ここで使用している写真は本書のダウンロードサイトよりダウンロードできます。画像サイズは1008×756（Pixel）です。

根岸森林公園

①景色1a.jpg

本牧山頂公園

②景色2a.jpg

港の見える丘公園

③景色3a.jpg

山手公園

④景色4a.jpg

横浜山手周辺の地図

唐沢公園

⑤景色5a.jpg

［写真］ 著者 松下孝太郎博士 2022年8月撮影

ペイントエディター

背景、スプライト、スプライトのコスチュームは、ペイントエディターで作成することができます。ペイントエディターの使い方は同じですが、作る対象によりペイントエディターへのアクセス方法が異なります。

背景を作成する場合

新しい背景を作成する場合は次のように行います。

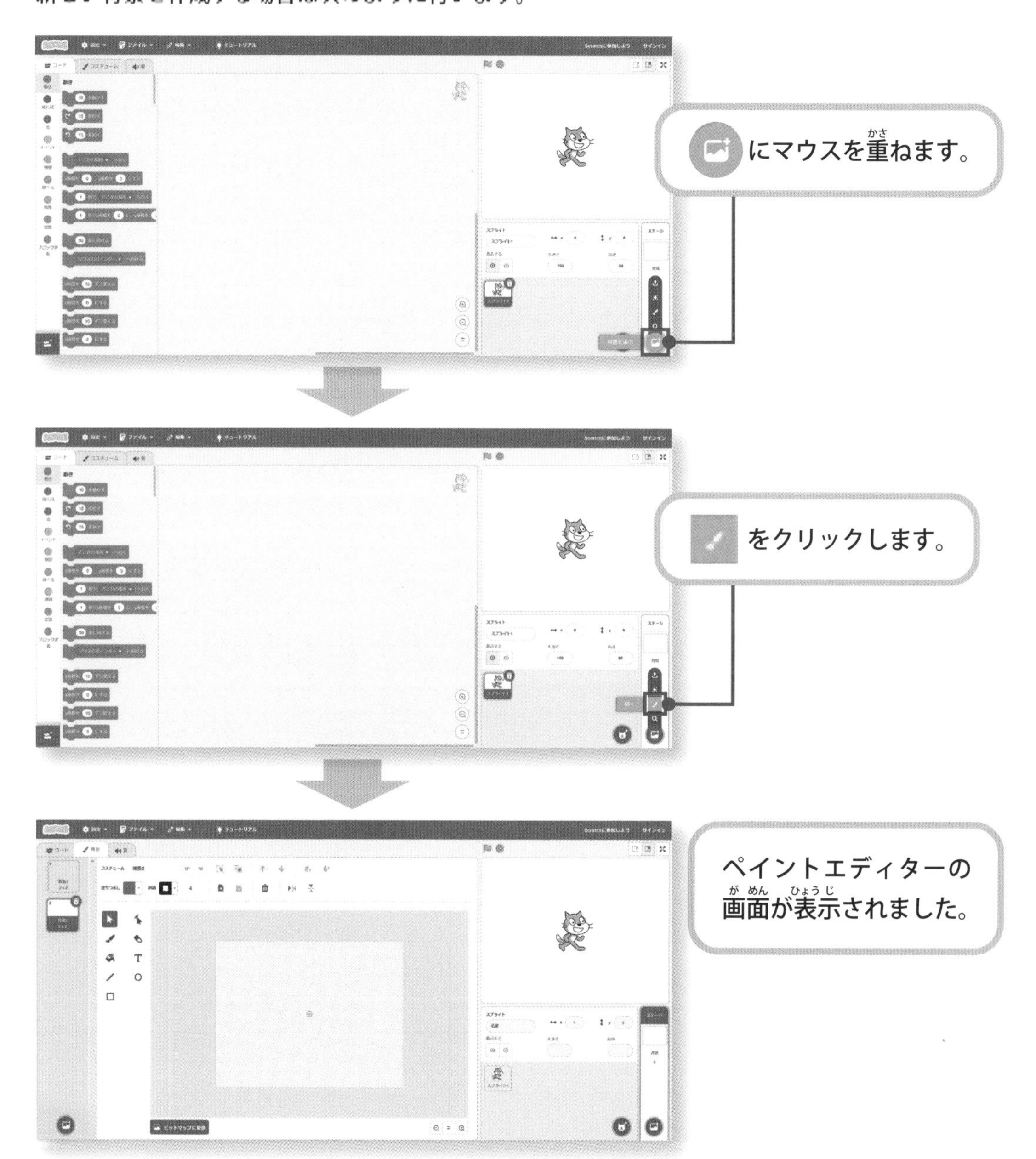

スプライトを作成する場合

新しいスプライトを作成する場合は次のように行います。

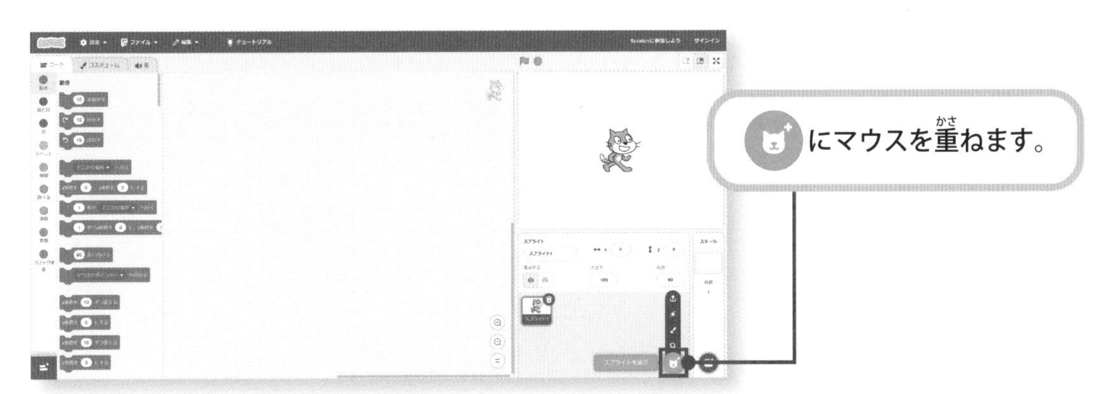

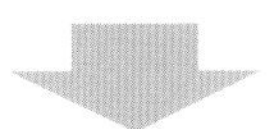

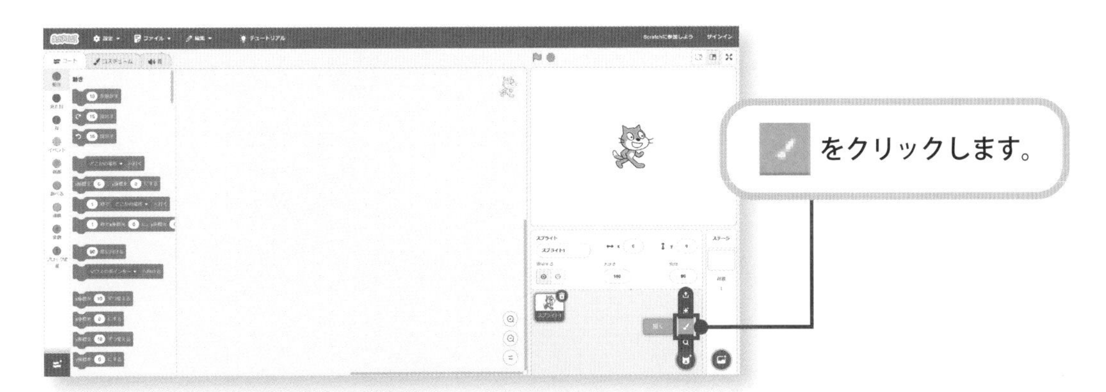

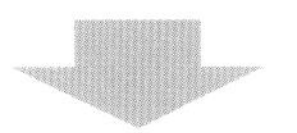

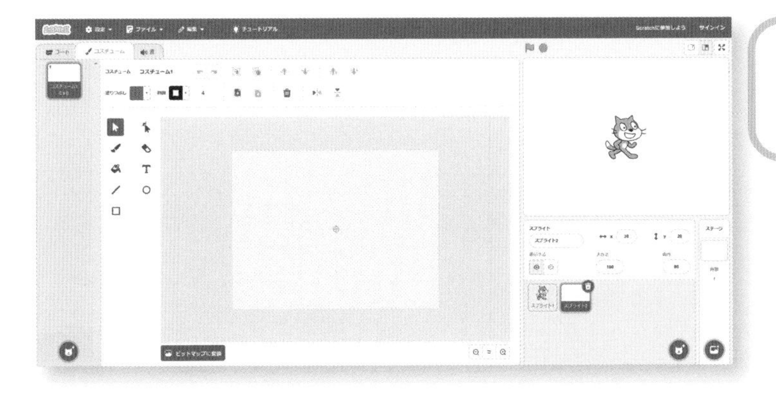

ペイントエディターの画面が表示されました。

コスチュームを作成する場合

現在あるコスチュームに追加して、新しいコスチュームを作成する場合は次のように行います。

コスチューム をクリックします。

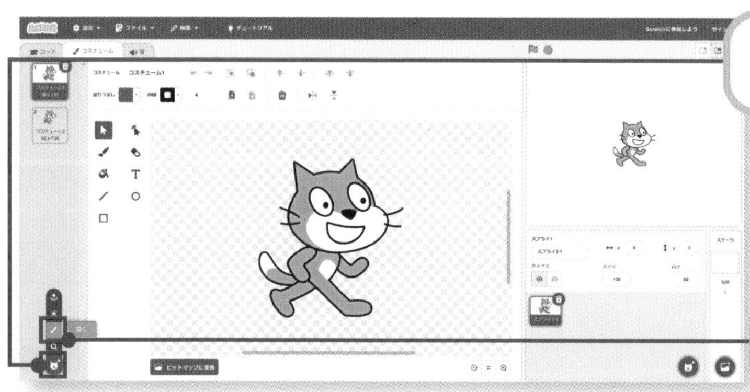

にマウスを重ねます。

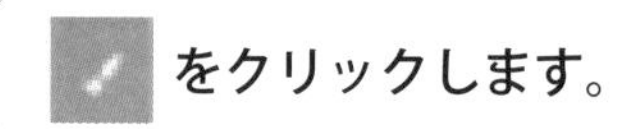

をクリックします。

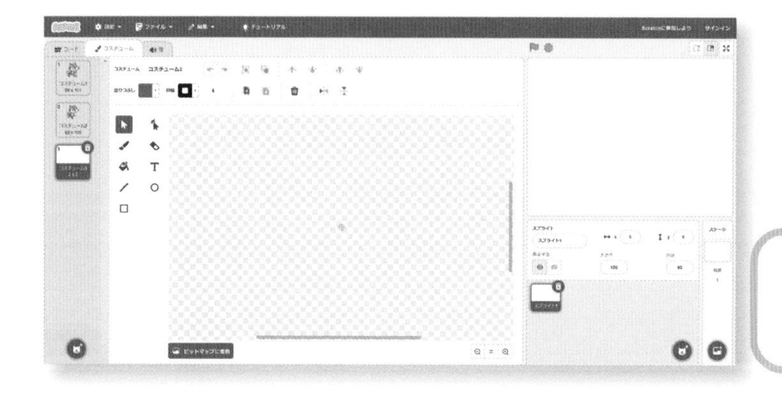

ペイントエディターの画面が表示されました。

Appendix

付録

スクラッチへの参加登録とサインイン

Section 1 Scratchアプリのインストールと実行

スクラッチ3.0では、パソコンなどにインストールして使用するScratchアプリが用意されています。インストールすれば、常時インターネットにつながっていなくても使用することができます。なお、Webブラウザーにより公式サイトにアクセスして使用する方法については、14ページで説明しています。

Scratchアプリのダウンロードの手順

① Webブラウザーでスクラッチの公式サイト「https://scratch.mit.edu/」にアクセスします。
② 画面の下の方にある［ダウンロード］をクリックします。

① 使用しているOSをクリックします。
ここでは「Windows」を選んでいます。
② ［直接ダウンロード］をクリックし、ファイルを保存します。
Windowsを使用している場合は「ダウンロード」フォルダに保存されます。

Scratchアプリのインストールの手順

インストール用のファイル［Scratch 3.29.1 Setup］をダブルクリックします。

- 「3.29.1」の部分は、スクラッチのアップデートにより数字が変わります。
- ここでは「ダウンロード」フォルダに保存したファイルをダブルクリックしています。

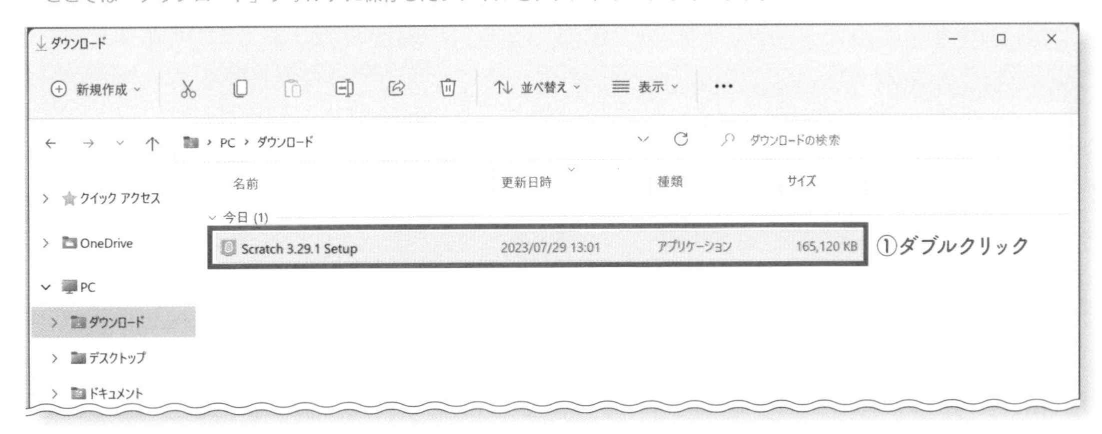

インストールが開始され、「インストールしています。」が表示されます。

［完了］をクリックすると、インストールは自動的に終了し、デスクトップにScratchアプリのアイコンが作成されます。

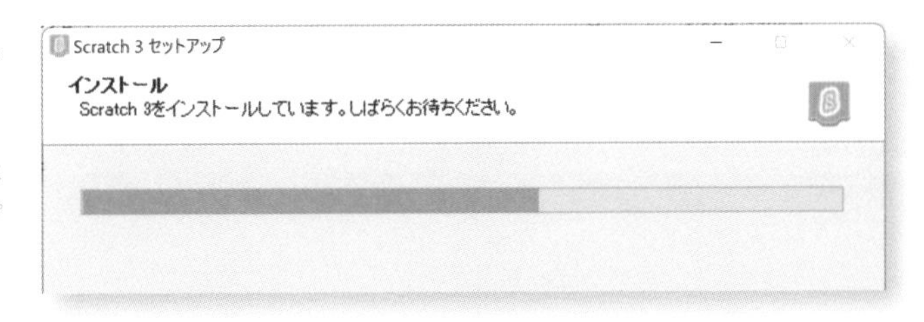

Scratchアプリの起動

デスクトップにある、「Scratch 3」のアイコンをダブルクリックします。

Scratchアプリが起動して、Scratchアプリの画面が表示されます。

プログラミングを開始することができます。

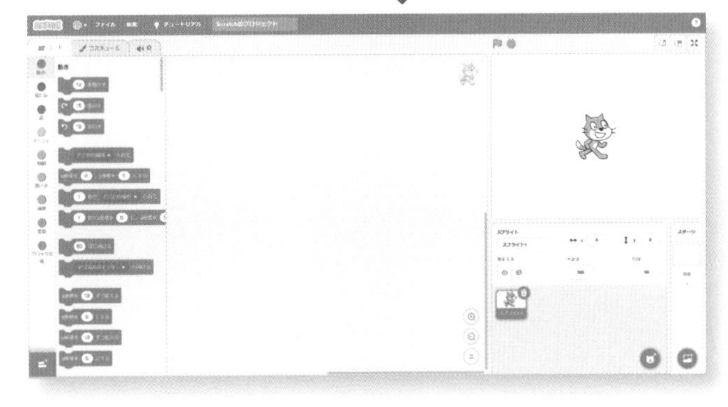

Section 2

スクラッチへの参加登録とサインイン

スクラッチは、公式サイトで参加登録（Scratchアカウントの作成）をすることができます。スクラッチ公式サイトで参加登録を行い、サインインすることにより、スクラッチをより楽しく便利に使うことができます。

参加登録

1. Webブラウザーでスクラッチの公式サイト「https://scratch.mit.edu/」にアクセスします。
2. ［Scratchに参加しよう］をクリックします。

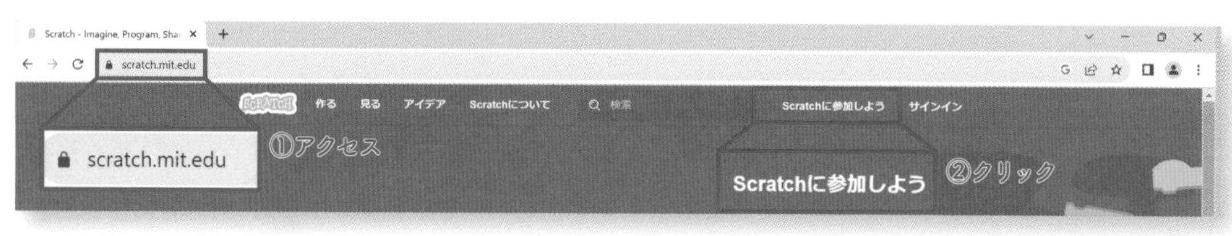

1. 「ユーザー名」と「パスワード」を自分で考えて入力します。
2. ［次へ］をクリックします。

パスワードは、人に見られないようにするため「*」で表示されます。

1. 住んでいる地域を選択します。
2. ［次へ］をクリックします。

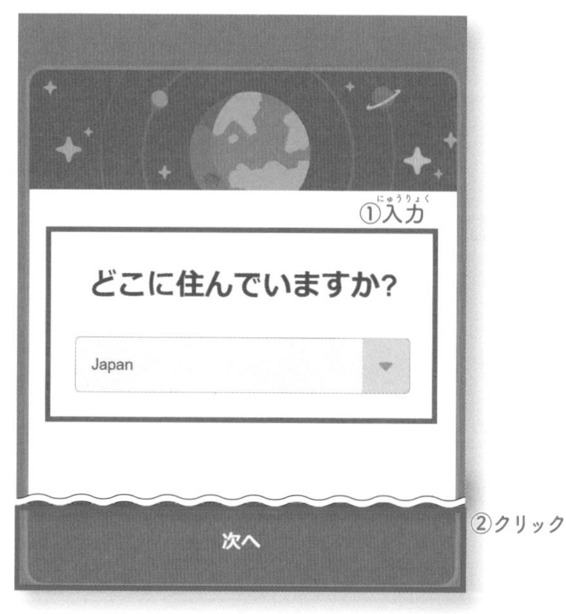

❶ 生まれた年と月を選択します。
❷ ［次へ］をクリックします。

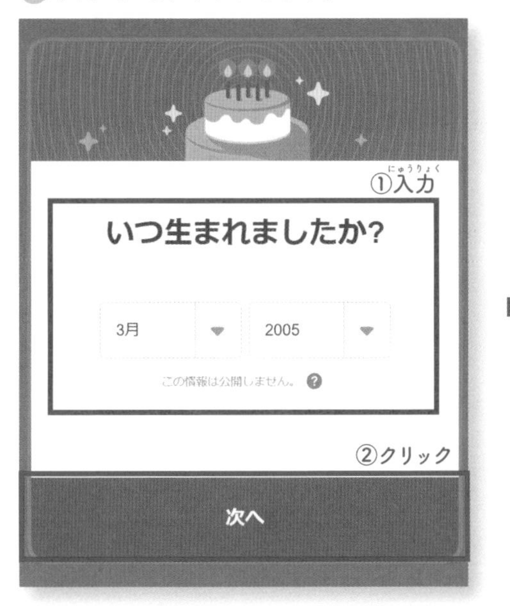

❶ 性別を選択します。
❷ ［次へ］をクリックします。

①入力
性別は何ですか?
Scratchはすべての性別の人々を歓迎します。
女
男
Xジェンダー
その他の性別:
選択しない
この情報は公開しません。
②クリック
次へ

❶ メールアドレスを入力します。
❷ ［アカウントを作成する］をクリックします。

❶ ユーザー名、メールアドレスが表示されるので、正しいか確認します。
❷ ［はじめよう］をクリックします。

登録した電子メールアドレス宛に、スクラッチから認証メールが届きますので、メールに表示されているリンクをクリックして認証を行います。

❶ 登録が完了し、スクラッチの公式ページが表示されます。
❷ 登録したユーザー名が表示されます。

サインイン

❶ Webブラウザーでスクラッチの公式サイト「https://scratch.mit.edu/」にアクセスします。
❷ [サインイン] をクリックします。
ユーザー名が表示されている場合は、すでにサインインしています。
❸「ユーザー名」と「パスワード」を入力します。
❹ [サインイン] をクリックします。
ユーザー名が表示されている場合は、すでにサインインしています。

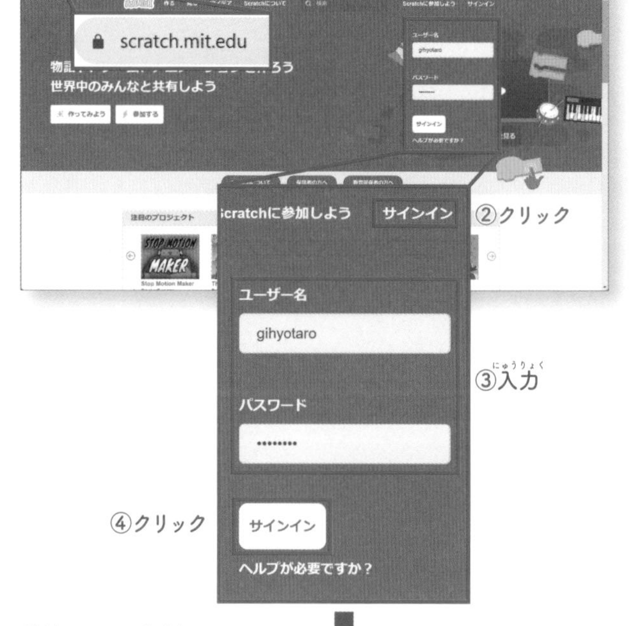

サインインが完了し、スクラッチの公式ページが表示されます。
ユーザー名が表示されます。

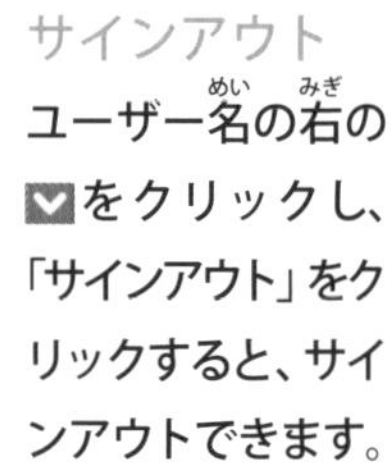

> **サインアウト**
> ユーザー名の右の▼をクリックし、「サインアウト」をクリックすると、サインアウトできます。

Section 3 サインインして広がるスクラッチの世界

スクラッチは、登録してサインインを行うと、次のようなことができます。

作品のアップロード
自分の作品を公開することができます。

フォロー
他のユーザーをフォローし、そのユーザーの作品にすばやくアクセスすることができます。

スタジオの作成
自分の主宰するスタジオ（グループ）を作り、参加者どうしで作品集を作ることができます。

自分の作品の公開

サインインを行います。

❶［作る］をクリックします。

ブロックを並べるなどして、作品を作成します。

❶ 作品のタイトルを入力します。
❷［共有する］をクリックします。

- タイトル入力欄には「Untitled」と表示されていますので、消してからタイトルを入力します。
- 265ページの認証が完了していない場合は「共有」が表示されません。

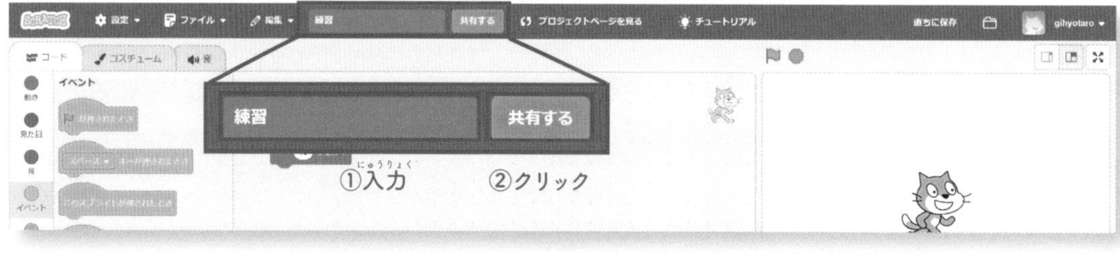

作品の共有（公開）が完了し、作品名が表示されます。

1. ユーザー名の右の⌄をクリックします。
2. ［私の作品］をクリックします。

自分の作成した作品一覧が表示されます。

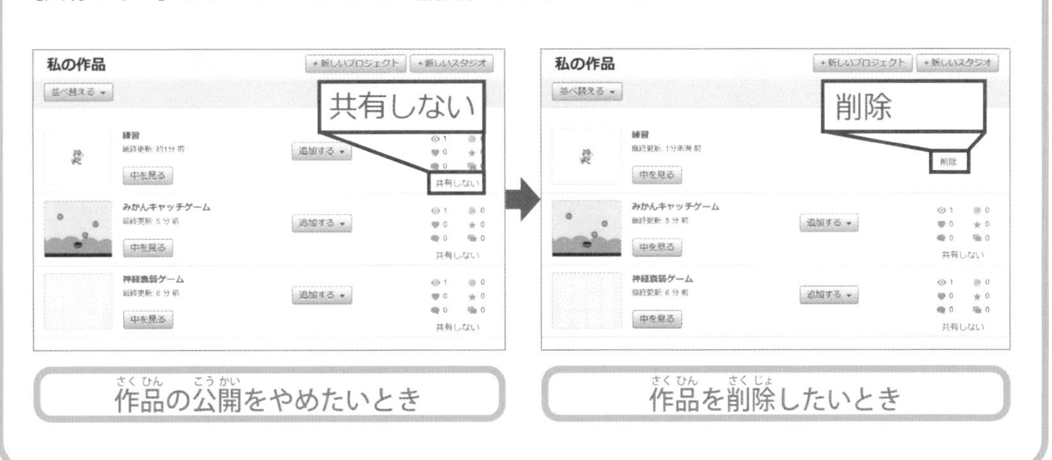

作品の公開をやめたいときや、作品を削除したいとき

作品の公開をやめるときは、［共有しない］をクリックします。また、作品を削除したいときは、［共有しない］をクリックしたあと、［削除］をクリックします。

作品の公開をやめたいとき　　作品を削除したいとき

Index

数字・アルファベット

あ行

か行

さ行

著者プロフィール

松下 孝太郎（まつした こうたろう）

神奈川県横浜市生。
横浜国立大学大学院工学研究科人工環境システム学専攻博士後期課程修了 博士（工学）。
現在、(学)東京農業大学 東京情報大学総合情報学部 教授。
画像処理、コンピュータグラフィックス、教育工学等の研究に従事。
教育面では、プログラミング教育、シニアへのICT教育、留学生へのICT教育等にも
注力しており、サイエンスライターとしても執筆活動および講演活動を行っている。

山本 光（やまもと こう）

神奈川県横須賀市生。
横浜国立大学大学院環境情報学府情報メディア環境学専攻博士後期課程満期退学。
現在、横浜国立大学教育学部 教授。
数学教育学、離散数学、教育工学等の研究に従事。
教育面では、プログラミング教育、教員養成、著作権教育にも注力しており、
サイエンスライターとしても執筆活動および講演活動を行っている。

Special Thanks

ゲーム案● 井出海志（ゲーム 27）、小坂哲史（ゲーム 27）、澤本京趣（ゲーム 28）、澤本紫（ゲーム 28）
編集協力● 後藤由翔、小林敬人、山田瑞貴
イラスト● 松下久瑠美（ゲーム 29）

●本書サポートページについて
本書はインターネットで訂正情報やサンプルファイルの提供をしています。ブラウザから技術評論社ホームページ（https://gihyo.jp/book/）にアクセスして、「本を探す」で「スクラッチ　プログラミング　ゲーム大全集」と入力して検索してください。

装丁・デザイン ●坂本真一郎（クオルデザイン）
イラスト ●高内彩夏
DTP ●BUCH⁺
編集 ●矢野俊博

スクラッチ　プログラミング　ゲーム大全集

2023年 10月 5日　初版　第1刷発行
2024年 8月 3日　初版　第2刷発行

著　者　松下孝太郎、山本光
発行者　片岡　巌
発行所　株式会社技術評論社
　東京都新宿区市谷左内町 21-13
電　話　03-3513-6150　販売促進部
　03-3513-6160　書籍編集部
印刷・製本　株式会社加藤文明社

ISBN978-4-297-13683-3 C3055
Printed in Japan

●本書へのご意見、ご感想は技術評論社ホームページ（https://book.gihyo.jp/116）または以下の宛先へ書面にてお受けしております。電話でのお問い合わせにはお答えいたしかねますので、あらかじめご了承下さい。ご質問の際に記載いただきました個人情報は、回答後速やかに破棄させていただきます。

〒162-0846 東京都新宿区市谷左内町21-13
株式会社技術評論社書籍編集部「スクラッチ　プログラミング　ゲーム大全集」係
FAX：03-3513-6167